新世纪高等院校精品教材

浙江工商大学重点建设教材

大学物理实验

（第三版）

汪建章　潘洪明　编著

ZHEJIANG UNIVERSITY PRESS
浙江大学出版社

前　　言

物理实验是对高等院校理工科专业学生进行科学实验基本训练的一门独立的必修基础课。本书根据国家教育部颁发的《高等工业学校物理实验课程教学基本要求》，以我校原“工科物理实验教程”为基础，吸取了目前高校物理实验的一些新实验、新思想，结合物理实验教学改革和实际情况而重新改编。

物理实验作为科学实验的基础实验课，其内涵的实验方法、思想、仪器和技术已经被普遍地应用在自然科学和技术部门的各个领域。因此，作为公共基础实验课，它既能让学生通过实验学习到科学实验的基础知识，观察到实验中的各种现象，提高学生独立进行工作的能力；又能使学生在实验方法的考虑、测量仪器的选择、测量条件的确定等方面受到训练，并充分了解到理论是怎样与实际相结合的。

本书前三章以较多的篇幅讲述了进行科学实验的基础知识，目的是为了让学生一开始就接受系统、正规的科学实验训练，为学生在今后的科学实验中打下坚实的基础。后五章安排基础性实验、提高型和综合性实验、e - measure 实验、设计性实验、计算机仿真实验等共 48 个实验。针对每个实验，要求学生注意到系统误差、随机误差在实验中产生的原因；消除系统误差和估算随机误差的方法；实验测量不确定度的评定；知道实验方法、测量方法在实验中是如何体现的。在实验内容的安排上，有些细节问题留给学生去分析、思考，以便发挥他们的主动性。每个实验前都有简单扼要的前言，作为实验知识面的扩充。实验后留有思考题，供学生对实验内容作进一步的分析和讨论。

本教材的主要特色是 e - measure 实验，作为一种崭新的物理实验平台，e-measure 实验结合传感器与计算机技术，通过计算机控制软件，既可对整个实验过程进行实时控制测量，又可对实验结果进行可视化处理。学生通过 e-measure 实验的训练，不仅得到了基本的物理实验技能训练，初步掌握如何用计算机进行实时控制测量，又能学习到如何用计算机处理实验数据的基本技巧，极大地丰富了物理实验的内涵。

计算机仿真物理实验对实验的相关内容进行了演示，介绍实验的历史背景，帮助学生进行实验的预习和复习，引导学生进行模拟操作和数据处理，是理论教学与实验教学的一种新的教学模式。

本书的出版实际上是一项集体智慧和劳动的成果。参加编写的教师有：汪建章（第一章，第五章）、马涛（第二章）、周融（第三章）、方燕红（第四章）、潘洪明（第六章）、邹立华（第七章）、张秋阳（第八章）。

王伟明教授在百忙中仔细审阅了全部书稿，并提出了许多宝贵的意见，在此谨致以深切的谢意！

本书的出版，蒙杭州精科仪器有限公司、扬中电子仪器设备有限公司、浙江天煌科技实业有限公司、上海科艺仪器有限公司等单位的大力协助，对此表示衷心的感谢！

由于编者水平有限，时间仓促，书中不足之处，恳请读者批评指正。

编　者

2004 年 6 月　于杭州

目　录

第五章　提高型和综合性实验

第六章　e - measure 实验

第一章　测量误差与测量不确定度

任何实验和测量都受到误差的影响，分析并估算误差及评定测量不确定度是科学实验过程中极为重要的组成部分。有关误差的理论以及测量不确定度已发展成为一门专门的学科。作为进行科学实验基本训练的物理实验课，必须赋予学生正确、基本的基础理论知识，它包含误差的成因及其分类、减少测量误差的基本方法、测量误差的分析和估算、测量不确定度的评定以及对测量结果的正确表达。

第一节　基本概念

一、量

量所表述的对象是现象、物体或物质的一种属性，是不依人的主观意识而客观存在的。一切自然现象、物体或物质，只有用相应的量来表述，才能发现其运动规律。量的测量可由数值和测量单位的组合来表示，没有测量单位的数值不能表示为量。

测量值是指一个数乘以测量单位所表示的特定量的大小。

二、真值

真值是指与给定的特定量的定义一致的值，它反映的是物理量所具有的客观的真实量值，实验测量的目的就是要力求得到测量量的真值。

真值是一个理想的概念，是量的定义的完整体现，量的真值只有通过完善的测量才有可能获得。由于被测量的定义和测量都不可能做到理想的完美无缺，因此在实际的测量中用约定真值来代替真值。

下列几种情况可视为约定真值：

理论值：如三角形的内角和为 180° 等；

公认值：世界公认的一些常数值，如普朗克常量、阿伏加德罗常量等；

计量学约定值：如国际或国家计量部门规定的长度、时间、质量等标准；

相对真值：用准确度高一个数量级的仪器校准的测定量值，可视为相对真值。

三、误差

任何测量都存在着误差，误差是评定测量不确定度必不可少的数据，实验测量值与客观实际值（真值）的不一致，就是所谓的误差。

定义　测量值与其真值之差称为该测量量的误差（也称绝对误差，以下简称误差），用符号 ΔN 表示：

$$\Delta N = N - N_0 \tag{1-1-1}$$

式中：N 为测量值，N_0 为被测量的真值，ΔN 为误差。一个测量结果的误差，不是正值（正误差）就是负值（负误差），它取决这个结果是大于还是小于真值。

在比较不同测量结果时常用到相对误差。相对误差表示误差所占约定真值的百分比。相对误差是无量纲的，用符号 E 表示为：

$$E=\frac{\Delta N}{N_0}\times 100\% \qquad (1\text{-}1\text{-}2)$$

实践证明，任何测量都存在有误差，误差自始至终存在于一切科学实验的测量过程之中。因为任何测量仪器、测量方法、测量环境、测量者的观察能力等等都不能做到绝对严密，这就使得测量不可避免地伴随有误差的产生。因此，分析测量中可能产生的各种误差，尽可能消除其影响，并对测量中未能消除的误差作出估计，是物理实验和其他众多科学实验中必不可少的工作。

四、测量

测量是指以获得确定量值为目的的一组操作，至于是何种的操作没有具体的规定，可以是一项复杂的物理实验（如地球至月球距离的测量、纳米测量等等），也可能是一个简单的测量（如质量，温度，长度等的测量）。这种操作可以是自动进行，也可以是手动或半自动进行。一组操作是指操作的全过程，直到给出测量的结果或报告。也就是说从明确目的或被测量开始，包括选定测量的原理和方法、选用的测量仪器、测量条件的控制、进行实验测量和测量的评定，一直到给出完整的实验测量结果。

对物理实验来讲，测量就是将被测量与一个被选作单位的特定同类量进行比较，得出该量是特定同类量的多少倍的实验过程。

从测量方式上来讲，测量有直接测量和间接测量之分；从测量条件上讲，测量有等精度测量和不等精度测量之分；而从测量形式上讲，测量又有静态测量、动态测量、实时测量、综合测量等不同的分类。

直接测量是指不必去测量与被测量有函数关系的其他量，而能直接得到被测量值的测量。在物理实验中，用量具或仪器直接测出某物理量的测量，都是直接测量。

间接测量是指通过测量与被测量有函数关系的其他量，从而得到被测量值的测量。在物理实验中，对于大多数物理量来讲，都采用间接的方法进行测量，即需要根据一些原理、公式，由直接测量值通过数学运算才能得到测量的结果。

物理实验中，多数测量都是间接测量，但它们又都建立在直接测量的基础上。

五、测量原理

测量原理是测量的科学基础，是指测量所依据的自然科学中的定律、定理和得到充分理论解释的自然效应等科学原理。例如：在力的测量中应用的牛顿第二定律，在电学量测量中应用的欧姆定律，在光学测量中应用的光干涉原理等等。

物理实验中，测量所依据的科学原理是从物理学等学科中引用的，这些科学原理不但经过了大量的实验验证，而且经过了严密的理论论证。因此，这些原理所反映的自然规律，包括量与量之间关系的准确性和可靠性，远远超过一般的测量。正确运用测量原理，是保证测量结果准确、可靠的科学基础。

六、测量方法

测量方法是指在实验中进行测量时所采用的，按类别叙述的一组操作逻辑次序，也就是根据给定测量原理实施测量时，概括说明的一组合乎逻辑的操作顺序。操作顺序是讲根据给定的测量方法实施特定的测量时，详细、具体的一组操作。如：测量电阻时，可采用伏安法、电桥法或补偿法等测量方法，它们各自都有一组合乎逻辑的操作顺序。

七、随机误差和系统误差

误差按其性质可分为随机误差和系统误差两大类。随机误差是指测量结果与在重复性条件下对同一被测量进行无限多次测量所得结果的平均值之差，是不能预先确定的误差。系统误差是指在重复性条件下，对同一被测量进行无限多次测量所得结果的平均值与被测量的真值之差，是有规律的误差。根据误差的不同性质，可将误差按下细分：

- 误差
  - 随机误差 → 实验标准差
  - 系统误差
    - 定值系统误差
      - 已知定值
      - 未知定值
    - 变值系统误差
      - 线性变化
      - 周期性变化
      - 复杂性变化

在物理实验中，我们讨论、分析误差是按其性质分别进行的，在不考虑系统误差的情况下研究随机误差，在忽略随机误差的情况下研究系统误差。

实际上对任何一次实验测量，既存在着随机误差，也存在着系统误差。随机误差中含有系统误差，系统误差中也含有随机误差，只有一类误差的实验测量是不存在的。

八、精密度、正确度、准确度和灵敏度

1. 精密度

精密度反映的是在规定条件下获得的各个独立测量值的一致程度，定性反映因随机误差的存在使得测量结果不能完全重复。精密度高，测量结果的重复性好，各测量误差的分布密集，随机误差就小；反之，精密度低，重复性差，随机误差就大。

2. 正确度

正确度反映的是由于系统误差的影响，定量或定性描述测量值接近真值的程度，是指测量结果的正确性。当测量仪器和测量方法选定后，测量的正确度就确定了。精密度和正确度两个概念不能混淆，精密度高不一定正确度高。

3. 准确度

准确度定性反映测量结果与被测量真值之间的一致程度，反映了由于随机误差和系统误差的综合效应使测量结果与真值不一致。如果测量结果既精密又正确，即随机误差与系统误差均小，则说明测量结果准确度高。

以射击打靶的结果与某次测量的结果比较，图 1-1-1 所示。图（a）表示精密度与正确度均好；图（b）表示精密度好但正确度不高；图（c）表示精密度和正确度都不高。

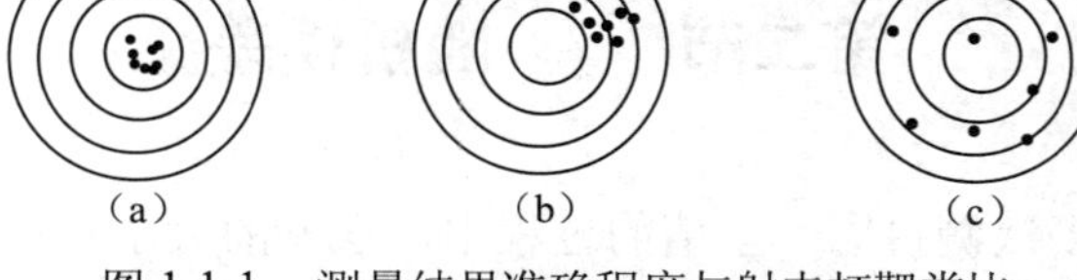

（a）　　（b）　　（c）

图 1-1-1　测量结果准确程度与射击打靶类比

4. 灵敏度

灵敏度定义为测量仪器响应的变化与对应的激励变化的比。它反映测量仪器被测量（输入）的变化而引起仪器示值（输出）变化的程度，用被观察变量的增量即响应（输出量的增量 Δa ）与相应被测量的增量即激励（输入量的增量 Δb ）之比来表示。如果被测量变化很小，而引起的示值（输出量）改变很大，该仪器的灵敏度就高，反之，灵敏度就低。对于线性测量仪器来讲，其灵敏度表示为：

$$S=\frac{\Delta a}{\Delta b} \tag{1-1-3}$$

在某些情况下，还使用下式表示相对灵敏度：

$$S=\frac{\Delta a}{\left(\frac{\Delta b}{b}\right)} \tag{1-1-4}$$

灵敏度是反映测量仪器准确度的重要的指标。但灵敏度并不是越高越好，为了方便测量读数，使测量示值处于稳定，有时需故意降低测量仪器的灵敏度。

九、测量不确定度

测量不确定度从词义上理解，意味着对测量结果可信性、有效性的怀疑程度或不肯定程度，是定量说明测量结果的一个参数，用于表征被测量值的分散性，表示测量值可信赖的程度。实际上，由于测量的不完善和人们认识的不足，得到的测量值都具有分散性，即每次测量的结果不是同一值，而是以一定概率分布在某个区域内的许多个值。对于这种分散的不确定性，人们不能完全认识或掌握，只能认为它是以某种概率分布存在于某个区域内，而这种概率分布本身也具有一定的分散性。测量不确定度就是说明测量值分散性的参数，它不说明测量值是否接近真值。

表征测量不确定度的参数是标准不确定度，而对其存在于某个区域内的概率，用扩展不确定度来定量描述。

1. 标准不确定度

分别评定出由随机效应导致的不确定度分量和由系统效应导致的不确定度分量，然后采用方和根方法合成，得到合成标准不确定度。

2. 扩展不确定度

由合成标准不确定度扩展 k 倍得到。当 $k=2$ 时，表示扩展后的不确定度具有 95% 的置信度；当 $k=3$ 时，表示扩展后的不确定度具有 99 % 的置信度。

$$\left\{\begin{array}{ll}\text{标准不确定度} & \left\{\begin{array}{l}\text{随机效应导致的不确定度分量}\\ \text{系统效应导致的不确定度分量}\end{array}\right. \Rightarrow \text{合成标准不确定度 } u\\ \text{扩展不确定度} & ku\ (k=2,\ 3)\end{array}\right.$$

第二节　随机误差

在同一条件下，多次测量同一量值的过程中，误差的大小和符号以不可预定的方式变化着，且其数学期望值为零的误差称为随机误差（也称偶然误差）。随机误差是由许多不稳定的随机因素造成的，随机误差的特征是它的随机性。随机误差就个体而言是不确定的，但其总体（大量个体的总和）却服从一定的统计规律，因此可以用统计方法来估算对测量结果的影响。

一、随机误差分布规律的理论描述 —— 正态分布

设某一物理量 N 在相同条件下进行 n 次测量，得一测量列 N_1，N_2，…，N_n，第 i 次测量值的误差为：$\Delta N_i = N_i - N_0$（$i=1, 2, \cdots, n$），式中 N_i 为各测量值，N_0 为该物理量的真值。显然，各测量值的误差 ΔN_i 的大小和正负的出现是随机的，其散布会有不同的形式，称为概率分布。当测量次数 $n \to \infty$ 时，若测量列的误差 ΔN_i 的出现服从图 1-2-1 所示的分布规律，我们称该测量列的误差 ΔN 服从正态分布。

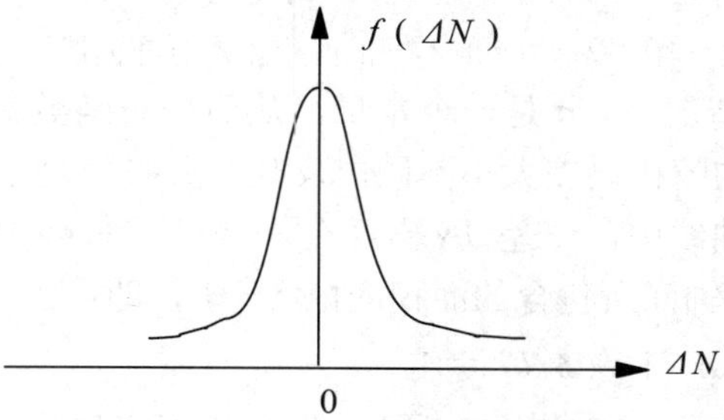

图 1-2-1　正态分布曲线

图 1-2-1 中，横坐标 ΔN 为测量值的误差，纵坐标 f（ΔN）为一个与测量列误差出现的概率有关的概率密度分布函数。

从正态分布曲线中，我们可以看出，服从正态分布规律的随机误差具有以下性质：

1. 有界性

绝对值很大的误差出现的概率趋于零，误差的绝对值实际上不会超出一定的界限。

2. 单峰性

绝对值小的误差比绝对值大的误差出现的概率大，峰值就是概率密度的极大值。

3. 对称性

绝对值相等的正负误差出现的概率均等，因此随机误差具有抵偿性，即正负误差的代数和趋近于零。

1795 年高斯导出服从正态分布规律的随机误差分布函数的数学表达式：

$$f(\Delta N) = \frac{1}{\sqrt{2\pi}\,\sigma} e^{-\frac{(\Delta N)^2}{2\sigma^2}} \tag{1-2-1}$$

式中，函数 f（ΔN）称为随机误差的概率密度分布函数，ΔN 为误差，e =2.7183（自然对数的底）；σ 是分布函数中唯一的一个参量，称为 **标准误差**。当测量次数 $n \to \infty$ 时，其值为：

$$\sigma = \lim_{n \to \infty} \sqrt{\frac{1}{n}\sum_{i=1}^{n} (N_i - N_0)^2} = \lim_{n \to \infty} \sqrt{\frac{1}{n}\sum_{i=1}^{n} (\Delta N_i)^2} \tag{1-2-2}$$

可以证明，标准误差 σ 是正态分布曲线拐点的横坐标，它的大小确定了曲线的形

状。σ 值越小，曲线越陡，测量误差相对于纵坐标越集中，说明绝对值小的误差占多数；相反，σ 值越大，曲线越平坦，误差相对于纵坐标越离散，说明其测量的重复性差，见图 1-2-2 。所以，标准误差 σ 既反映了测量列的随机误差 ΔN 的分布情况，也是测量随机误差的定量指标。

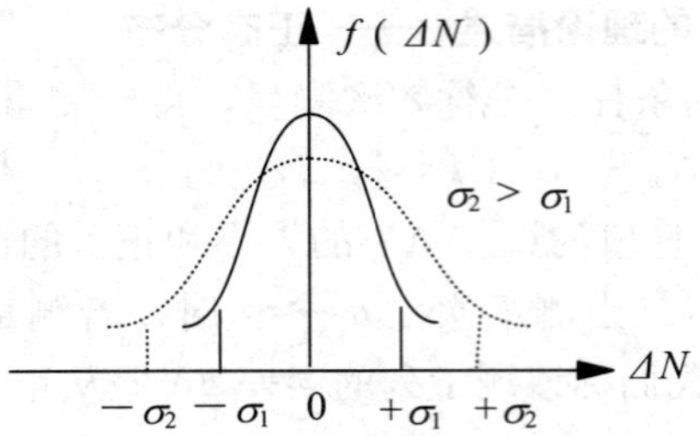

图 1-2-2 σ 值不同的两个正态分布曲线

在测量条件一定的情况下，σ 是一个常量，从而分布函数就唯一确定下来。测量条件的不同会造成测量值的随机误差大小不同，反映在分布函数上就是 σ 的大小不同。

显然，在正态分布曲线中，误差 ΔN 出现在 $-\infty \sim +\infty$ 的范围内是必然的。所以图 1-2-1 中，曲线下与横轴间所包含的面积应恒等于1，即：

$$\int_{-\infty}^{+\infty} f(\Delta N)\,\mathrm{d}(\Delta N) = 1$$

对于某一确定 σ 的值，由概率运算公式，取 σ 的不同倍数区间对随机误差分布函数定积分可得：

$$P = (-\sigma < \Delta N < +\sigma) = \int_{-\sigma}^{+\sigma} f(\Delta N)\,\mathrm{d}(\Delta N) = 0.683$$

$$P = (-2\sigma < \Delta N < +2\sigma) = \int_{-2\sigma}^{+2\sigma} f(\Delta N)\,\mathrm{d}(\Delta N) = 0.954$$

$$P = (-3\sigma < \Delta N < +3\sigma) = \int_{-3\sigma}^{+3\sigma} f(\Delta N)\,\mathrm{d}(\Delta N) = 0.997$$

上三式说明：在相同条件下的 n 次测量中，如果测量的随机误差服从正态分布，那么，测量列的误差 ΔN 落在 $[-\sigma, +\sigma]$ 区间内的测量次数占测量列总次数的 68 %（见图 1-2-3 ）。即测量列的误差 ΔN 有 68.3 % 落在 $[-\sigma, +\sigma]$ 区间内。同样，测量列中的误差有 95.4 % 的概率落在 $[-2\sigma, +2\sigma]$ 区间，有 99.7 % 的概率落在 $[-3\sigma, +3\sigma]$ 区间。这样就给我们提供了一个用概率统计的方法，来定量描述测量列的误差有多大的概率落在某个区间内。

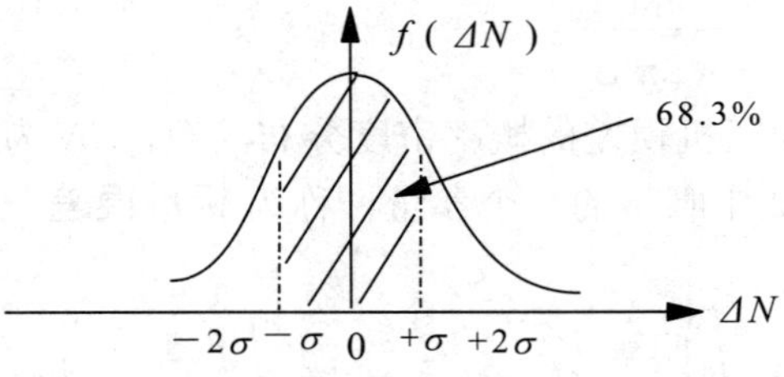

图 1-2-3 $\pm\sigma$ 区间图

要注意标准误差 σ 的概率统计意义。它并不表示任一个具体的测量误差是 $\pm\sigma$，也不表示误差 ΔN 不会超出 $[-\sigma, +\sigma]$ 的界限。它表示误差 ΔN 出现在 $[-\sigma, +\sigma]$ 区间内的概率，是一个具有统计性质的特征量。假如我们对某一物理量在相同条件进行了1000次测量，那么，1000个测量误差中有683个可能落在[$-\sigma$，$+\sigma$]的区间内。

置信概率 置信概率是与置信区间或统计包含区间有关的概率值，用符号P%表示，我们把ΔN在某一区间内出现的概率，称为ΔN在该区间的置信概率（或称为置信度）。例如：ΔN在[$-\sigma$，$+\sigma$]区间内的置信概率$P=68.3\%$，而在[-3σ，$+3\sigma$]的区间内，其置信概率$P=99.7\%$。

极限误差 鉴于ΔN只有0.3%的机会落到[-3σ，$+3\sigma$]区间之外，所以在正常情况下把$\pm 3\sigma$定为极限误差，也称误差限。在一测量列中，若某测量值的误差ΔN大于$\pm 3\sigma$，应将该测量值予以剔除。

二、实验测量中随机误差的估算

实际上，多次测量时的条件不可能绝对地完全相同，多种误差因素的起伏变化或微小差异综合在一起，共同影响而使每个测量值的误差以不可预定的方式变化。就单个随机误差而言，它没有确定的规律，但就整体而言，却服从一定的统计规律。

实验中，对于多次重复测量，在不考虑系统误差的情况下，测量误差服从正态分布规律，它有两个重要的参数，即**算术平均值**与**标准误差**。我们用算术平均值来作为测量值的最佳代表值，而用概率正态分布函数中的标准误差σ来估算测量列的随机误差。

但应用概率正态分布函数来估算测量列的随机误差时，存在两个问题：

(1) 在前面讨论的概率正态分布函数中，其标准误差σ只有理论上的价值，式（1-2-2）中的误差ΔN在实际中是求不到的，因为真值不可求得。

(2) 由于测量不可能是无限次的，所以测量的随机误差只能是估算。

1. 算术平均值

虽然绝大多数的测量都不知其真值，但根据统计学原理，在一定条件下，对某一不变的测量量进行无限次（n次）独立重复测量时，其算术平均值将无限接近于真值：

$$\overline{N}=\frac{1}{n}\sum_{i=1}^{n}N_i \tag{1-2-3}$$

式中N_i为测量量N的第i次测量值。

由于大小相等、方向相反的随机误差出现的概率相等，随着测量次数的增多，随机误差的平均值将趋于零。所以，当测量次数足够多时，可将多次测量的算术平均值视为测量量真值的最佳代表量值。因此，在实际测量中，我们用算术平均值替代真值，而把测量值与算术平均值的差称为偏差。

定义 测量值与其算术平均值之差称为该测量量的偏差，以V表示：

$$V_i=N_i-\overline{N} \tag{1-2-4}$$

式中V_i为第i次测量值N_i的偏差。显然，偏差是可以用测量值来直接计算的。

由于算术平均值是真值的最佳代表值，用算术平均值代替真值，则“偏差（V）”可求。因此，在应用概率正态分布函数中的标准误差σ来估算实际测量中的误差时，我们若用“偏差（V）”代替“误差（ΔN）”，就可由“偏差”来估算实际测量中算术平均值的“实验标准差”。

2. 算术平均值的实验标准差

若对同一物理量进行多组次的测量，可得到多个算术平均值，显然，由于测量误差的存在，这些算术平均值具有一定的离散性。那末，算术平均值的可靠性究竟如何呢？

算术平均值的离散性用其实验标准差来定量表述。设对某一物理量 N 进行 n 次重复测量，得各测量值的偏差为：V_1，V_2，…，V_n。理论上可证明，当测量次数 n 有限时，测量列**算术平均值的实验标准差**为：

$$\sigma_N = \sqrt{\frac{1}{n(n-1)}\sum_{i=1}^{n} V_i^2} = \sqrt{\frac{1}{n(n-1)}\sum_{i=1}^{n}(N_i - \overline{N})^2} \tag{1-2-5}$$

随机误差大抵来源于影响量的变化，这种变化在时间上和空间上是不可预知的、随机的，它会引起被测量重复观测值的变化，故称之为随机效应。可以认为正是这种随机效应导致了重复观测值的分散性，我们用统计方法得到的实验标准差的分散性，确切地说就是来源于测量过程中的随机效应。

根据正态分布标准误差 σ 的概率统计意义，可以得出实际测量中算术平均值的实验标准差 σ_N 的物理意义：如果多次重复测量的随机误差服从正态分布，那么，被测物理量落在 $[\overline{x}-\sigma_N, \overline{x}+\sigma_N]$ 区间内的概率为 68.3 %，落在 $[\overline{x}-3\sigma_N, \overline{x}+3\sigma_N]$ 区间内的概率为 99.7 %。同样，我们把 $\pm 3\sigma_N$ 称为误差限。在实际测量中，若检查出某一测量值的偏差 $V > \pm 3\sigma_N$，应把该测量值剔除，重新检查、测量、计算。

测量列算术平均值的实验标准差 σ_N 虽然计算较繁，但其物理意义明确。与误差理论的正态分布密度函数中的标准误差 σ 关系直接，较好地反映了测量的精密度。一般函数型计算器都有 σ_N 的计算功能，可以直接求出 σ_N 的数值。

例 1 用一级千分尺测量某一圆柱体的直径，测量 5 次，各测量数据分别为：3.429，3.430，3.441，3.441，3.432 mm，求该物体直径的测量结果。

解 求算术平均值：

$$\overline{D} = \frac{1}{5}\sum_{i=1}^{5} D_i = \frac{1}{5}\times(3.429+3.430+3.441+3.441+3.432) = 3.435\ (\text{mm})$$

求各测量值的偏差：

$$V_1 = D_1 - \overline{D} = 3.429 - 3.435 = -0.006\ (\text{mm})$$

$$V_2 = D_2 - \overline{D} = 3.430 - 3.435 = -0.005\ (\text{mm})$$

$$V_3 = D_3 - \overline{D} = 3.441 - 3.435 = 0.006\ (\text{mm})$$

$$V_4 = D_4 - \overline{D} = 3.429 - 3.435 = 0.006\ (\text{mm})$$

$$V_5 = D_5 - \overline{D} = 3.432 - 3.435 = -0.003\ (\text{mm})$$

则实验标准差为：

$$\sigma_D = \sqrt{\frac{1}{n(n-1)}\sum_{i=1}^{5} V_i^2}$$

$$= \sqrt{\frac{1}{5\times(5-1)}\times[2\times0.006^2+(-0.005)^2+(-0.006)^2+(-0.003)^2]}$$

$= 0.003\ (\text{mm})$

计算得：$3\sigma_D = 3\times 0.003 = 0.009\ (\text{mm})$，经检查，各测量值的偏差均小于 $\pm 3\sigma_D$，故测量数据有效。

测量结果为：$D = (3.435 \pm 0.003)\ \text{mm} \quad (P = 68\%)$

测量相对误差为：$E_D = \dfrac{0.003}{3.435}\times 100\% = 0.08\%$

测量结果表明：

(1) 该物体直径的真值有 68 % 的概率落在 [3.432 , 3.438] 的区间内。

(2) 测量结果的准确度仅考虑了测量的实验标准差，而没有考虑其他误差因素对测量结果的影响，不尽完善，往往有可能会遗漏一些影响测量结果准确度的因素。

第三节　系统误差

系统误差是由实验测量原理、测量方法、测量系统、实验环境及测量人员的习惯等多种复杂的系统因素所导致的。系统误差大抵来源于影响量，它对测量结果的影响如已识别并可定量表述，则称之为系统效应。系统误差直接影响到实验测量的正确度，因此在实验中应首先消除或修正它的影响，以保证测量有可靠的结果。

大小与方向皆固定不变或变化规律确定的误差称为系统误差。系统误差按其出现的规律，可分为定值系统误差和变值系统误差。系统误差的特征是它的确定性。由于系统误差与随机误差产生的原因、性质不同，因此处理的方法也就不同。发现、修正和消除系统误差是物理实验中的一个重要内容。产生系统误差的主要原因有：

实验仪器设计、制造、装配等方面引起的误差；

实验测量方法的不完善而引起的误差；

测量环境定向或规律变化而引起的误差；

测量人员的感官功能或习惯引起的误差等等。

一、发现系统误差的方法

针对系统误差的来源，必须仔细地检验或校准测量仪器（是否有仪器误差），研究实验测量方法（是否完善），分析实验条件（是否震动，是否与温度、气压、湿度有关；周围是否有磁场、电场对测量的影响）等等。查找系统误差的常用方法有：

1. 对比法

测量仪器的对比：如用两只同类电表接入同一电路测同一量，若读数不一致，说明至少有一只电表不准。如果其中一只电表是标准表，就可以找出修正量。

实验测量方法的对比：用不同方法测同一量，看结果是否一致。如果不一致，就存在系统误差。

改变测量方法：如测与电流相关的物理量时，电流增加时测一组，电流减小时再测一组，将两组数据进行比较，看结果是否一致。

改变实验条件：如改变实验环境、磁测中使磁性物体靠近等，看结果是否一致。

改变实验者：如不同实验者进行实验，看结果是否一致。

2. 理论分析法

分析实验测量方法与实际情况是否有差异、是否完善。如在金属丝杨氏弹性模量测量实验中，实验理论公式要求的条件是：标尺的刻度值、望远镜的光轴、反射镜中标尺刻度值的像三者应在同一水平面上，但在实验中要达到这一要求是相当困难的、

分析测量仪器的技术条件是否符合测量要求。如在分光计实验中，要求望远镜与刻度盘的旋转角度完全相同，但分光计结构不能达到这一要求。

3. 数据分析法

在某些测量条件下，测量列的各测量值的偏差均为某一固定的符号，若条件变化后，测得各测量值的偏差符号发生变化（见图 1-3-1 ），则该测量列存在固定的随测量条件变化而消失或出现的恒定系统误差。

将一组测量值按先后次序排列，如果发现偏差的大小有规律的向一个方向变化，前后的偏差是递增（或递减）的（见图 1-3-2 ），则说明该测量存在线性系统误差。

将测量列中各测量值按测量次序排列，如果发现其偏差的符号作有规律的交替变化（见图 1-3-3 ），则该测量列存在周期性系统误差。

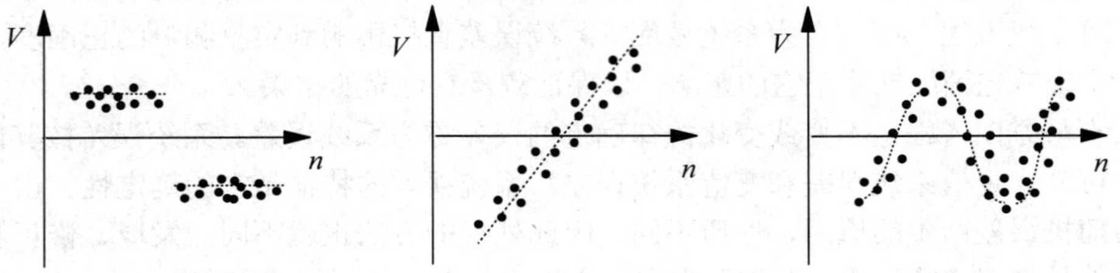

图 1-3-1　恒定系统误差　　图 1-3-2　线性系统误差　　图 1-3-3　周期性系统误差

二、系统误差的修正与消除

系统误差的修正和消除，一般没有固定的方法。对于每个实验，要考虑从实验理论、实验测量方法、实验仪器到环境条件中的每一个误差因素的影响，针对具体情况，分析其原因，找出不同的解决方法，然后采取措施逐个予以修正和消除。

当实验条件稳定，系统误差可以掌握时，可用修正值对实验值加以修正，若系统误差尚未确定时，可改变测量方法，对某一测量量在不同的状态下一一进行测量，以消除部分系统误差。

1. 定值系统误差

定值系统误差是指在测量过程中，误差的大小和符号都恒定不变。按人们对它的掌握程度，可分为已知定值系统误差与未知定值系统误差（也称恒定系统误差）。

⑴ 已知定值系统误差：已定系统误差是指在一定的条件下，采用一定的方法，对误差的绝对值和符号能够确切掌握的系统误差，一经发现，应对测量值进行修正。通常采用的修正方法是：某分度 i 处的测量值减去测量仪器的已定系统误差，得到经修正后的测量值为：

$$N_i = N_{i测} - \Delta_{i已定} \tag{1-3-1}$$

例如：某量具的零位误差为 $\Delta_{零}$，它是已定系统误差，该量具的任何读数皆应作如

下的修正：

$$N_i = N_{i测} - \Delta_{零}$$

⑵未知定值系统误差（恒定系统误差）：未定系统误差是指误差的绝对值和符号未确定的系统误差。如未经严格校准的仪器，我们并不知道它每个分度上的具体系统误差的大小，但它有个确定的值。可用下列方法予以消除：

抵消法 采用改变测量中的某些条件（如测量方向），使得两种条件下测量产生的系统误差大小相等符号相反，取平均值即可消除此系统误差。

例如：在外界强磁场作用下，仪表的读数会产生附加误差，若把仪表转动 180°再测一次，外磁场将对读数产生相反的影响而产生负的附加误差。两次测量结果取平均，即可消除系统误差。再如在螺旋机构测微小位移量时，阴、阳螺纹间的配合间隙引起空行程，为消除位移的系统误差，可采用往返两方向的多次测量，再求平均以消除其影响。

交换法 将测量中的某些条件相互交换（如交换被测物的位置），进行两次测量，使交换前后产生的系统误差大小相等方向相反，求其平均值，从而消除系统误差。

例如：用物理天平秤衡物体的质量，由于天平的臂长 L 不相等，存在未知定值系统误差。测量时，若待测量 x 与标准砝码 P 平衡，则 $x = P(L_1/L_2)$。将被测量 x 与标准砝码交换位置，此时 x 与标准砝码 P' 平衡，于是有 $x = P'(L_2/L_1)$，求平均值 $x = \sqrt{PP'}$，则可消除此系统误差。

替代法 保持测量条件不变，用某一已知大小的标准量（通常可调整）替换被测量而不引起测量仪器示值的改变，则被测量就可由标准量得到，从而消除系统误差。

例如：伏安法测电阻，由于电表内阻的影响，实验电路存在定值系统误差。测量时，若电源电压稳定，电压表、电流表的测量值分别为 U_R 和 I_R。用一标准电阻箱替代被测电阻，调节标准电阻箱的大小，使电压表、电流表的测量值仍为 U_R、I_R，此时标准电阻箱的读数值即为待测电阻的阻值。这样可消除电表内阻对测量电路的影响，测量误差就取决于所用标准电阻箱是否准确。

2. 变值系统误差

变值系统误差是指在测量过程中，测量误差呈规律性变化。这种变化可能随时间而变，也可能随位置而变化。

⑴线性系统误差：误差的数值随着测量值的增大而变化，而且其变化呈线性关系。对于此类线性系统误差，常用对称测量法予以消除。例如：在金属丝弹性模量测量实验中，由金属丝弹性滞后效应引起的系统误差呈线性关系，采用加砝码和减砝码的对称测量法，可消除因金属丝的弹性滞后效应而引起的系统误差。

⑵周期性系统误差：指其误差的大小与符号呈周期性变化。修正方法：按系统误差变化的半个周期间隔取值，每周期内取两个测量点，然后取其平均即可消除系统误差。这种半周期法可用来消除测角仪器中由于转轴偏心而引起的周期性系统误差。

三、仪器误差

测量仪器是用来测量并能得到被测对象确切量值的一种技术工具或装置，任何仪器都存在着测量误差，仪器误差是产生系统误差的重要来源。仪器误差是指在正确使用仪器的条件下，测量值与其真值之间可能产生的最大测量误差。为了达到测量的预定要求，测量仪器必须具有符合技术规范要求的测量准确度。

测量仪器的准确度是指测量仪器给出的示值接近真值的能力，也就是测量仪器由于仪器本身所造成的输出的被测量值接近被测量真值的能力。由于各种测量误差的存在，通常任何测量都是不完善的，所以实际上真值是不可知的，当然接近于真值的能力也是不确定的。因此，测量仪器准确度是描述测量仪器示值接近真值程度的定性概念。

1. 仪器测量误差

测量仪器的准确度是一个总体的定性概念，在实际应用时需要以定量的概念来进行表述，具体可以用测量仪器的最大允许误差、准确度等级等指标来定量表述仪器的测量误差，本书用 $\varDelta_{仪}$ 表示仪器的测量误差。

(1) 以仪器的最大允许误差作为仪器的测量误差

测量仪器的最大允许误差是指在规定的参考条件下，测量仪器在技术、计量检定规程等技术规范中所规定的允许误差的极限值，其实质是反映了测量仪器准确度的大小。通常一些仪器的最大允许误差由国家计量部门规定。例如，游标卡尺、千分尺的最大允许误差为：

0 ～ 150 mm，最小分度 0.02 mm 游标卡尺的最大允许误差为：$\varDelta_{仪} = \pm 0.02$ mm；

0 ～ 25 mm 和 25 ～ 50 mm 的一级千分尺最大允许误差为：$\varDelta_{仪} = \pm 0.004$ mm。

(2) 以仪器的准确度等级作为仪器的测量误差

仪器的准确度等级是指在规定的使用条件下，仪器性能达到规定的允许误差范围内所划分的准确度的等级或级别，其实质也是反映了测量仪器的示值接近真值的具体程度。当以仪器的准确度等级作为仪器的测量误差，反映的是仪器在量程内可能产生的最大测量误差，因此，量程内任何分度的测量误差皆应小于该量值。通常定义：

$$\varDelta_{仪} = \pm 级别\% \times 量程 \tag{1-3-2}$$

例如：1.5 级，量程为 100 mA 的电流表，其测量示值的最大误差为：

$$\varDelta_{仪} = \pm（1.5\% \times 100）= \pm 1.5\ (\text{mA})$$

又如：0.1 级，ZX21 型电阻箱调整其示值为 560.0 Ω 时，不考虑电阻箱的残余电阻，电阻箱示值电阻的最大误差为：

$$\varDelta_{仪} = \pm（0.1\% \times 560.0）= \pm 0.6\ (\Omega)$$

(3) 以量具或仪器最小分度的一半或最小分度作为仪器的测量误差

在不知道量具或仪器的最大允许误差或准确度等级时，可用量具或仪器最小分度的一半作为仪器的测量误差。对于不可估读的量具或仪器（如：秒表、数字式仪表等），可取量具或仪器的最小分度作为仪器的最大测量误差。

(4) 用可估计误差 $\varDelta_{估计}$ 作为仪器的测量误差

在有些情况下仪器的测量误差可能仍不能客观反映测量值误差的大小。例如，测量空间某两平面几何中心的水平距离，受条件限制时，可依实际情况用 $\varDelta_{估计}$ 来估算 $\varDelta_{仪}$。估计误差 $\varDelta_{估计}$ 的大小应根据实际情况、测量人员的技术、测量条件及仪器误差等几方面综合予以考虑而定出它的大小。

2. 仪器误差的置信度

仪器误差是指测量值与其真值之间可能产生的最大测量误差。实际上，仪器测量时，任一次的测量误差究竟是多少我们并不知道，能肯定的只是测量误差落在仪器误差的范围内。而用同类仪器测量某一确定量时，其测量误差的大小可能是不同的，存在着概率分布特征。如秒表、物理天平、米尺等仪器的测量误差符合正态分布；游标尺的测量误差符合均匀分布；另有些仪器的测量误差可能符合三角分布或梯形分布等。

例如均匀分布（图 1-3-4 所示），测量误差在 $[-\Delta_{仪}, +\Delta_{仪}]$ 区间外出现的概率为零，而在 $[-k\Delta_{仪}, +k\Delta_{仪}]$（$k$ 是有关概率分布的置信系数）区间内，测量误差出现的概率与置信系数 k 值有关，$k=1$ 时，测量误差落在 $\pm\Delta_{仪}$ 区间内的概率为 100 %；当 $k=1/\sqrt{3}$ 时，测量误差落在 $\pm\Delta_{仪}/\sqrt{3}$ 区间内的概率为 58 %。

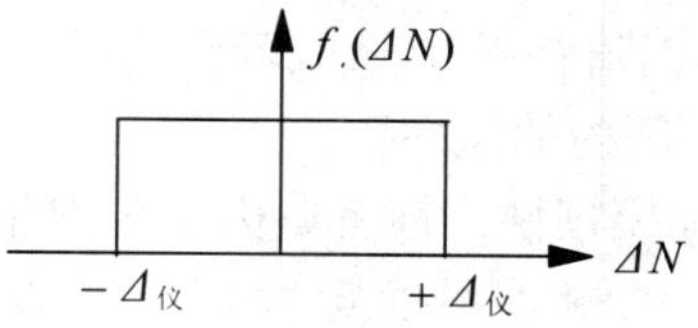

图 1-3-4　均匀分布

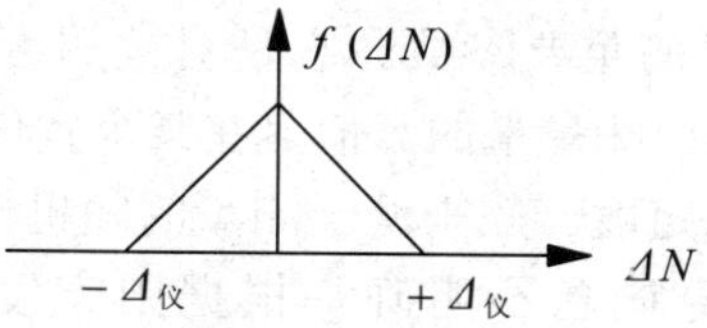

图 1-3-5　三角分布

有些仪器的测量误差符合三角分布（如图 1-3-5 所示）。当置信系数 $k=1/\sqrt{3}$ 时，测量误差落在 $\pm\Delta_{仪}/\sqrt{3}$ 区间内的概率为 82 %。

考虑到仪器测量时其测量误差概率分布的复杂性，以及目前人们对某些仪器的测量误差统计分布规律尚还不太清楚等原因，因此，在缺乏任何其他信息的情况下，一般估计仪器的测量误差概率分布为均匀分布较为合理。

为了统一起见，在物理实验中，本书作这样的约定：**仪器的测量误差概率分布简单地按均匀分布来考虑，当置信系数 $k=1/\sqrt{3}$ 时，测量误差落在 $\pm\Delta_{仪}/\sqrt{3}$ 区间内的置信概率为 68 %。**

四、测量系统不完善所产生的系统误差

测量系统是指用于特定测量目的，由测量仪器与其他相关设备（包括硬件和软件）组合所形成的一个系统。建立测量系统的目的是为了便于操作、提高可靠性、减小测量误差和提高测量的准确度。但实际上，实验中的测量原理、测量方法、实验系统装置等在具体实验测量、运用时，与理论上的理想化有差异，是不完善的。这种系统效应因素所导致的系统误差，直接影响了测量的准确度，使得测量结果具有一定的不确定性。因此，在实验测量中，要仔细研究实验测量原理、测量方法、测量系统等在具体实施过程是否满足实验测量准确度的要求，以减小实验测量的系统误差。

显然，测量系统的不完善，系统效应的存在将导致产生各种系统误差，而各种系统误差的大小、正负到底是多少我们不得而知。各种系统误差的出现应符合其各自确定的某种概率分布，但在实际实验测量中，这种概率分布的情况相当复杂，有的至今尚未清楚。为了统一起见，本书约定：**由测量系统不完善而导致产生的各种系统误差（用 $\Delta_{系统}$ 表示）的概率分布，简单地按均匀分布来考虑，当置信系数 $k=1/\sqrt{3}$ 时，该系统误差落在 $\pm\Delta_{系统}/\sqrt{3}$ 区间内的置信概率按 $P=68\,\%$ 来处理。**

第四节　测量不确定度

在实验测量过程中，测量误差是普遍存在的。测量中包含有多种误差因素，如仪器误差、方法误差、观测误差、调整误差、读数误差、环境影响等等。还要考虑到在很多情况下，测量者对某些误差的信息不能全面了解或掌握，而这些误差因素使得测量结果具有一定程度的不确定性。因此，仅用测量列算术平均值的实验标准差或仪器误差来表示测量结果的可信度是不够完善的，误差的概念不能准确地反映出测量值的准确程度。

一、测量不确定度

不确定度是指测量中由于各种误差因素的存在而对被测量值不能肯定的程度，是与测量值相关联的重要参数。它是对被测量的真值在某个量值范围内的一种数量上的评价，更能表示出测量量的真值落在某个置信区间内的概率。

测量不确定度一般来源于测量的随机性和模糊性，前者归因于条件不充分，后者归因于事物本身概念不明确。根据国家发布“测量不确定度评定与表示（JJF1059 - 1999)”的要求，测量不确定度一般由许多分量组成，其中一些分量（由随机效应导致）可以用测量列的统计分布来评定，即 A 类不确定度的评定；而另一些分量（由系统效应导致）可以用其他信息假定的概率分布来评定，即 B 类不确定度的评定。

若用 u_A 表示 A 类不确定度的评定量值，用 u_B 表示 B 类不确定度的评定量值，表征测量标准不确定度的量值采用方和根方法合成，称为 **合成标准不确定度** 。即：

$$u=\sqrt{u_A^2+u_B^2} \tag{1-4-1}$$

合成标准不确定度乘以系数 k 得到 **扩展不确定度** ，作为最终评定测量结果以一定的概率存在于某个区间内的量值。

二、实验测量不确定度的评定

在物理实验中，若测量不确定度严格按 A 类不确定度、B 类不确定度的评定方法来评定是相当复杂的。为简化起见，本书约定，在物理实验测量中：

(1) A 类不确定度由实验测量列统计分布的实验标准差来评定；

(2) B 类不确定度由实验测量中系统因素的假定概率分布来评定；

(3) 扩展不确定度作为最终测量结果的不确定度评定量值。

1. A 类不确定度的评定

相同条件下，对同一物理量 N 作 n 次测量，在实验测量中的系统误差修正（或消除）之后，用测量列算术平均值的实验标准差 σ_N 作为合成不确定度 u 中 A 类不确定度的评定量值 u_A，即：

$$u_A=\sigma_N=\sqrt{\frac{1}{n(n-1)}\sum_{i=1}^{n}V_i^2} \tag{1-4-2}$$

2. B 类不确定度的评定

对 B 类不确定度的评定量值 u_B，在正确使用仪器的条件下，我们把彼此独立的仪器误差、实验测量方法等系统效应（设有 n 个，并假定它们符合均匀分布）所导致产生的各种系统误差，按 $P = 68\%$ 的置信概率，采用方和根方法合成，作为 B 类不确定度的评定量值 u_B，即：

$$u_B = \sqrt{\sum_{i=1}^{n}\left(\frac{\Delta_i}{\sqrt{3}}\right)^2} \qquad (i = 1, 2, 3, \cdots, n) \tag{1-4-3}$$

式中 Δ_i 为由仪器误差、实验测量方法等系统因素而定量得到的各系统误差。

B 类不确定度的评定较为复杂，应根据实验的具体情况，分析实验中的各种系统因素，以确定哪些系统误差必需考虑，哪些系统误差可以忽略。

另外，必须指出：

⑴ 不确定度的评定分为 A 类和 B 类评定，仅仅是评定方法的约定，目的在于说明评定不确定度分量有两种不同的途径，便于分析、研究和简化不确定度的评定。

⑵ A 类、B 类评定方法的约定，并非执意表明两种评定方法得到的分量在本质上存在差异，它们都基于概率分布，在性质上与各种误差因素并没有直接对应的关系，不确定度的性质和评定方法间没有直接的对应关系。

⑶ 误差理论是测量不确定度的基础，测量不确定度是误差理论的重要应用。误差描述的是测量值偏离真值的差值，它客观存在但我们无法准确得到。而测量不确定度表明是赋予被测量值的分散性，它与人们对被测量的认识程度有关，是通过分析（误差）而评定（不确定度）得到的一个置信概率区间。

⑷ 实验测量中的各种误差因素是评定测量不确定度的重要依据。误差是“本”，实验测量中若对各种误差因素不了解，就无法进行误差分析，也就不能对测量值进行不确定度的评定。测量不确定度的评定，关键是看能否对测量中的各种误差因素进行分析。

3. 扩展不确定度

扩展不确定度是根据概率理论中的中心极限定理而引入的。其主要内容是：一些随机变量是由大量相互独立的随机因素综合影响而形成的，其中每一各别的随机误差因素在总的影响中所起的作用都很小，在客观实际中发现这些随机变量服从正态分布。

显然，在实验测量中，对量的不同组次测量，由于各种误差因素的存在，使得各测量值的标准不确定度也具有一定的离散性。根据中心极限定理，这种离散分布服从正态分布。因此，当取不同的置信系数时，测量值的标准不确定度具有不同的置信概率。

将由式（1-4-1）求出的合成标准不确定度，乘以系数 k（即置信系数），得到扩展不确定度，从而提高了置信水平。扩展不确定度定量表示测量标准不确定度在某一区间内的置信度，可作为实验测量结果最终不确定度的评定量值，用符号 U_P 表示：

$$U_P = k\,u \quad (P\%) \tag{1-4-4}$$

根据正态分布，当 $k = 2$ 时，$P = 95\%$；$k = 3$ 时，$P = 99\%$。

一般在工业和商业用途上所约定的置信概率为 95 %。

三、测量结果

由测量所得到的被测量的结果，是指对被测量或测得值进行恰当处理、修正或经过必要计算而得到的量值或报告。因此，一个实验测量的结果不同于一个数值，测量结果应理解为被测量之值的最佳完整估计。

实验报告中，测量结果要按式（1-4-5）的格式来书写（数值较大或较小时易采用科学记数法且提到括号外），需注明测量量的单位，测量结果的置信概率（95 % 除外）。

$$\textbf{测量结果} = (\textbf{测量值} \pm \textbf{扩展不确定度}) \quad \textbf{单位} \quad (P\%) \tag{1-4-5}$$

规定：扩展不确定度保留一位有效数，测量值与扩展不确定度在有效位上要对齐。

仅有测量扩展不确定度还不足以表示测量结果的准确度。例如，用同一钢尺测量 100 mm 和 10 mm 的两个长度量，若其测量扩展不确定度均为 1 mm，显然这一不确定度对前者来讲影响不大，但对后者来讲，测量值的意义就不同了。

为了直观地评定测量结果，全面评价测量结果的优劣，在表达测量结果时，还要考虑测量扩展不确定度相对于被测量值本身的大小，故引入相对不确定度概念，通常用百分数来表示，这是个无量纲量用 E 表示，定义为：

$$\text{相对不确定度}\ E = \frac{\text{测量不确定度}}{\text{测量值}} \times 100\% \tag{1-4-6}$$

如果待测物理量有公认值（或理论值），还可将测量值与公认值（或理论值）比较，用百分差来表示测量的优劣：

$$E = \frac{|\text{测量值} - \text{公认值}|}{\text{公认值}} \times 100\% \tag{1-4-7}$$

本书约定：**相对百分差保留 1～2 位有效数字**。

例 2 以例 1 测量数据为例，求测量结果（用不确定度表示）。

解 A 类不确定度评定，由实验标准差得：

$$u_A = \sigma_D = 0.003\ (\text{mm})$$

B 类不确定度评定，仅考虑仪器误差，一级千分尺 $\Delta_{仪} = \pm 0.004$ (mm)，按均匀分布 68 % 的置信概率来考虑。得：

$$u_B = \frac{0.004}{\sqrt{3}} = 0.002\ (\text{mm})$$

合成标准不确定度：

$$u = \sqrt{u_A^2 + u_B^2} = \sqrt{0.003^2 + 0.002^2} = 0.004\ (\text{mm})$$

扩展不确定度：

$$U_{99} = 3u = 3 \times 0.004 = 0.01\ (\text{mm})$$

测量结果为：

$$D = (3.44 \pm 0.01)\ \text{mm} \qquad (P = 99\%)$$

测量相对不确定度为：

$$E_D = \frac{0.01}{3.44} \times 100\% = 0.29\%$$

讨论：

(1) 参与合成的各部分不确定度必须有相同的置信概率。如例题中：u_A、u_B 的置信概率分别为 68 %，合成后 u 的置信概率也是 68 %。扩展不确定度是标准不确定度乘置信系数 3 后才有 99 % 的置信概率。

(2) 与例 1 的计算结果相比，置信区间虽然相对扩大了，但其可信度却增大了 31 个百分点。

第五节　直接测量不确定度的评定

一、单次测量不确定度的评定

在物理实验中，对一些物理量的测量，由于条件限制、测量要求不高或已知A类不确定度的评定量值远小于B类不确定度的评定量值时，可只进行单次测量。

单次测量时，由式（1-2-5）可知，实验标准差不易确定，即测量值无实验标准差可估算。因此，对单次测量，其测量不确定度只能根据测量仪器、测量方法、实验条件以及实验者的技术水平等实际情况，用B类不确定度的评定方法，式（1-4-3）来合理评定被测量结果的不确定度量值。

二、多次测量不确定度的评定

多次重复测量可以减小测量中的随机误差，使测量的算术平均值更接近于被测量的真值。多次测量时，用测量列算术平均值的实验标准差 σ_N 作为合成不确定度 u 中A类不确定度的评定量值 u_A；而把由仪器误差、实验测量方法等各种系统因素引起的系统误差按均匀分布（$P=68\%$）来处理，由式（1-4-3）合成，作为B类不确定度的评定量值 u_B。然后用式（1-4-1）合成，求出合成标准不确定度，再由式（1-4-4）求出扩展不确定度 U_P，作为测量结果的不确定度量值。

单次测量仅用B类不确定度来评定测量结果的不确定度。而多次测量不仅要考虑B类不确定度的评定量值 u_B，还需考虑A类不确定度的评定量值 u_A。可见，单次测量值的不确定度是多次测量值不确定度的一种特例，其测量准确度相对较低。

第六节　间接测量不确定度的评定

间接测量的结果是由直接测量量通过一定的函数关系计算出来的。由于各直接测量量都有一定的测量不确定度，因此，经计算得到的间接量值也必然有不确定度存在。间接测量的不确定度是由组成该间接量的各直接测量量的不确定度传播所产生的。表达各直接测量不确定度与间接测量不确定度之间的关系式，称为不确定度的传播律公式。

一、间接测量不确定度的评定 —— 不确定度传播律

设间接测量量 N 是几个彼此独立的直接测量量 x，y，z，… 的函数，表示为：

$$N=f(x, y, z, \cdots) \tag{1-6-1}$$

各直接测量量的分不确定度分别为 u_x，u_y，u_z，…，表示间接测量量 N 的不确定度 u_N 由各直接测量量的分不确定度用方和根方法合成，称为不确定度传播律公式：

$$u_N=\sqrt{\left(\frac{\partial f}{\partial x}u_x\right)^2+\left(\frac{\partial f}{\partial y}u_y\right)^2+\left(\frac{\partial f}{\partial z}u_z\right)^2+\cdots} \tag{1-6-2}$$

相对不确定度的传播律公式为：

$$\frac{u_N}{N}=\sqrt{\left(\frac{\partial \ln f}{\partial x}u_x\right)^2+\left(\frac{\partial \ln f}{\partial y}u_y\right)^2+\left(\frac{\partial \ln f}{\partial z}u_z\right)^2+\cdots} \tag{1-6-3}$$

上二式中的 u_x、u_y、u_z ⋯ 分别由式（1-4-1）评定。

经不确定度传播律公式（1-6-2）或（1-6-3）计算的合成不确定度，再由式（1-4-4）求出扩展不确定度，作为间接量 N 的测量不确定度：

$$U_P = k\,u_N \quad (k=2 \text{ 时}，P=95\,\%；k=3 \text{ 时}，P=99\,\%) \tag{1-6-4}$$

说明：

⑴ 间接量不确定度传播律计算公式与数学中的全微分公式类似，不确定度是微小的量，相当于数学中的“变量”，公式中用不确定度 u_x 等代替微分 dx 等，且要考虑到不确定度合成的统计性质。

⑵ 在应用式（1-6-2）、（1-6-3）计算间接量的不确定度时，参与合成的各个分不确定度应有相同的置信概率。

例 3　单摆测重力加速度的公式为 $g=\dfrac{4\pi^2 l}{T^2}$。经多次测量，得到各直接测量量的结果为：$T=(2.000\pm0.002)$ s（$P=68\,\%$），$l=(100.0\pm0.1)$ cm（$P=68\,\%$），试求重力加速度 g 及相对不确定度 E_g。

解　重力加速度为：

$$g=\frac{4\pi^2 l}{T^2}=\frac{4\pi^2\times1.000}{2.000^2}=9.870\ (\text{m/s}^2)$$

按不确定度传播律公式（1-6-2）计算：

$$\begin{aligned}u_g&=\sqrt{\left(\frac{\partial g}{\partial T}u_T\right)^2+\left(\frac{\partial g}{\partial l}u_l\right)^2}\\&=\sqrt{\left(-\frac{2\times4\pi^2 l}{T^3}u_T\right)^2+\left\{\frac{4\pi^2}{T^2}u_l\right\}^2}\\&=\left(\frac{2\pi}{T}\right)^2\sqrt{\left(\frac{2l}{T}u_T\right)^2+u_l^2}\\&=\left(\frac{2\pi}{2.000}\right)^2\times\sqrt{\left(\frac{2\times1.000}{2.000}\times0.002\right)^2+0.001^2}=0.02\ (\text{m/s}^2)\end{aligned}$$

也可按相对不确定度传播律公式（1-6-3）计算：

$$\begin{aligned}\frac{u_g}{g}&=\sqrt{\left(\frac{\partial\ln f}{\partial T}u_T\right)^2+\left(\frac{\partial\ln f}{\partial l}u_l\right)^2}=\sqrt{\left(\frac{-2}{T}u_T\right)^2+\left(\frac{1}{l}u_l\right)^2}\\&=\sqrt{\left(\frac{2\times0.002}{2.000}\right)^2+\left(\frac{0.1}{100.0}\right)^2}=0.2\,\%\end{aligned}$$

得：$$u_g=g\left(\frac{u_g}{g}\right)=9.780\times0.2\%=0.02\ (\text{m/s}^2)$$

扩展不确定度：$U_{95}=2\,u_g=2\times0.02=0.04\ (\text{m/s}^2)$

结果为：$g=(9.87\pm0.04)\ \text{m/s}^2$

相对不确定度：$E_g=\dfrac{0.04}{9.87}\times100\%=0.4\,\%$

说明：

⑴ 在数据处理时，要先写出公式，再代入数值，然后可直接写出计算结果。不能在公式后面直接写出计算结果。

⑵ 按国家计量技术规范的规定，测量结果的置信概率为 95 % 时，在测量结果的表达式中可不注明其置信概率，反之亦然。

二、传播灵敏度

在不确定度传播律公式中：

$\left(\frac{\partial f}{\partial x}u_x\right)^2$，$\left(\frac{\partial f}{\partial y}u_y\right)^2$，$\left(\frac{\partial f}{\partial z}u_z\right)^2$，…，为各直接测量量的分不确定度。

$\left(\frac{\partial f}{\partial x}\right)^2$，$\left(\frac{\partial f}{\partial y}\right)^2$，$\left(\frac{\partial f}{\partial z}\right)^2$，…，为各直接测量量的不确定度传播灵敏度。

可见，一个直接测量量的不确定度对于间接量的总不确定度的贡献，不仅取决于各直接测量量的不确定度大小，还取决于各直接测量量的不确定度传播灵敏度。

例 4 在密度测量实验中，实验公式为 $\rho = 4M/\pi d^2 h$，式中 M 为待测圆柱体的质量，d、h 分别为圆柱体的直径和高度，试分析各直接测量量对测量结果的影响。

解 由相对不确定度传播律公式（1-6-3）可得：

$$\frac{u_\rho}{\rho} = \sqrt{\left(\frac{\partial \ln f}{\partial d}u_d\right)^2 + \left(\frac{\partial \ln f}{\partial h}u_h\right)^2 + \left(\frac{\partial \ln f}{\partial M}u_M\right)^2}$$

$$= \sqrt{\left(\frac{2}{d}u_d\right)^2 + \left(\frac{1}{h}u_h\right)^2 + \left(\frac{1}{M}u_M\right)^2}$$

可见，直径 d 的测量对总不确定度的影响较大。因此，在测量中，应特别注意设法减小它的测量误差。

由例 4 还可看出，不确定度传播律公式不仅可以用来计算间接测量量的不确定度，也可以用来分析各直接测量量的分不确定度对间接测量量的不确定度的影响。我们在实验时，可以根据实验测量要求，对于那些影响大的直接测量量，预先考虑措施，合理的选择实验测量方法。

例 5 测量两平行轴的轴心距 L，因轴心不易确定，直接测量 L_1、L_2、d_1、d_2（如图）。各测量值的测量不确定度分别为：$u_{L1} = u_{L2} = 0.1\ (\text{mm})$、$u_{d1} = u_{d2} = 0.08\ (\text{mm})$，在下面三种间接测量方案中选取最佳测量方法。

① $L = L_1 - \frac{d_1}{2} - \frac{d_2}{2}$；

② $L = L_2 + \frac{d_1}{2} + \frac{d_2}{2}$；

③ $L = \frac{L_1}{2} + \frac{L_2}{2}$。

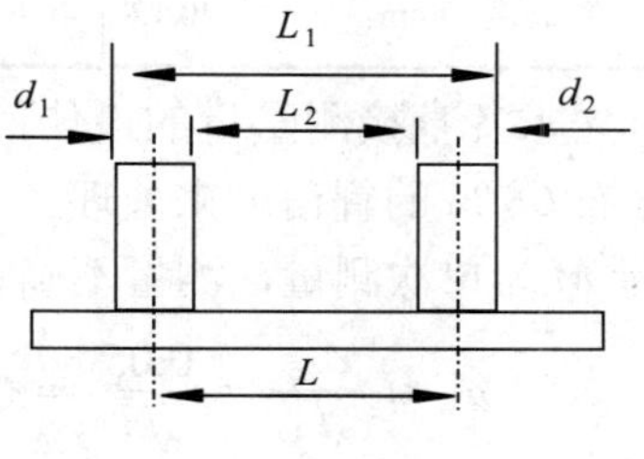

解 由不确定度传播律公式可得：

$$u_{L_{①}}=\sqrt{\left(\frac{\partial L}{\partial L_1}u_{L_1}\right)^2+\left(\frac{\partial L}{\partial d_1}u_{d_1}\right)^2+\left(\frac{\partial L}{\partial d_2}u_{d_2}\right)^2}=\sqrt{u_{L_1}^2+\left(\frac{u_{d_1}}{2}\right)^2+\left(\frac{u_{d_2}}{2}\right)^2}$$

$$=\sqrt{0.1^2+2\times\left(\frac{0.08}{2}\right)^2}=0.115\ \text{(mm)}$$

同理：$$u_{L_{②}}=0.115\ \text{mm}$$

$$u_{L_{③}}=0.071\ \text{mm}$$

显然应选用方案③。

另外，在不确定度传播律公式的方和根合成中，当某项分不确定度与最大分不确定度项相差一个数量级以上时，可以把这项分不确定度忽略不计。这在评定不确定度时有很大的实际意义，可以大大简化计算。

例 6 已知 $N=AB/C$，其中 $A=(12.6\pm0.1)$ mm，$B=(22.274\pm0.004)$ mm，$C=(54.62\pm0.02)$ mm，求 N 的相对不确定度。

解 把结果表示为相对不确定度传播形式，由式（1-6-3）可得：

$$\frac{u_N}{N}=\sqrt{\left(\frac{\partial \ln f}{\partial A}u_A\right)^2+\left(\frac{\partial \ln f}{\partial B}u_B\right)^2+\left(\frac{\partial \ln f}{\partial C}u_C\right)^2}=\sqrt{\left(\frac{u_A}{A}\right)^2+\left(\frac{u_B}{B}\right)^2+\left(\frac{u_C}{C}\right)^2}$$

$$=\sqrt{\left(\frac{0.1}{12.6}\right)^2+\left(\frac{0.004}{22.274}\right)^2+\left(\frac{0.02}{54.62}\right)^2}=\sqrt{\left(\frac{0.8}{100}\right)^2+\left(\frac{0.02}{100}\right)^2+\left(\frac{0.04}{100}\right)^2}$$

显然，后两项分不确定度与第一项分不确定度相差一个数量级，因此，后两项分不确定度可忽略不计，则：

$$\frac{u_N}{N}\approx\frac{0.8}{100}=0.8\ \%$$

例 7 以例 4 密度测量为例，用 TW- 05 物理天平（$\Delta_{仪}=\pm0.05$g）测得黄铜圆柱体质量 $M=107.29$ g，直径 d 和高度 h 测量数据为表 1-6-1 所示，求黄铜圆柱体的密度。

表 1-6-1　黄铜圆柱体直径和高度测量数据表

测量量 \ 测量次数	1	2	3	4	5	测量仪器说明
直径 /mm	19.857	19.866	19.865	19.903	19.843	0 ～ 25 mm 一级千分尺
高度 /mm	40.12	40.08	40.22	40.16	40.11	0 ～ 150 mm 游标卡尺

解 首先求各直接测量量的最佳值和不确定度，B 类不确定度评定仅考虑仪器误差且按均匀分布 68 % 的置信度来处理。

⑴ 质量 M 为单次测量，测量不确定度为：

$$u_M=\frac{\Delta_{仪}}{\sqrt{3}}=\frac{0.05}{\sqrt{3}}=0.03\ \text{(g)}$$

则质量为：$$M=(107.29\pm0.03)\ \text{g}\quad(P=68\ \%)$$

(2) 求直径的最佳值和不确定度为：

$$\overline{d}=\frac{1}{5}\times(19.857+19.866+19.865+19.903+19.843)$$

$$=19.867\ \ (\text{mm})$$

$$\sigma_d=\sqrt{\frac{1}{5\times(5-1)}\sum_{i=1}^{5}\left(d_i-\overline{d}\right)^2}=\ \cdots\ =0.0098\ \ (\text{mm})$$

$$u_d=\sqrt{\sigma_d^2+\left(\frac{\varDelta_{仪}}{\sqrt{3}}\right)^2}$$

$$=\sqrt{0.0098^2+\left(\frac{0.004}{\sqrt{3}}\right)^2}$$

$$=0.01\ \ (\text{mm})$$

$$d=(19.87\pm0.01)\ \text{mm}\quad (P=68\ \%)$$

(3) 求高度的最佳值和不确定度为：

$$\overline{h}=\frac{1}{5}\times(40.12+40.08+40.22+40.16+40.11)$$

$$=40.14\ \ (\text{mm})$$

$$\sigma_h=\sqrt{\frac{1}{5\times(5-1)}\sum_{i=1}^{5}\left(h_i-\overline{h}\right)^2}=\ \cdots\ =0.024\ \ (\text{mm})$$

$$u_h=\sqrt{\sigma_h^2+\left(\frac{\varDelta_{仪}}{\sqrt{3}}\right)^2}$$

$$=\sqrt{0.024^2+\left(\frac{0.02}{\sqrt{3}}\right)^2}$$

$$=0.03\ \ (\text{mm})$$

$$h=(40.14\pm0.03)\ \text{mm}\quad (P=68\ \%)$$

第二， 因为实验公式为积商关系，故按相对不确定度求解较为方便。

$$\overline{\rho}=\frac{4M}{\pi\,\overline{d}^2\,\overline{h}}=\frac{4\times107.29\times10^6}{3.1416\times19.87^2\times40.14}=8.619\times10^3\ \ (\text{kg/m}^3)$$

$$\frac{u_\rho}{\rho}=\sqrt{\left(\frac{\partial\ln f}{\partial d}u_d\right)^2+\left(\frac{\partial\ln f}{\partial h}u_h\right)^2+\left(\frac{\partial\ln f}{\partial M}u_M\right)^2}=\sqrt{\left(\frac{2u_d}{\overline{d}}\right)^2+\left(\frac{u_h}{\overline{h}}\right)^2+\left(\frac{u_M}{M}\right)^2}$$

$$=\sqrt{\left(\frac{2\times0.01}{19.87}\right)^2+\left(\frac{0.03}{40.14}\right)^2+\left(\frac{0.03}{107.29}\right)^2}=1.3\times10^{-3}$$

$$u_\rho=\overline{\rho}\left(\frac{u_\rho}{\rho}\right)=8.619\times10^3\times1.3\times10^{-3}=11\ (\text{kg}/\text{m}^3)$$

扩展不确定度为： $U_{95}=2\,u_\rho=2\times11=22\ \ (\text{kg}/\text{m}^3)$

测量结果为： $\rho=(8.62\pm0.02)\times10^3\ \ \text{kg}/\text{m}^3$

$$E_\rho=\frac{0.02}{8.62}\times100\%=0.23\ \%$$

测量结果表明，被测黄铜密度的真值有 95 % 的概率落在 [8.64，8.60]$\times10^3$ kg/m^3 的区间内，测量不确定度相对于测量值所占的百分比为 0.23 % 。

常用的函数关系的不确定度传播律公式见表 1-6-2，供选择使用。

表 1-6-2　常用函数的不确定度传播公式

测量关系式 $N=f(x,y,z,\cdots)$	不确定度传播律公式
$N=x^a \pm y^b$	$u_N=\sqrt{(ax^{a-1}u_x)^2+(by^{b-1}u_y)^2}$
$N=kx$	$u_N=k\,u_x$，$\dfrac{u_N}{N}=\dfrac{u_x}{x}$
$N=\sqrt[k]{x}$	$\dfrac{u_N}{N}=\dfrac{1}{k}\dfrac{u_x}{x}$
$N=\dfrac{x^k y^m}{z^n}$	$\dfrac{u_N}{N}=\sqrt{\left(\dfrac{ku_x}{x}\right)^2+\left(\dfrac{mu_y}{y}\right)^2+\left(\dfrac{nu_z}{z}\right)^2}$
$N=\sin x$	$u_N=\lvert\cos x\rvert u_x$
$N=\ln x$	$u_N=\dfrac{u_x}{x}$

从表中可看出，间接测量量的计算公式只含有加减运算时，用式（1-6-2）计算较为方便；当计算公式中含有乘、除、乘方或开方运算时，用式（1-6-3）先计算较为方便。

练　习　题

一、误差的分类，特点，计算仪器测量误差有哪几种方法？

二、不确定度的概念，如何理解测量误差与测量不确定度评定之间的关系？

三、求出下面各式的不确定度传播律公式。

(1) $R_x=\dfrac{U}{I}$　　(2) $v=\dfrac{\lambda}{f}$　　(3) $E=\dfrac{8FLD}{\pi d^2 b\Delta h}$

(4) $\rho=\dfrac{M}{M-M_1}\rho_0$　　(5) $R=\dfrac{D_m^2-D_n^2}{4(m-n)\lambda}$　　(6) $I_1=\dfrac{(T^2-T_0^2)k}{4\pi^2}$

第二章 实验数据处理

数据处理是指从获得数据起到得到结果为止的加工过程，它包括数据的记录与整理、分析与计算等步骤。简言之，用简明而严格的数学方法把实验数据所代表的事物内在规律性提炼出来就是数据处理。本章将介绍在物理实验中常用的列表法、作图法、逐差法、最小二乘法（回归法）。

第一节 有效数字

一、有效数字的概念

测量值都含有误差，因此表示测量值的数都是具有一定准确度的近似数，对这些数值的记录和计算，应与一般的数学运算有别。表示测量值的数字是有严格要求的，在测量中判断哪些位数字应当记，哪些位数字不应当记，其根据就是误差。在误差位以前的各位数字叫可靠数字；有误差的那位数字叫存疑数字；而在误差位以后的数字则是不确定的，用任何数字表示都是无效的，这些数字就不应当记。我们把测量值中可靠的几位数字加上存疑的一位数字，称为测量值的有效数字，有效数字的个数称为有效数字的位数。一般而言，仪器的最小分度是它度量的最小准确数，而在最小分度之间估读的数值就是该仪器的误差所在位。

定义 准确数字后再保留一位存疑数字，统称为测量值的有效数字。

约定 在物理实验中，测量误差只记一位有效数字值，要根据测量误差的所在位，确定测量值有效数字的位数。

二、有效数字的性质及注意事项

⑴ 有效数字的位数越多，测量值的准确度就越高。如：三位有效数字的相对误差约百分之几，四位有效数字的相对误差约千分之几。

⑵ 数字前的“0”在有效数字中没有意义，数字后的“0”却不能随意地增减。如：0.01940 mm 与 0.0194 mm，两者从数学的角度看是等量的，但从有效数字的意义来讲却有极大的差别。

⑶ 换算单位时，有效数字的位数保持不变。如：$38.4\ \text{mm} = 3.84\ \text{cm} = 3.84\times10^{-2}\ \text{m} = 3.84\times10^{-5}\ \text{km}$。

⑷ 在书写很大或很小的数字，而数字的有效位数又不多时，通常写成 $\times10^n$（n 可正可负）的标准形式，称为有效数字的科学表示法，其中 10^n 不计有效位数。书写时，小数点点在第一位数字后面，而整个数的数量级则用 10 的方幂表示。

⑸ 计算公式中的常数，如 e 、π、$\sqrt{2}$ 等，本书约定：**公式中的常数其有效位数一般情况下比参加运算的各数中有效数字最少的一位多保留一位。**

三、有效数字的运算规则

有效数字进行数学运算时，一般遵循的原则是：**可靠数字与可靠数字之间的运算，其结果仍是可靠的；可靠数字与存疑数字之间的运算，其结果是存疑的。**

和差运算 其结果的最后一位与参加运算量中最高存疑位对齐。

积商运算 其结果的有效位应与参加运算的各个量中有效位最少者相等。

函数的有效位 在进行函数运算时，不能搬用四则运算的有效数字运算规则。一般情况下，可按以下方法进行：

1. 对数

用微分公式求出误差，再由误差所在位确定有效数字的位数。

例 1 已知 $y = \ln x = \ln 57.8 = 4.056988776 \cdots$，问该保留多少位？

解 因 $x = 57.8$，故取 $\Delta x = 0.1$，根据误差保留一位的规定：

$$\Delta y = \frac{\Delta x}{x} = \frac{0.1}{57.8} = 0.002$$

y 的误差在小数点后第三位，因此：

$$y = \ln 57.8 = 4.057$$

可见，对于某数 x 的自然对数 $\ln x$，其小数部分的位数与该数 x 的有效位数相同。

2. 指数

用微分公式求出误差，再由误差所在位确定有效数字的位数。

例 2 已知 $y = e^{x} = e^{9.34} = 11384.40824 \cdots$，问该保留多少位？

解 因 $x = 9.34$，故取 $\Delta x = 0.01$，根据误差保留一位的规定：

$$\Delta y = e^{x} \Delta x = e^{9.34} \times 0.01 = 1 \times 10^{2}$$

y 的误差在百位，因此：

$$y = e^{9.34} = 1.14 \times 10^{4}$$

可见，对于 e^{x}，把 e^{x} 的结果写成科学表达式，小数点前保留一位，小数点后保留的位数与 x 在小数点后的位数相同。

3. 开方

用微分公式求出误差，再由误差所在位确定有效数字的位数。对于 $y = \sqrt[n]{x}$，由微分求出误差，由误差决定有效数字位数：

$$\Delta y = \frac{\Delta x}{n\left(\sqrt[n]{x}\right)^{n-1}} \tag{2-1-1}$$

例 3 $y = \sqrt[14]{9.346} = 1.173087515 \cdots$，问该保留多少位？

解 $n = 14$，$x = 9.346$，取 $\Delta x = 0.001$，根据误差保留一位的规定：

$$\Delta y = 0.001 / \left[14 \times \left(\sqrt[14]{9.346}\right)^{13}\right] \approx 0.000009$$

$\Delta y = 0.000009$，即 y 值应取到小数点后六位，因此：

$$y = \sqrt[14]{9.346} = 1.173088$$

4. 三角函数

对三角函数，应先取其微分，再依测角仪器的误差确定其有效位。

例 4 用仪器误差为 1′ 的分光计测量光的偏转角。若测得偏转角 $\beta = 9°24'$，欲求 $\cos 9°24' = 0.986572161\cdots$，应保留几位有效数？

解 依微分法求其误差，$\Delta(\cos x) = (\sin x)\Delta_{仪}$，而 $\Delta_{仪} = 1' = 0.000291$ 弧度，则：

$$\begin{aligned}\Delta(\cos 9°24') &= (\sin 9°24')\Delta_{仪} \\ &= 0.163325963 \times 0.000291 \\ &= 0.0000475 \approx 0.00005\end{aligned}$$

因误差位在小数点后第五位，所以：$\cos 9°24' = 0.98657$。

5. 数据运算尾数确定

在实验数据运算的过程中，最后运算结果的尾数可按“4 舍 6 入，逢 5 看前后”进行。逢 5 看前后是指逢 5 时，5 后面的数为非零则进；若为零，则看 5 前面的数，奇数进，偶数不进。

第二节　列表法

列表法处理数据是把实验测得的数据和计算结果，以表格的形式一一对应地排列起来，以便分析各测量量之间的关系，从中找出某种有规律性的联系。

一、列表的作用

在记录和处理数据时将数据列成表，这样有条不紊，养成一种科学的工作习惯。

将数据列表，可以简单而明确的表示有关物理量的对应关系，易于参考比较测量结果，及时发现和分析问题，有助于找出有关量之间的规律性联系，求出经验公式。

数据列表还可以提高处理数据的效率，减少错误，利于计算和分析误差，必要时可对数据随时查对。

二、列表应达到下列要求

列表的形式不限，根据具体情况，决定列出哪些项目。采集到的实验数据，要用正确的方法把它记录下来，才便于整理、分析。一份完整的数据表除了将各组测量数据合理地排列外，通常应该注意以下几个问题：

⑴ 写出表格的名称，写明表中各符号所代表的被测量的意义并注明单位。

⑵ 表中的数据要正确反映出测量值的有效数字，简明地表示出有关量之间的关系。

⑶ 必要时可对某些问题加以说明。如：所用仪器的最大允许误差，准确度等级，测量仪器的量程等其他测量条件。

例如：在透镜曲率半径测量的实验中，光等厚干涉牛顿环直径的测量数据记录可设计成表 2-1-1 的形式。

表 2-1-1　牛顿环直径测量数据

<table>
<tr><td rowspan="2">a 环测量次数</td><td colspan="2">读数 / mm</td><td rowspan="2">a 环直径 D_a /mm</td><td rowspan="2">a 环直径偏差 / mm</td><td rowspan="2">b 环测量次数</td><td colspan="2">读数 / mm</td><td rowspan="2">b 环直径 D_b /mm</td><td rowspan="2">b 环直径偏差 / mm</td></tr>
<tr><td>左</td><td>右</td><td>左</td><td>右</td></tr>
<tr><td>1</td><td></td><td></td><td></td><td></td><td>1</td><td></td><td></td><td></td><td></td></tr>
<tr><td>2</td><td></td><td></td><td></td><td></td><td>2</td><td></td><td></td><td></td><td></td></tr>
<tr><td>3</td><td></td><td></td><td></td><td></td><td>3</td><td></td><td></td><td></td><td></td></tr>
<tr><td>4</td><td></td><td></td><td></td><td></td><td>4</td><td></td><td></td><td></td><td></td></tr>
<tr><td colspan="3">a 环直径平均值 / mm</td><td colspan="2"></td><td colspan="3">b 环直径平均值 / mm</td><td colspan="2"></td></tr>
<tr><td colspan="4">a 环直径实验标准差 / mm</td><td></td><td colspan="4">b 环直径实验标准差 / mm</td><td></td></tr>
</table>

0 ～ 50 mm 读数显微镜测量（ $b \geqslant 10$ ， $a - b = 20$ ）

第三节　作图法

作图法是把实验数据按其对应关系在坐标纸上描点，并绘出一光滑的曲线，把一系列实验数据之间的关系或变化情况直观地表现出来，以此曲线揭示物理量之间对应的函数关系，求出经验公式。用作图法处理数据具有直观、简便以及取平均的效果，而且还可以发现误差或剔除测量中的错误数据。作图时要按以下的规则进行：

一、等精度作图

用坐标纸进行等精度作图，即纸的大小应依测量值的有效数字以等精度原则而定。要标明图的名称（标法一般用“ $x \sim y$ 图”）、轴名、单位、日期等。在坐标轴上每隔一定间距应按有效数字的位数标明数值，如果数据特别大或特别小时，可以提出乘积因子，如 $\times 10^5$、$\times 10^{-3}$ 等放在坐标轴最大值的一端。

二、确定坐标轴的比例

纵横两坐标轴的比例可以不同，坐标轴的起点也不一定从零开始。图上的实验数据点，一般可用符号“×”、“+”、“·”等予以标明。不同的曲线应用不同的符号，绘线时要考虑实验点的分布。图线并不一定要通过所有实验点，但要求数据点应均匀地分布在图线的两侧。图线的延长线可用虚线表示。

三、图线的物理意义

要正确解释图线的物理意义。一般地说：图线上的一个点代表一个状态；图线上的一个线段代表某一个过程或某一区间两个物理量间的关系；图线在某一坐标轴上的截距代表物理量的某一特殊值；图线的斜率代表一个物理量对另一个物理量的变化率；图线所包围的面积代表一个物理量随另一个物理量的累积值。

四、求各参数与物理量间的关系

根据实验图线，可以用解析方法求出图线上各种参数及物理量之间的关系式。

1. 图解法

对直线方程 $y=b+cx$，只要确定了参数 b、c，即可确定直线方程，从而得到物理量 x、y 所满足的经验公式。

(1) 求斜率的方法：可在直线上取相距较远的两点（x_1，y_1）、（x_2，y_2），不一定要取测量点，由两点式公式求出斜率：

$$c=\frac{y_2-y_1}{x_2-x_1} \tag{2-3-1}$$

要注意：通常斜率是一个有单位的物理量。因为，物理图线是代表一种函数关系，而不是空间的几何图形，一般地说它的两个坐标的标度并没有可比的关系，纵坐标和横坐标代表的物理量、分度值与空间坐标不同。因此，不能用量取直线倾角求正切的方法来求斜率。

(2) 求截距的方法：将直线延长交与纵轴，直线的截距便可从纵坐标轴上直接读出，或由点斜式公式求解：

$$b=\frac{x_2y_1-x_1y_2}{x_2-x_1} \tag{2-3-2}$$

2. 作图误差

在第一章中我们讨论的误差是测量误差，而数据处理是不应该引入误差的。但由于作图方法的局限，包括图纸的大小、不均匀性、作点连线的任意性以及画线的粗细等原因，作图法处理实验数据不可避免地会带入“作图误差”。显然，“作图误差”属于系统误差范畴。如果作图仅仅是对测量结果作定性分析，这种“作图误差”是可以忽视的，但若某一实验测量的结果是由作图法定量求出的，那么这种“作图误差”就应该考虑了。“作图误差”大小的出现概率应该符合某一统计分布规律，但目前尚未见有关资料介绍。

为统一的起见，本书约定：**因“作图误差”的存在，作图法处理实验数据时，“作图误差”对测量结果的影响按均匀分布来处理，在B类不确定度的评定中，按68%的置信概率来考虑。**

例5 对式（2-3-1）来讲，斜率的相对不确定度为：

$$\frac{u_c}{c}=\sqrt{\left[\frac{\partial \ln f}{\partial(y_2-y_1)}\right]^2 u_{(y_2-y_1)}^2+\left[\frac{\partial \ln f}{\partial(x_2-x_1)}\right]^2 u_{(x_2-x_1)}^2}$$

$$=\sqrt{\frac{u_{y_2}^2+u_{y_1}^2}{(y_2-y_1)^2}+\frac{u_{x_2}^2+u_{x_1}^2}{(x_2-x_1)^2}}$$

式中 u_{y_1}，u_{y_2}，u_{x_1}，u_{x_2} 分别为：各坐标“读数点”的分不确定度。由于 u_{yi} 和 u_{xi} 是在同同一坐标分度中引出，因此它们等量。所以：

$$\frac{u_c}{c}=\sqrt{\frac{2u_y^2}{(y_2-y_1)^2}+\frac{2u_x^2}{(x_2-x_1)^2}} \tag{2-3-3}$$

显然，式中 u_y、u_x 这些分不确定度是由“作图误差”和“仪器误差”带来的。因此，可考虑 u_y、u_x 分别由纵轴和横轴的“读数误差”（可取坐标轴最小分度的一半）及实验测量时的“仪器误差”来评定其不确定度量值，且按均匀分布、68 % 的置信概率来处理。

3. 曲线的改直

多数物理量之间的关系是非线性的，可通过适当的变换使它们成为线性关系，把曲线改成直线。曲线改直以后，实验数据的处理会很方便，也容易求得有关的物理量。

单对数坐标纸用来处理一些非线性函数是很方便的。单对数坐标纸只在纵轴方向上按对数分度，而在横坐标上仍然按普通均匀坐标来分度。在对数坐标纸上，数值的分布是不均匀的，对数坐标轴上的数按 1，2，3，4，5，6，7，8，9，1 由疏到密不等间隔分度，构成一个循环单元，称为一级（图 2-3-1 所示）。

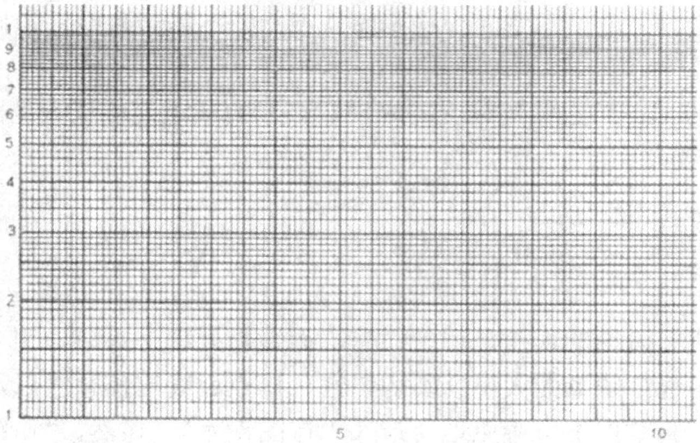

图 2-3-1　单对数坐标图

例 6　对指数函数曲线：$y=be^{-cx}$，式中 c、b 是未知常数，若用作图法求解，可将函数线性化处理。对指数函数两边取对数，得：

$$\lg y=-c\,(\lg e)\,x+\lg b$$

在单对数坐标纸上以 $\lg y$ 为纵坐标，$(\lg e)\,x$ 为横坐标作图，曲线为一直线，直线的斜率为所求常数 c，截距为 $\lg b$，进而可求出常数 b。

例 7　用实验测量铜的电阻温度系数，温度 θ 与温度 θ 下的电阻 R 为线性关系。已知测量仪器误差为 $\Delta_R=0.2\ \Omega$，$\Delta_\theta=0.5$ ℃，测量数据如表 2-3-1 所示。根据实验数据求出铜电阻与温度的关系式。

表 2-3-1　温度 - 电阻测量数据

测量次数	1	2	3	4	5	6	7	8
温度 / ℃	0.0	15.0	30.0	45.0	60.0	75.0	90.0	105.0
铜电阻 / Ω	49.8	53.1	56.2	59.4	62.4	65.6	68.7	71.8

解　因铜电阻与温度的关系线性关系，设铜电阻与温度关系式为：$R = b + c\theta$。用作坐标纸等精度作图，横坐标每小格 1 ℃，纵坐标每小格 1Ω，如图 2-3-2 所示。在图中直线上选两点 P_1（24.1，55.0）、P_2（79.9.，68.0）。

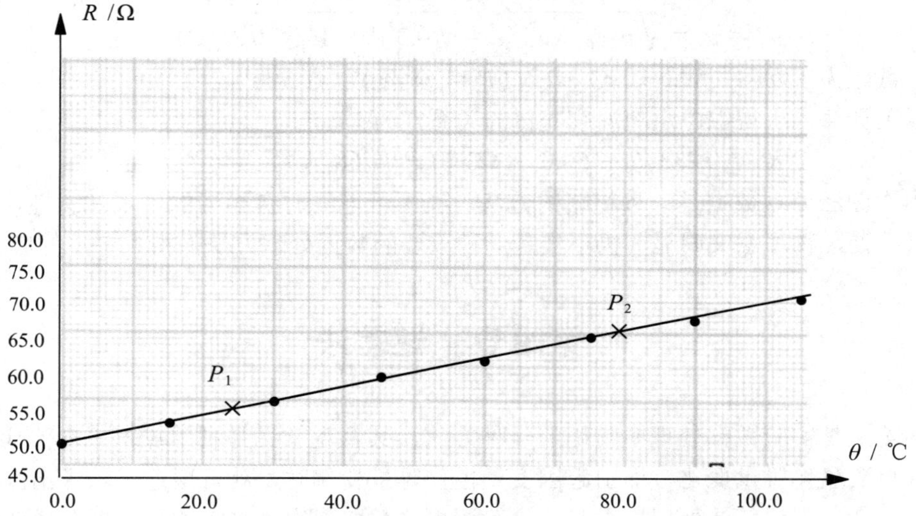

图 2-3-2　作图法处理实验数据

(1) 求斜率：由式（2-3-1）得：

$$c = \frac{68.0 - 55.0}{79.9 - 24.1} = 0.233 \ (\Omega / ℃)$$

求斜率的不确定度：影响斜率的不确定度有读数误差、仪器误差（Δ_θ 及 Δ_R），考虑按均匀分布、68 % 的置信概率处理，来评定斜率的不确定度。

取坐标轴最小分度的一半作为“读数误差”，则由“读数误差”引起的分不确定度按 B 类不确定度评定为：

$$u_{y坐标} = \frac{\Delta_y}{\sqrt{3}} = \frac{0.5}{\sqrt{3}} = 0.3 \ (\Omega), \quad u_{x坐标} = \frac{\Delta_x}{\sqrt{3}} = \frac{0.5}{\sqrt{3}} = 0.3 \ (℃)$$

作图时，由测量仪器误差而引入的不确定度分量评定为：

$$u_{y仪器} = \frac{\Delta_R}{\sqrt{3}} = \frac{0.2}{\sqrt{3}} = 0.1 \ (\Omega), \quad u_{x仪器} = \frac{\Delta_\theta}{\sqrt{3}} = \frac{0.5}{\sqrt{3}} = 0.3 \ (℃)$$

因此，坐标轴读数量值的不确定度评定为：

$$u_y = \sqrt{u_{y坐标}^2 + u_{y仪器}^2} = \sqrt{0.3^2 + 0.1^2} = 0.3 \ (\Omega)$$

$$u_x = \sqrt{u_{x坐标}^2 + u_{x仪器}^2} = \sqrt{0.3^2 + 0.3^2} = 0.4 \ (℃)$$

根据式（2-3-3），则斜率的不确定度按 B 类不确定度评定为：

$$u_c = c\sqrt{\frac{2u_y^2}{(y_2-y_1)^2}+\frac{2u_x^2}{(x_2-x_1)^2}}$$
$$= 0.233\times\sqrt{\frac{2\times0.3^2}{(68.0-55.0)^2}+\frac{2\times0.4^2}{(79.9-24.1)^2}}$$
$$= 0.0046\ (\Omega/℃)$$

因此，所求斜率为：$c = (0.233 \pm 0.005)\ \Omega/℃\quad (P = 68\%)$

(2) 求截距：由于直线交纵坐标，故截距 $b = 50.0\ \Omega$，其“读数误差”取坐标轴最小分度的一半，按均匀分布 68 % 的置信概率考虑，B 类不确定度评定。则：

$$u_b = u_y = \sqrt{u_{y坐标}^2 + u_{y仪器}^2} = \sqrt{0.3^2 + 0.1^2} = 0.3\ (\Omega)$$

因此，截距为：$b =（50.0 \pm 0.3）\Omega\quad (P = 68\%)$

通过以上计算，求得铜电阻随温度变化的关系式为：

$$R = 0.233\ \theta + 50.0\ (\Omega)\ (P = 68\%)$$

用作图法处理数据是一种粗略的方法，在图纸连线时有相当的主观任意性，但因其直观、简便，物理意义明显，仍不失是一种重要的数据处理方法而得到广泛的应用。

第四节　逐差法

逐差法是实验数据处理中常用的一种方法，其直观意义是利用算术平均值代替实测值。凡自变量作等量变化，而引起因变量也作等量变化时，就可用逐差法求出因变量的平均变化量。用逐差法处理数据时，一般测量次数取偶次，且将测量数据分成两组，前一组与后一组对应项逐差。使用逐差法时，应同时满足的条件为：

(1) 函数必须是一元函数，而且可写成多项式，如：

$$y = a_0 + a_1 x$$

或

$$y = a_0 + a_1 x + a_2 x^2$$
$$y = a_0 + a_1 x + a_2 x^2 + a_3 x^3$$

·

·

(2) 自变量的变化应等间距。

(3) 自变量的测量误差应远小于因变量。

例 8　测某个物理量，当输入量 x 每增加 0.5 kg 时，测得输出量 y 相应的增加量为表 2-4-1 所示，求当输入量 x 每增加 0.5 kg 时，输出量 y 的平均增加量为多少？

表 2-4-1　测量数据

测量次数	1	2	3	4	5	6	7	8
x / kg	0.5	1.0	1.5	2.0	2.5	3.0	3.5	4.0
y / cm	0.11	0.43	0.73	1.04	1.33	1.64	1.96	2.25

解　把八组数据分为 1 ～ 4 和 5 ～ 8 两组，前一组与后一组对应项逐差：

$$S_{5\text{-}1} = y_5 - y_1 = 1.33 - 0.11 = 1.22 \ (\text{cm})$$
$$S_{6\text{-}2} = y_6 - y_2 = 1.64 - 0.43 = 1.21 \ (\text{cm})$$
$$S_{7\text{-}3} = y_7 - y_3 = 1.96 - 0.73 = 1.23 \ (\text{cm})$$
$$S_{8\text{-}4} = y_8 - y_4 = 2.25 - 1.04 = 1.21 \ (\text{cm})$$
$$\overline{S} = \frac{1}{4}\times\frac{1}{4}\times(S_{5-1}+S_{6-2}+S_{7-3}+S_{8-4}) = \cdots = 0.30 \ (\text{cm})$$

求算术平均值的实验标准差：

$$S_1 = y_2 - y_1 = 0.43 - 0.11 = 0.32 \ (\text{cm}),\quad V_1 = S_1 - \overline{S} = 0.32 - 0.30 = 0.02 \ (\text{cm})$$
$$S_2 = y_3 - y_2 = 0.73 - 0.43 = 0.30 \ (\text{cm}),\quad V_2 = S_2 - \overline{S} = 0.30 - 0.30 = 0.00 \ (\text{cm})$$
$$S_3 = y_4 - y_3 = 1.04 - 0.73 = 0.31 \ (\text{cm}),\quad V_3 = S_3 - \overline{S} = 0.31 - 0.30 = 0.01 \ (\text{cm})$$
$$S_4 = y_5 - y_4 = 1.33 - 1.04 = 0.29 \ (\text{cm}),\quad V_4 = S_4 - \overline{S} = 0.29 - 0.30 = -0.01 \ (\text{cm})$$
$$S_5 = y_6 - y_5 = 1.64 - 1.33 = 0.31 \ (\text{cm}),\quad V_5 = S_5 - \overline{S} = 0.31 - 0.30 = 0.01 \ (\text{cm})$$
$$S_6 = y_7 - y_6 = 1.96 - 1.64 = 0.32 \ (\text{cm}),\quad V_6 = S_6 - \overline{S} = 0.32 - 0.30 = 0.02 \ (\text{cm})$$
$$S_7 = y_8 - y_7 = 2.25 - 1.96 = 0.29 \ (\text{cm}),\quad V_7 = S_7 - \overline{S} = 0.29 - 0.30 = -0.01 \ (\text{cm})$$

$$\sigma_y = \sqrt{\frac{1}{n(n-1)}\sum_{i=1}^{7} V_i^2} = \sqrt{\frac{2\times\left[0.02^2 + 0.01^2 + (-0.01)^2\right]}{7\times(7-1)}} = 0.005 \ (\text{cm})$$

按 A 类不确定度评定：

$$u_{\text{A}} = \sigma_y = 0.005 \ (\text{cm})$$

扩展不确定度为：

$$U_{99} = 3u_{\text{A}} = 3\times0.005 = 0.02 \ (\text{cm})$$

因此，输出量 y 的平均增加量为：

$$(0.30 \pm 0.02)\ \text{cm} \qquad (P = 99\,\%)$$

相对不确定度为：

$$E = \frac{0.02}{0.30}\times100\% = 6.7\,\%$$

若不用逐差法处理数据，而采用逐项逐差的方法来处理，则：

$$\overline{S} = \frac{1}{7}[(y_2-y_1) + (y_3-y_2) + (y_4-y_3) + (y_5-y_4) + (y_6-y_5) + (y_7-y_6) + (y_8-y_7)]$$
$$= \frac{1}{7}(y_8-y_1)$$

其结果是中间测量值全部抵消，而失去多次测量的意义。

例 9　用逐差法处理本章例 7 的测量结果。

解　因温度 θ 与温度 θ 下的电阻 R 为线性关系，故可设铜电阻与温度的关系式为：

$$R = b + c\,\theta$$

先求铜电阻与温度之间的线性比例系数 c 。将实验数据分成两组：

$$R_{i+4} \sim R_i \quad (i = 1,\ 2,\ 3,\ 4)$$
$$\theta_{j+4} \sim \theta_j \quad (j = 1,\ 2,\ 3,\ 4)$$

根据实验数据，得：

$$R_{5\text{-}1}=62.4-49.8=12.6\ (\Omega),\quad R_{6\text{-}2}=65.6-53.1=12.5\ (\Omega)$$

$$R_{7\text{-}3}=68.6-56.2=12.4\ (\Omega),\quad R_{8\text{-}4}=71.8-59.4=12.4\ (\Omega)$$

用逐差法求出比例系数 c 的平均值：

$$\bar{c}=\frac{R_{5\text{-}1}+R_{6\text{-}2}+R_{7\text{-}3}+R_{8\text{-}4}}{4\times4\times15}=\frac{12.6+12.5+12.4+12.4}{4\times4\times15}=0.208\ (\Omega/℃)$$

由：

$$\bar{R}=\frac{R_{5\text{-}1}+R_{6\text{-}2}+R_{7\text{-}3}+R_{8\text{-}4}}{4}=\frac{12.6+12.5+12.4+12.4}{4}=12.5\ (\Omega)$$

求得各偏差为：$V_{R1}=12.6-12.5=0.1\ (\Omega)$，　$V_{R2}=12.5-12.5=-0.0\ (\Omega)$

$V_{R3}=12.4-12.5=-0.1\ (\Omega)$，$V_{R4}=12.4-12.5=-0.1\ (\Omega)$

实验标准差为：$\sigma_R=\sqrt{\dfrac{1}{n(n-1)}\sum_{i=1}^{4}V_{R_i}^2}=\sqrt{\dfrac{0.1^2+2\times(-0.1)^2}{4\times(4-1)}}=0.05\ (\Omega)$

从实验数据可知，温度是等间距变化，因此，对应的有：$\bar{\theta}=15\times4=60$（℃）。又因为电阻与温度之间的变化为线性关系，故又有：$c=\bar{R}/\bar{\theta}$，按不确定度传播律和合成标准不确定度评定：

$$\frac{u_c}{c}=\sqrt{\left(\frac{u_R}{\bar{R}}\right)^2+\left(\frac{u_\theta}{\bar{\theta}}\right)^2}=\sqrt{\left[\frac{\sqrt{(t_R\,\sigma_R)^2+(\Delta_R/\sqrt{3})^2}}{\bar{R}}\right]^2+\left(\frac{\Delta_\theta/\sqrt{3}}{\bar{\theta}}\right)^2}$$

$$=\sqrt{\left[\frac{\sqrt{(1.2\times0.05)^2+0.1^2}}{12.5}\right]^2+\left(\frac{0.3}{60}\right)^2}=0.011$$

可得 c 的不确定度：$u_c=\dfrac{u_c}{c}\,\bar{c}=0.011\times0.208=0.0023\ (\Omega/℃)$

扩展不确定度：$U_{95}=2\,u_c=2\times0.0023=0.0046\ (\Omega/℃)$

因此，比例系数 c 为：$c=(0.208\pm0.005)\ \Omega/℃$

再求系数 b。温度为零时，铜电阻的阻值 $R=49.89\ \Omega$，即为 b，根据题意给出的仪器误差，按均匀分布、68 % 的置信概率来考虑，由 B 类不确定度评定，得：

$$u_b=\sqrt{\left(\frac{\Delta_R}{\sqrt{3}}\right)^2}=\frac{0.2}{\sqrt{3}}=0.1\ (\Omega)$$

扩展不确定度：$U_{95}=2\,u_b=2\times0.1=0.2\ (\Omega)$

因此，系数 b 为：$b=(49.8\pm0.2)\ \Omega$

通过以上计算，得到铜电阻随温度变化的关系式为：

$$R=0.208\,\theta+49.8\ (\Omega)$$

逐差法处理数据的物理概念明确，方法简单易懂。用逐差法处理实验数据，能减小测量的随机误差。得到的实验结果，比作图法精确，而劣于最小二乘法，但作为科学实验的一种基本数据处理方法还是比较好的。

第五节　最小二乘法

一、最小二乘法 —— 线性回归

若自变量 x 与因变量 y 呈线性函数，有线性方程 $y=b+cx$， 以作图法处理实验数据，各点均应落在与 y 轴相交于 b 点、斜率为 c 的直线上。但在实际中，由于测量不可避免地存在着误差，使得各测点有一定的离散（见图 2-5-1 ）。

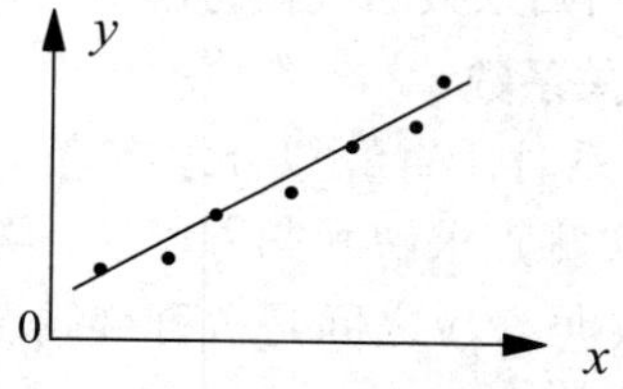

图 2-5-1　各测点与直线的离散情况

可以用数学的方法求出满足各个测点偏离直线的平方和为最小的一条直线，该直线称为各测量点的回归直线。这种方法称为最小二乘法，该直线的方程称为回归方程。

1. 依实测点（x_i，y_i）求线性回归方程

由实验数据求经验方程，称为方程的回归。事实上，线性回归就是如何依实验测量点（x_i，y_i），求解线性回归方程，确定出回归直线与 y 轴的截距 b 及斜率 c 。

设回归方程为：

$$y=b+cx \tag{2-5-1}$$

实测点为（x_i，y_i），由于误差的存在使得：

$$y_i-(b+cx_i)\neq 0 \tag{2-5-2}$$

因为（$b+cx_i$）是回归直线，它是由各实测点的最佳拟合直线，具有各测点相互迁就、调整、平均的内涵，故可认为：$y_i-(b+cx_i)=V_i$（偏差），欲满足最小二乘法，必然有 $\sum V_i^2$ 为最小。令 $Q=\sum V_i^2$，则求解回归方程的问题就变为 Q 为极小值（一阶偏微商等于零，二阶偏微商应大于零）时求 b、c 回归系数的问题。显然，此时应有：

$$\frac{\partial Q}{\partial b}=-2\sum_{i=1}^{n}(y_i-b-cx_i)=0\,,\quad \frac{\partial Q}{\partial c}=-2\sum_{i=1}^{n}(y_i-b-cx_i)\,x_i=0$$

整理后可得：
$$\begin{aligned} b+\overline{x}c&=\overline{y}\\ \overline{x}\,b+\overline{x^2}c&=\overline{xy}\end{aligned}$$

其中：
$$\overline{x}=\frac{1}{n}\sum_{i=1}^{n}x_i\,,\quad \overline{x^2}=\frac{1}{n}\sum_{i=1}^{n}x_i^2\,,\quad \overline{y}=\frac{1}{n}\sum_{i=1}^{n}y_i\,,\quad \overline{xy}=\frac{1}{n}\sum_{i=1}^{n}x_iy_i$$

为方便讨论，令：

$$S_{xx}=\sum_{i=1}^{n}\left(x_i-\overline{x}\right)^2=n\left(\overline{x^2}-\overline{x}^2\right)=\sum_{i=1}^{n}x_i^2-\frac{1}{n}\left(\sum_{i=1}^{n}x_i\right)^2 \tag{2-5-3}$$

$$S_{yy}=\sum_{i=1}^{n}\left(y_i-\overline{y}\right)^2=n\left(\overline{y^2}-\overline{y}^2\right)=\sum_{i=1}^{n}y_i^2-\frac{1}{n}\left(\sum_{i=1}^{n}y_i\right)^2 \tag{2-5-4}$$

$$S_{xy}=\sum_{i=1}^{n}\left(x_i-\overline{x}\right)\left(y_i-\overline{y}\right)=\sum_{i=1}^{n}x_iy_i-\frac{1}{n}\left(\sum_{i=1}^{n}x_i\right)\left(\sum_{i=1}^{n}y_i\right) \tag{2-5-5}$$

由上可得：

$$b=\bar{y}-c\bar{x} \tag{2-5-6}$$

$$c=\frac{\bar{x}\,\bar{y}-\overline{xy}}{\bar{x}^{2}-\overline{x^{2}}}=\frac{S_{xy}}{S_{xx}} \tag{2-5-7}$$

Q 对 b、c 再求一次偏微商，得知 Q 的二阶偏微商大于零，故 Q 有极小值。可见，由式（2-5-6）及（2-5-7）所确定的回归系数的线性方程即为回归方程。

2. 衡量测量点离散度的相关系数

只有 x、y 之间存在线性关系时，直线拟合才有意义。为了检验拟合的直线有无意义，对于一元线性回归，在用实测点求解回归方程后，各测点与回归直线拟合的情况，可用相关系数 r 来判定，实验数据 x、y 之间是否符合线性关系：

$$r=\frac{\overline{xy}-\bar{x}\,\bar{y}}{\sqrt{\left(\overline{x^{2}}-\bar{x}^{2}\right)\left(\overline{y^{2}}-\bar{y}^{2}\right)}}=\frac{S_{xy}}{\sqrt{S_{xx}S_{yy}}} \tag{2-5-8}$$

可以证明，r 的值在 -1 与 $+1$ 之间，$|r|$ 值越接近 1，说明实验数据密集在求得的直线附近，表明它们线性关系密切，用线性函数进行回归比较合理；相反，若 $|r|$ 值远小于 1 而接近于零（见图 2-5-2），说明实验数据相对所求得的直线很分散，它们没有线性关系，用线性回归不妥，必须用其它函数重新试探。

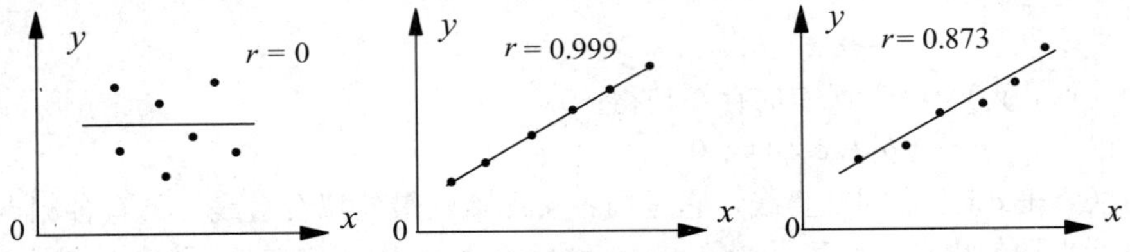

图 2-5-2　不同相关系数的数据分布点

在物理实验中，一般若求得 $r\approx 0.99$ 时，就可认为 x、y 两个物理量之间存在着密切的线性关系。

3. 回归系数的不确定度

由于 y_i 含有较明显的随机误差，导致回归系数 c、b 也含有误差。一般来讲，一列测量值 y_i 的偏差 V_i 大（数据点对直线的偏离大），那么由这列数据求出的 b、c 值的误差也就大，由此确定的回归方程的可靠性也就低；如果一列测量值的偏差 V_i 小，那么由这列数据求出的 b、c 值的误差也就小，回归方程的可靠性也就高。

可以证明对两个被测量 x 及 y 进行有限次（n 次）测量时，任何一次测得值 y_i 的实验标准差 σ_y 为：

$$\sigma_y=\sqrt{\sum_{i=1}^{n}\frac{(y_i-b-cx_i)^2}{n-2}}=\sqrt{\frac{(1-r^2)S_{yy}}{n-2}} \tag{2-5-9}$$

σ_y 是检验线性拟合是否有效的重要标志，若置信区间为 $[b+cx-\sigma_y,\ b+cx+\sigma_y]$，则（$x_i$，$y_i$）全部实验点落在 $b+cx$ 直线两边，$b+cx\pm\sigma_y$ 两平行直线之间范围内的置信概率约为 68％。

回归系数 c 的标准不确定度为：

$$u_c = \frac{\sigma_y}{\sqrt{S_{xx}}} \tag{2-5-10}$$

回归系数 b 的标准不确定度为：

$$u_b = \sigma_y\sqrt{\frac{\overline{x^2}}{S_{xx}}} = u_c\sqrt{\overline{x^2}} = u_c\sqrt{\sum_{i=1}^{n}\frac{x_i^2}{n}} \tag{2-5-11}$$

如果 y_i 的随机误差服从正态分布，并且数据点不太少时，则在上述标准不确定度内的置信概率也是 68 % 。

二、非线性回归

在实际问题中，许多非线性回归问题可化为线性回归问题来处理。方法如下：

⑴ 确定变量之间相互关系的函数式，可根据专业知识（理论公式或积累的实验经验）或根据实验点分布形状及特点选择适当的函数曲线。

⑵ 将曲线变换为直线并确定函数式中的未知参数。

⑶ 必须求相关系数，由相关系数判定实验点与曲线的离散度。若判定为不相关，则说明原先根据曲线形状而设定的函数式不对，此时应用其他函数式重新试探。

对于任何一个非线性函数，只要能设法将其转化成线性函数，那么就能用线性回归方法进行处理。

例 10 将幂函数 $y = ax^b$ 化为线性函数。

解 对幂函数 $y = ax^b$ 两边取对数，得：

$$\ln y = \ln a + b\ln x$$

令 $Y = \ln y$ ，$A = \ln a$ ，$X = \ln x$ ，则有：

$$Y = A + bX$$

为线性函数。

非线性回归最困难的问题在于函数形式的选择，函数形式的选取主要靠理论上的分析，在理论还不清楚的情况下，只能靠实验数据的趋势来推测。这样，对同一组实验数据，不同的人员可能取不同的函数形式，得出不同的结果。为了判断所得的实验结果是否合理，在待定常数确定后，必须求相关系数。

具有二维统计功能的函数型计算器，都带有一元线性函数回归的计算功能，可方便的进行 r、b、c 等实验数据的处理。实验室也备有线性回归的计算机处理程序，可供同学们在实验数据处理时使用。

例 11 用回归法处理本章例 7 的测量结果。

解 因温度 θ 与温度 θ 下的电阻 R 为线性关系，设回归方程为：$R = b + c\theta$ 。由最小二乘法，求出各相关量值分别为：

$$\sum_{i=1}^{8}\theta_i = 420\ (℃)，\sum_{i=1}^{8}R_i = 487\ (\Omega)，\sum_{i=1}^{8}\theta_i R_i = 2.76\times10^4\ (℃\cdot\Omega)$$

$$\sum_{i=1}^{8}\theta_i^2 = 3.15\times10^4\ (℃^2),\ \sum_{i=1}^{8}R_i^2 = 3.01\times10^4\ (\Omega^2)$$

$$S_{\theta R} = \sum_{i=1}^{8}\theta_i R_i - \frac{1}{n}\left(\sum_{i=1}^{8}\theta_i\right)\left(\sum_{i=1}^{8}R_i\right)$$

$$= 2.76\times10^4 - \frac{420\times487}{8} = 2.03\times10^3\ (℃\cdot\Omega)$$

$$S_{\theta\theta} = \sum_{i=1}^{8}\theta_i^2 - \frac{1}{n}\left(\sum_{i=1}^{8}\theta_i\right)^2 = 3.15\times10^4 - \frac{420^2}{8} = 9.45\times10^3\ (℃^2)$$

$$S_{RR} = \sum_{i=1}^{8}R_i^2 - \frac{1}{n}\left(\sum_{i=1}^{8}R_i\right)^2 = 3.01\times10^4 - \frac{487^2}{8} = 4.45\times10^2\ (\Omega^2)$$

回归系数：

$$c = \frac{S_{\theta R}}{S_{\theta\theta}} = \frac{2.03\times10^3}{9.45\times10^3} = 0.215\ (\Omega/℃)$$

$$b = \overline{R} - c\overline{\theta} = \frac{487}{8} - 0.215\times\frac{420}{8} = 49.6\ (\Omega)$$

相关系数为：

$$r = \frac{S_{\theta R}}{\sqrt{S_{\theta\theta}S_{RR}}} = \frac{2.03\times10^3}{\sqrt{9.45\times10^3\times4.54\times10^2}} = 0.98$$

不考虑测量仪器对测量结果的影响，则 R 的实验标准差为：

$$\sigma_R = \sqrt{\frac{(1-r^2)S_{RR}}{n-2}} = \sqrt{\frac{(1-0.98^2)\times4.54\times10^2}{8-2}} = 0.17\ (\Omega)$$

回归系数 c 的不确定度：

$$u_c = \frac{\sigma_R}{\sqrt{S_{\theta\theta}}} = \frac{0.17}{\sqrt{9.45\times10^3}} = 0.002\ \ (\Omega/℃)$$

扩展不确定度为：

$$U_{99} = 3u_c = 3\times0.002 = 0.006\ \ (\Omega/℃)$$

则：

$$c = (0.215\pm0.006)\ \Omega/℃\quad (P = 99\%)$$

而回归系数 b 的不确定度为：

$$u_b = u_c\sqrt{\sum_{i=1}^{8}\frac{\theta_i^2}{n}} = 0.002\times\sqrt{\frac{3.15\times10^4}{8}} = 0.1\ (\Omega)$$

其扩展不确定度为：

$$U_{99} = 3u_b = 3\times0.1 = 0.3\ (\Omega)$$

则：

$$c = (49.6\pm0.3)\ \Omega\ (P = 99\%)$$

通过以上计算，求出回归方程为：

$$R = 0.215\ \theta + 49.6\ \ (\Omega)\ \ (P = 99\%)$$

相关系数 $r = 0.98$ 。

最小二乘法是一种较为准确的处理数据的方法，在科学实验中运用广泛，它的优点是在于理论上比较严格，在函数形式确定后，结果是唯一的，不会因人而异。如果用作图法处理同样的数据，即使肯定是线性关系，不同的人给出的直线可能会不同，这是作图法不如回归法的地方。另外，最小二乘法的数据处理计算繁琐，适合于用计算机来分析、处理数据。

练 习 题

一、按照误差理论和有效数字运算的规则，改正以下错误。

(1) 28 cm ＝ 280 mm；

(2) $L=(28000\pm8000)$ mm；

(3) $M=115\text{g}\pm0.2$ g；

(4) 8×10^{-5} g 比 8.0 g 测得准确；

(5) $\ln 3.18=1.1569$；

(6) $N=(10.8000\pm0.2)$ mm；

(7) $S=(5.327\pm10^{-4})\ \text{m}^2$；

(8) $0.0221\times0.0221=0.00048841$；

(9) $d=(0.56\pm0.00016)$ mm；

(10) $Y=(2.16\times10^{11}\pm15\times10^{9})\ \text{N}/\text{m}^2$；

(11) $h=(3.4837\pm0.02)$ mm；

(12) $e^{6.13}=459.4$；

(13) $L=(90.51\pm0.05)\ \text{cm}+(1.526\pm0.006)\ \text{cm}=(92.036\pm0.056)\ \text{cm}$；

(14) 由 $L=1.018$ mm 可知，此测长仪器的准确度是 0.001mm 。

二、用伏安法测电阻数据如下表所示，用直角坐标纸作图，写出 U-I 函数式，用逐差法求出 U-I 函数式。

伏安法测电阻数据表

U /V	0.00	1.00	2.01	3.05	4.00	5.01	5.99	6.98	$\Delta_{仪}=\pm0.08$
I /mA	0.0	2.0	4.0	6.0	8.0	10.0	12.0	14.0	$\Delta_{仪}=\pm0.3$

三、水的表面张力 γ ($\text{N}\cdot\text{m}^{-1}$)，在不同温度 θ 时的数值为下表所示。

不同温度时水表面张力数值表

θ /℃	10.3	20.6	30.1	40.4	50.7	60.2
$\gamma\times10^3$ /$\text{N}\cdot\text{m}^{-1}$	74.22	72.75	71.18	69.55	67.91	66.18

设 $\gamma=aT-b$，其中 T 为绝对温度（K）。用最小二乘法，求常数 a 和 b 。

第三章　实验概述

物理实验是科学实验的一种。所谓科学实验，就是人们根据研究的目的，利用科学仪器设备人为地控制或模拟自然现象，排除干扰，突出主要因素，在最有利的条件下去研究自然规律的一种活动。

科学实验的过程可归纳为：提出问题，确立课题；分析问题，依据物理原理寻找相应的物理模型而确立方案；解决问题，确立实验测量方法并配置实验仪器；通过实验，补充与修正方案及方法；分析处理实验数据，得出定性或定量结论。

第一节　实验的基本类型

一、探索性实验与验证性实验

1. 探索性实验

它是指人们采用一定的实验手段和方法，去寻找未知的自然事物规律或现象内在的特征或规律。这种实验的特点是：人们对研究对象不了解，为了探寻自然事物或现象的性质以及规律所进行的实践的活动。例如，阿基米德揭开王冠之迷的实验、卢瑟福发现原子有核的α粒子散射实验、丁肇中发现$J-\Psi$粒子的实验，都是利用探索性实验作出科学发现的典型事例。

一般来讲，实验者在基础实验室的教学实验中是不可能去做寻找新规律的实验。但可以假想，若我是阿基米德那个年代的人，我又该如何去探索其规律呢？在基础实验室中通过重复前人做过的一些实验，仍作为探索性实验来做，以训练自己的探索素质，有助于我们了解和掌握用实验手段去探索未知世界，这是极其有益的。

2. 验证性实验

当人们对研究对象有了一定的认识之后，根据已知的理论和实验，对一些物理现象的存在、原因或规律作出推测、提出假说或形成新的理论时，为了检验它们是否正确而设计的一种实验。如果新的实验结果与此抵触，就应该对新理论进行修正，甚至否定；只有当新的实验结果证明其正确，假设或新理论才得以成立。

验证性实验可分为两类：一类是直接验证，例如，赫兹通过实验直接证实了电磁波的存在和传播；另一类是间接验证，即不去验证理论本身，而是验证其推论，例如，对广义相对论的验证就是验证其推论的。

验证性实验必须有明确的理论依据，它既是实验要验证的对象，又是设计实验方法、确定实验设备和调整要求的依据，对整个实验起理论性的指导作用。

二、定性实验和定量实验

1. 定性实验

定性实验的目的和任务只是判定事物的性质及外部联系，判定某物质的成分、结构等因素是否存在以及它的作用。一般来讲，定性实验是用来判定研究对象是否具有某种性质、是否存在某种因素、某些因素之间是否有某种关系的实验。定性实验解决的是

“有”或者“没有”、“是”或者“不是”的问题，给出关于研究对象一般性质及其他方面联系的初步认识。

定性实验多用于某项探索性实验的初期阶段，把注意力主要集中于了解研究对象质的特性方面，是实验的基础。例如，德国塞贝克进行的温差电实验就是一种定性实验。他把一小磁针置于铜制螺旋状线圈的中间，把一块铋板和一块铜板直接接触，并分别与线圈的两端接成一回路。当铜板升温时，小磁针转动，这说明回路中有电流通过。这个电流是由于相互接触的不同金属存在温差所造成的，称为温差电现象。

2. 定量实验

任何自然事物都是质和量的统一，物理量的测量是定量实验研究的重要环节，基础实验教学中大多数实验项目都是定量实验。定量实验就是侧重于研究自然事物的量值，或者求出某些因素之间的数量关系，或者用数量关系来表明某些规律的实验。例如，光速的测定，就是科学史上有名的一个定量实验。这项实验前后历时了200余年，才获得较为满意的结果。

三、析因实验和判决实验

1. 析因实验

由已知的结果去寻求其产生的原因而进行的实验称为析因实验。物质及物质的变化过程，往往都是很复杂的，是由多种因素决定的。但是，其中必有一种因素起主导作用。对于这种主要的影响因素的探索，除了进行理论上的分析外，还要进行实验上的研究。而且理论上的分析正确与否，也需要由实验进行检验。在进行析因实验时，通常都是固定其他可变的影响因素，而改变其中的一个因素，依此进行实验，然后进行分析对比。例如，在使用液相外延法研制半导体器件时，外延层和P-N结的生长质量，要受衬底的晶相、性质和质量、母液的成分、外延生长的起始温度及降温过程、生长气氛等等各种因素的影响而进行的析因实验。

2. 判决实验

为了验证假说、理论或设想是否成立而设计的某种关键性实验，最后予以判决，这种实验叫做判决实验。例如，1912年弗里德里希和克尼平根据劳厄所做的预言，从实验上证明了伦琴射线（X射线）通过晶体的空间点阵时所引起的干涉现象，这种实验对于伦琴射线的波动性和晶体的周期性排列，提供了决定性的论证。

判决性实验的结果，可分为肯定与否定两类。肯定的实验为假说、理论或技术提供了肯定性的科学依据，使之变成科学理论或成为正确的设计方案。否定实验为其提供否定的科学依据，从而推翻原来的假说、理论或设想，以便总结经验教训，提出新的假说，新的理论或新的设想。

四、对比实验和模拟实验

1. 对比实验

对比实验是通过对照比较、分析研究的方法，达到异中求同或同中求异的目的，以揭示所研究事物的某种性质或规律的实验。对比实验可以采取横向对比或纵向对比的方式。横向对比一般是把研究对象分为2个或2个以上的组群，一个是对照组，作为比较的标准；另一个是实验组，通过某种实验步骤以便确定对实验组的影响，例如，用黑白颜色截然不同的两种物体表面对比研究物体的吸热本领。纵向对比一般是时间前后的对比，即对同一组进行施加影响因素前和施加影响因素后的对比。

2. 模拟实验

模拟实验是指由于受到客观条件的限制，人们不能直接对某些自然现象进行研究，就设计一些与该自然现象相似的模型，通过对模型的间接实验来研究某些自然现象的规律，从而使研究者能在较短的时间、方便的空间、较小的代价获得可靠的实验结果。例如，在中科院大气环流模拟实验室里的大气环流模拟实验台，每半分钟转一圈，可以将由地面垂直向上几万米的整个大气层的运动在实验室里再现出来，模拟一天的气候变化，3 个多小时就能模拟一年的气候变化。又如，在“碰撞实验室”里模拟汽车与障碍物相撞时出现的种种现象，并利用计算机进行现场计算，给出定量的结果。

五、综合性实验和设计性实验

高等理工科学院物理实验课程教学的基本要求是“要使学生在实验方法的考虑、测量仪器的选择和配合、测量条件的确定等方面受到初步的训练”。为此“要开设少量的综合性、设计性实验”以培养学生能初步按实验课程的要求和内容，查阅资料和说明书，并根据实验方案的选择原则，进行实验程序的一般性设计和测试。

物理实验课在完成一定数量的基本实验方法与技能训练实验之后，安排一些较为简单的综合性、设计性实验，一方面可检测学生掌握实验基本功的情况，另一方面可对学生进行“科学实验”全过程的教育，有助于切实提高学生分析问题和解决实际问题的能力。综合性实验的目的是提高学生对实验方法和实验技术的综合运用能力，设计性实验的核心是选择实验方案，并在实验中检验与修正实验方案，以期使之更臻于合理。

1. 综合性实验

综合性实验是指实验的内容涉及本课程的综合知识或与本课程相关课程知识的实验。这种实验的测量与基础性实验相比，在实验内容上有较大的提高，对实验要求的测量涉及到多方面的测量知识。学生经过综合性实验的训练，通过对实验现象的精细观察及其信息的获取，能进一步理解和灵活运用物理实验的科学方法。

在一个综合性实验测量课题中，可能有电学量的测量，也可能有非电学量的测量，还可能是其他的一些组合测量，如：力、温度、电压、光强、压力等物理量的组合测量。同一个实验项目内容，也可以用不同的实验方法来完成。因此，综合性实验对学生要求就更高些，学生要对实验课题认真分析、思考，以完成对实验测量课题的要求。

2. 设计性实验

设计性实验是介于基础实验和科学实验之间的教学实验，目的是使学生运用所学的实验知识和技能，在实验测量方法的考虑、实验仪器的选择、测量条件的确定等方面受到系统的训练，以培养学生具有独立实验能力和运用所学知识解决科学实验的能力。

设计性实验不同于一般的操作性实验，设计性实验是指给定实验目的要求和实验条件，由学生自行设计实验方案，并加以实现的实验。这种实验的测量一般不给出具体的实验步骤和测量方法，实验室仅提供各种测量仪器，学生根据实验课题的要求，自行设计实验方案，得出较为完善的测量方案，选择测量仪器和测量条件进行实验测量，最后得到的测量结果需达到课题的要求并写出较为完善的实验报告。

设计性实验的核心问题是实验方案的制定，选择实验方案的原则：

⑴ 明确实验的物理思想：根据课题任务，构思出完整的实验物理思想，定出实验的理论依据（即原理）和实验的办法与措施（即实验测量方法、实验条件和仪器配置等），以便以最低的成本，最简单的方法，获得预期的正确结果。

⑵ 根据课题的准确度要求选配实验设备：依前面确定的测量方法，以误差理论为根据，导出评定测量结果不确定度的计算公式，并根据课题对测量准确度的要求，确定各直接测量量的不确定度，以确定对各直接测量量选择相应准确度的测量仪器。

必须指出：在确定了实验方案及选定各种仪器的配置后，应充分考虑测量中可能产生的系统误差，应在测量方法的选择，以及可能校正的情况下，使系统误差远小于随机误差，方能得到可靠的测量结果。

⑶ 检验实验方案的正确性和合理性：在做到认真操作、仔细观察、实事求是地记录数据、并对其进行全面的误差分析后，方能权衡实验结果的优劣，从而客观地对实验方案作出评价。

第二节　实验测量方法

实验测量方法是指具体测量某一个物理量时，如何根据测量要求，在给定的条件下尽可能地消除或减小系统误差以及减小随机误差，使获得的测量值更为准确的方法。

一、比较法

它是实验测量方法中最基本的方法。任何物理量，为了测量都必须规定出它的标准单位。测量就是将待测物理量与规定的该物理量的标准单位进行比较，以确定待测量是标准单位的几倍，从而得到该待测量的测量值。

1. 直接比较

⑴ 通过量具直接比较示值：将待测量与经过校准的量具进行直接比较测出其大小，称为直接比较法（如米尺测量长度）。这种直接比较法的测量准确度，受到测量仪器自身精度的限制，要提高测量准确度就得提高量具的准确度，为此目的需依靠不同物理量的标准件（如高准确度砝码、标准电阻、标准电池等）。

⑵ 通过平衡、补偿或零示测量进行直接比较：在物理实验中常采用的有：平衡比较（如物理天平等）；补偿比较（如电位差计等）；零示比较（如检流计等）。

必须指出，要有效地运用直接比较法，应考虑下面两个问题：

创造条件使待测量能与标准件直接对比；无法直接对比时，则视其能否用零示测量法予以比较，此时只要注意选择灵敏度足够高的平衡指示仪即可。

2. 间接比较

此种比较法在测量中是更为普遍的方法，因为多数物理量是无法直接通过比较而测出的，往往需利用物理量之间的函数关系将待测物理量与同类标准量进行间接比较，得到待测物理量。如图 3-2-1 所示，将一个可调标准电阻 R_0 与待测电阻 R_x 相联接，保持电源电压 E 不变，在开关置“1”位置时调节标准电阻，使电流表指示值与开关置“2”位置时的电流表指示值相同，则：$R_x = R_0$。

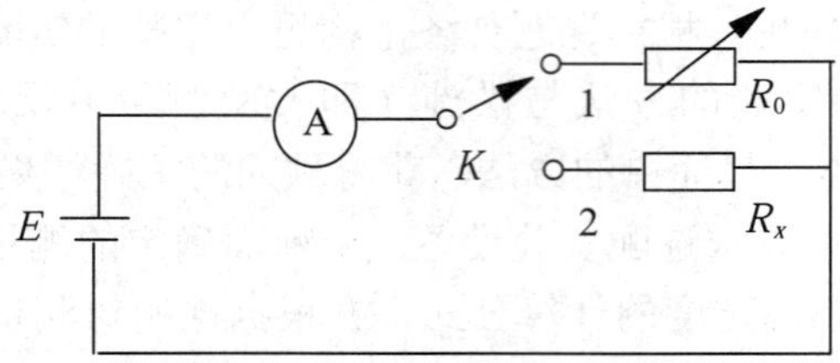

图 3-2-1　间接比较法测电阻

3. 替代法进行比较

当待测量无法与标准件直接比较时，可利用它们对某一物理过程具有等效的作用，用标准件代替待测量，从而提高测量准确度。这种方法实质上是平衡测量方案的引伸。

二、补偿法

补偿法的定义为：某系统受某种作用时产生 A 的效应，受到另一种同类作用时产生 B 的效应，如果由于 B 效应的存在而使 A 效应显示不出来，就叫做 B 对 A 进行了补偿。或者说，补偿法就是将因种种原因使测量状态受到的影响尽量加以弥补。

由于补偿法可消除或减弱测量状态受到的影响，大大提高了实验的准确度，所以，这种实验方法在精密测量和自动控制等方面得到广泛应用。如，用电压补偿法弥补因电压表在直接测量电压时引起被测支路电流的变化；用温度补偿法弥补因某些物理量（如电阻）随温度变化而对测试状态带来的影响；用光程补偿法弥补光路中光程的不对称性等等。

完整的补偿测量系统一般由待测装置、补偿装置、测量装置和比较装置组成：

⑴ 待测装置产生待测效应，要求待测量尽量稳定，便于补偿。

⑵ 补偿装置产生补偿效应，要求补偿量值准确达到设计的准确度要求。

⑶ 测量装置可将待测量与补偿量联系起来进行比较。

⑷ 比较装置从方法上可分为零示比较和差示比较。

零示比较也称完全补偿，在物理实验中常采用零示比较法，用一个可以变化的附加能量装置，以补偿实验中某部分能量损失或能量变换，使得实验条件满足或接近理想条件。如，电位差计测量电动势其基本原理就是“补偿法”。

差示比较也称为不完全补偿。它是利用标准量把待测量的绝大部分先补偿掉，剩下的微量再用仪器检测。也就是说，待测量等于一个标准量加上一个剩余微量。标准量的大小是已知的，剩余微量由仪器检测出来。由于剩余微量在整个待测量的量值中仅占很小的比例，即使剩余微量的测量误差较大，但对整个测量的准确度不会有明显的影响。因为整体准确度取决于标准量的准确度。

另外，有时候并不需要知道待测量的绝对大小，而只需要知道待测量的微小变化量。然而在直接测量有困难时，可以采用差值补偿法，把待测量的绝大部分先行补偿掉，然后再用仪器测量出其剩余微量的变化值。

三、换测法

在科学实验中，我们研究某一对象时，除了测量外，该研究对象一般都含有表示其特性的数学公式。实际中，可把公式中一些难以测量的某些量化成易测量的量，逐一进行测量，从而可得到实验的测量结果。

寻找与待测参量有关的物理量，利用它们之间的函数关系，通过对有关物理量的测量求算出待测参量方法称为换测法。它是广为运用的实验测量方法之一，换测法大致可分为参量换测法和能量换测法两类。

1. 参量换测法

它利用各种参量在一定实验条件下的相互关系来实现待测参量的变换测量，以达到测量某一物理量的目的。这种参量换测法，几乎贯穿于所有实验之中。

例如，最常见的玻璃温度计，就是利用在一定范围内材料（水银、酒精等）的热膨胀与温度的线性关系，将温度测量转换为长度测量。

2. 能量换测法

能量换测法是指某种形式的物理量，通过能量变换器，变成另一种形式物理量的测量方法。在物理实验中，常利用传感器来进行这种能量转换的测量。传感器的种类很多，原则上讲，所有的物理量，如：长度、速度、加速度、光强、温度、压力、流量、电压、电流等等，都能找到与之相应的传感器，从而可将这些物理量转换为电信号量进行测量。常用换测方法有：热电换测、磁电换测、压电换测、光电换测等。

必须指出，设计或采用任何形式的换测皆应遵循以下原则：

⑴ 进行参量转换时，其转换原理以及转换参量间的函数关系应正确无误。

⑵ 变换参量是为了简化测量过程或是为了提高准确度。

⑶ 传感器要有足够的输出，并且性能必须稳定。

⑷ 转换中若伴有其他效应，应予以校准或补偿。

⑸ 要考虑技术上是否可行以及是否具有经济效益。

四、静态与动态测量法

测量过程中根据被测物理量是否随时间变化，测量可分为静态测量和动态测量。

1. 静态测量法

若在测量范围内采用定点定间隔法测量，选择 x_1，x_2，…，x_i，得出对应的 y_1，y_2，…，y_i，称为静态测量法，这种测量方法的前提是已知或假定相邻研究点之间的变化是线性的。要注意的是，在实验测量中，为了把握曲线的细节部位变化，要求在曲线弯曲部分、拐点等附近加密测量点间距。

2. 动态测量法

静态测量法的点间距缩小到近乎连续状态即为动态测量，一般通过仪器自动测量，或通过计算机的快速采样及检测，测出自变量与应变量在极短的间隔内相应各点的量值，并将之显示于屏幕上或打印出来，从而得到动态曲线。这种测量方法采用的是电学仪器，被测量（无论是自变量还是因变量）均应转换成适应于显示器输入的电学量。此外被转换成的电学量应与原待测量线性相关，否则会畸变而无法如实反映其客观规律。

五、模拟法

模拟法并不直接研究某物理现象或物理过程的本身，而采用与之相似的模型进行研究，对于不便于或无法直接测量的物理量是行之有效的方法。它可分为物理模拟、数学模拟和计算机模拟。

1. 物理模拟

若被模拟的物理过程与模拟的物理本质与过程是一致的，称之为物理模拟。例如用风洞（高速气流装置）中的飞机模型来模拟实际飞机在大气中的飞行。又如用水泥造出河流的落差、弯道、河床的形状，一些不同形状的挡水状物，模拟河水流向、泥沙的沉积、水坝对河流运动的影响等。

2. 数学模拟

两个物理量，尽管它们的物理本质和产生的物理现象或过程并不相同，但它们却有相同的数学表达式来反映它们的规律。这样，就可以用其中的一个物理过程来模拟另一个物理过程，这称为数学模拟。例如模拟静电场实验中用稳恒电流场来模拟静电场。

3. 计算机模拟

计算机模拟实验就是通过计算机控制仿真实验画面动作来模拟真实实验的过程，是一种崭新的人机界面形式，也称为计算机仿真实验（或称虚拟实验）。计算机仿真实验极大丰富了实验教学的思想、方法和手段，改变了传统的实验教学模式。

六、实时控制测量法

实时控制测量是一种动态测量。其主要方法是通过信号传感器、计算机与信号传输接口、控制软件及辅助测量装置等，对某一物理量进行实时控制测量。这种测量的自动化程度高，对被测量的控制、测量、数据处理等都由计算机来完成，测量结果可由计算机进行可视化处理，这种新颖的实验测量手段和方法更符合现代科学技术的发展趋向。

本书第六章“e - measure 实验”的实验内容，均属于实时控制测量实验。该系统采用现代科学技术，把微机实时测量技术引用到实验教学中，利用计算机作为实验终端，通过接口电路、传感器和常规测量仪器来共同完成对有关物理量的测量。学生通过完成相应的实验操作内容，既可得到基本的物理实验技能训练，又可掌握如何运用控制软件，通过计算机对被测量进行实时控制测量，进而提高学生的综合实验技能。

七、干涉法

干涉法广泛地被用于各种机械波、电磁波、光波等研究之中。所谓干涉法是将一列行波分成两个或两个以上的波列，并使它们在同一区域中叠加而形成稳定的干涉图样，通过对干涉图样的分析而对行波的特性进行研究的一种方法。它可将瞬息变化并难以测量的动态研究对象变成稳定的静态对象“干涉图案”，从而简化了研究方法。干涉法在引入全息摄影技术后已发展成一门新的技术“干涉计量技术”，并在生产实践与科学研究中发挥出越来越重要的作用。

常见的基本干涉法可分为驻波法和衍射法。

1. 驻波法

驻波是指两列纵波或两列具有相同偏振面的横波，以相同的频率、相近的振幅和恒定的相位差，彼此沿相反方向传播，叠加后形成的波。实验中常使传播遇到障碍物（或另一种介质界面），产生反射波，与入射波叠加，相互干涉而形成驻波。例如在“凸透镜的曲率半径的测量”实验中，对光的等厚干涉条纹的测量可测出凸透镜的曲率半径。

2. 衍射法

光波通过与其波长可以比拟的狭缝时会出现衍射现象。在波的衍射中，波场能量的分布，是连续的相干波源发出的波相互干涉的结果，所以衍射现象的本质，是一种特殊的干涉。例如在“光栅衍射测光谱的实验”中，测量汞光源通过光栅衍射得到汞灯的光栅光谱，可求出汞灯各谱线的波长。

八、测量宽度展延法

当待测量的数量级与测量仪器的误差较为接近时，其测量数据是不可信的。如何改进测量方法，增加测量值的有效数字，从而提高测量的准确度呢？宽度展延法将在一定程度上解决这一问题。

设用某仪器对某物理量进行单次测量，测得值为 L，其测量误差即仪器误差 ΔL，则相对误差为：

$$E=\frac{\Delta L}{L} \tag{3-2-1}$$

若让该物理量展延 m 倍（m 大于 1 且为整数），还用这个仪器对之进行单次测量，其测得值应为 mL，而该测得值的测量误差应仍为 ΔL，则相对误差为：

$$E_m=\frac{\Delta L}{mL} \tag{3-2-2}$$

可见，$E_m = E/m$，展延后相对误差减小了。而且展延后的待测量值为 mL/m，由于 mL 的有效数字的位数必大于展延前的 L，所以由展延后测得值计算出的待测量的有效位数必然增加，从而提高了测量的准确度。

必须指出，使用宽度展延法，首先在展延过程中待测量不能有变化，其次在展延过程中应努力避免引入新的误差。

九、测量放大法

当待测量很小又无法使用宽度延展时，就必须考虑予以放大，而且必须是线性放大。常见的放大有以下几种：

1. 机械放大

利用机械部件之间的几何关系使标准单位量在测量过程中得到放大，从而提高了测量仪器的分辨率，增加了测量的有效数字的位数（如游标尺、游标盘、千分尺等）。

2. 电磁放大

电磁学物理量的测量中，由于被测量微弱，常需放大才便于检测。另外在非电量测量中将其转换成电学量再进行放大而测量，成为科技人员的常用的方法。如在用霍尔效应法测磁场强度的实验中，通过对放大的霍尔电压测量，以得到对磁场强度的测量。

3. 光学放大

望远镜、读数显微镜以及许多仪表中应用的“光杠杆”皆属于光学放大。光学放大具有稳定性好、受环境的干扰小的特点。

十、对称测量法

对称测量法是消除测量中出现系统误差的重要方法。当系统误差的大小与方向是个确定值（或按一定规律变化），在测量中可以用对称测量法予以消除。例如“正向”与“反向”测量，平衡情况下的待测量与标准量的位置互换，测量状态的“过度”与“不足”（如超过平衡位置与未达平衡位置的对称、过补偿与未补偿的对称）等，这类测量方法常常可以帮助测量人员消除部分系统误差。

1. 双向对称测量法

对大小及取向不变的系统误差，通过正、反两个方向测量，可起到加减相消的结果。如：静态法测杨氏弹性模量实验中，通过对被测材料增加外力和减小外力的对称测量，可消除因材料的弹性滞后效应而引起的系统误差；霍尔效应法测磁场强度的实验中，对霍尔片正向和反向通电流的对称测量，可消除霍尔附加效应对测量结果的影响。

2. 平衡位置互易法

在应用平衡比较法测量时，将待测量与标准量位置互换，交换前后两次测得的数据，通过求平均来消除部分直接测量的系统误差。如：天平称衡时，对因天平两个臂的不等长而引起的系统误差，可通过交换被测物与砝码的位置来消除；电桥测量中，比率臂电阻的误差可通过交换比较臂电阻与被测电阻的位置而不予考虑。

第三节　实验仪器的配置

一、直接测量中测量仪器的选择

在明确测量的要求后，要设法选用简单、经济的仪器来满足测量的要求。如在长度测量中，要求准确到毫米时，只需选用米尺；欲准确到 0.1 mm，就得用游标卡尺；若要求再提高些，则要选用千分尺 …… 等等。而在电学量的测量中，则要依仪器的准确度等级，求出该仪器在某一量程下的仪器误差，以确定其是否满足测量的要求。总之，在直接测量时，考虑的主要是仪器的分辨率或仪器的准确度。

二、间接测量的等作用原则

设间接测量量的函数式为 $N=f(x, y, z, \cdots)$，测量相对不确定度要求不超过 E_N，我们讨论如何将 E_N 分配给各直接测量量（设各直接测量量为 n 个）。不确定度传播律公式指出，间接测量的总不确定度是各个直接测量量的分不确定度对于它的贡献。当间接测量的总不确定度被确定后，各个直接测量量的分不确定度应该是多少，通常采用“等作用原则”。即约定各直接测量的不确定度对引起间接测量不确定度的作用（或影响）是相等的，也就是说参加合成的各项皆有相同的不确定度。在这样的约定下，由不确定度传播律公式（1-6-3），可得到：

$$\left(\frac{\partial \ln f}{\partial x}u_x\right)^2=\left(\frac{\partial \ln f}{\partial y}u_y\right)^2=\left(\frac{\partial \ln f}{\partial z}u_z\right)^2=\cdots\text{（共有 } n \text{ 个）} \tag{3-3-1}$$

$$E_N=\frac{u_N}{N}=\sqrt{n\left(\frac{\partial \ln f}{\partial i}u_i\right)^2}\quad (i=x,\ y,\ z,\ \cdots,\ n) \tag{3-3-2}$$

$$\frac{E_N}{\sqrt{n}}=\left|\frac{\partial \ln f}{\partial i}u_i\right|\quad (i=x,\ y,\ z,\ \cdots,\ n) \tag{3-3-3}$$

即：

$$\frac{E_N}{\sqrt{n}}=E_i\quad (i=x,\ y,\ z,\ \cdots,\ n) \tag{3-3-4}$$

式中 E_N 为间接测量的相对不确定度，E_i 为各直接测量量的相对不确定度，n 为直接测量量的个数。

当实验测量的相对不确定度要求给定后，各个直接测量量的相对不确定度可由式（3-3-4），求出各个直接测量量的测量不确定度，从而可根据各个直接测量量的要求来选择测量仪器。

例 测量一圆柱体的体积，实验公式为：$V=\pi d^2h/4$，经粗测得知：圆柱体的高为 $h\approx 40$ mm、直径 $d\approx 20$ mm。现要求：测量结果的相对不确定度 $E_V\leqslant 0.30\,\%$，置信概率 $P=68\,\%$。问应选择何种测量仪器才能达到实验测量的要求。

解 根据式（3-3-4）“等作用原则”，可得：

$$\frac{u_h}{h}=\frac{2u_d}{d}\leqslant\frac{0.30\%}{\sqrt{n}}\quad (n=2)$$

$$u_d\leqslant\frac{0.30\%d}{2\sqrt{n}}=\frac{20\times 0.30\%}{2\times\sqrt{2}}=0.021\ \text{(mm)}$$

$$u_h\leqslant\frac{0.30\%h}{\sqrt{n}}=\frac{40\times 0.30\%}{\sqrt{2}}=0.085\ \text{(mm)}$$

由于测量结果要求置信度 $P=68\,\%$，考虑实验为单次测量，且认为测量的不确定度来自于仪器误差。设仪器测量误差符合均匀分布，则：

$$\Delta_d=u_d\sqrt{3}=0.021\times 1.73=0.036\ \text{(mm)}$$

$$\Delta_h=u_h\sqrt{3}=0.085\times 1.73=0.15\ \text{(mm)}$$

要注意：上述的计算过程是严格按有效数字的要求进行的，Δ_d、Δ_h 的最后一位数均表示为测量中要求的仪器误差所在位。据此，我们可选择测量仪器：

用 0 ～ 150 mm，最大允许误差为 ±0.02 mm 的游标卡尺，测量高度 h；

用 0 ～ 25 mm，最大允许误差为 ±0.004 mm 的一级千分尺测量直径 d。

按以上要求选择测量仪器，测量结果能达到 $E_V\leqslant 0.30\,\%$，$P=68\,\%$ 的要求。

可见，在间接测量中要考虑的是：该间接量要达到什么要求，然后按“等作用原则”得到各直接量的相对不确定度应该是多少，然后根据计算的各直接被测量的仪器误差所在位来选择相对应的测量仪器。

当然，“等作用原则”不是固定不变的，在处理具体问题时，有时由于实际条件的限制，不能完全做到等作用分配，可以根据实际情况调整分配，但总相对不确定度不能超出课题的要求。

由于物理实验的内容非常广泛，可以利用的实验方法和测量手段很多，测量误差对测量结果的影响也错综复杂，我们不可能给出一种制定实验方案和分析处理系统误差的普遍适用的法则。这里只是作了一些原则性和启发性的叙述，在具体的实验中还应根据具体情况，因地制宜，制定出切实可行的实验方案，选择合适的测量仪器。

第四节　实验报告的撰写

实验报告是实验的书面总结，是让教师（或同学）评价自己实验结果的依据。所以实验报告应用自己的语言表达出：

(1) 所做内容原理、过程的论述。

(2) 依据的实验测量方法。

(3) 实验结果以及对结果的分析。

(4) 自己对实验的见解及收获。

绝不能把实验报告写成实验教材的缩写（教材是给没有做过实验的人看的）或当作做练习题。做完实验后应尽早地将实验报告写出来，这样做可以收到事半功倍的效果。

实验报告一般包括下列内容：

实验目的　说明本实验的目的。

实验仪器　记录实验仪器的名称、型号或规格、准确度等级、量程等。

实验环境　记录实验环境条件（环境温度、相对湿度等）。

实验原理　简要说明实验所依据的原理，测量公式及其适用条件，画出与实验有关的电路图、光路图以及必要的装置示意图等。

实验内容及步骤　概括性地、条理分明地把实验内容及步骤写出，不要照抄书本上的内容、步骤，实验是怎样完成的就怎样写。

实验数据及数据处理　列出实验数据和数据处理的过程：把教师签字的原始数据如实附在实验报告的中。用列表法或作图法处理数据时，应严格按列表、作图的规则列出合格的表格或图线。写出实验数据的计算过程和不确定度的评定过程（公式的推导和运算过程可以从略），进行数据计算时，要先写出公式，再代入数据，不能在计算公式后面直接写出计算值，有效数的确定在无特殊要求时可酌情简化处理，最后按式（1-4-5）完整、正确地表示出实验结果。

分析讨论　一般包括两方面的内容：

(1) 误差分析和对实验结果作出评价，对实验过程中出现的现象进行具体讨论分析，以及做实验的心得体会和对实验的改进建议等。

(2) 回答练习题或思考题。

练　习　题

一圆柱的直径 $D \approx 20\ \text{mm}$，高 $h \approx 400\ \text{mm}$，质量 $m \approx 110\ \text{g}$，要求按实验公式测得物体密度的相对不确定度不大于 0.30 %，问应使用什么测量仪器进行测量最合适？

实验报告示例

混合法测冰的熔解热

实验目的

1. 用混合法测定冰的熔解热，体会实验中量热和温度测量的原则和方法。

2. 学习用图解“面积等效补偿法”，进行热量散失的修正，以限制和消除系统误差对实验结果的影响。

实验仪器

TW05 物理天平一台，J2251 量热器一个，1 / 10 s 机械秒表一只，0 ～ 50 ℃ 水银温度计（最小分度 0.1 ℃ ）一支。

实验环境

温度：15.5℃，相对湿度：49 % 。

实验原理

………

实验内容及步骤

1. 测量环境温度，计算环境露点温度。

2. 用物理天平称衡量热器内筒及搅拌棒的质量。量热器内筒加入温水后再次称衡质量，以求出加入温水的质量。

3. 按实验要求用水银温度计测量温度，秒表记时。在测 AB 段曲线时每隔 1 ～ 3 分钟测一次，记录下 9 个测量点后，取冰 3 块放入量热器中（动作要轻、要快）。测 BC 段时，由于温度下降较快，故每隔 15 秒记一次温度。测 CD 段时，由于温度上升较慢，测温的时间间隔适当延长，测量数据列表记录。在系统温度变化的测量中要注意系统温度不得低于露点温度。

4. 复称量热器内筒、搅拌棒及冰水的质量，以便求出冰的质量。

实验测量数据

1. 由环境温度 15.5 ℃ ，查“水的饱和蒸汽压与温度关系”表（教材实验 4.2），该温度对应的水的饱和蒸汽压为 13.125 mmHg * 。

因环境相对湿度为 49 % ，则：$49\%\times13.125 = 6.43$ mmHg 。查“水的饱和蒸汽压与温度关系”表，相应露点温度值约为 4.8 ℃ 。

2. 测得量热器内筒及搅拌棒的质量为：$M_1 = 30.62$ g ,

加温水后复称为： $M + M_1 = 153.24$ g ，则水的质量为：$M = 122.62$ g 。

* 1mmHg＝133.322 Pa，考虑到实验室现有设备计量单位的使用情况，给出 mmHg 与 Pa 的换算。

3. 列表记录各测量数据（冰投入后温度下降较快，温度测量估读位未能读取）。

系统温度变化与时间关系表

时间	0′ 00″	2′ 00″	3′ 00″	4′ 00″	5′ 00″	6′ 00″	7′ 00″	9′ 00″	10′ 00″
温度 /℃	26.45	26.31	26.20	26.13	26.05	25.98	25.90	25.84	25.70
时间	投冰三块	10′ 45″	11′ 00″	11′ 15″	11′ 30″	11′ 45″	12′ 00″	12′ 15″	12′ 30″
温度 /℃		24.00	未记录	19.0	17.4	16.1	15.0	14.2	13.5
时间	12′ 45″	13′ 00″	13′ 15″	13′ 30″	13′ 45″	14′ 00″	14′ 15″	14′ 30″	14′ 45″
温度 /℃	12.7	12.1	11.4	10.6	9.5	8.9	8.5	8.1	7.8
时间	15′ 00″	15′ 15″	15′ 30″	15′ 45″	16′ 00″	16′ 15″	19′ 30″	21′ 45″	23′ 45″
温度 /℃	7.5	7.3	7.2	7.1	7.06	7.06	7.14	7.27	7.3
时间	25′ 15″	26′ 00″	30′ 00″						
温度 /℃	7.48	7.59	7.79						

1 / 10 s 秒表，0 ～ 50 ℃ 水银温度计测量（最小分度 0.1 ℃）。

4. 取出量热器内筒及搅拌棒复称 $M + M_1 + m = 188.35$ g，
则冰的质量为：$m = 35.11$ g。

数据处理

1. 求出系统的初始温度与终温。以温度 θ 为纵坐标，时间 t 为横坐标。由表中各测量数据作“$\theta \sim t$”曲线图（见附图）。

由“面积等效补偿法”，作图求得：初温 $\theta_1 = 25.15$ ℃，终温 $\theta_2 = 6.69$ ℃。

2. 计算冰的熔解热。由实验原理公式，得：

$$\lambda = \frac{Mc + M_1 c_1}{m}(\theta_1 - \theta_2) - c\theta_2$$
$$= \frac{122.6\times1.001\times30.62\times0.215}{35.11}\times(25.15-6.69) - 1.001\times6.69$$
$$= 79.14\ (\text{Cal/g}) = 331.3\ (\text{J/g})$$

式中 $c = 1.001$ Cal / (g · ℃) 为水的比热容，$c_1 = 0.215$ Cal / (g · ℃) 为铝的比热容，1 Cal = 4.1868 J。

3. 测量值不确定度的评定

考虑到质量称衡误差小于由作图求出的系统初温与终温的读数误差，故质量称衡误差不予考虑，仅考虑由作图带来的温度读数误差对测量结果的影响。

作图时纵坐标 0.1℃ / 格，作图误差取纵坐标最小分度（对水银温度计的测量误差不再考虑），按均匀分布 B 类不确定度评定，则：

$$u_\theta = \sqrt{u^2_{\theta_{坐标}} + u^2_{\theta_{仪}}} = \sqrt{\left(\frac{0.1}{\sqrt{3}}\right)^2 + \left(\frac{0.1}{\sqrt{3}}\right)^2} = 0.08\ (℃)$$

$$u_\lambda = \sqrt{\left(\frac{\partial\lambda}{\partial\theta_1}u_{\theta_1}\right)^2 + \left(\frac{\partial\lambda}{\partial\theta_2}u_{\theta_2}\right)^2} = \sqrt{\left(\frac{Mc+M_1c_1}{m}u_\theta\right)^2 + \left(\frac{Mc+M_1c_1}{m}+c\right)^2 u_\theta^2}$$

$$=\sqrt{3.67^2\times0.08^2+(3.67+1.001)^2\times0.08^2}$$
$$=0.48\ (\mathrm{Cal/g})$$
$$=2.0\ (\mathrm{J/g})$$

求出扩展不确定度为：

$$U_{99}=3\,u_\lambda=3\times2.0=6.0\ (\mathrm{J/g})$$

4. 实验测量结果

冰的熔解热为：

$$\lambda=(3.31\pm0.06)\times10^5\ \mathrm{J/kg}\quad (P=99\%)$$

测量相对不确定度：

$$E_\lambda=\frac{u_\lambda}{\lambda}\times100\%=\frac{0.06}{3.31}\times100\%=1.8\ \%$$

实验分析

………

思考题

………

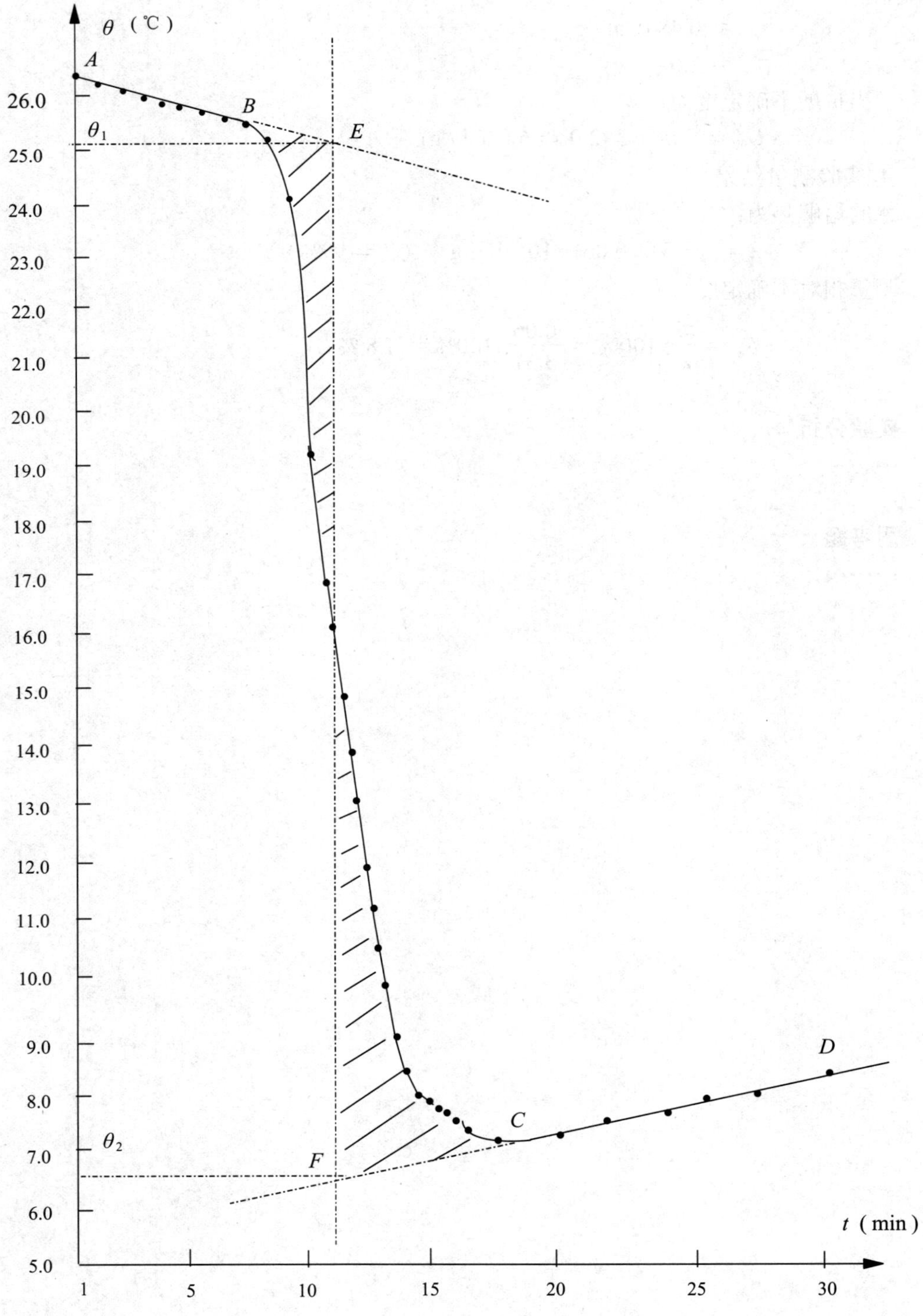

附图　系统温度变化与时间关系曲线图

第四章 基础性实验

基础性实验是物理实验的基础，学生一般从基础性实验开始接受物理实验的基本训练。严格的训练，才能打好基础。这些基础训练包括：实验前的预习，常用物理实验仪器的调整和使用，实验中的观察和测量，实验条件的控制与实验技能的提高；实验方法、测量方法在实验中的运用；有效数字的概念，数据的记录与处理，测量值的误差估算及不确定度的评定；表格的设计，图线绘制等对实验数据的处理方法；实验结果的正确表达以及对实验结果的评估、讨论；实验报告的撰写等。这些基础训练只有结合具体实验内容，亲自体验实验的全过程，通过多次实践才能逐步地掌握和正确地运用。

力学与热力学实验是物理实验的基础，学生一般从力学与热力学实验起开始接受物理实验的基础训练。做好这些基础实验对整个课程的学习是至关重要的。

电磁测量实验的目的是：学习电磁学中常用的典型测量方法（如比较法、转换法、模拟法、补偿法等）；进行实验方法和操作技能的训练；培养看图、正确连接线路和分析判断实验故障的能力；熟悉和掌握常用电学仪器的性能和使用方法。

在电磁学实验中，对系统误差要予以适当的考虑。一般来讲，电学仪器带来的系统误差往往比测量的随机误差要大。因此，在实验中应根据仪器的测量准确度，对实验值进行一定的修正，减小对实验测量准确度的影响。

光学在现代科学技术中占有十分重要的地位，以几何光学和物理光学中的基本理论为依据，以常见的光学元件和光学仪器为基础，介绍基本光学参数测量方法和相应的测量技术，通过这些基本实验的训练，加深对比较抽象的光学理论的理解，获得有关光的知识的物理图像，为实际应用提供有力的帮助。

光学实验的主要特点是：实验仪器比较精密、贵重、易损，调试要求严格。因此，要求学生在实验前充分做好预习，了解实验的基本原理，熟悉调整仪器的基本思路。在实验中正确使用仪器，仔细观察、分析在调整过程中出现的各种现象。掌握调整的规律，正确记录和处理实验数据。在实验后认真总结经验，不断提高实验技能。

本章安排的实验有：

实验 4.1　驻波法测音叉的频率
实验 4.2　混合法测量冰的熔解热
实验 4.3　模拟静电场
实验 4.4　直流电桥测电阻
实验 4.5　电压补偿实验
实验 4.6　示波器的调整与使用
实验 4.7　摄影技术
实验 4.8　光的干涉及其应用
实验 4.9　分光计的原理与调整
实验 4.10　三棱镜折射率的测量

实验 4.1　驻波法测音叉的频率

驻波是一种波的叠加现象，广泛存在于各种振动现象中，管、弦、膜、板的振动，都是驻波的振动。在声学、无线电学和光学等科学领域中，都有重要的应用，可以用来确定振动系统的固有频率，也可以用来测定波长。本实验着重研究驻波的干涉过程。

【实验目的】

1. 观察弦线上驻波的形成及其性质。
2. 学习用“干涉法”进行实验测量。
3. 了解弦线的振动规律，并利用它测量音叉的频率。

【实验仪器】

电动音叉，弦线，砝码，物理天平，直尺。

【实验原理】

1. 设有两列频率、振幅和振动方向相同的平面简谐波，一列沿 x 轴正方向传播，一列沿 x 轴负方向传播，它们的波动方程分别为：

$$y_1 = A\cos 2\pi\left(ft - \frac{x}{\lambda}\right) \tag{4-1-1}$$

$$y_2 = A\cos 2\pi\left(ft + \frac{x}{\lambda}\right) \tag{4-1-2}$$

两列波叠加后，合成波为：

$$\begin{aligned} y &= y_1 + y_2 \\ &= A\cos 2\pi\left(ft - \frac{x}{\lambda}\right) + A\cos 2\pi\left(ft + \frac{x}{\lambda}\right) \end{aligned} \tag{4-1-3}$$

利用三角函数和差化积公式，上式可变为：

$$y = \left(2A\cos 2\pi\frac{x}{\lambda}\right)\cos 2\pi ft \tag{4-1-4}$$

式中 y 为各个质点相对自己平衡位置的位移，x 为各个质点在波线上的平衡位置，A 为平面简谐波的振幅，λ 为平面简谐波的波长，f 为平面简谐波的频率，t 为时间。

式（4-1-4）表明，两列波合成后，各点都在作频率相同的简谐振动，而各点的振幅 $2A\cos 2\pi(x/\lambda)$ 是位置 x 的余弦函数，与时间 t 无关。

对应于 $\left|\cos 2\pi(x/\lambda)\right| = 1$ 的各点振幅最大，称为波腹；对应于 $\left|\cos 2\pi(x/\lambda)\right| = 0$ 的点静止不动，称为波节。

要使 $\left|\cos 2\pi(x/\lambda)\right| = 1$，即应有 $2\pi(x/\lambda) = \pm k\pi$（$k = 1, 2, \cdots$），因此 $x = \pm k\lambda/2$ 处就是波腹的位置。

由此可见两相邻波腹间的距离为 $\lambda/2$（即半波长），同样，两相邻波节间的距离也为半波长。这就为我们提供了一种测量波长的方法。

2. 驻波实际上是系统的一种稳定的振动状态，其频率由系统的固有性质和外界条件决定。实验用仪器装置如图 4-1-1 所示。

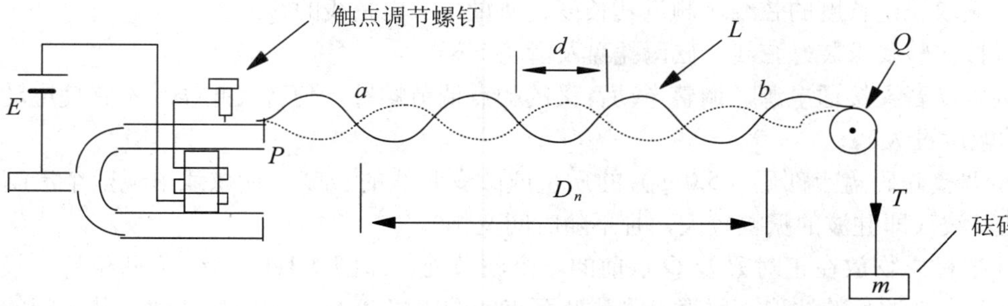

图 4-1-1　实验仪器装置示意图

电动音叉装在一块木板上，长度为 L 的均匀细弦一端系于音叉的 P 端，另一端跨过滑轮 Q 悬挂砝码。通过改变砝码质量 m，即可改变弦线受的张力 T。

接通电源，通过电磁铁的吸、放使音叉振动，则弦线上便激发出波动，并以一定的速度沿弦线传播。波在弦线上由 P 点向 Q 点传播，达 Q 点后，由于弦线在 Q 点受滑轮的阻挡而不能振动，故波动在 Q 点被反射形成反射波。前进波与反射波振动方向相同、频率相同、周相差恒定、振幅相等、传播方向相反，满足相干条件的相干波，在波的重叠区会发生波的干涉现象。如果弦线上的张力大小适当，则前进波与反射波叠加便形成驻波。弦线上有些点振动的振幅最大，即为波腹，有些点振动的振幅为零，即为波节。

3. 弦线上波的传播速度由下式决定：

$$v = \sqrt{\frac{T}{\rho_l}} \tag{4-1-5}$$

式中 T 为弦线中的张力；ρ_l 为弦线的线密度（单位长度的质量）。

弦线的两固定端为波节，相邻两波节间的距离 d 与弦线振动的波长 λ 间的关系为：

$$\lambda = 2d \tag{4-1-6}$$

已知波速 v 与弦线的振动频率 f 和波长 λ 的关系为：

$$v = f\lambda \tag{4-1-7}$$

将式（4-1-5）、式（4-1-6）代入式（4-1-7），得：

$$f = \frac{1}{2d}\sqrt{\frac{T}{\rho_l}} \tag{4-1-8}$$

式中 d、T、ρ_l 均可由实验直接测得。由于 d 是在共振条件下测得的，而音叉的频率又与弦线的振动频率相同，因此音叉频率便可有式（4-1-8）求得。

【实验分析】

要使弦线上出现振幅最大且稳定的驻波，可以采取两种方法：第一种方法是固定弦线长度，改变张力；第二种方法是固定张力，改变弦线长度，使 PQ 间的距离等于驻波半波长的整数倍。

要准确求出波长，关键是实验中能正确调节，使弦线出现振幅较大而稳定的驻波。实验时可根据公式 $L = n\dfrac{\sqrt{T/\rho}}{2f}$ 来初步估算弦线的长度，逐步逼近来实现最佳值。

【实验内容】

1. 截取一定长度的弦线，测量其长度、质量，求出弦线的线密度 ρ_l。

2. 按实验要求装好弦线、砝码托盘及滑轮支架。

3. 电动音叉接通电源，调整电动音叉的触点调节螺钉，使音叉起振（不宜使电动音叉振动幅度过大）。

4. 调整砝码盘上砝码（5.0 g）的质量或改变弦线的长度，使弦线出现数个清晰、稳定的驻波（即驻波的振幅较大，且不随时间变化）。

5. 把标志物放在正对 P 及 Q 点前的一个波节处，即图 4-1-1 中 a、b 两位置。设其间含有 N 个半波长的波形，用直尺测量此两点间的距离为 D，则每相邻两波节之间的距离为：

$$d = \frac{D_n}{n} \tag{4-1-9}$$

分别取 $n = N$、$N-1$、$N-2$、$N-3$，共测四次，记录测量数据。

6. 记录实验用音叉的标称频率值。

7. 记录实验环境条件，整理好实验仪器。

【数据处理】

1. 由实验内容 5，求出 d 的平均值，用公式（4-1-8）计算音叉的频率，评定测量不确定度。

2. 实验测量值与音叉标称频率值进行比较，求出相对百分差。

【实验报告】

1. 实验所用的实验仪器（型号或规格），实验环境条件。

2. 简述实验原理和实验的操作过程，按数据处理要求，给出实验测量结果，分析、讨论本次实验。

3. 实验中采用了哪些实验测量方法？是否存在着系统误差？采用什么方法消除系统误差？请讨论之。

4. 思考题

⑴ 你采用什么方法处理实验数据？实验中为什么先测量几个半波长的总长度，再求平均半波长，而不是测量每个半波长，这样做有什么优点？

⑵ 为使弦上所含的半波长个数增多，应如何改变砝码质量？

⑶ 测量中为什么不测量波腹间的距离，而测量波节之间的距离？

【附录】

1. 物理天平

物理天平供学校、企业作教育、实验和一般的称衡分析之用，见图 4-1-2。天平采用双盘悬挂等臂式，横梁上部刻有游码标尺读数。刀口采用优质合金钢材，刀垫采用玛瑙。为了便于实验和衡量工作，在底板左面装有托架，可放置烧杯或被称物体等。

天平的规格主要由最大称量和感量（或灵敏度）来规定，一般都标在标牌上。最大称量是天平允许称量的最大值。感量是天平的指针从标尺上零点平衡偏离一个最小分度时，天平两盘上的质量差。感量的倒数是灵敏度。

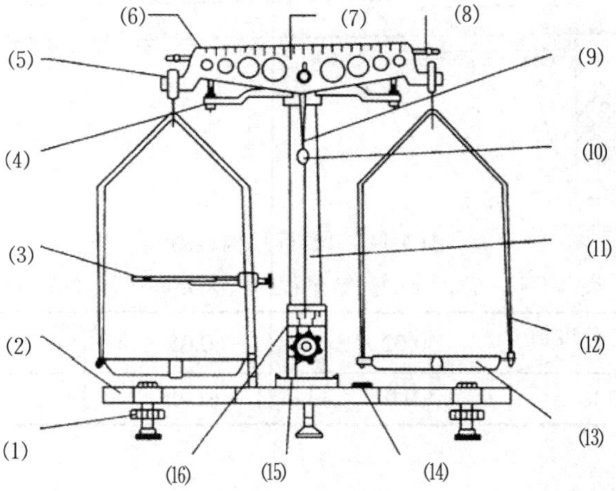

图 4-1-2 物理天平结构示意图

(1) 水平调节螺钉，(2) 底板，(3) 托架，(4) 支架，(5) 吊耳，(6) 游码，(7) 横梁，(8) 平衡调节螺母，(9) 读数指针，(10) 感量调节器，(11) 中柱，(12) 盘梁，(13) 秤盘，(14) 水准器，(15) 开关旋钮，(16) 读数标牌

使用方法：

1. 按放垫脚，旋动水平螺钉，使水准器中的气泡位于圆中心。

2. 检查横梁中间的钢印编号与底板标牌上的编号是否相同。检查吊耳、盘梁、称盘上的钢印号“1”、“2”是否与横梁上左右两端的钢印号相同。

3. 将左右吊耳分别挂在横梁上的刀口上，游码移至横梁零位刻线，顺时针旋转开关旋钮，观察横梁是否平衡，如不平衡，逆时针旋转开关旋钮关闭天平，调节平衡螺母，重复调节直至横梁平衡。

4. 被称物体的质量，等于指针在标牌上的读数，加上称盘中砝码质量及游码实际刻度之和。

5. 称物的质量不得超过天平的最大载荷。

6. 砝码不得直接用手拿取，只准用镊子等拿取。

7. 在实验中，要注意开关旋钮仅在判断称衡是否平衡时才启动。在取放物体和砝码、移动游码或调节天平平衡时，都必须将开关旋钮逆时针旋转关闭，使横梁制动，以免损伤刀口和刀垫。

8. 若天平灵敏度达不到要求，可调节指针上的感量调节器（配重砣），向上灵敏度提高，向下灵敏度降低。

9. 实验结束后，将左右吊耳分别脱离横梁刀口，放在横梁左右刀口的内侧。

2. 游标尺

游标尺的构造如图 4-1-3 所示。游标尺的最大允许误差是指游标尺的读数值与测量物实际值（真值）之差，属于未定系统误差。按国家计量部门的规定，符合国标 GB1214 - 85 规定游标尺的最大允许误差如表 4-1-1 所示。

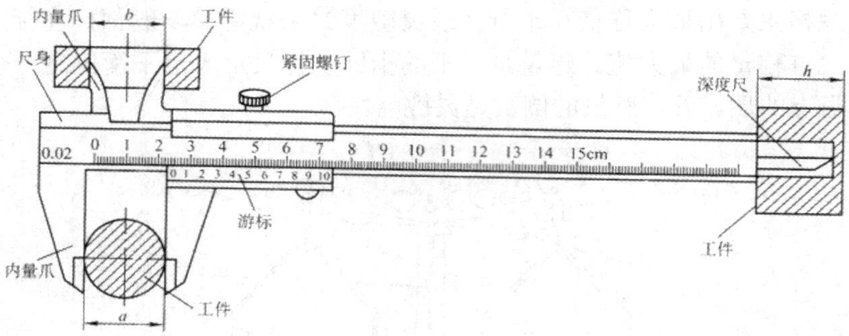

图 4-1-3　游标尺构造图

表 4-1-1　游标尺的测量量程和最大允许误差（mm）

分度值 / 测量量程	0.02	0.05	0.10
0 ～ 300	± 0.02	± 0.05	± 0.10

3. 千分尺

千分尺是一种比游标尺更精密的长度测量仪器，分为零级和一级两种，其构造如图 4-1-4 所示。按国家计量部门的规定，符合国标 GB1216 - 85 规定的千分尺的最大允许误差参见表 4-1-2 。

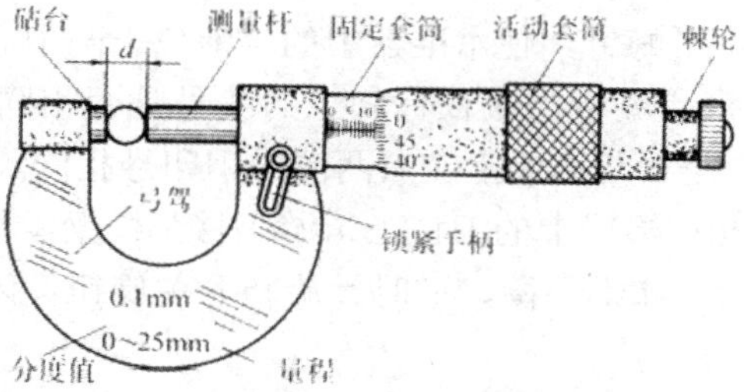

图 4-1-4　千分尺构造图

表 4-1-2　千分尺的测量量程和最大允许误差（mm）

测量量程	0 级	一级
0 ～25，25 ～50	±0.002	±0.004

操作中要注意棘轮的合理使用，活动套筒在测量杆接近待测物时，再旋转棘轮，听见棘轮发出“喀喀”的响声就可以读数了。测量时要注意检查活动套筒零位刻度是否对准，以便修正测量值（见图 4-1-5），读数时应估读到小数点后三位（见图 4-1-6）。

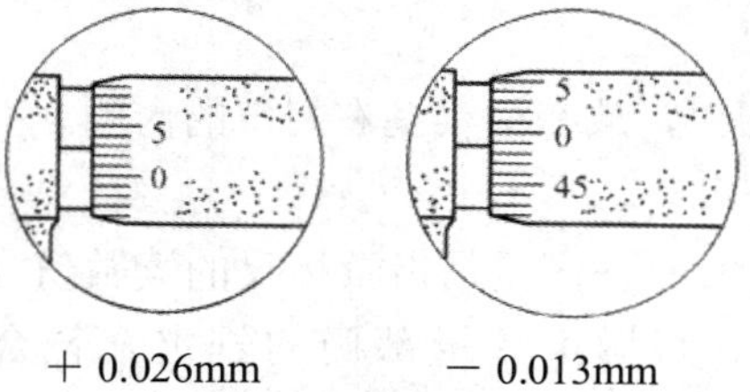

＋ 0.026mm　　－ 0.013mm

图 4-1-5　零位修正

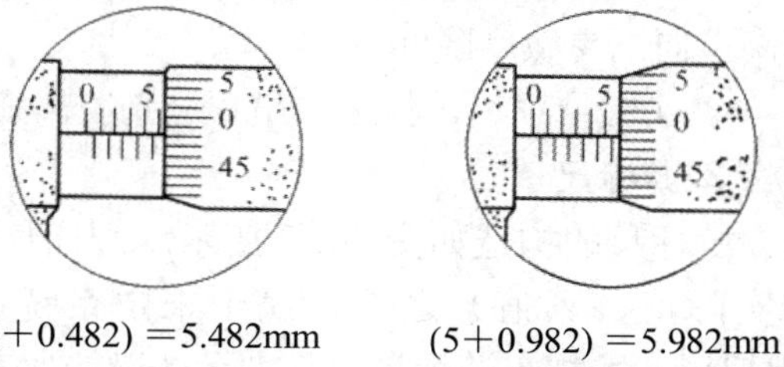

(5＋0.482) ＝5.482mm　　(5＋0.982) ＝5.982mm

图 4-1-6　测量值的读数

实验 4.2　混合法测量冰的熔解热

根据热平衡原理利用混合法观测不同物体之间的热交换过程及其变化规律，是量热技术中常用的方法。实验中使用的基本仪器是量热器。实验过程中量热器不可避免地要参与外界环境的热交换而散失热量。

本实验通过测量冰的熔解热，着重体会量热过程中实验装置和操作要求是如何保证使实验系统与外界环境的热交换减至最小。实验能否成功，关键是如何有效控制实验条件和参数。

【实验目的】

1. 学习用混合法测定冰的熔解热，学习牛顿冷却定律，考虑实验测量方法，分析系统散热情况。

2. 学习图解“面积等效补偿法”，进行系统热量散失的修正，以限制和消除系统误差对实验结果的影响。

【实验仪器】

量热器，秒表，温度计，物理天平。

【实验原理】

1. 单位质量的固体在熔点时从固态全部变成液态所需吸收的热量，称为该物质的熔解热 λ。本实验中将一定量的冰块放入一定量的水中（混合法），测出冰在熔解过程中水温随时间的变化，来求得冰的熔解热。

2. 根据热平衡原理，在绝热容器中，一定量的冰与水混合后，组成一个孤立系统，当系统达到热平衡状态，冰熔解吸收的热量等于水所放出的热量，即有：

$$\sum Q_{放} = \sum Q_{吸} \tag{4-2-1}$$

实验采用量热器代替绝热容器，若冰的质量为 m，温度为 0 ℃；水的质量为 M，温度为 θ_1 ℃；而冰全部熔解后，水温降到 θ_2 ℃，则热平衡方程式为：

$$(Mc + M_1 c_1)(\theta_1 - \theta_2) = m\lambda + mc\theta_2 \tag{4-2-2}$$

得：

$$\lambda = \frac{(Mc + M_1 c_1)}{m}(\theta_1 - \theta_2) - c\theta_2 \tag{4-2-3}$$

式中 λ 为冰的熔解热，c 为水的比热容，c_1 为量热器内筒及搅拌器的比热容，M_1 为量热器内筒及搅拌器的总质量。

【实验分析】

1. 量热器与外界环境总会有一些热交换发生，散失掉一些热量是难免的，实验参数 θ_1 与 θ_2 需要考虑受系统误差的影响而加以修正，主要可以从两方面采取措施：

(1) 在实验过程中对初温 θ_1 加以限制，使其略高于室温，而实验中适当选择适量冰的质量 m，使终温 θ_2 略低于室温 T，但必须高于当时环境条件下的“露点”。

⑵ 测量结果的数据处理时，则采用图解“面积等效补偿法”修正。

2. 根据牛顿冷却定律，温差不大时，系统向周围环境散失的热量与温差成正比：

$$\Delta Q / \Delta t = K(\theta - T) \tag{4-2-4}$$

式中 ΔQ 是系统散失的热量，Δt 是系统与环境热交换的时间，$\Delta Q / \Delta t$ 即热量散失的时间变化率，K 为散热常数（与表面光洁度、形状等因素有关），θ、T 分别是系统和环境的温度。显然，当 $\theta > T$，$\Delta Q / \Delta t < 0$，系统向外界散热；$\theta < T$ 时，$\Delta Q / \Delta t < 0$，系统从环境吸热。

如果使系统的初温 $\theta_1 > T$，终温 $\theta_2 < T$，并使室温 T 居于 θ_1 和 θ_2 中值附近，那么系统在热平衡过程中吸热和放热几乎相互抵偿，从而可消除系统误差（热量散失）对实验结果的影响。

3. 图解“面积等效补偿法”：图 4-2-1 为实验系统在冰块投入量热器内筒前后的温度变化曲线，AB 段表明冰块投入前水的温度变化，BC 和 CD 段分别表示冰块投入后，冰熔解过程及冰全部熔解完后水温的变化。将图中 AB、CD 分别延长，然后根据目测选取平行于温度坐标的直线 E、F 使 $\triangle BEG$ 面积与 $\triangle GFC$ 面积大小相等，这样 AB 段和 CD 段与 EF 在相交处所得的 E、F 点的温度值就可以理解为，冰熔解过程中与系统热交换进行得无限快时（即系统与外界的热交换趋于无限小）系统的初温 θ_1 和终温 θ_2，从而使系统与外界的热交换的影响分离出来并扣除掉，这在一定的程度上修正和减小了系统误差对实验结果的影响。

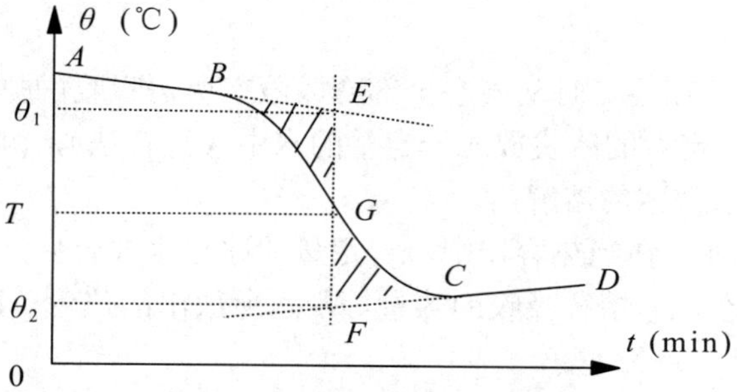

图 4-2-1　实验系统温度变化曲线

【实验内容】

1. 测量环境条件，估算环境露点温度（参见附录）。

2. 对水的初温、冰块的大小及量多少的考虑。

考虑的出发点是希望减小热量散失的系统误差，即水的初温应略高于室温（一般高 6 ℃ 左右），而投入冰块的大小，应使冰完全溶解后水的终温低于室温，但注意不能低于当时空气的露点温度，否则环境周围的水分将可能凝结在量热器内筒外壁上，向待测系统放热，而引起额外的误差。

3. 用物理天平分别称衡量热器内筒及搅拌器、初温热水的质量。

4. 安置好量热器内筒后，插入搅拌器和温度计，开始观察系统温度随时间的变化，记录下 5 ～ 6 个数据点（图中 AB 段）。

5. 用干布将冰块擦干并迅速投入内筒（注意不能溅出水花）。立即开始每隔 10 ～

15 秒连续测量系统温度与时间的关系，直至系统温度降至末温（图中的 BC 段）。

6. 继续测读水温变化，记录 4 ～ 5 个数据点（图中的 CD 段）。

7. 取出内筒，再次称衡总质量（内筒、搅拌器、水和冰熔解后的水）。

8. 记录实验环境条件，整理好实验仪器。

【数据处理】

1. 计算出加入冰的质量。

2. 在方格纸上作出系统温度随时间变化的曲线，并用图解“面积等效补偿法”，修正系统的初温 θ_1 和终温 θ_2 。

3. 按公式（4-2-3）算出冰的熔解热 λ，评定其测量不确定度。

4. 与理论值进行比较求出相对百分差（理论值为：$3.334648\times10^5\ \mathrm{J/kg}$ ）。

【实验报告】

1. 实验所用的实验仪器（型号或规格），实验环境条件。

2. 简述实验原理和实验的操作过程，按数据处理要求，给出实验测量结果，分析、讨论本次实验。

3. 实验中是否存在着系统误差？采用什么方法消除系统误差？请讨论之。

4. 如何理解图解“面积等效补偿法”中 E 和 F 点的温度（即为什么可以将 E 点和 F 点对应的温度值，分别代替系统的初温和终温）？

【附录】

1. 露点温度 指空气在含湿量不变的条件下，使其达到饱和状态时的温度，如果空气温度降到露点温度，那么其相对湿度为 100 %。若温度继续下降，空气中实际水蒸汽的量便超过水蒸汽饱和量时的量，超过部分的水蒸汽就会凝结成水珠，这种现象叫结露。在空气含水蒸汽量不变的情况下，如果空气温度发生变化，相对湿度也必然随之发生变化。查露点温度的方法：

⑴ 根据室内空气相对湿度 r，在表 4-2-1 中查出室温所对应的饱和蒸汽压值 $P_{\mathrm{H_2O}}$，由公式 $P = rP_{\mathrm{H_2O}}$ 计算出当时空气温度下的 P 值。

⑵ 由计算得的 P 值在表 4-2-1 中查出对应的温度即为所要测的露点温度。

2. 量热器 量热器的内筒由良导体组成（如图 4-2-2 所示），内筒搁在一绝热架上，外筒又由绝热材料制成的盖子盖住以减少空气与外界的对流，而且干燥空气是不良导热体，所以内、外筒由热传导散失的热量可以减小到最小。

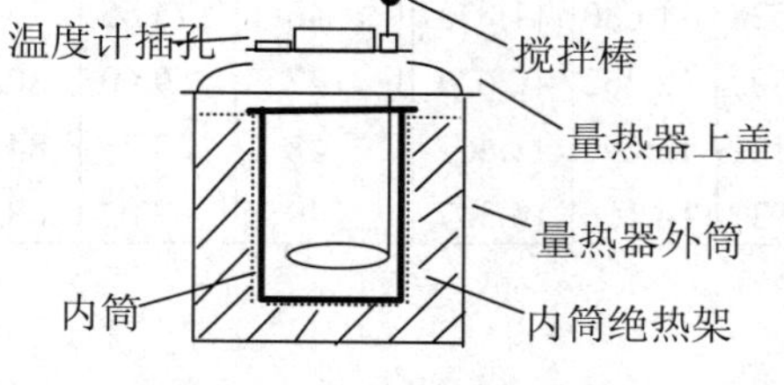

图 4-2-2　量热器结构示意图

搅拌棒和温度计由专用的盖孔中穿出筒外，可进行搅拌和测温读数，由于内筒的外壁与外筒的内外壁十分光洁，因此由它们放出和吸收的热辐射热量都很小。由此可知，量热器内筒可以近似地当作一个孤立的绝热系统。

表 4-2-1　水的饱和蒸汽压与温度的关系　　单位 (mmHg)

温度/℃	0.0	0.2	0.4	0.6	0.8	温度/℃	0.0	0.2	0.4	0.6	0.8
−15	1.436	1.414	1.390	1.363	1.345	17	14.530	14.175	14.903	15.092	15.284
−14	1.560	1.534	1.511	1.485	1.460	18	15.477	15.673	15.871	16.092	16.272
−13	1.691	1.665	1.637	1.611	1.585	19	16.477	16.685	16.894	17.105	17.319
−12	1.834	1.801	1.776	1.748	1.720	20	17.535	17.753	17.974	18.197	18.422
−11	1.967	1.955	1.924	1.893	1.803	21	18.650	18.830	19.113	19.349	19.537
−10	2.149	2.116	2.034	2.050	2.018	22	19.827	20.070	20.316	20.565	20.815
−9	2.326	2.239	2.254	2.219	2.184	23	21.068	21.324	21.593	21.845	22.110
−8	2.514	2.475	2.437	2.399	2.362	24	22.377	22.618	22.922	23.193	23.476
−7	2.715	2.674	2.633	2.593	2.553	25	23.756	24.099	24.326	24.617	24.912
−6	2.931	2.887	2.843	2.800	2.757	26	25.209	25.509	25.812	26.117	26.426
−5	3.163	3.115	3.069	3.022	2.976	27	26.739	27.055	27.374	27.696	28.021
−4	3.410	3.359	3.309	3.259	3.211	28	28.349	28.690	29.015	29.354	29.691
−3	3.673	3.620	3.567	3.514	3.461	29	30.043	30.392	30.745	31.102	31.461
−2	3.956	3.898	3.841	3.785	3.730	30	31.824	32.191	32.561	32.934	33.312
−1	4.258	4.196	4.135	4.075	4.016	31	33.695	34.093	34.471	34.864	35.261
−0	4.579	4.513	4.448	4.385	4.320	32	35.653	36.038	36.177	36.691	37.308
0	4.579	4.517	4.715	4.785	4.855	33	37.729	38.155	38.534	39.018	39.457
1	4.926	4.998	5.070	5.144	5.219	34	39.893	40.314	40.796	41.251	41.710
2	5.291	5.370	5.447	5.526	5.605	35	41.176	42.644	43.117	43.595	44.078
3	5.635	50766	5.848	5.931	6.015	36	44.565	45.051	45.549	46.050	46.556
4	6.101	6.187	6.274	6.363	6.453	37	47.067	47.532	48.102	48.627	49.157
5	6.543	6.635	6.728	6.822	6.917	38	49.692	50.231	50.774	51.323	51.879
6	7.013	7.111	7.209	7.309	7.411	39	52.442	53.003	53.530	54.156	54.737
7	7.513	7.617	7.722	7.828	7.936	40	55.324	55.91	56.51	57.11	57.72
8	8.045	8.155	8.267	8.380	8.494	41	58.34	58.96	59.53	60.22	60.86
9	8.609	8.727	8.845	8.965	9.086	42	61.50	62.14	62.30	63.46	64.12
10	9.209	9.333	9.458	9.535	9.714	43	64.90	65.48	66.16	66.86	67.56
11	9.844	9.976	10.109	10.244	10.380	44	68.25	68.97	69.69	70.41	71.14
12	10.518	10.653	10.799	10.941	11.035	45	71.68	72.62	73.36	74.12	74.88
13	11.231	11.379	11.528	11.680	11.833	46	75.65	76.43	77.21	78.00	78.80
14	11.973	12.144	12.302	12.462	12.624	47	79.60	80.41	81.23	82.05	82.87
15	12.788	12.953	13.121	13.290	13.461	48	83.71	84.56	85.42	86.28	87.14
16	13.634	13.809	13.937	14.166	14.347	49	88.02	88.90	89.79	90.69	91.59

* 1mmHg = 1.33×10^{2} Pa 。

实验 4.3　模拟静电场

电场可用电场强度和电位的空间分布来描述，直接测量静电场的分布往往很困难。首先，由于静电场是指相对于观察者静止的电荷激发的场；其次，当测量探针放入静电场时，探针上会产生感应电荷，这些电荷产生的电场与原电场叠加起来，使原电场产生很大的畸变。为此，通常采用以电流场模拟静电场的方法间接达到测量静电场的目的。这种实验方法称为“模拟法”。许多复杂电极间的静电场分布，如电子管、示波器、电子显微镜等都采用这种方法进行分析研究，是电子光学的重要研究手段。本实验通过描绘简单电极的电位分布来学习这种实验方法。

【实验目的】

1. 学习用“模拟法”测绘静电场分布的原理和方法。
2. 正确模拟静电场的实验条件及保证措施。

【实验仪器】

静电场描绘仪，直流稳压电源，检流计，分压器。

【实验原理】

1. 模拟法是利用几何形状和物理规律在形式上相似的原理，把不便于直接测量的实验在相似条件下间接实现。这种实验方法在科学研究和工程设计中常常被采用。

本实验采用均匀导电介质中稳恒电流场来模拟真空中的静电场，因为它们有相同的物理规律。例如这两种场中都有电位的概念，而且两种场都遵守高斯定律和拉普拉斯方程。具体地说，稳恒电流场与静电场有如下的相似性：

⑴ 两种场有一一对应的物理量，如表 4-3-1 所示。

表 4-3-1　两种场对应的物理量

静电场	稳恒电流场
电位 U	电位 U
电场强度 E	电场强度 E
电位移矢量 D	电流密度矢量 J

⑵ 物理量满足的数学表达形式基本相同，如表 4-3-2 所示。

表 4-3-2　两种场对应的数学表达式

静电场	稳恒电流场
$D=\varepsilon E$	$J=\sigma E$
高斯定理　$\oint_S D\,\mathrm{d}S=0$ （面内无净电荷）	稳恒条件　$\oint_S J\,\mathrm{d}S=0$
拉普拉斯方程　$\dfrac{\partial^2 U}{\partial x^2}+\dfrac{\partial^2 U}{\partial y^2}+\dfrac{\partial^2 U}{\partial z^2}=0$ （空间无电荷）	$\dfrac{\partial^2 U}{\partial x^2}+\dfrac{\partial^2 U}{\partial y^2}+\dfrac{\partial^2 U}{\partial z^2}=0$

如果在导电介质中设置形状和位置与静电场中带电导体相同或相似的电极，当给电极加上规定的电压后，导电介质中就形成一个稳定的电流场。场中各点的电流密度J与该点的电场强度E成正比，其比例系数就是导电介质的电导率σ，写成等式为：

$$J = \sigma E \tag{4-3-1}$$

因此，导电介质中电流密度矢量J的分布与静电场电场强度矢量E的分布相似。于是，我们可以用稳恒电流场中的电位分布来模拟静电场的电位分布。

2. 实验使用的静电场描绘仪如图 4-3-1 所示，待研究的电极板（A，B 两个电极）放在仪器的底板上，记录用纸放在仪器的上层并用夹子夹住，使用一个双层探针装置系统来描点。

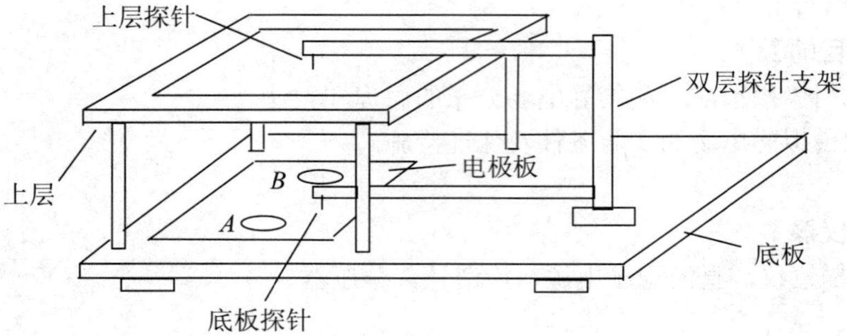

图 4-3-1　静电场描绘仪结构示意图

实验接线图如图 4-3-2 所示。

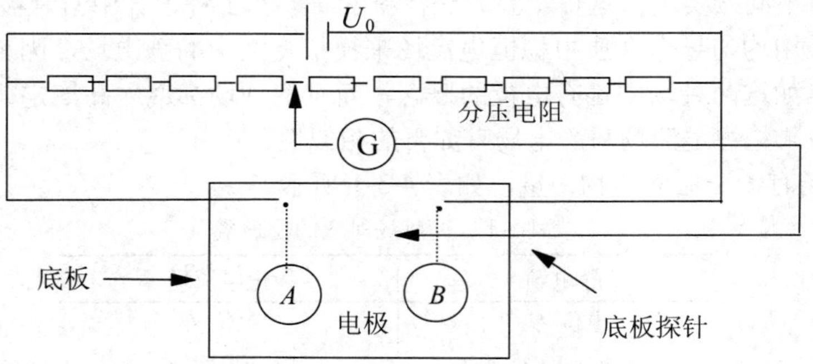

图 4-3-2　静电场实验接线图

A、B 为两平行电缆的截面电极压紧在导电纸上，在其上加所需电压 U_0，则在导电纸上形成一个电流场。电压 U_0 同时加在分压电阻（由 10 个等值电阻串联而成）的两端，检流计根据分压的要求可接至分压电阻的不同位置。

当检流计接至分压电阻的某一位置时，由于底板探针与导电纸接触，检流计指针发生偏转，移动探针装置系统，若检流计指针指零，则表示底板探针接触点的电位与检流计接至分压电阻所在位的电位相等。如此反复进行，可以找到若干个电位相等的点，这些点即属于同一条等位线 。改变检流计接至分压电阻的不同位置，又可找到另一条等位线的点群，如此方法可找到一系列等位线。

3. 同轴电缆的电场：在同轴电缆的电场中，圆柱面就是等位面，所以等位线是一些围绕中心轴的圆，电力线是一些径向直线。由高斯定理可知，某点电场强度E与该点距

轴心距离 r 成反比，即：

$$E = -\frac{dU}{dr} = -\frac{c}{r} \tag{4-3-2}$$

积分后可得： $U_r = c\ln r + b$ (4-3-3)

如果电缆芯半径为 r_1，圆柱内半径为 r_2，见图 4-3-3 。

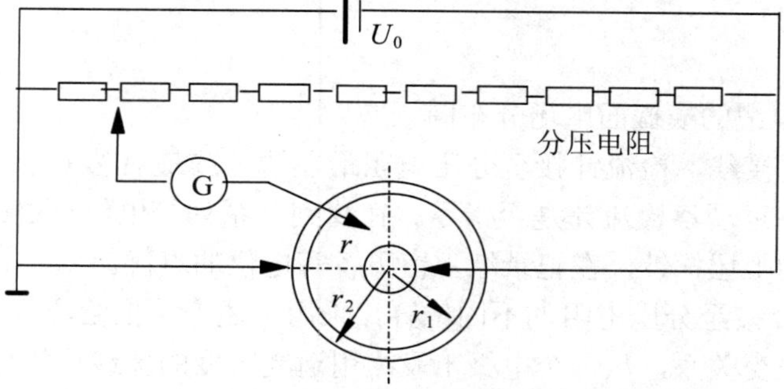

图 4-3-3 同轴电缆截面电极实验接线图

应用边界条件： $r = r_1$， $U_r = U_0$ ； $r = r_2$ ， $U_r = 0$ ，可得：

$$c = \frac{U_0}{\ln r_1 - \ln r_2} \ , \ b = -\frac{\ln r_2}{\ln r_1 - \ln r_2}U_0$$

所以：

$$U_r = U_0\frac{\ln r - \ln r_2}{\ln r_1 - \ln r_2} \tag{4-3-4}$$

可见，电位 U_r 是 $\ln r$ 的线性函数，或者因 $\ln r = 2.306\lg r$，从而也是 $\lg r$ 的线性函数，于是就有：

$$U_r = B + C\lg r \tag{4-3-5}$$

式（4-3-5）为一线性方程。实验中，若得知在 r 处的电压为 U_r，通过单对数坐标纸作图，可求出斜率 C 和截距 B，便可得到 U_r 与 r 的线性函数式（4-3-5）。

B 和 C 的理论值也可从式（4-3-4）中求得：

$$B = -\frac{\ln r_2}{\ln r_1 - \ln r_2}U_0 \ , \ C = \frac{U_0}{\ln r_1 - \ln r_2}$$

【实验分析】

为了使电流场的电位分布与静电场相似，实验装置应注意保证以下几个条件：

1. 为了模拟真空或空气中的静电场分布，要选用电阻均匀且各向同性的导电材料作为电流场的导电介质。研究工作中常采用水槽，用水做导电介质。本实验采用一种均匀涂上一层石墨的导电纸。

2. 静电场中的带电导体是等位体，电流场中的电极也必须尽量接近等位体。这就要求制作电极的金属材料的电导率必须比导电介质（导电纸）的电导率大得多，以致可以忽略金属电极上的电位降。

3. 在设计电极形状时，可利用场的对称性加以简化。例如，无限长均匀带电圆柱体周围的电场分布在整个三维空间，但由于它的电场分布具有轴对称性，电力线垂直于圆柱体，所以模拟的电流线也只在垂直于圆柱体的平面内。这样，只要测量其中任何一个截面的径向电位分布就够了。因而可以采用圆片电极布置在导电纸上测量。本实验要研究的平行电缆和同轴电缆电位分布的电极板，都利用了它们的轴对称性。要注意的是电极必须压紧在导电纸上，以保证它们具有良好的接触，以免电场分布发生畸变。

【实验内容】

1. 描绘平行电缆的横截面电场分布图

(1) 按图 4-3-2 接线，检流计接至分压电阻最左边（或最右边）的一个插孔内，移动探针装置系统，注意观察检流计是否指零。在找到一系列等电位点群的同时，用手按一下探针装置系统的上层探针，在记录纸上留下各等电位的点群。

(2) 改变检流计接至分压电阻的不同位置，采用上述方法描绘出五条等位线。根据电力线和等位线的正交关系，从一个电极出发，用适当密度的虚线作等位线分布图。

(3) 等位线分布图中要注明每一条等位线的电压值，电压值的获取可由 U_0 与分压电阻来求得。

2. 同轴电缆 r 与 U_r 的关系

(1) 考虑如何在记录纸上确定与同轴电缆同心的中心点。

(2) 按图 4-3-3 接线，改变检流计接至分压电阻的不同位置，沿同轴电缆半径方向移动探针系统装置（注意观察检流计是否指零），当检流计指零时，按动上探针，在记录纸上留下各记录点。测量各点距记录纸中心点的距离，测量数据列表记录。

由于电极的旋转对称性，实验中，测量任一半径的电位分布就足够了。但为使可能出现的微小不对称性能够相互抵消，可沿四个相互垂直的半径进行测量，并取平均值。

3. 记录实验环境条件，整理好实验仪器。

【数据处理】

1. 根据实验内容 2 测量数据，用单对数坐标纸作图。取对数分格代表 r，普通分格代表电位值。作出同轴电缆的径向电位分布图，其截距为 B，斜率为 C，求出 U_r 与 r 的线性函数式。

2. 用最小二乘法拟合同轴电缆的“$\lg r - U_r$” 曲线，求出线性回归方程。

3. 处理结果与理论式进行比较。

【实验报告】

1. 实验所用的实验仪器（型号或规格），实验环境条件。

2. 简述实验原理和实验的操作过程，画出接线电路图。实验中采用了哪些实验测量方法？在实验中你采用什么方法消除系统误差？

3. 根据数据处理，给出实验测量结果，并分析、讨论本次实验。

4. 通过本实验，对模拟法有何认识？它的适用条件是什么？

【附录】

1. J0409 灵敏检流计

灵敏检流计供实验中检查直流电路中微弱的电流或电势差用，如用于电桥测量、温差电偶、电磁感应及光电效应等实验中。J0409 灵敏检流计内部接线图如图 4-3-4 所示。使用时，为保护检流计，接线先接 G_1 端，检流计指针基本指零后再接至 G_0 端。

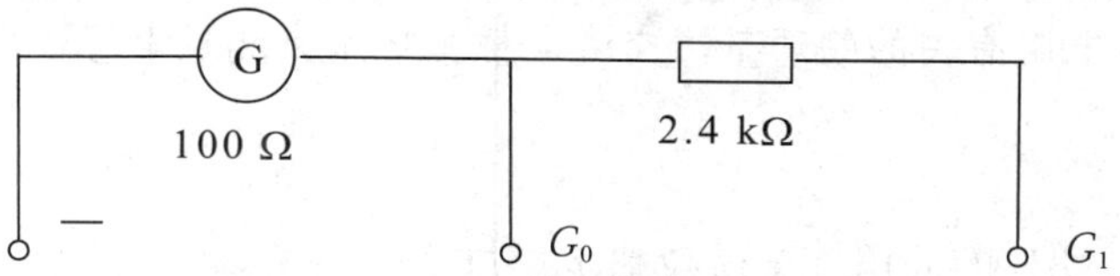

图 4-3-4　J0409 检流计内部接线图

2. 直流稳压电源

直流稳压电源的型号繁多，外形各异，但结构上都是由变压器、晶体管、电阻和电容等电子元件按一定的线路组装而成。它的电压稳定性好，内阻小，功率较大，使用方便。实验室用 MPS - 3000 L 型直流稳压电源是一种具有输出电压与输出电流连续可调、稳压与稳流自动转化的多路直流稳压电源。通电后可获得 0 ～30 V 连续可调的直流电压，输出电流可达 2 A，输出电压、电流值由 LED 数码管指示读出。仪器另配备有固定 5 V / 3 A 输出，可选择使用。

MPS-3000L 型直流稳压电源两路可调电源可进行串联或并联使用，输出由右路进行电压和电流的跟踪、控制。串联使用时最高输出电压为两路输出电压额定值之和；并联使用时最大输出电流为两路输出电流额定值之和。

仪器面板各开关旋钮的位置和功能如图 4-3-5 所示。

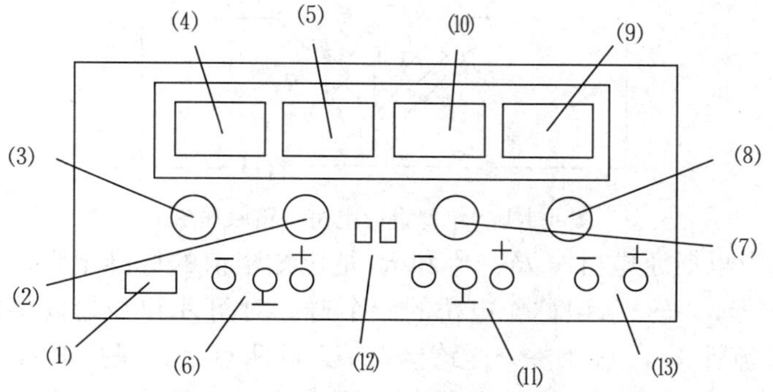

图 4-3-5　MPS-3000L 型直流稳压电源面板示意图

(1) 电源开关，(2) 左路输出电压调整，(3) 左路输出电流调整，(4) 左路输出电流指示，(5) 左路输出电压指示，(6) 左路输出端钮，(7) 右路输出电压调整，(8) 右路输出电流调整，(9) 右路输出电压指示，(10) 右路输出电流指示，(11) 右路输出端钮，(12) 双路电源独立、串联、并联控制按钮，(13) 固定 5V / 3A 电压输出

实验 4.4　直流电桥测电阻

电桥是一种用电位比较法进行测量的仪器，被广泛用来精确测量许多电学量和非电学量。电桥测量电路在自动控制测量中是常用的测量电路仪器之一。电桥按其用途可分为平衡电桥和不平衡电桥，按其使用的电源又可分为直流电桥和交流电桥。直流电桥常用来测量电阻或与电阻有关的物理量，交流电桥主要用来测量电容、电感等物理量。

【实验目的】

1. 学习“比较法”的应用，了解仪器灵敏度。
2. 掌握电桥工作原理，用电阻箱组装电桥并掌握其测量电阻的方法。
3. 分析实验中的系统误差，学习用“平衡位置互易法”消除实验系统误差。

【实验仪器】

灵敏检流计，电阻箱，万用电表，直流稳压电源，数字电桥。

【实验原理】

用伏安法测电阻时，除了因使用电流表和电压表准确度不高带来的误差外，还不可避免地存在线路本身带来的误差。用电桥线路测电阻，是将待测电阻与标准电阻相比较，以确定待测电阻是标准电阻的多少倍。由于标准电阻的误差很小，电桥法测电阻可达到很高的准确度。单臂直流电桥的电路原理图如图 4-4-1 所示。

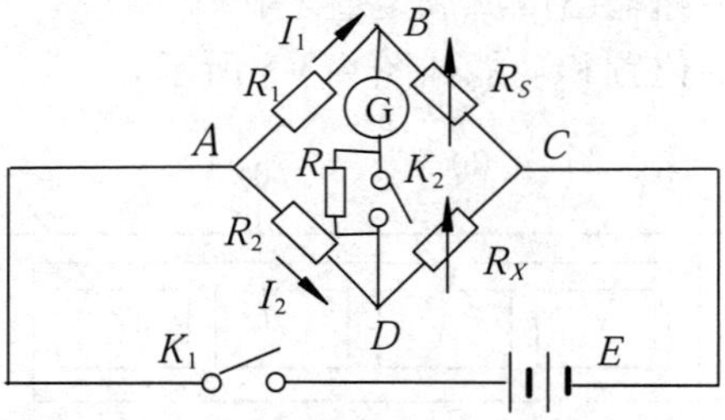

图 4-4-1　单臂直流电桥电路原理图

图示电路称为惠斯通电桥，R_1、R_2 和 R_S 是已知阻值的标准电阻，它们与被测电阻 R_X 连成一个四边形，每一条边称作电桥的一个臂。对角 A 和 C 之间接电源 E，对角 B 和 D 之间接有检流计 G，它像桥一样跨接在 B、D 两点上。保护电阻 R 和开关 K_2 用于保护检流计，K_1 是电源开关。若调节 R_S 使桥两端的 B 点和 D 点电位相等，则检流计中电流为零，电桥达到平衡，这时可得：

$$I_1 R_1 = I_2 R_2 \tag{4-4-1}$$

$$I_1 R_S = I_2 R_X \tag{4-4-2}$$

两式相除可得：

$$R_X = \frac{R_2}{R_1} R_S \tag{4-4-3}$$

在式（4-4-3）中，通常称 R_2 / R_1 为比率臂，称 R_S 为比较臂。

只要检流计足够灵敏，上式就能成立，被测电阻值 R_X 可以从 R_1、R_2、R_S 三个已知的标准电阻求得。这一过程相当于把 R_X 和标准电阻相比较，因而测量的准确度较高。

【实验分析】

平衡电桥法测电阻的误差，主要来自两方面。

1. 电桥不够灵敏带来的测量误差

仪表指针偏转角的变化量与被测量的变化之比称为仪表的灵敏度，它反映了仪表所能测量的最小被测量。电桥灵敏度的大小直接影响了判断电桥是否平衡的准确性。换言之，电桥不够灵敏会给测量带来误差。电桥平衡时，当待测电阻改变一个微小量 ΔR，引起检流计指针偏转的格数为 $\Delta\alpha$，则定义电桥灵敏度为（以 S_b 表示）：

$$S_b = \frac{\Delta\alpha}{\Delta R} \tag{4-4-4}$$

电桥灵敏度反映电桥对被测定电阻相对变化时的分辨能力。如果电桥灵敏度高，只要待测电阻有微小变化，检流计指针就有明显的偏转。因此，S_b 越大，表示电桥越灵敏，判断就越准确。

选用低内阻的检流计，适当提高工作电源的电压（但必须考虑电桥的额定功率）和选择适当的比率臂有利于提高电桥的灵敏度。但电桥灵敏度过高时，由于比较臂电阻调节的不连续性，在调节电桥平衡时会带来不便。

在实验中，我们把引起仪表示值可觉察变化的被测量的最小变化量叫灵敏阈（或叫分辨率），通常假定仪表标尺的 2 / 10 分度为难以分辨的界限。

于是由电桥不灵敏带来的测量误差为：

$$\Delta R_b \leqslant \frac{0.2}{S_b} \tag{4-4-5}$$

设该误差符合均匀分布，按 68 % 的置信度考虑，则由电桥不灵敏带来的测量不确定度为：

$$u_{R_b} = \frac{\Delta R_b}{\sqrt{3}} = \frac{0.2}{\sqrt{3}\, S_b} \tag{4-4-6}$$

2. 桥臂电阻带来的测量误差

由式（4-4-3），可导出 R_X 的相对不确定度为：

$$\frac{u_{R_X}}{R_X} = \sqrt{\left(\frac{u_{R_1}}{R_1}\right)^2 + \left(\frac{u_{R_2}}{R_2}\right)^2 + \left(\frac{u_{R_S}}{R_S}\right)^2} \tag{4-4-7}$$

为消除 R_1 与 R_2 带来的系统误差，可使 R_1 与 R_2 的比值为1。电桥平衡后，采用平衡位置互易法，把 R_X 与 R_S 二个桥臂电阻位置互换，再调节 R_S 使电桥平衡。分别测出交换前、后电桥平衡时比较臂 R_S 的示值 R_{S1} 及 R_{S2}。由此可得到：

$$R_S = \sqrt{R_{S1} R_{S2}} \tag{4-4-8}$$

$$\frac{u_{R_S}}{R_S} = \sqrt{\left(\frac{u_{R_{S1}}}{2R_{S1}}\right)^2 + \left(\frac{u_{R_{S2}}}{2R_{S2}}\right)^2} \tag{4-4-9}$$

式（4-4-9）中 $u_{R_{S1}}$、$u_{R_{S2}}$ 为标准电阻示值的不确定度。

实验用电阻箱替代标准电阻进行实验，其仪器误差按执行标准的不同有：

⑴ JB 1393 - 74 标准：

$$\Delta R_{电阻箱} = \pm(\alpha\% R + 0.002\, m) \tag{4-4-10}$$

式中 α 为电阻箱的准确度等级；m 为所用电阻箱的转盘数；R 为电阻箱的读数值。

⑵ GB 3949 - 83 标准：

$$\Delta R_{电阻箱} = \pm\sum C_i\% R_i \tag{4-4-11}$$

式中 C_i 为第 i 倍率挡的准确度等级；R_i 为电阻箱第 i 挡的电阻量值（示数 × 倍率）。

设电阻箱的仪器误差符合均匀分布，其置信度按 68 % 来考虑，则电阻箱示值的不确定度评定为：

$$u_{R_{电阻箱}} = \frac{\Delta R_{电阻箱}}{\sqrt{3}} \tag{4-4-12}$$

电桥法测电阻是平衡法和比较法的综合运用，提高电桥测量准确度的关键是提高电桥的灵敏度。在操作上，逐次逼近找临界点的方法十分重要。

【实验内容】

1. 用电阻箱组合电桥测电阻，实验前可先用万用表粗测被测电阻的阻值。

按实验电原理图连接好线路，开关 K_2 与电阻 R 用于保护检流计（电路通电前，开关 K_2 应如何处置?）。

取 R_1 与 R_2 的比值为1，调节电桥，使它工作在最灵敏状态，测定电桥的灵敏度（测量电桥灵敏度时，R_X 一般不能变，实验中用 R_S 的改变量 ΔR_S 代替 ΔR_X，以研究各参数对电桥灵敏度的影响）。列表记录各实验数据，找出电桥灵敏度较高时 R_1 与 R_2 的最佳配值，并以此最佳配值测量电桥的灵敏度 S_b。

以 R_1 与 R_2 的最佳配值组成比率臂，用“平衡位置互易法”测量待测电阻的阻值 $R_X = \sqrt{R_{S1}R_{S2}}$ 。

2. 用直流数显电桥测量待测电阻，记录测量数据，仪器使用方法参见附录。

3. 记录实验环境条件，整理好实验仪器。

【数据处理】

1. 电阻箱组合电桥测电阻：

⑴ 计算电桥灵敏度 S_b，电桥不灵敏误差 ΔR_b，评定其不确定度 u_{R_b}。

⑵ 计算电阻箱 R_S 误差 ΔR_S，评定其不确定度 u_{R_S}。

⑶ 计算实验测量结果，评定其测量不确定度。

2. 根据两种不同测量结果，计算其相对百分差。

【实验报告】

1. 实验所用的实验仪器（型号或规格），实验环境条件。

2. 简述实验原理和实验的操作过程，画出实验电路接线图。

3. 根据数据处理，给出实验测量结果，分析、讨论本次实验。

4. 思考题

⑴ 电桥测电阻的原理是什么？电桥平衡的条件是什么？为消除部分实验系统误差，实验采取了哪些测量方法？在实验中具体是如何实现的？

⑵ 实验中为使电桥具有较高的灵敏度，可采用哪些措施？

【附录】

1. AC5/1 直流检流计

AC5/1 直流检流计可供各种直流电桥、电位差计及其他仪器作零位指示之用，其内部电原理图如图 4-4-2 所示。使用时，打开电源开关，先调节“调零”旋钮使检流计指针指零。在使用过程中，若短时间将检流计与外电路接通，只需将“电计”按钮按下即可，若需长时间接通可将该按钮锁住。使用过程中，若将“短路”按钮按下，则检流计被短路。“接地”装置是检流计在使用过程中由于较大的漏静电影响而不能正常使用时，使用该装置可免除其影响。

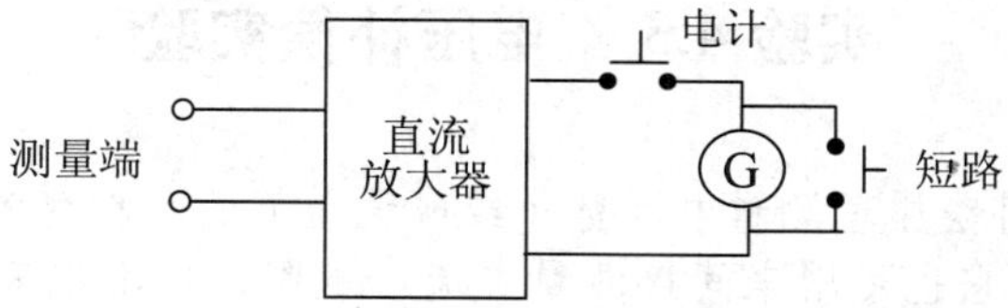

图 4-4-2　AC5/1 直流检流计内部电原理图

2. 旋转式电阻箱

旋转式电阻箱供直流电路中作调节阻值之用，具有较低的零值电阻，为实验室最常用的仪器，主要规格如下：

调整范围：9 ×(0.1＋1＋10＋100＋1000＋10000) Ω；

残余电阻：＜ 0.03 Ω；

每档电阻容许通过电流如表 4-4-1 所示。

表 4-4-1　旋转式电阻箱每档容许通过电流

旋钮倍率	×0.1	×1	×10	×100	×1000	×10000
容许负载电流　/ A	1.5	0.5	0.15	0.05	0.015	0.005

电阻箱内部接线如图 4-4-3 所示。

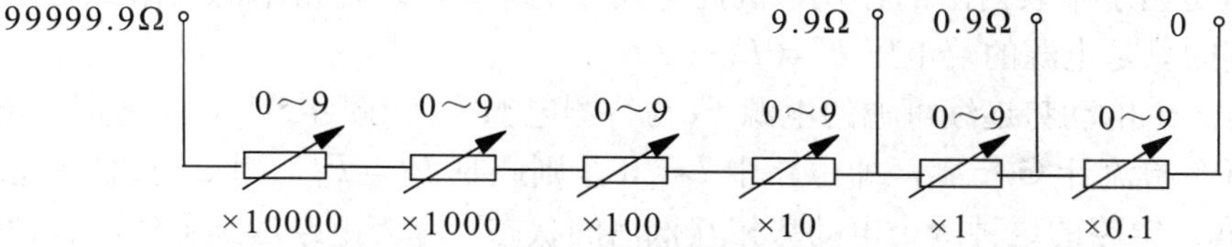

图 4-4-3　旋转式电阻箱内部接线示意图

3. 直流数显电桥

FB8831 型直流数显电桥是测量低值电阻的数字化测试仪表，电原理图如图 4-4-4 所示。其特点是：

(1) 采用 LED 数码管显示测量值，清晰、醒目。

(2) 采用凯尔文四端测量方法，测试准确度高。

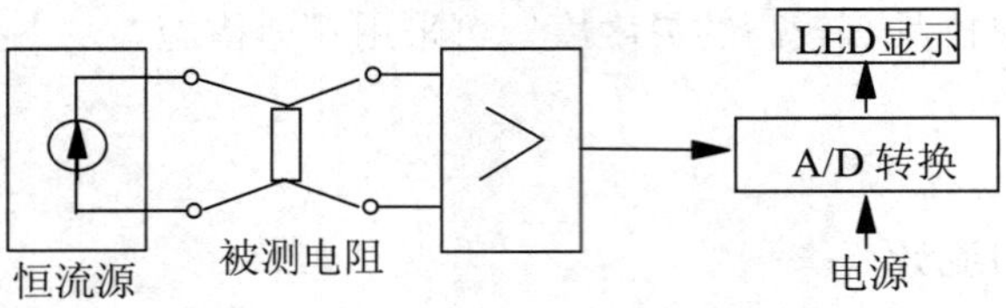

图 4-4-4　直流数显电桥电原理图

使用时仪器需预热调零，测量时先选择好量程，将测量导线上的两测试夹夹住被测电阻的两端（两测试夹的方位必须一致，以保证电位端、电流端不会错位），当数码管显示 1 时，表示溢出，应改变测量量程。

实验 4.5　电压补偿实验

电位差计是利用补偿原理测量电动势（或电位差）的一种精密仪器，其测量准确度可达 0.001 或更高。它也可用来间接测量电流、电阻、校准电表和直流电桥等直读式仪表。此外，电位差计在非电量（如温度、压力、位移、速度等）的测量中也占有重要的地位，其补偿原理在自动控制系统中得到广泛的应用。

【实验目的】

1. 学习“补偿法”在实验中的应用。
2. 掌握电位差计的工作原理及其进行测量的基本方法。
3. 学习对实验电路参数的估算及校准的方法。

【实验仪器】

十一线电位差计，检流计，稳压电源，标准低电源，电阻箱。

【实验原理】

1. 电压补偿原理：用电压表测电源的电动势 E_X 如图 4-5-1（a）所示，只能得到近似值。这是由于电表内阻的存在，因此电路中 $I \neq 0$，这使得电源内阻 r 上有电压降，实际测到的只是电源的端电压 $U = E_X - Ir$。

若有一个电动势连续可调的电源 E_S 与待测电源 E_X 如图 4-5-1（b）连接，调节 E_S 的大小，直至检流计 G 指零，即电路中 $I = 0$，则此时 $E_X = E_S$，由 E_S 可准确地求出未知电动势 E_X。电路的这种两个电动势相互抵消的状态，称为电路达到补偿，这种测电动势的方法称为补偿法。

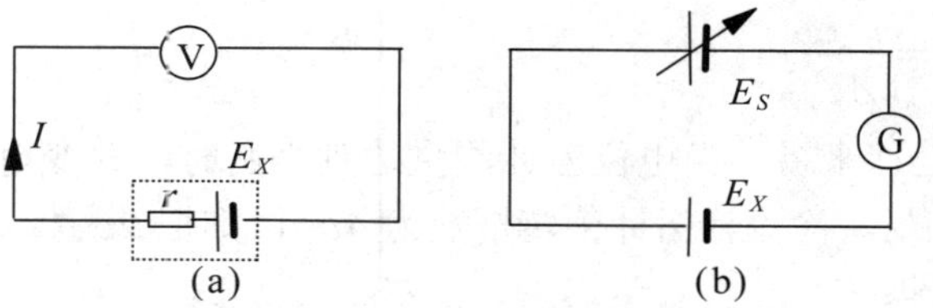

图 4-5-1　补偿法原理电路图

2. 十一线电位差计是一种教学型电位差计，由于它是解剖式结构，十分有利于学习和掌握电位差计的工作原理，提高看图接线、排除故障的能力。

如图 4-5-2 所示，E_X 为待测电动势，E_S 为标准电池。电源 E 、电阻 R_P 与长度 L 的电阻丝 AB 组成一串联电路，电流 I_P 在电阻丝 AB 上产生电位差。接点 F 和 D 可在电阻丝上任意移动，因此可得到随之改变的电位差 U_{FD} 。

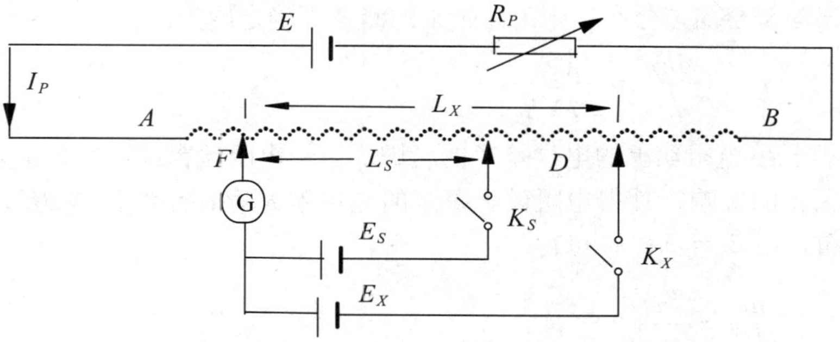

图 4-5-2　十一线电位差计工作原理图

在 F 接点位置确定后，合上 K_S，改变电阻 R_P 调节工作电流 I_P 或改变触点 D 位置，可使检流计 G 指零，此时 U_{FD} 与 E_S 达到补偿状态。则：

$$E_S = U_{FD} = I_P r_0 L_S = KL_S \tag{4-5-1}$$

式中 r_0 为单位长度电阻丝的电阻，L_S 为电阻丝 FD 段的长度，K 为单位长度电阻丝上的电位差。

固定 R_P，使工作电流 I_P 保持不变，打开 K_S，合上 K_X，用 E_X 代替 E_S，调节触点 D 的位置，使电路再次达到补偿，此时若电组丝长度为 L_X，则：

$$E_X = I_P r_0 L_X = KL_X \tag{4-5-2}$$

为实验方便，一般都选定单位长度电阻丝上的电位差 K 为一简单的数字，并根据标准电池 E_S 的数值，由 $E_S = KL_S$，计算出 L_S 的长度。然后将触点 D 移至 L_S 的长度位置上，调节 R_P 改变工作电流 I_P 使电路补偿，此时单位长度电阻丝上的电位差 K 值等于选定值。这一步骤称为工作电流标准化，或称为电位差计定标，K 称为标准化系数，单位是 V / m 。定标后，测量 E_X 时，只要测得 L_X，就可求出 E_X 的大小。

在科学实验中，对某个量进行准确的测量，常需要用标准件来比较、定标。本实验的定标体现在采用标准电池来进行电位差计工作电流的标准化。

【实验分析】

1. 电位差计不灵敏带来的测量误差：电位差计灵敏度 S_b 等于电位差计在平衡点处读数变化最小单位分度值 ΔU_{min} 时，相应检流计指针的偏转格数 α 值，即：

$$S_b = \frac{\alpha}{\Delta U_{\min}} \tag{4-5-3}$$

对十一线电位差计来讲，当电位差计测量达到平衡时，改变电阻丝的单位长度，若电路补偿电压改变ΔU，检流计指针偏转格数为$\Delta\alpha$，则把$\Delta\alpha / \Delta U$定义为十一线电位差计的灵敏度S_b，即：

$$S_b = \frac{\Delta\alpha}{\Delta U} \tag{4-5-4}$$

式中$\Delta U = K\Delta L_S$。

因此，对十一线电位差计来讲，由电位差计不灵敏带来的测量误差为：

$$\Delta E_b = \frac{0.2}{S_b} \tag{4-5-5}$$

假设该测量误差符合均匀分布，则由此带来的测量不确定度为：

$$u_{E_b} = \frac{\Delta E_b}{\sqrt{3}} = \frac{0.2}{\sqrt{3}\ S_b} \tag{4-5-6}$$

2. 对单位长度电阻丝上的电位差K的考虑：由于电阻丝粗细不均、电阻丝单位长度等其他系统因素的影响，使得电阻丝上每米的电位差K存在系统误差ΔK。假设该误差符合均匀分布，由$E_S = KL_S$，可得：

$$\frac{u_K}{K} = \frac{u_{L_S}}{L_S} \tag{4-5-7}$$

【实验内容】

实验采用标准低电源代替标准电池进行定标。十一线电位差的十根电阻线绕在有机玻璃棒上，第十一根电阻线为圆盘式电阻器，配合有刻度盘游标。按图4-5-3接线，接线时注意电源、标准低电源和被测电池的极性。

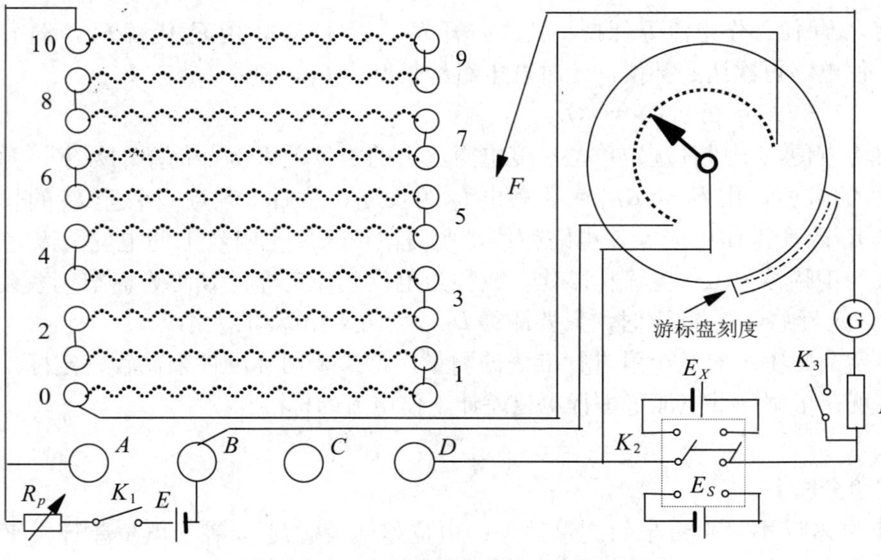

图 4-5-3　十一线电位差计实验接线图

测量 $2^{\#}$ 电池的电动势及内阻。

1. 计算实验电路各参数

(1) 定标，根据量程设定，要求测量有效位至千分位。

(2) 计算 L_S：$L_S = E_S / K$。

(3) 选电源电压 E，计算 R_P。

电位差计电阻丝长共 11 米（$10\ \Omega / \mathrm{m}$）。由于 $2^{\#}$ 电池端电压一般不会大于 1.6 V，故可取 $E \geqslant 11K + U_{RP}$。对测量一节 $2^{\#}$ 电池来讲，若实验中电源电压取 $E = 5.0$ V，则：

$$U_{RP} = E - 11K,\ I_P = 11K / (10 \times 11),\ R_P = U_{RP} / I_P$$

2. 调整 R_P，校准 K 值：由于理论计算与实际电路略有差异，因此电路需要进一步调整。先将 R_P 调节到计算值，按计算的 L_S 值将接线 F 和圆盘电阻器分别置于相应的位置，接通电源，K_2 置向 E_S，调整 R_P，使检流计指针指零，电路达到初步平衡。再将 K_3 合上，细调 R_P，使电路进一步达到平衡，此时电路 K 值被校准。

要注意一旦 K 值被校准，实验中 E 和 R_P 就不能再变动。

3. 测量因电位差计不灵敏带来的误差：K 值校准后，在平衡点处测量电位差计不灵敏误差。改变接线 F 位置得一变化量 ΔL_S，计算 $\Delta U = K \Delta L_S$，同时记下检流计指针相对应的偏转格数 $\Delta\alpha$，计算电位差计不灵敏带来的测量误差 ΔE_b。

4. 测量 $2^{\#}$ 电池电动势：用电表粗测 $2^{\#}$ 电池电压且记为 U'，则 $L_X' = U' / K$。按估算的 L_X' 值，将接线 F 和圆盘电阻器分别置于相应位置，打开 K_3，K_2 置向 E_X，接通电源，调节圆盘电阻器，使检流计指针指零，再将 K_3 合上，进一步缓慢调节圆盘电阻器，使检流计指针进一步指零。电路达到平衡后，按实际 L_X 长度计算 E_X。

5. 测量 $2^{\#}$ 电池的内阻：在 $2^{\#}$ 电池上并联 $100\ \Omega$ 电阻 R'，再次测定电动势值记为 E'（注意：测得的不是电池的电动势，而是电路的端电压），根据公式计算电池内阻：

$$r = \frac{E_X - E'}{I} = \frac{E_X - E'}{E'} R' \tag{4-5-8}$$

6. 记录实验环境条件，整理好实验仪器。

【数据处理】

1. 按实验内容要求计算各实验电路参数。

2. 计算 $2^{\#}$ 电池的电动势和内阻，评定其测量不确定度。

【实验报告】

1. 实验所用的实验仪器（型号或规格），实验环境条件。

2. 简述实验原理，画出实验电原理图，说明实验的操作过程。

3. 按实验内容要求计算实验电路的各个参数。根据数据处理，评定测量不确定度，给出实验测量结果并进行分析、讨论。

4. 思考题

(1) 补偿法的原理是什么？实验测量时应满足哪些条件？用电位差计进行测量时有何特点？

(2) 实验中，在连接好电位差计线路后，校准电位差计工作电流时，如果无论怎样调节 R_P，检流计指针总向一边偏转，试分析故障原因。

(3) 使用电位差计时要求工作电源非常稳定。在校准工作电流后，如果电源电压发生了变化，譬如说电压降低了，那么被测的电动势比实际值增大还是减小？为什么？

(4) 如图 4-5-4 所示，欲测输出电流 I，若用普通电流表直接测量，会因电表内阻的影响使测量结果偏小。现测量电路改为图 4-5-5 所示电路，试分析该电路采用了什么测量方法？具有什么特点？

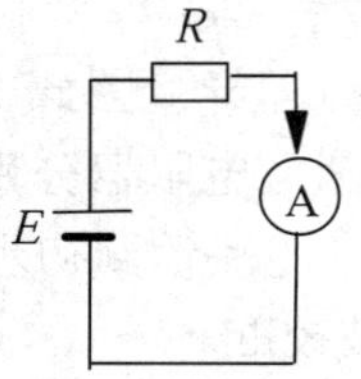

图 4-5-4

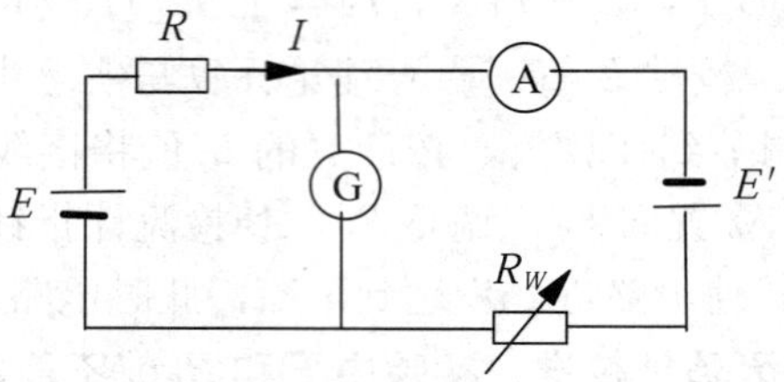

图 4-5-5

【附录】 标准低电源

在电位差计实验中，首先需要使电位差计进行工作电流标准化，长期以来，一般总是用饱和型或不饱和型标准电池对电位差计作定标。这两种形式的标准电池各有自己的优缺点，前者输出电动势比较稳定，但不能颠倒或剧烈振动，不便携带或用于移动测试；后者虽然克服了以上的缺点，但输出电动势稳定性相对较差。而且饱和型或不饱和型标准电池都不允许输入或输出微安级以上的电流，这样给实验带来许多不便。

实验采用自制标准低电源代替标准电池接入测量电路，在室温 20℃ 时标准低电源输出为：1.01855 ～ 1.01870 V，稳定度可以达到标准电池万分之一伏的数量级，具有极高的稳定度，与电位差计配套使用时非常方便。

实验 4.6　示波器的调整与使用

示波器是一种能将随时间变化的电压信号转换成直观图像的测试仪器，并可测定电压、频率等。一切可转化为电压的电学量（如电流、电功率、阻抗等）、非电学量（如温度、位移、速度、压力、光强、磁场等）随时间的变化过程都可用示波器来观察。

示波器具有直观、灵敏、反应速度快、输入阻抗大等优点，特别是在观测高速、瞬变过程时，更具有独到之处，已成为电学量及非电学量测量中的重要测试仪器。

【实验目的】

1. 了解示波器的基本结构，掌握示波器和信号发生器的基本使用方法。
2. 学习用示波器观察波形并测定其电压与频率。
3. 通过观测李萨如图形，学会一种测量正弦波振动频率的方法并加深对相互垂直振动合成理论的理解。

【实验仪器】

示波器，低频信号发生器。

【实验原理】

1. 示波管：示波管主要由电子枪、偏转板和荧光屏三部分组成，其结构如图 4-6-1 所示。

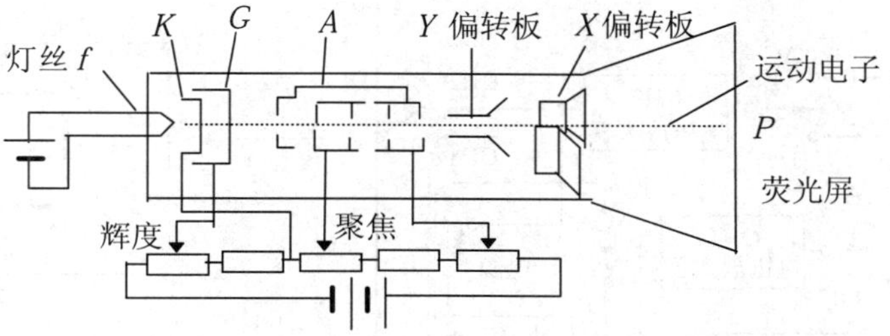

图 4-6-1　示波管结构图

⑴ 基本结构：示波管是呈喇叭形的玻璃管，抽成真空，内部装有电子枪和两对相互垂直的偏转板。在喇叭口状的曲面壁上涂有荧光物质，构成显示屏。当高速运动的电子撞在荧光屏上时，荧光物质发光，在屏上能看到一个亮点 P，电子运动随时间变化的情况，可以在荧光屏上显示出来。

⑵ 聚焦调节：电子枪由灯丝 f，阴极 K，栅极 G 以及阳极 A 所组成。灯丝通电呈灼热状态，使阴极发热而发射电子。由于阳极电位高于阴极，所以电子被阳极加速，改变阳极电位，可以使不同发射方向的电子恰好会聚在荧光屏某点上。这种调节称为聚焦。示波器面板上“聚焦”旋钮就是用来改变阳极电位实现聚焦的。

⑶ 辉度控制：栅极 G 的电位较阴极 K 的电位低，改变栅极电位的高低，可以控制电子枪发射电子的多少甚至完全不使电子通过。示波器上“辉度”旋钮就是用来调节栅极电位，称为辉度调节，以控制荧光屏上亮点的明暗程度。

⑷ X、Y 位移调节：电子枪发射的电子，在撞击荧光屏前还要经过相互正交配置的 X、Y 偏转板。Y 偏转板是水平放置的两块电极。当 Y 偏转板上电压为零时，电子束正好射在荧光屏正中 P 点，如图 4-6-2 所示。

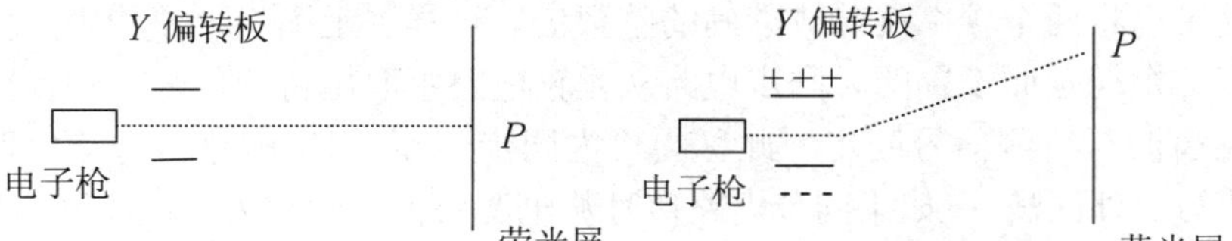

图 4-6-2　电子束偏转示意图

如果 Y 偏转板加上一随时间变化的电压，则电子束受到电场作用，P 点的位置也跟着电压的变化在竖直方向上下移动。在屏上看到的是一条竖直的亮线。荧光屏上亮线在竖直方向的位移量 y 与加在 Y 偏转板的电压 U_Y 成正比。

X 偏转板是垂直放置的两块电极。如果在 X 偏转板上加一个变化的电压，那么，荧光屏上亮点在水平方向的位移量 x 也与加在 X 偏转板的电压 U_X 成正比，于是在屏上看到的是一条水平的亮线。

示波器上的“X位移↔”和“Y位移↕”旋钮，就是用来改变X、Y偏转板上的电压，从而调节光迹的左、右和上、下的位移。

2. 示波器各组成部分功能：示波器的型号和规格很多，但不管是什么示波器都包括如图 4-6-3 所示的几个基本组成部分：示波管、电压放大器（Y轴放大和X轴放大）、水平扫描时间发生器、波形同步触发电路和电源等。

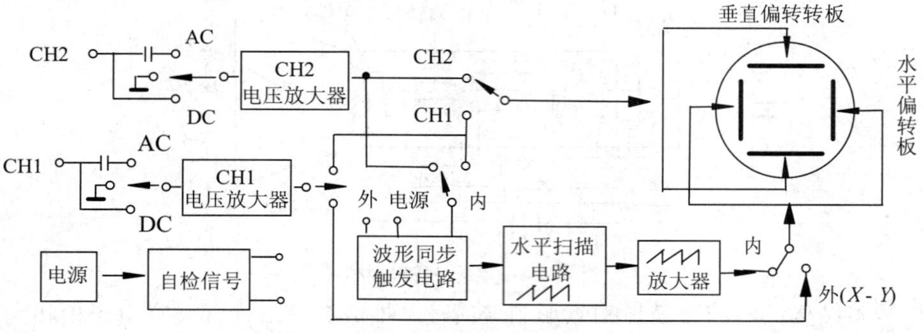

图 4-6-3　双踪示波器电原理方框图

⑴ 水平扫描电路：水平扫描电路就是在示波器内部产生锯齿波的部件，并将锯齿波放大后加到示波管X偏转板上，使荧光屏上的亮点作水平扫描，锯齿波周期（或频率）可由示波器面板上的扫描时间因数旋钮（TIME / DIV）来调节。

⑵ 电压放大器：示波器显示电压波形是利用电子束电偏原理，即电子束在荧光屏上的偏移量与加在偏转板上的电压成正比。当输入信号较大时，加在偏转板上的信号电压也较大，有可能使屏上光点垂直（或水平）位移过大，这就需要把过大的信号电压加以衰减再加到偏转板上。另外，由于示波管本身的Y轴（或X轴）偏转板的灵敏度不高，当输入信号较小时，电子束不能发生足够的偏转，使屏上光点位移过小，不便观察。这就又需要把小的信号电压加以放大后再加到偏转板上。为此，示波器设置Y轴（X轴）电压放大器，输入信号电压放大量的调整可由示波器Y轴（或X轴）的输入偏转因数旋钮（VOLTS / DIV）来调节。

⑶ 波形同步触发电路：由于产生纵向电压和横向电压的信号源相互独立，频率的随机变化致使难以将两个频率调节成准确的整数倍，这样屏上图形无法稳定。同步电路就是为了克服这个问题而设置的。同步电路从垂直电路中取出待测信号，输入到扫描发生器，迫使锯齿波与待测信号同步，此称为“内同步”；若同步电路信号从仪器外电路中取得，则称为“外同步”；如果同步电路信号从电源获得，则称为“电源同步”。

目前示波器多采用电平触发电路来稳定显示波形。它是让锯齿波发生器处于等待扫描状态，然后选定某一电平（它具有一定的大小与相位）作为触发电平，只有当待测输入信号达到选定的触发电平的大小与相位时，锯齿波发生器才开始扫描，这样，每一次扫描均发生在这一触发电平上，只要锯齿波扫描的周期不变，荧光屏上将一次一次地重复描出以触发电平为起点，以扫描周期为长度的输入信号的稳定波形。触发电平大小的调节可由示波器面板上的“触发电平调整旋钮”（LEVEL）来调整。

⑷ 校准信号：该电路产生一标准方波信号电压，用于检查示波器各部分的工作状态

是否正常，校准 Y 轴（或 X 轴）偏转因数和锯齿波水平扫描时间因数是否准确。

⑸ 电源：为示波器各部分电路提供合适的电源。

3. 示波器显示波形原理：如果只在 Y 输入端输入一交变的正弦电压，则电子束的亮点将随输入电压的变化在竖直方向来回运动，如果输入电压频率较高，则看到的是一条竖直亮线（图 4-6-4 所示）。

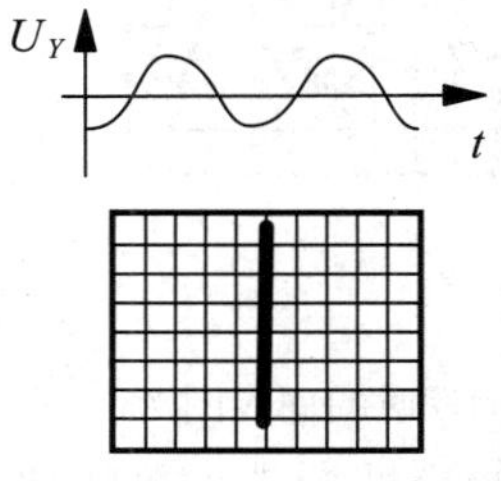

图 4-6-4　仅在 Y 端输入正弦电压

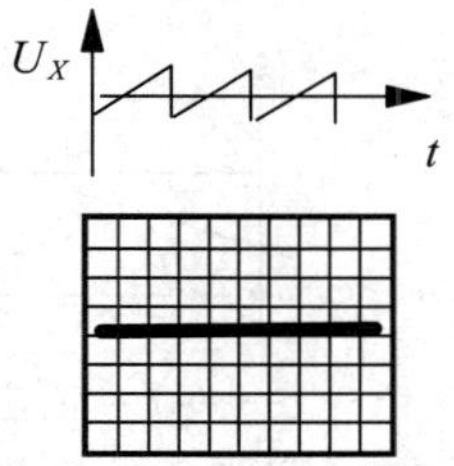

图 4-6-5　仅在 X 端输入锯齿波扫描电压

要能显示波形，必须同时在 X 轴偏转上输入一锯齿波扫描电压，使电子束的亮线沿水平方向展开。锯齿波扫描电压的特点是扫描电压随时间成线性关系增加到最大值，然后突然回到最小，此后再重复地变化。这种扫描电压随时间变化的关系曲线形同“锯齿”，故称“锯齿波电压”（图 4-6-3 中用“水平扫描电路”方框表示的锯齿波扫描电路）。当示波器仅有锯齿波扫描电压加在水平偏转板上时，如果频率足够高，则荧光屏上显示一条水平亮线（如图 4-6-5 所示）。

如果在 Y 输入端输入正弦波电压，同时在 X 水平偏转板上加锯齿波扫描电压，则电子受竖直、水平两个方向的力的作用，电子的运动是两相互垂直的运动的合成。

设在 Y 输入端输入一个随时间作正弦变化的电压 $U_Y = U_{Ym}\sin\omega t$，我们在荧光屏上仅能看到一条竖直的亮线，而看不到正弦曲线波形。只有同时在 X 水平偏转板上加入一个与时间成正比的锯齿波电压 $U_X = U_{Xm}\,t$ 时，才能将 Y 方向的竖直亮线沿水平方向展开，在荧光屏上显示出信号电压 U_Y 与时间 t 的关系曲线。其显示过程如图 4-6-6 所示。

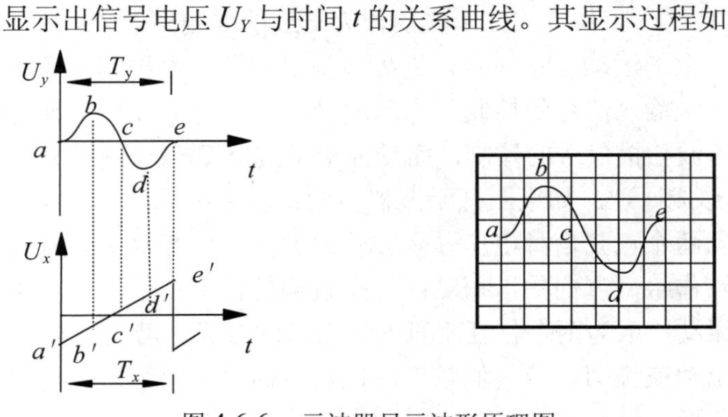

图 4-6-6　示波器显示波形原理图

从图 4-6-6 可以看出，电子束打在屏上的光点在 X 方向作匀速运动，在 Y 方向作简谐振动，其合运动轨迹为一正弦曲线。如果正弦电压与锯齿波电压的周期相同，正弦波从点 a 到 e 点时，锯齿波正好从 a' 点到 e' 点，从而光点描完整个正弦曲线 $a \sim e$。由于锯齿波此时马上复原，所以光电又回到 a 点，在同一位置上又描出同一条曲线。

如果正弦波电压与锯齿波电压的周期稍有不同，如图 4-6-7 所示，则第二次所描出的曲线将和第一次曲线的位置不相重合，而使屏上显示的曲线图形不稳定，呈跑动状态甚至紊乱而无法辨认。

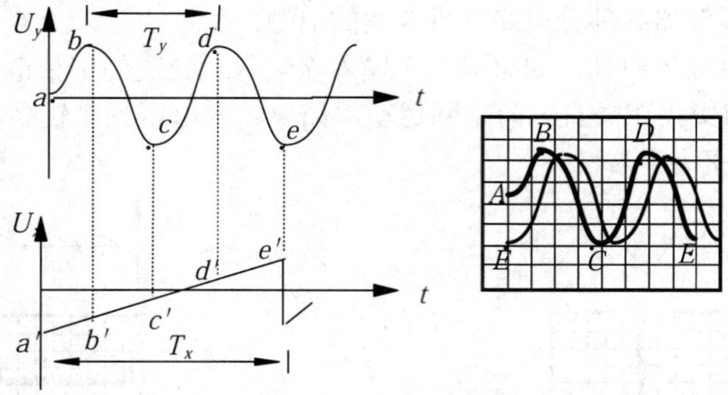

图 4-6-7　正弦波电压与锯齿波电压不同周期时的曲线图形

利用触发电平控制，使锯齿波扫描周期与输入信号周期同步，可解决显示波形的稳定（如图 4-6-8 所示）。

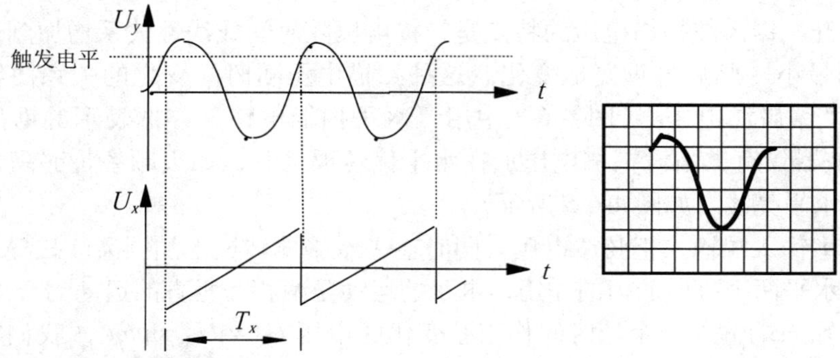

图 4-6-8　触发电平信号取自输入信号的上升沿、采用 AC 触发来稳定显示波形

可见，当锯齿波扫描周期为待测信号周期整数倍时，待测信号波形就能稳定显示。

4. 示波器“X- Y”工作方式：示波器作为一般的观测都以“t - Y”方式工作，即屏上亮点在水平方向上的运动由示波器内锯齿波扫描周期信号控制，而亮点在垂直方向上的运动受示波器 Y轴输入信号的控制。当示波器工作在“X- Y”工作方式时，示波器 X 偏转板不再受锯齿波扫描信号的控制，而受控于示波器 CH1（或 CH2）输入信号。

5. 李萨如图形成原理：如果断开示波器内的锯齿波扫描信号，在示波器水平和垂直偏转板上分别输入两个正弦信号电压，示波管内的电子束受水平偏转板上正弦信号电压的作用，屏上亮点作水平方向的谐振动；受垂直偏转板上正弦信号电压的作用，亮点又作垂直方向的谐振动，成为两个相互垂直的谐振动的合成。若它们频率的比值为 1∶1，荧光屏上就显示出圆或椭圆；若它们频率的比值为简单的整数，荧光屏上就显示出若干个封闭的李萨如图形。

以 f_X、f_Y 分别表示水平轴与垂直轴输入的正弦信号频率，N_X、N_Y 分别表示李萨如图形与假想水平线和假想垂直线的切点数，则有：

$$\frac{f_X}{f_Y}=\frac{Y\text{ 方向切线对图形的切点数 }(N_Y)}{X\text{ 方向切线对图形的切点数 }(N_X)} \tag{4-6-1}$$

如果一个输入正弦信号电压的频率已知，则可用上述公式和荧光屏上的李萨如图形求出另一个输入正弦信号电压的频率。

图 4-6-9 为两个频率比为 $f_X:f_Y=1:1$ 相位差为 π/2 时的正弦信号电压分别从示波器水平轴、垂直输入时屏上亮点合成轨迹的示意图。

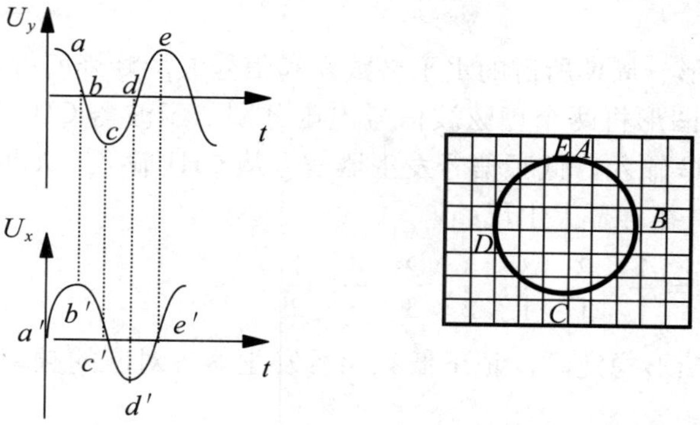

图 4-6-9　两正弦信号相位差为 π/2 时合成轨迹图

【实验内容】

1. 熟悉低频信号发生器的使用（参见附录）。

2. 熟悉示波器面板及其各旋钮的作用。

⑴ 观察示波器面板的线框划分，从而熟悉示波器 X 轴、Y 轴各控制旋钮在面板上的布局位置，熟悉示波器各控制旋钮（按钮）的名称。

⑵ 示波器 CH1 、CH2 不输入信号，将 X 轴置外扫描“X - Y”，调节示波器“亮度”、“聚焦”、“X 、Y 位移”旋钮，观察屏中光点的变化情况，从而熟悉显示器各相关控制旋钮的作用。

⑶ 将示波器 X 轴置内扫描，扫描时间因数微调旋钮置校准位置，改变 X 扫描时间因数旋钮（TIME / DIV），观察屏中光点水平扫描的快慢变化，从而理解光点的扫描时间与示波器 X 轴偏转板上所加锯齿波周期时间的相互关系。

⑷ 将示波器 X 轴置外扫描“X - Y”，CH2 输入低频信号发生器正弦波信号。由于示波器 X 轴偏转板无电压信号，因此屏中显示为一上下竖直运动的亮点。逐渐加大信号发生器的输出信号的频率，观察屏中亮点的变化，从而理解正弦信号电压如何作用于示波器 Y 轴偏转板，控制屏中亮点作上下的简谐运动。

调节 CH2 输入偏转因数旋钮（VOLTS / DIV）、偏转微调旋钮，观察屏中竖线幅度的大小变化，从而掌握如何控制 Y 轴输入信号电压的衰减与放大。

⑸ 将示波器 X 轴置内扫描，根据低频信号发生器输出信号电压的频率，调节 X 轴扫描时间因数旋钮，观察正弦信号电压波形，调节触发电平调整旋钮（LEVEL），使示波器屏中的信号波形稳定。

改变触发电平的控制方式 ATO（AUTO，自动模式）、NML（NORMAL，一般触发模式），观察示波器屏中信号波形的稳定情况，分析波形不稳定的原因。

调节 X 轴扫描微调旋钮、扫描时间因数控制旋钮，观察示波器屏中信号波形的变化情况，明确示波器在对信号波形作定量计算时，为什么微调旋钮必须置于校准位置。

3. 观察示波器校准信号：示波器 X 轴置内扫描，X 轴扫描时间因数微调、CH2 输入偏转因数微调旋钮均处于校准位置。输入校准信号电压，调节示波器有关旋钮，观察示波器屏中校准信号的波形，波形稳定时绘出波形图。

⑴ 记录X轴扫描时间因数（T / DIV）、CH2 输入偏转因数（V/ DIV）所选用档级的标称值。

⑵ 记录信号波形一周期所占的水平格数A和信号波形峰峰所占的垂直格数B。

4. 观察李萨如图形将两个正弦波信号电压分别从示波器 CH1 、CH2 输入（ 50 Hz 外接信号电压从 CH2 输入，低频信号发生器信号从 CH1 输入，X轴置外扫描），调节低频信号发生器频率，在屏幕上出现：

$$\frac{f_X}{f_Y}=\frac{1}{1},\ \frac{2}{1},\ \frac{3}{1},\ \frac{3}{2},\ \frac{2}{3},\ \frac{4}{3},\ \frac{1}{2}$$

时的李萨如图形，图形稳定时，记下低频信号发生器各对应的频率值（参见表 4-6-1 李萨如图形）。

表 4-6-1　李萨如图形举例

图形				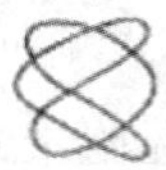		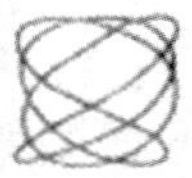	
N_y	1	2	3	3	2	4	1
N_x	1	1	1	2	3	3	2
$f_x:f_y$	1∶1	2∶1	3∶1	3∶2	2∶3	4∶3	1∶2

5. 记录实验环境条件，整理好实验仪器。

【数据处理】

1. 根据实验内容 3 的记录数据，计算校准信号电压的频率及电压有效值。

⑴ 信号电压的周期：

$$T=\text{水平格数}(A)\times\text{扫描时间因数}(B) \tag{4-6-2}$$

则信号电压的频率为：

$$f=\frac{1}{T} \tag{4-6-3}$$

分析示波器的测量误差时，为简单起见，可仅考虑读数误差，按均匀分布来考虑。

⑵ 信号电压的“峰 - 峰值电压（$V_{P\text{-}P}$）”为：

$$V_{P\text{-}P}=\text{波形“峰 - 峰”垂直格数}\times\text{垂直偏转因数}\times\text{探极衰减倍数}$$

正弦信号电压的有效值为：

$$U_{\text{有效}}=\frac{V_{P\text{-}P}}{2\sqrt{2}} \tag{4-6-4}$$

其测量不确定的评定也可仅考虑读数误差，按均匀分布来考虑。

2. 绘出观测到的各频率比的李萨如图形，然后依此计算低频信号发生器的各个输出频率，并与低频信号发生器的输出指示值进行比较，求出相对百分差。

【实验报告】

1. 实验所用的实验仪器（型号或规格），实验环境条件。

2. 简述实验原理，说明实验的操作过程，画出有关的测量信号波形，按数据处理要求，给出实验测量结果。

3. 分析、讨论本次实验误差产生的原因。

4. 思考题

⑴ 用示波器观察信号时，若荧光屏上出现下列图形（*a*，*b*，*c*，*d*，*e*），问哪些旋钮位置不对，应如何调节？

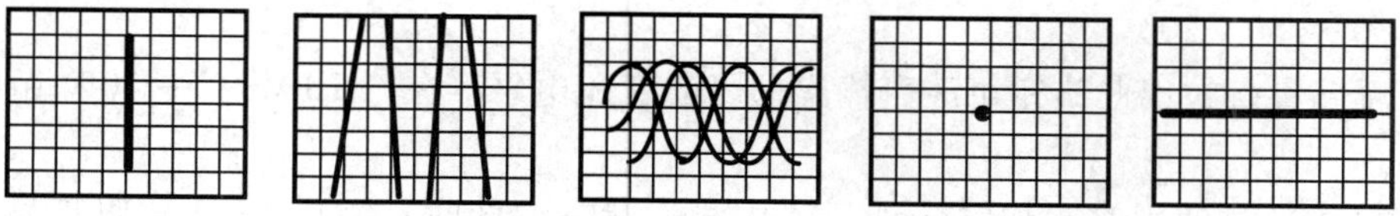

a　　b　　c　　d　　e

⑵ 观察李萨如图形时，李萨如图形一般都在动？主要原因是什么？

⑶ 示波器能否用来测量直流电压？如果能测，应如何进行？

【附录】

一、DF1027A 型低频信号发生器

DF1027A 型低频信号发生器采用 *RC* 文氏桥振荡器，能产生从 10 Hz ～1 MHz 低失真的正弦波、方波、脉冲波和 TTL 脉冲波信号电压。输出电压的有效值由三位数字电压表指示，输出信号的频率由六位数字频率计显示，且数字频率计可外接测频。面板上主要旋钮、输出插座如图 4-6-9 所示。

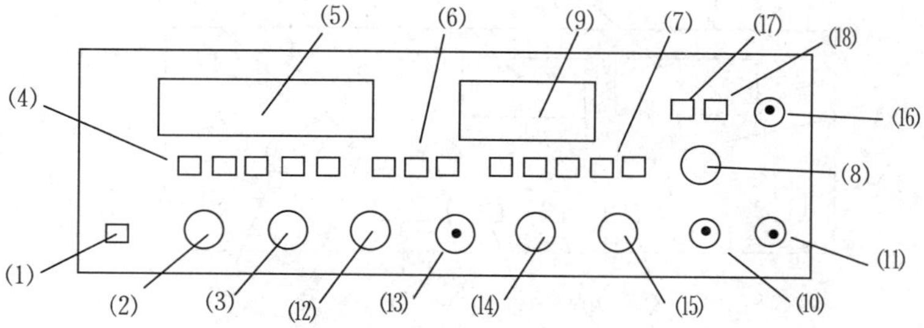

图 4-6-9　DF1027A 型低频信号发生器面板图

⑴ 电源开关，⑵ 频率粗调，⑶ 频率细调，⑷ 频率范围选择按钮，⑸ 输出频率显示窗口，⑹ 输出波形选择按钮，⑺ 输出衰减选择按钮，⑻ 输出波形幅度调节旋钮，⑼ 输出电压显示窗口，⑽ 电压输出插座（50 Ω 负载），⑾ 电压输出插座（600 Ω 负载），⑿ 脉宽调节，⒀ TTL 输出插座，⒁ TTL 脉宽调节，⒂ 直流偏置，⒃ 外测频率输入插座，⒄ 外测 / 内测转换按钮，⒅ 外测频率输入衰减按钮

频率范围（Hz）：10、100、1 k、10 k、100 k、1 M 共有五档选择，与“频率调节”、“频率微调”旋钮配合调节，可得到输出信号的有关频率，输出信号的频率由六位 LED 数码管显示。

波形选择：有正弦波信号、方波信号（蓝色标记）、TTL 脉冲波信号（黑色标记）三档选择。

电压输出：可配接阻抗为 50 Ω、600 Ω 两种负载。

TTL 输出与脉宽调节（黑色标记）：TTL 输出阻抗为 50 Ω，高电平 > 2.4 V，低电平 < 0.4 V，能驱动 20 只 TTL 负载。与脉宽调节旋钮（拉出）联用，可改变 TTL 输出脉冲的占空比（20：80 ～ 80：20），不用时将此旋钮推进。

输出幅度：调节此旋钮可以改变输出电压的大小幅度（TTL 输出除外）。输出电压的大小：正弦波、方波不小于 10 Vrms，由三位 LED 数码管显示。

输出衰减：每改变 20 dB，电压输出衰减十倍（TTL 输出、600 Ω 阻抗输出除外），衰减分贝与电压衰减倍数换算关系为：分贝（dB）数 = 20 lg（衰减倍数）。

脉宽调节（蓝色标记）：调节脉宽调节可得到输出为不同占空比的脉冲方波信号（20：80 ～ 80：20）。

直流偏置：拉出此旋钮可改变输出信号的直流电平，在 −10 V ～ + 10 V 范围内连续可调。

计数：平时使用时，按键应处于“内测”状态，此时，六位 LED 数码管显示信号发生器输出信号的频率。当按下“外测”按键，从“输入”端可接入外测其他信号，其频率由六位 LED 数码管显示。

二、SP1641B 型函数信号发生器 / 频率计

SP1641B 型函数信号发生器 / 频率计是一种精密的测试仪器，采用大规模集成电路，具有连续信号、扫描信号、函数信号、脉冲信号、点频正弦信号等多种输出信号和外部测频功能。整机由一片单片机进行管理，主要工作为：控制函数发生器产生频率；控制输出信号波形；测量输出的频率或测量外部输入的频率并显示；测量输出信号的幅度并显示。整机前面板布局如图 4-6-10 所示。

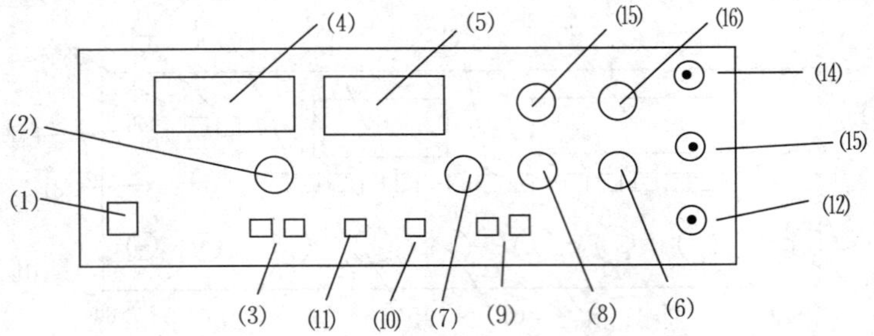

图 4-6-10　SP1641B 型函数信号发生器 / 频率计面板图

(1) 电源开关，(2) 频率微调旋钮，(3) 频率倍率选择按钮，(4) 频率显示窗口，(5) 幅度显示窗口，(6) 输出幅度调节旋钮，(7) 输出波形对称性调节旋钮，(8) 输出直流电平调节旋钮，(9) 输出幅度衰减按钮，(10) 输出波形选择按钮，(11) 扫描 / 计数选择按钮，(12) 函数信号输出插座，(13) 点频输出插座，(14) 扫描 / 计数输入插座，(15) 扫描宽度调节旋钮，(16) 扫描速率调节旋钮

频率微调：可微调输出信号的频率，调节基数范围为从 < 0.1 到 >1 。

频率倍率：每按一次此按钮可递减输出频率的 1 个频段。

频率显示：显示输出信号的频率或外测频信号的频率。

幅度显示：显示函数输出信号的幅度。

输出幅度调节：调节范围 20 dB 。

输出波形对称性调节：改变输出信号的对称性。当电位器处于关位置时，则输出对称信号。

输出直流电平调节；调节范围 －5 ～ ＋5 V（50 Ω 负载），－10 ～ ＋10 V（1 MΩ 负载）。当电位器处于关位置时，则为 0 电平。

输出幅度衰减："20 dB"、"40 dB" 按键不按下时，输出信号不经衰减。分别按下时，可选择 20 dB 或 40 dB 衰减，同时按下时为 60 dB 衰减。

输出波形选择：可选择正弦波、三角波和脉冲波输出信号。

函数信号输出：输出多种波形受控的函数信号，输出幅度 20 $V_{P\text{-}P}$（1 MΩ 负载），10 $V_{P\text{-}P}$（50 Ω 负载）。

点频输出：输出标准正弦波 100 Hz 信号，输出幅度 2 $V_{P\text{-}P}$。

扫描 / 计数选择：选择多种扫描方式和外测频方式。

扫描 / 计数输入：当"扫描 / 计数"选择在外扫描状态或外测频功能时，外扫描控制信号或外测频信号由此输入。

扫描宽度调节：调节扫频输出的频率范围。在外测频时，逆时针旋到底（绿灯亮），为外输入测量信号经过低通开关进入测量系统。

扫描速率调节：调节内扫描的时间长短。在外测频时，逆时针旋到底（绿灯亮），为外输入测量信号经过衰减"20 dB"进入测量系统。

三、YB43020 型模拟示波器

YB43020 是一款便携式双踪模拟示波器，具有 DC ～ 20 MHz 的频带宽度，垂直偏转因数为： 2 mV / DIV ～ 10V / DIV ，扫描时间为：0.2 s / DIV ～ 0.1 μs / DIV 。该机具有全频带触发式自动扫描电路，并具有丰富的交替、TV - H、TV - V 等触发功能。面板控制各旋钮、按钮见图 4-6-11 所示。

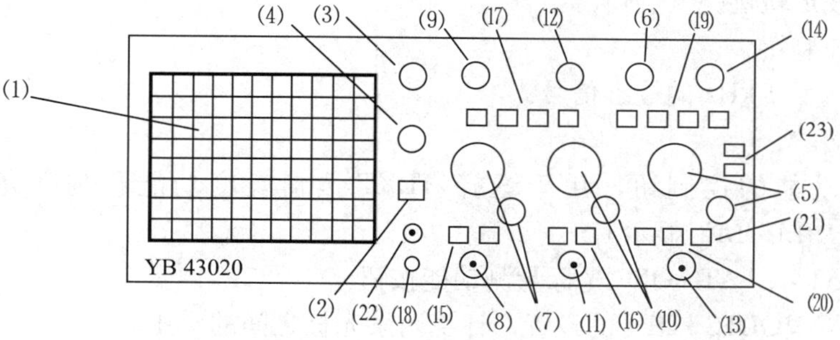

图 4-6-11　YB43020 型示波器面板图

(1) 显示屏，(2) 电源开关，(3) 亮度调节旋钮，(4) 聚焦调节旋钮，(5) 水平扫描时间因数选择及微调旋钮，(6) 水平位移旋钮，(7) CH1 通道偏转因数选择及微调旋钮，(8) CH1 通道输入插座（*X*- *Y* 工作方式时为 *X* 信号输入），(9) CH1 输入信号位移旋钮，(10) CH2 通道偏转因数选择及微调旋钮，(11) CH2 通道输入插座，(12) CH2 输入信号位移旋钮，(13) 外触发信号输入插座，(14) 电平（LEVEL）调节旋钮，(15) CH1 输入信号耦合方式选择按钮，(16) CH2 输入信号耦合方式选择按钮，(17) 垂直系统工作方式选择按钮，(18) 接地端，(19) 水平扫描方式选择按钮，(20) 触发源选择按钮，(21) 触发信号耦合方式选择按钮，(22) 校准信号输出端，(23) 扫描扩展

四、GOS - 6021 型模拟示波器

20 MHz 双频道 GOS - 6021 型示波器为一般用途的手提式示波器，以微处理器为核心的操作系统控制了仪器的多样功能，包括光标读出装置，数字面板设定，使用光标功能，在屏幕上的文字符号可直接读出电压，时间，频率，测试，以方便仪器的操作，有十组不同的面板设定可任意存储或呼叫。其垂直偏转系统有两个输入通道，每一通道从 1 mV 到 20 V，共有 14 种偏向档位，水平偏向系统从 0.2 μs 到 0.5 s，可在垂直偏向系统的全屏宽下稳定触发。

打开电源后，所有的主要面板设定都会显示在屏幕上。LED 位于前板用于辅助和指示附加资料的操作。不正确的操作、或将控制钮转到底时，蜂鸣器都会发出警讯。所有的按钮、TIME / DIV 控制钮都是电子式选择，它们的功能和设定都可以被存储。

前面板（图 4-6-12）分四大部分：显示器控制，垂直控制，水平控制，触发控制。

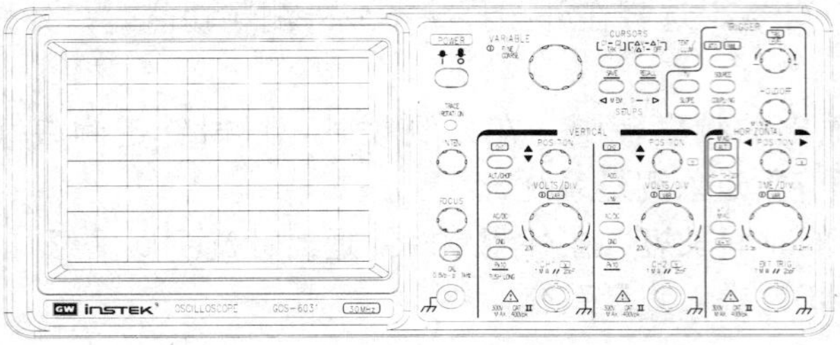

图 4-6-12　GOS - 6021 示波器前面板图

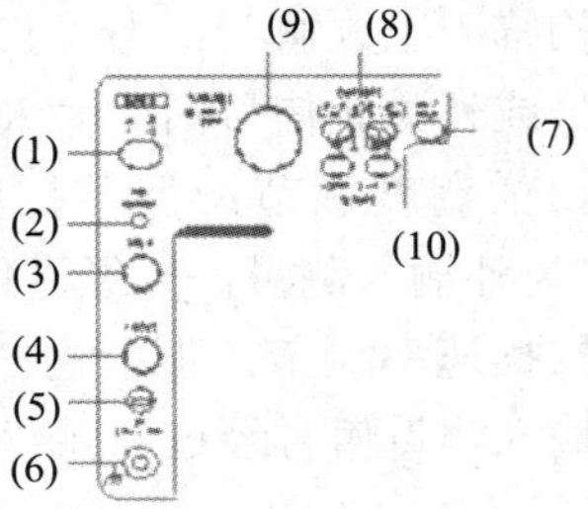

图 4-6-13　显示器控制前面板

1. 显示器控制

显示器控制（如图 4-6-13 所示），各控制开关及旋钮为：

(1) 电源开关。

(2) 水平轨迹与刻度线成平行的调整钮。

(3) 调节波形轨迹亮度旋钮。

(4) 聚焦控制钮。

(5) 0.5 V_{p-p}、1 kHz 的校准信号。

(6) 地线端。

(7) 双重功能的控制钮，用于选择 TEXT 读值亮度功能和刻度亮度功能（以“TEXT”或“ILLUM”显示）。

(8) ΔV - ΔT - 1 / ΔT - OFF 光标量测功能按钮。

ΔV：根据 VOLTS / DIV 的设置，计算两条光标之间的电压。

ΔT：根据 TIME / DIV 设置，计算两条垂直光标之间的时间。

1 / ΔT：根据 TIME / DIV 设置，计算出两条垂直光标之间时间的倒数。

C1 - C2 - TRK 按钮：

C1：使光标 1 在 CRT 上移动（▼ 符号显示）。

C2：使光标 2 在 CRT 上移动（▼ 符号显示）。

TRK：同时移动光标 1 和 2 。

(9) 设定光标位置，TEXT / ILLUM 功能。

(10) ◀ MEMO - 0 - 9 ▶ - SAVE / RECALL 。

10 组稳定的记忆器，用于储存和呼叫所有电子式的选择钮的设定状态。按◀ 或 ▶ 钮选择记忆位置，此时“M”字母后 0 ～ 9 之间数字，显示存储位置。每按一下 ▶，储存位置的号码增加，按 ◀ 钮则储存位置号码减小。按住 SAVE 约 3 秒钟将状态存贮到记忆器，并显示“SAVE”讯息。呼叫前板的设定状态，如上述方式选择呼叫记忆器，按住 RECALL 钮 3 秒钟，即可呼叫先前设定状态，并显示“RECALL”的讯息。

2. 垂直控制

垂直控制按钮选择输出信号及控制幅值，面板各旋钮、按键如图如图 4-6-14 所示。

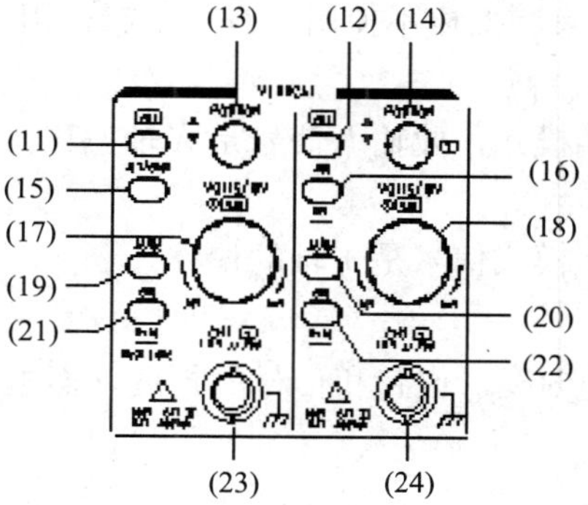

图 4-6-14　垂直控制前面板示意图

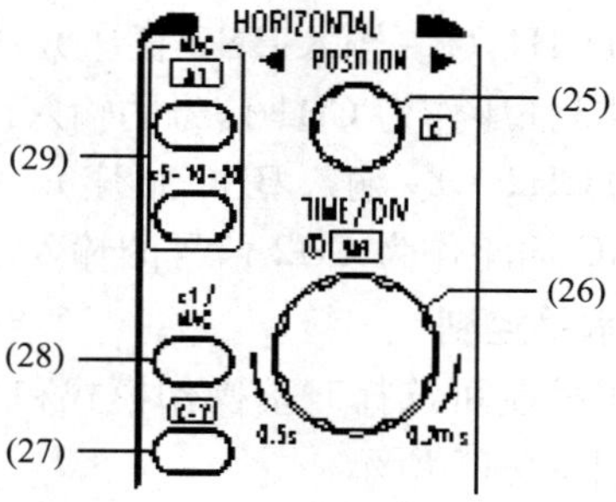

图 4-6-15　水平控制前面板示意图

(11)，(12) CH1、CH2 。

按 CH1（CH2）钮，通道 1（通道2）处于导通状态，偏转系数将以读值方式显示。

(13)，(14) CH1 POSITION、 CH2 POSITION 。

通道 1 和 2 的垂直波形定位可用这两个旋钮来设置。在 *X* - *Y* 模式中， CH2 POSITION 可用来调节 *Y* 轴信号偏转灵敏度。

(15) ALT / CHOP：有多种功能（只有两个通道都开启后才有作用）。

ALT ：在读出装置显示交替通道的扫描方式。在仪器内部每一时基扫描后，切换至 CH1 或 CH2 ，反之亦然。

CHOP：切割模式的显示。每一扫描期间，不断于 CH1 和 CH2 之间作切割扫描。

(16) ADD - INV（具有双重功能的按钮）。

ADD：读出装置显示 “＋”号表示相加模式。输入信号相加或是相减的显示由相位关系和 INV 的设定决定，两个信号将成为一个信号显示，为使测试正确两个通道的偏向系数必须相等。

INV：按住此钮一段时间，设定 CH2 反向功能的开/ 关，反向状态将会于读出装置上显示“ ↓ ”号。反向功能会使 CH2 信号反向 180°显示。

(17)，(18) CH1 VOLTS / DIV、CH2 VOLTS / DIV CH1 / CH2 控制钮有双重功能。

顺时针方向调整旋钮，以 1 - 2 - 5 顺序增加灵敏度，反时针则减小。档位从 1MV / DIV 到 20V / DIV 。如果关闭通道，此控制钮自动不动作。使用中通道的偏向系数和附加资料都显示在读出装置上。

VAR ：按住此钮一段时间选择 VOLTS / DIV 作为衰减器或作为调整的功能。开启 VAR 后，以 ＞ 符号显示，反时针旋转此钮以减低信号的高度，且偏向系数成为非校正条件。

(19)，(20) CH1，AC / DC， CH2，AC / DC 。

按一下此钮，切换交流（～的符号）或直流（⎓ 的符号）的输入耦合。此设定及偏向系数显示在读出装置上。

(21)，(22) CH1 GND - P×10、CH2 GND - P×10 双重功能按钮。

GND：按此纽，垂直放大器的输入端接地，接地符号“⊥”显示在读出装置上。

P × 10：按一下此钮一段时间，取 1∶1 和 10∶1 之间的读出装置的通道偏向系数，10∶1 的电压的探棒以符号表示在通道前（如：“P10”，CH1），在进行光标电压测量时，会自动包括探棒的电压因素，如果 10∶1 衰减探棒不使用，符号不起作用。

(23) CH1（*X*- 输入 BNC 插座）。

BNC 插座作为 CH1 信号的输入，在 *X*- *Y*模式，此输入信号是 *X*轴偏移。

(24) CH2（*Y*- 输入 BNC 插座）。

BNC 插座作为 CH2 信号的输入。在 *X*- *Y*模式信号是 *Y*轴的偏移。

3. 水平控制

水平控制可选择时基操作模式和调节水平刻度，位置和信号的扩展。面板各旋钮、按键如图 4-6-15 所示。

(25) POSITION 。

控制钮可将信号水平方向移动，与 MAG 功能合并使用，可移动屏幕上任何信号。在 *X*- *Y*模式中，控制钮调整 *X*轴偏转灵敏度。

(26) TIME / DIV - VAR 控制旋钮。

以 1 - 2 - 5 的顺序递减时间偏转因数，反方向旋转则递增其时间偏转因数。时间偏转因数数会显示在读出装置上。

(27) *X*- *Y*。

按住此钮一段时间，仪器可作为 *X*- *Y*示波器用。*X*- *Y*符号将取代时间偏转因数数显示在读出装置上。 在这个模式中，在 CH1 输入端加入 *X*（水平）信号，CH2 输入端加入 *Y*（垂直）信号。使用 *X*- *Y*模式来比较两个信号和相位，*X*- *Y*波形显示不同的振幅、频率、相位，图 4-6-16 为两个相同频率和振幅所组成的波形，约有 45°相位差。

为使示波器设定在 *X*- *Y*模式，可按以下进行：

连接水平或 *X*轴信号到 CH1 输入端。

连接垂直或 *Y*轴信号到 CH2 输入端。

按 *X*- *Y*钮，设定 *X*- *Y*操作模式。

以 HORIZONAL POSITION 控制钮调整 *X*轴。

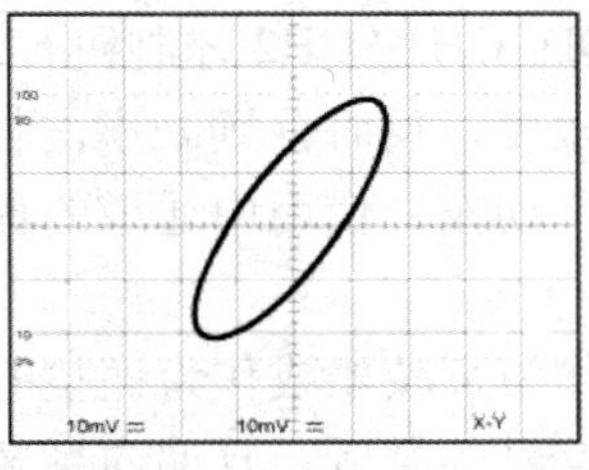

图 4-6-16 *X* - *Y*工作模式（李萨如图形）

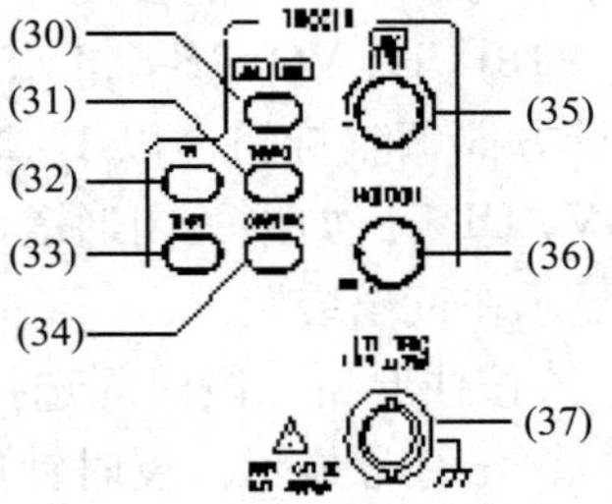

图 4-6-17 触发控制前面板示意图

(28) × 1 / MAG 。

按下此钮，将在 ×1（标准）和 MAG（放大）之间选择扫描时间，信号波形将会扩展（如果用 MAG 功能）。

(29) MAG FUNCTION（放大功能）。

当处于放大模式时，波形向左右方向扩展，显示在屏幕中心。有三个档次的放大率 × 5、× 10、× 20 MAG。

4. 触发控制

触发控制决定两个信号及双轨迹的扫描起点。面板各旋钮、按键如图 4-6-17 所示。

(30) ATO / NML 按钮及指示 LED 。

此按钮选择自动或一般触发模式，LED 会显示实际的设定。ATO（AUTO，自动模式）。NML（NORMAL，一般触发模式）。

(31) SOURCE 。

此按钮选择触发信号源，触发源按以下列顺序改变：VERT - CH1 - CH 2 - LINE - EXT - VERT 。

VERT（垂直模式）：观察两个波形，同步信号随 CH1 和 CH2 上的信号轮流改变。

CH1：触发信号源来自 CH1 的输入端。

CH2：触发信号源来自 CH2 的输入端。

LINE：触发信号源从交流电源取样波形获得。

EXT：触发信号源从外部连接器输入，作为外部触发源信号。

(32) TV 选择视频同步信号的按钮。

(33) SLOPE 触发斜率选择按钮。

(34) COUPLING 。

按下此钮选择触发耦合，实际的设定由读出显示，每次按下此钮，触发耦合以下列次序改变：AC - HFR - LFR - AC 。

(35) TRIGGER LEVEL 带有 TRG LED 的控制。

旋转控制钮可以输入一个不同的触发信号（电压），设定在适合的触发位置，开始波形触发扫描。如果触发条件符合时，TRG LED 亮。

(36) HOLD OFF 控制钮。

当信号波形复杂，使用 TRIGGER LEVEL (35) 不可获得稳定的触发，旋转此钮可以调节 HOLD - OFF 时间。

(37) TRIG EXT 外部触发信号的输入端 BNC 插座。

五、DS 5062C 型数字存储示波器

DS 5062C 型数字存储示波器采用彩色液晶显示系统，高达 50GSa/s 的等效采样率。每通道 4K ～ 1M 的存储深度，10 组波形设置、储存和再现。内嵌 FFT 频谱分析功能，20 种自测功能，手动光标、自动光标测量功能和自动校准功能。利用所携带的应用软件，通过 RS 323 通讯口和 USB 口与计算机相连，可方便的进行波形和采样数据的读取、保存和打印。

仪器提供简单且功能明晰的前面板（图 4-6-18、4-6-19、4-6-20 所示）。面板上包括旋钮和功能按键，

旋钮的功能与其他示波器类似。显示屏右侧一列的 5 个灰色按键为菜单操作键（自上而下定义为 1 号至 5 号），可以设置当前菜单的不同选项。其他按键(包括彩色按键)为功能键，可以进入不同的功能菜单或直接获得特定的功能应用。

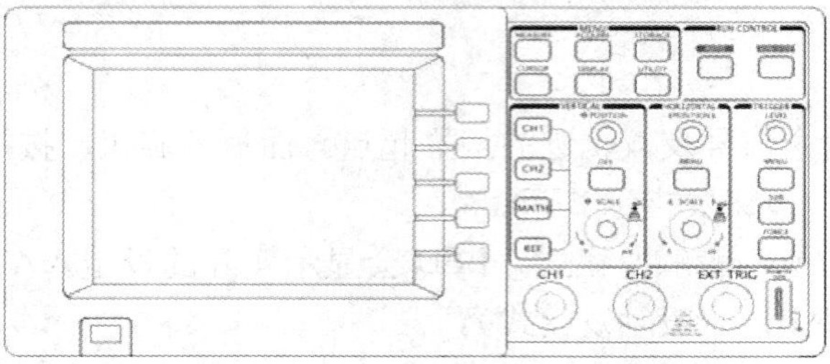

图 4-6-18　DS 5062C 示波器前面板图

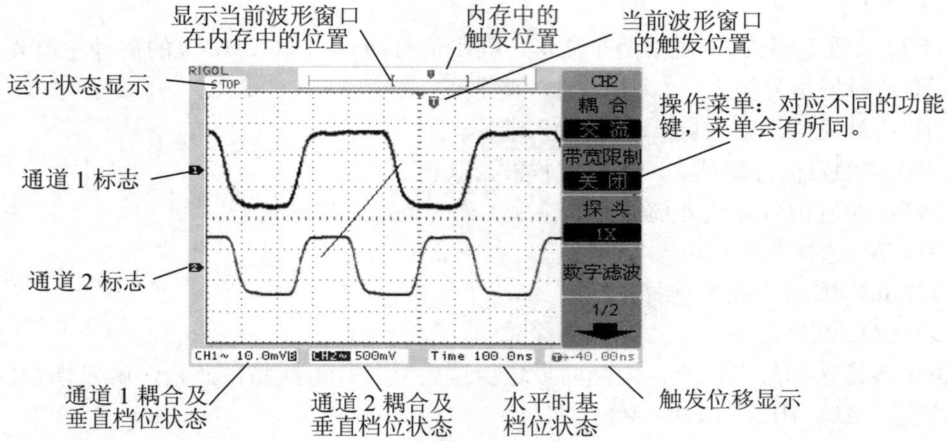

图 4-6-19　LCD 显示界面图

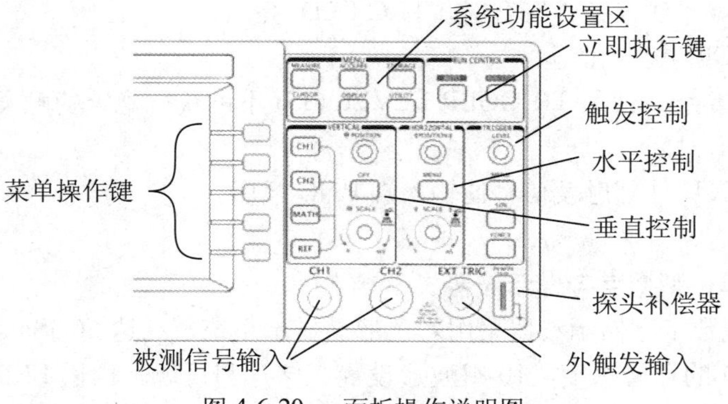

图 4-6-20　面板操作说明图

本书对于按键的文字表示与面板上按键的标识相同。功能键的标识用一四方框包围的文字所表示，如 MEASURE ，代表前面板上的一个上方标注着 MEASURE 文字的灰色功能键。与其类似，菜单操作键的标识用带阴影的文字表示，如 波形存储，表示存

储菜单中的存储波形选项。

1. 仪器接通电源后，执行所有自检项目，并确认通过自检，按 STORAGE 按钮，用菜单操作键从顶部菜单框中选择 存储类型，然后调出 出厂设置 菜单框。

2. DS 5062C 数字存储示波器为双信道输入加一个外触发输入通道的数字存储示波器。输入阻抗为 1MΩ 时，输入的信号的峰值小于 400 V（DC ＋ AC Peak）；输入阻抗为 50 Ω 时，输入信号的有效值小于 5 V 。

按以下步骤接入信号：

⑴ 用示波器探头将信号接入通道 1（CH1）：将探头上的开关设定为 10 ×（图 4-6-21 所示），并将示波器探头与通道 1 连接。将探头连接器上的插槽对准 CH1 同轴电缆插接件（BNC）上的插口并插入，然后向右旋转以拧紧探头。

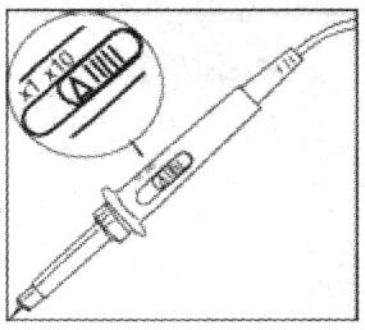

图 4-6-21　探头开关设定为 10×

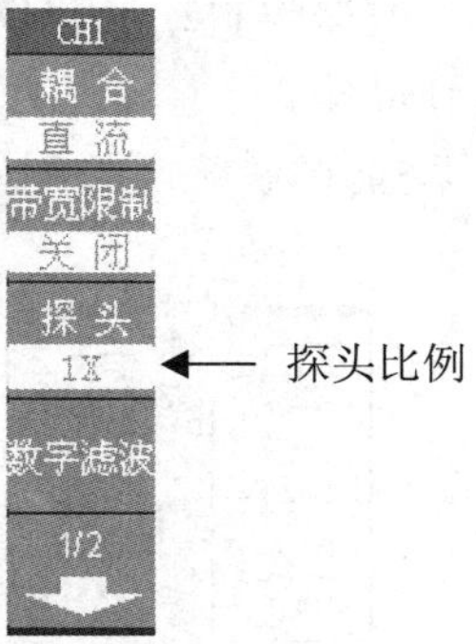

图 4-6-22　探头菜单操作键

⑵ 示波器需要输入探头衰减系数。此衰减系数改变仪器的垂直档位比例，从而使得测量结果正确反映被测信号的电平（默认的探头菜单衰减系数设定值为 10 ×）。

设置探头衰减系数的方法：按 CH1 功能键显示通道 1 的操作菜单，应用与探头项目平行的 3 号菜单操作键（图 4-6-22 所示），选择与使用的探头同比例的衰减系数。此时设定应为 10 × 。

⑶ 把探头端部和接地夹接到探头补偿器的连接器上。按 AUTO （自动设置）按钮。几秒钟内，可见到方波显示（ 1 kHz ，约 3 V ）。

⑷ 以同样的方法检查通道 2（CH2）。按 OFF 功能按钮以关闭通道 1 ，按 CH2 功能按钮以打开通道 2 ，重复步骤 2 和步骤 3 。

3. 探头补偿：在首次将探头与任一输入通道连接时，进行此项调节，使探头与输入通道相配。未经补偿或补偿偏差的探头会导致测量误差或错误。若调整探头补偿，请按如下步骤：

⑴ 将探头菜单衰减系数设定为 10 × ，将探头上的开关设定为 10 × ，并将示波器探头与通道 1 连接。如使用探头钩形头，应确保与探头接触紧密。

将探头端部与探头补偿器的信号输出连接器相连，基准导线夹与探头补偿器的地线连接器相连，打开通道 1 ，然后按 AUTO 。

⑵ 检查所显示波形的形状（图 4-6-23 所示）。

补偿过度　　　补偿正确　　　补偿不足

图 4-6-23　探头补偿显示波形

4. DS 5062C 数字存储示波器具有自动设置的功能。根据输入的信号，可自动调整电压倍率、时基以及触发方式至最好形态显示。应用自动设置要求被测信号的频率大于或等于 50 Hz，占空比大于 1 %。

使用自动设置：

⑴ 将被测信号连接到信号输入通道。

⑵ 按下 AUTO 按钮。

示波器将自动设置垂直，水平和触发控制。如需要，可手工调整这些控制使波形显示达到最佳。

5. 垂直系统：如图 4-6-24 所示，垂直控制区（VERTICAL）有一系列的按键、旋钮。

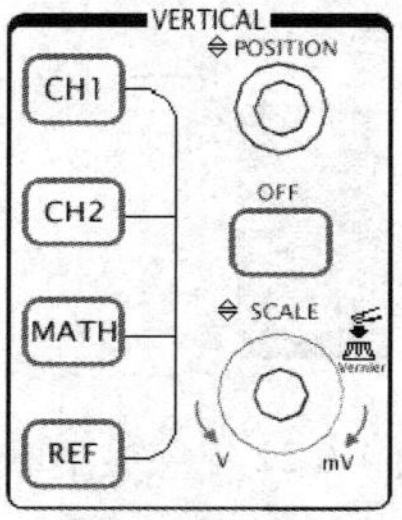

图 4-6-24　垂直系统面板图

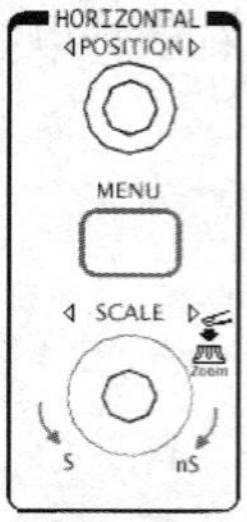

图 4-6-25　水平系统面板图

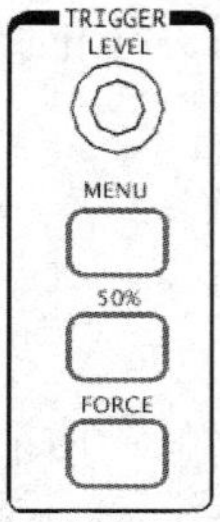

4-6-26　触发系统面板图

使用垂直 POSITION 旋钮在波形窗口居中显示信号：垂直 POSITION 旋钮控制信号的垂直显示位置。当转动垂直 POSITION 旋钮时，指示通道地（GROUND）的标识跟随波形而上下移动。

测量技巧：如果通道耦合方式为 DC，可以通过观察波形与信号地之间的差距来快速测量信号的直流分量；如果耦合方式为 AC，信号里面的直流分量被滤除。这种方式方便用于更高的灵敏度显示信号的交流分量。

6. 水平系统：如图 4-6-25 所示，在水平控制区（HORIZONTAL）有一个按键、两个旋钮。

⑴ 使用水平 SCALE 旋钮改变水平档位设置，并观察因此导致的状态信息变化。

转动水平 SCALE 旋钮改变“s / div（秒 / 格）”水平档位，可以发现状态栏对应通道的档位显示发生了相应的变化。水平扫描速度从 1 ns 至 50 s，以 1 - 2 - 5 的形式步进，在延迟扫描状态可达到 10 ps / div。

Delayed（延迟扫描）快捷键：水平 SCALE 旋钮不但可以通过转动调整“s / div（s / 格）”，而且还可以按下切换到延迟扫描状态。

⑵ 使用水平 POSITION 旋钮调整信号在波形窗口的水平位置。

水平 POSITION 旋钮控制信号的触发位移或其他特殊用途。当应用于触发位移时，转动水平 POSITION 旋钮时，可以观察到波形随旋钮而水平移动。

⑶ 按 MENU 按钮，显示 **TIME** 菜单。在此菜单下，可以开启 / 关闭延迟扫描或切换 t - Y、X - Y 显示模式。此外，还可以设置水平 POSITION 旋钮的触发位移或触发释抑模式。

7. 触发系统：图 4-6-26 所示，触发控制区（TRIGGER）有一个旋钮、三个按键。

⑴ 使用 LEVEL 旋钮改变触发电平设置。

转动 LEVEL 旋钮，可以发现屏幕上出现一条桔红色的触发线以及触发标志，随旋钮转动而上下移动。停止转动旋钮，此触发线和触发标志会在约 5 秒后消失。在移动触发线的同时，可以观察到在屏幕上触发电平的数值或百分比显示发生了变化。（在触发耦合为 交流 或 低频抑制 时，触发电平以百分比显示）

⑵ 使用 MENU 调出触发操作菜单（见图 4-6-27 所示），改变触发的设置，观察由此造成的状态变化（注意：改变前三项的设置会导致屏幕右上角状态栏的变化）。

按 1 号菜单操作按键，选择 边沿触发 。

按 2 号菜单操作按键，选择“信源选择”为 CH1 。

按 3 号菜单操作按键，设置“边沿类型”为 上升沿 。

按 4 号菜单操作按键，设置“触发方式”为 自动。

按 5 号菜单操作按键，设置“耦合”为 直流 。

图 4-6-27　触发操作菜单示意图

⑶ 按 50% 按钮，设定触发电平在触发信号幅值的垂直中点。

⑷ 按 FORCE 按钮：强制产生一触发信号，主要应用于触发方式中的“普通”和“单次”模式。

实验 4.7　摄影技术

摄影除了进入人们的日常生活外，更重要的是广泛应用于科学实验之中，它能“忠实”地记录各种实验现象及其瞬变过程，以便对之进行分析和研究。在 X 光分析、光谱分析、金相及高能粒子的径迹分析等诸多领域中，它是必不可少的记录手段。

【实验目的】

1. 了解摄影的基本知识。
2. 掌握相机的基本操作技能。
3. 熟悉暗房操作的基本要求，学习黑白胶卷的冲洗，黑白照片的放大技术。

【实验仪器】

照相机，胶卷，暗袋，显影罐，显影盘，放大机，双色安全灯。

【实验原理】

1. 透镜成像：图 4-7-1 所示为照相机拍摄成像原理。远处物体发出的光线经透镜在底片上成一倒立、缩小的实像，经过一定时间的曝光，在底片上留下潜像。

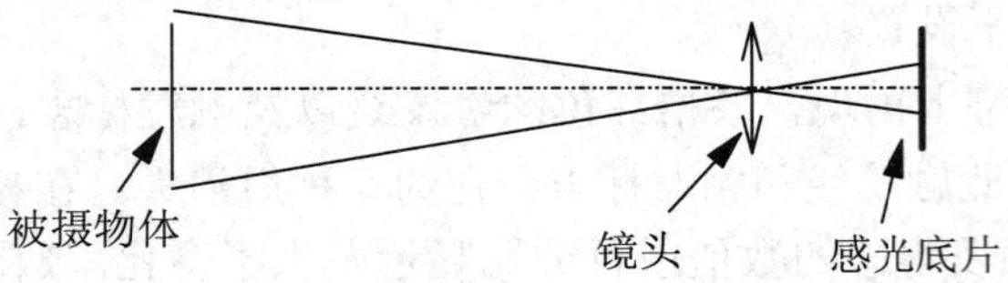

图 4-7-1　相机拍摄成像原理示意图

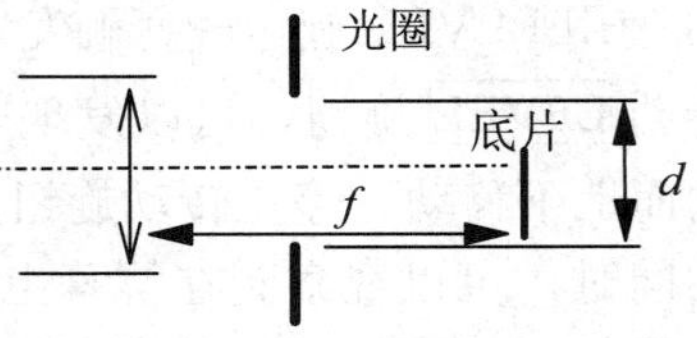

4-7-2　底片曝光量示意图

2. 底片曝光量：底片的曝光，关键是选取合适的曝光量。曝光量 H 为照度 E 和曝光时间 t 的乘积，即 $H=Et$ 。又因为照度正比于进光窗口的面积 S_1，反比于图像的面积 S_2，所以：

$$E \propto S_1/S_2 \tag{4-7-1}$$

设光圈直径为 d，物镜焦距为 f，图 4-7-2 所示。当物距足够大时，像成在物镜的焦平面上，图像的面积正比于 f^2，故：

$$H \propto (d/f)^2 t \tag{4-7-2}$$

式中 d/f 称为相对孔径，它的倒数称为光圈指数用 F 表示，即 $F=f/d$ ，由此可得：

$$H \propto (1/F)^2 t \tag{4-7-3}$$

可见，t 一定时，光圈数 F 越小，曝光量越大。

3. 光化学作用 —— 记录影像的感光片：感光片能记录影像是因为片基上涂有颗粒极小的感光物质 - 溴化银和少量的碘化银，称之为银盐。银盐在光量子的作用下，银离子被还原成金属银原子。

例如，$AgBr + h\nu \rightarrow Ag + Br$，即：$e^- + Ag^+ \rightarrow Ag$ 。

被还原的银原子数与光强成正比，曝光后银原子在底片上将按光照的强弱形成与被摄物体相对应的分布 —— 记录影像的潜像。拍摄时物体的光强不能产生大量的银原子，仅能形成不能直接观察的潜像。

用不同的曝光量对同一底片的不同部位曝光，在一定的冲洗条件下，底片的不同部位有不同的透光率 T，透光率倒数的对数，称为黑度，用 D 表示：

$$D = \lg(1/T) \tag{4-7-4}$$

取曝光量 H 的对数，作出“$D \sim \lg H$”的关系曲线，称为底片的感光特性曲线（图 4-7-3)，特性曲线的斜率称为反差。曝光量太大或太小，曲线的斜率都会变小，则反差也变小，较好的曝光区间为图中 bc 段。

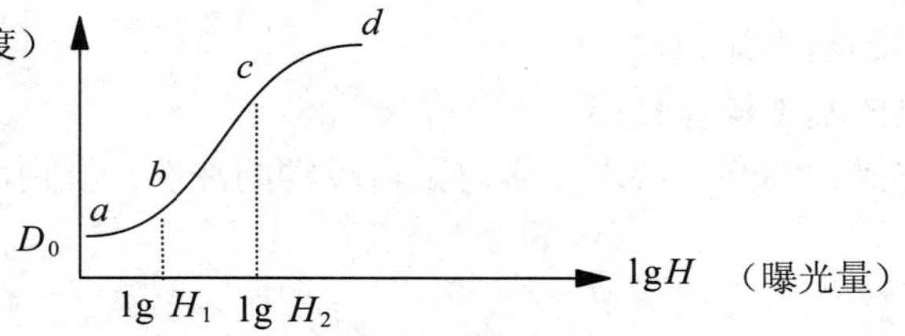

图 4-7-3　底片的感光特性曲线

综上所述，感光后的银盐产生景物的潜像，即摄影的过程。经化学处理被还原的银原子变成黑色银粒留在底片上，使潜像变为肉眼可见的影像，即所谓显影。而进一步的化学处理将未感光的银盐溶解掉，一方面使感光片不会再被感光，另一方面则会突出影像的轮廓和层次，从而完成定影。

感光片的种类很多。从形态上分，有玻璃感光片、软片等；从感色性能上分，有色盲片（只感受紫光与蓝光，具有黑白反差强烈的特点）、分色片（除红光以外对所有的可见光皆能感光）、全色片（对所有可见光都能感光）、红外线片（专门感受红色以上的长波红外线光）、彩色片（有日光型、灯光型和日光灯光通用型三种）等。

胶卷感光速度的快慢用感光度表示，各国采用的感光度不统一，但相互间可以类比，如我国的 GB 21°（或 100 胶卷），其感光速度相当于美制的 ASA 100 。各国胶卷感光度的对应关系可查找有关参考表。对于同一单位的感光度，数值越大感光速度越快，感光越灵敏。如 GB 24° 比 GB 21° 感光快一倍（一般规定每隔 3° 感光速度变化一倍）。GB 21°（或 100 胶卷）是常用的中等感光速度胶卷。

底片反差的大小与底片制作过程有关，但对同一感光材料的底片来讲，使用强力显影液，显影液的温度高些、时间长些、搅拌次数多些，可以提高底片的反差度。

黑白照相纸分印相纸（供印制相片用）和放大纸（供晒放相片用）二大类。相纸备有不同反差、色调、纸面、纸种等规格，供选择使用。按反差性能常用相纸分为：1 号（软性，反差弱）、2 号（中性，反差中弱）、3 号（硬性，反差中强）、4 号（特硬性，反差强）。使用时应根据底片的反差来选择适当号数的相纸。

4. 透镜成像的像差 —— 球差与色差：由于光源的非单色性和未能满足近轴光线的要求，使得实际成象的质量下降。实际成象情形与单色近轴光线成象情形之间的差异，称之为象差。象差的类型很多，常见的主要有球差与色差两种。

⑴ 球差：大孔径单色光束经过透镜的不同部分折射后成像不在一点，如图 4-7-4 所示，称为该透镜成的像有球差。

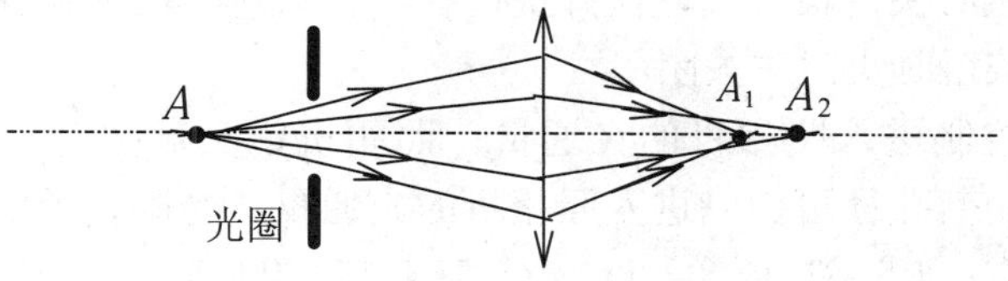

图 4-7-4　球差形成示意图

不同大小的光圈，成像清晰的范围不同；光圈愈小，成像清晰范围愈大。在照相技术中，把底片上能够获得清晰像的最远和最近的物体之间的距离称为景深。照相机拍摄时的光圈直径愈小，拍摄景深就愈大。

⑵ 色差：由于玻璃的折射率随波长不同而略有差异，即使入射光满足近轴的要求，对同一物点，不同波长的光在光轴上的成像点也不重合，如图 4-7-5 所示。这种现像称为色差。

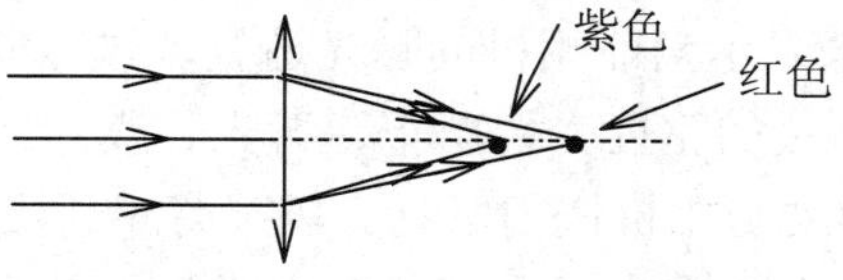

图 4-7-5　色差形成示意图

为了改善透镜成像的质量，减小色差，在照相技术中，很少使用单透镜，而是采用多个透镜组成的复式透镜。

5. 照相机的调焦、曝光时间、光圈与景深范围

(1) 调焦 —— 使被摄物准确地成像在感光底片上：调节照相机的镜透与底片的距离，使之满足：

$$像距 = \frac{物距 \times 焦距}{物距 - 焦距}$$

对于照相机而言，镜头焦距是一个常量（镜头上均以标明），因此像距取决于物距。对像距的调节是通过旋转镜头使之伸缩来实现的。照相机镜头上都标明旋到不同位置时所对应的物距值（其单位是米或英尺）。

按焦距的长短，可以把镜头分成标准镜头、远摄镜头、广角镜头等。

手动调焦：目测拍摄物到照相镜头之间的距离，调节照相镜头旋至相应的物距值。

半自动调焦：通过光学装置指示完成调焦，一般有双像重合式与裂像式两种。摄影者可通过取景器中观察到被摄物，当旋转镜头至双像（或裂像）重合时即完成调焦。

全自动调焦：通过电脑测距、测光装置在拍摄过程中自动完成。

(2) 快门速度 —— 控制感光底片被曝光的时间：在照相机镜头或机身上标有控制曝光时间的一组标记值：T，B，1，2，4，8，15，30，60，125，250，300，500，1000等，除 B、T 外分别表示曝光时间为：

$$1，\frac{1}{2}，\frac{1}{4}，\cdots，\frac{1}{500}，\frac{1}{1000}\ 秒$$

快门速度标记值每向上变化一挡，曝光量将减小一半；向下变化一挡，曝光量将增加一倍。当相机内电池电力不足时，快门速度控制将失效。

B 门表示按下快门释放按钮时快门被打开，松开快门释放按钮时快门关闭；T 门表示按下快门释放按钮时快门被打开，松开快门释放按钮时快门继续保持打开状态，直到再次按下快门释放按钮时快门才关闭。

(3) 光圈 —— 控制进入照相机的光通量：照相机镜头后面有一个可改变孔径的光栏，称为光圈，改变其孔径可控制进入照相机的光通量。光圈孔径的大小以光圈系数表示，常见光圈系数有：1.5，2，2.8，5.6，8，11，16，22 等，标于镜头上。数值越大其孔径越小，光圈数每由小到大改变一档，曝光量将减小一半，每由大到小改变一档，曝光量则增加一倍。使用时应将光圈数对准景深环上的光圈指示线。

(4) 景深范围：相机镜头上的景深环附有景深范围刻度标记，用光圈数表示。使用时，在光圈系数值确定后，根据景深范围刻度标记，便可在镜头上的物距值中找出拍摄时的景深范围。

6. 测光：测光是为实现胶片适宜曝光而进行的操作，一般照相机采用 SPD 感光元件测光。使用时，轻缓按下快门释放按钮约三分之一行程（或按下测光钮），由相机取景框内 LED 灯的显示状态来表示当前相机的曝光适宜、过曝光或欠曝光。

7. 电子闪光灯：光线不足的室内、树荫下、背光、夜间或欲突出拍摄主体时往往需要使用闪光灯。闪光灯的启动与相机快门联动。闪光灯最重要的参数是曝光指数，闪光灯指数越大它的发光量就越强。因为闪光灯的发光时间一般为 1 / 60 秒，因此，相机曝光时间一般置于 1 / 60 秒。拍摄中，光圈系数的选择可根据闪光灯上的附表（物距与光圈数的关系）来确定。

【实验内容】

黑白胶卷的拍摄、冲洗与黑白照片的放大。

1. 观察照相机的结构，熟悉照相机如何使用，练习正确的操作方法。记录镜头有效孔径、光圈系数范围、快门速度范围等。

2. 按装胶卷，照相。注意：在扳动卷片扳手时，若倒片旋钮没有随之转动，则表明胶卷未装好。拍摄内容：

电视画面、示波器显示波形、图片或文字资料、仪器（如：示波器、分光计等）、实验室指定的其他拍摄内容。

记下拍摄时的光圈数、曝光时间和胶卷的感光度数。

3. 拍摄完毕，取出胶卷进行冲洗。胶卷装入显影罐的过程要在暗袋中进行，胶卷应与隔离胶带一起在暗袋中卷合后放入显影罐，盖好罐盖后才能从暗袋中取出。

按显影液、定影液的使用说明要求配制好显影液、定影液。按时间要求进行显影与定影（显影完后，倒出显影液，用清水清洗后再加入定影液进行定影）。定影完后，倒出定影液，打开罐盖，再用清水清洗。记下所使用的显影液、定影液的规格及显影、定影时间。冲洗完后的胶卷要整卷自然晾干，认真分析后放好备用。

4. 利用透过底片的光线使放大纸感光，从而在放大纸上获得黑白与底片相反、亮度与实物相同的图像。

熟悉放大机结构，练习其操作的方法。配制好要用的显影液、定影液等。根据底片的反差程度，选取合适号数的放大纸进行黑白放大。

正式放大前应进行试放，以熟悉放大机镜头光圈数、曝光时间及显影时间对放大效果的影响。显影时间根据影像的效果确定。当室温为 18 ～ 20 ℃ 时，半分钟左右显出影像，表示曝光时间基本正常。

曝光后的放大纸按显影、清洗、定影（定影时间按定影液的使用说明要求掌握）、漂洗、烘干的顺序进行。

记下所使用的显影液、定影液的规格和所用放大纸的号数。

5. 记录实验环境条件，整理好实验仪器。

【实验报告】

1. 实验所用的实验仪器（型号或规格），实验环境条件。

2. 简述实验原理和实验的操作过程，分析、讨论本次实验情况。

3. 思考题

(1) 为什么提高光圈系数可提高照相的清晰度及增加景深？

(2) 放大照片时底片的哪一面对着放大纸的感光面？

(3) 如何才能拍好和印好一张照片？

实验 4.8　光的干涉及其应用

光的等厚干涉是光干涉中的典型干涉现象，在科研和工业生产技术上有着广泛的应用。可检测透镜的曲率及其磨研质量；测量光波波长；精确测量微小长度、厚度和角度；检验物体表面的光洁度、平整度；研究机械零件内应力的分布以及在半导体技术中测量硅片上氧化层的厚度等等。

【实验目的】

1. 加深对光干涉的基本规律的理解，学习用分振幅法实现光干涉的实验方法，观测等厚干涉现象，考察其特点。

2. 掌握读数显微镜的使用方法，测量平凸透镜的曲率半径，测量薄纸片的厚度（或细丝的直径），分析系统存在的误差。

【实验仪器】

读数显微镜，牛顿圈，劈尖，钠灯。

【实验原理】

1. 由光波的叠加原理可知，当两列振动方向相同、频率相同而相位差保持恒定的单色光叠加后，光的强度在叠加区的分布是不均匀的，在某些地方呈现出极大，某些地方呈现出极小，这种在叠加区出现的稳定的强度分布现象称为光的干涉。

要产生光的干涉现象，应满足上述三个条件，满足这三个条件的光波称为相干光，获得相干光的方法往往是把由同一光源发出的光分成两束。一般有两种方法，一种是分波面法，一种是分振幅法。分波阵面法是将同一波阵面上的光波分离出两部分，这些被分离出的部分波阵面可作为初相位相同的相干光源，相位差是恒定的，因此在两束光叠加的区域可以产生光的干涉。分振幅法是利用透明薄膜的两个表面对入射光的依次反射，将入射光的振幅分割为两部分相干光，这两束光叠加而产生光的干涉，本实验的光的干涉就属于此类情况。光的干涉是光的波动性的一个重要表征。

2. 牛顿圈是将一块曲率半径 R 较大的平凸玻璃透镜 AOA' 的凸面放在一块光学平板玻璃 BB' 上构成，如图 4-8-1（a）所示。

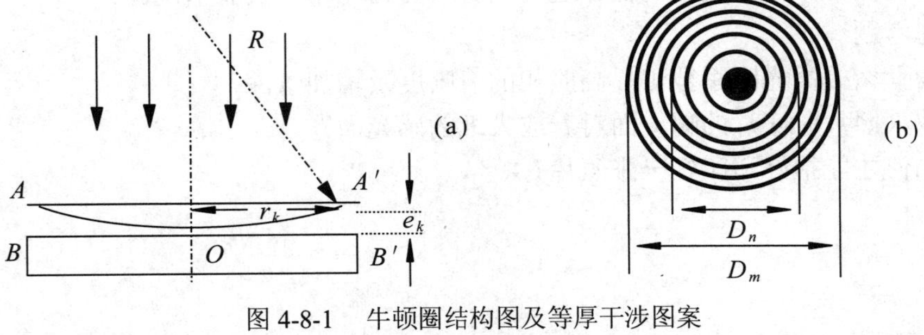

图 4-8-1　牛顿圈结构图及等厚干涉图案

平凸透镜的凸面与平板玻璃之间的空气层厚度从中心 O 到边缘逐渐增加，且对于中

心 O 对称。当平行单色光自上而下垂直照射时，经空气层上、下表面反射的两光束就有光程差，它们在平凸透镜的凸面相遇后，将产生光的干涉。从透镜上看到的干涉图案是以接触点 O 为中心的一系列明暗相间的同心圆环，如图 4-8-1（b）所示，称为牛顿环，它是等厚干涉条纹。

光线是垂直入射的，计算光程差时要考虑光由光疏介质进入光密介质，在平板玻璃上的反射时因相位改变 π 会有半波损失，从而带来 $\lambda/2$ 的附加光程差。所以第 k 级干涉条纹对应的两束相干光的光程差为：

$$\delta_k = 2e_k + \lambda/2 \tag{4-8-1}$$

产生暗条纹的条件是：

$$\delta_k = (2k+1)\lambda/2 \tag{4-8-2}$$

将（4-8-1）式代入（4-8-2）后，得到暗条纹的空气层厚度满足：

$$2e_k = k\lambda \quad (k = 0, 1, 2, \cdots) \tag{4-8-3}$$

产生亮条纹的条件是：$\delta_k = k\lambda$（$k = 0$，1，2，…），因此，它出现在空气层厚度为 $2e_k = k\lambda - \lambda/2$ 处，由于一般观测均使用暗条纹，所以对亮条纹不再详述。

由图 4-8-1（a）可知，对于第 k 级暗纹，有：

$$R^2 = r_k^2 + (R - e_k)^2 = R^2 - 2Re_k + e^2 + r_k^2 \tag{4-8-4}$$

由于 $R >> e_k$，所以可略去二阶微小量 e_k^2，于是有：

$$2e_k = r_k^2 / R \tag{4-8-5}$$

将式（4-8-5）代入式（4-8-3），可得到暗条纹的半径为：

$$r_k = \sqrt{kR\lambda} \quad (k = 0, 1, 2, \cdots) \tag{4-8-6}$$

由式（4-8-6）可知，如果单色光的波长 λ 已知，并测出牛顿环第 k 级暗纹半径 r_k，则可得到透镜曲率半径 R；反之，如果 R 已知，测出 r_k 后，就可以计算入射单射光的波长 λ。而且，由于 r_k 与 k 的平方根成正比，故随着 r_k 的增大，圈纹将愈来愈密且变细。

3. 劈尖是将两块光学平玻璃板重叠在一起，在一端插入一薄纸片（或细丝等），则在两玻璃板间形成一空气劈尖，如图 4-8-2 所示。

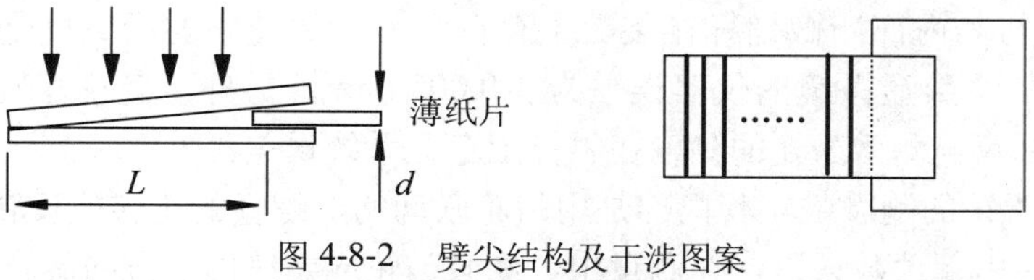

图 4-8-2　劈尖结构及干涉图案

当用平行的单色光垂直照射时，在劈尖薄膜的上下表面反射的两束光发生干涉。其光程差可用式（4-8-1）来表示。设纸片厚度为 d，k 级干涉暗条纹对应的薄膜厚度为：

$$d = k\lambda/2 \tag{4-8-7}$$

由式可知，当 $k = 0$ 时，$d = 0$，即在两玻璃板接触处为零级暗条纹。假如在薄纸片（或细丝）处呈现 $k = N$ 级条纹，设待测薄纸片（或细丝）的厚度为 d，则：

$$d = N\lambda/2 \tag{4-8-8}$$

如果劈尖总长为 L，再测出相邻两条纹之间的距离为 Δx，则暗条纹的总数为：

$$N = L/\Delta x \tag{4-8-9}$$

则有：

$$d = \lambda L/2\Delta x \tag{4-8-10}$$

【实验分析】

1. 式（4-8-6）成立的条件是透镜与平板玻璃是理想的点接触，但在实际应用式（4-8-6）测量时，往往误差很大。原因在于透镜凸面和平玻璃不可能是理想的点接触，接触压力会引起局部弹性变形，使接触处成为一个圆面，此时牛顿环中心为一个不甚清晰的暗斑。若接触点间有微小的灰尘，牛顿环中心可能是亮斑，这样就无法确定环的几何中心，将给测量带来较大的系统误差。另外，暗环的绝对级数不易确定，也会带来测量的系统误差。

为消除环的几何中心无法确定，我们可通过测量距中心较远的两个暗条纹的直径的平方差，来消除它们的影响。

取第 m 、n 级暗纹（图 4-8-1 (b) 所示），则对应的暗纹半径为：

$$r_m^2 = mR\lambda,\quad r_n^2 = nR\lambda$$

因暗纹圆心不易确定，以直径 D 替换，两式相减得：

$$D_m^2 - D_n^2 = 4(m-n)R\lambda \tag{4-8-11}$$

因此，透镜曲率的半径为：

$$R = D_m^2 - D_n^2 / 4(m-n)\lambda \tag{4-8-12}$$

由式（4-8-12）可知，平凸透镜凸面的曲率半径 R 仅与暗环的干涉级数 m、n 的差值有关，而且与 m、n 本身无关。另外实验中也不必去确定某一暗环的绝对级数，从而免除了在测量过程中所遇到的干涉级数无法确定的问题。

2. 劈尖实验中两块玻璃相接处，$d=0$，光程差为 $\lambda/2$，实验应该看到暗纹。但实际上，由于两块玻璃的边缘处有时磨得不是十分平整，使得两块玻璃接触处有很小的间隔，因此，d 不绝对为零，所以造成棱处不完全是暗的，形成了与理论不符的现象。

设两块玻璃的夹角为 α，任意两相邻的明纹或暗纹之间的距离为 L'，则有：

$$L'\sin\alpha = d_{k+1} - d_k = \lambda/2 \tag{4-8-13}$$

可见，劈尖角度越小，干涉条纹就越疏；劈尖角度越大，干涉条纹就越密。

3. 仪器误差

⑴ 显微镜与其内部测微螺杆在装配上存在公差，致使它的准确度低于千分尺，一般 0～25 mm 的读数显微镜的仪器误差为 ± 0.005 mm 。另外，受仪器装配的限制，使得显微镜读数标尺与测微鼓轮的刻度在零位上存在系统误差。

⑵ 读数显微镜的测微鼓轮其内部是用齿轮联动的，螺杆的正转或反转必有空转。为了避免螺杆空转引起读数误差，在测量中，测微鼓轮应始终同一方向旋转读数。

【实验内容】

1. 透镜曲率半径的测量

⑴ 钠灯光源与读数显微镜上的反射镜基本等高，牛顿圈置于反射镜下方的载物台上，并用压片固定。调整读数显微镜与钠灯光源的相对位置，调整反射镜的角度，在目镜中观测到黄色明亮视场。

调节读数显微镜目镜，使显微镜分划板上的十字叉丝清晰，且无视差，叉丝横线与显微镜读数标尺平行。调节显微镜物镜调焦手轮，使牛顿环干涉图样清晰。

⑵ 测量牛顿环的直径，要求：

① $n \geqslant 10$ 环，$m-n \geqslant 10$ 环；

② 转动测微鼓轮，叉丝竖线与牛顿环干涉环相切，从一侧开始依次记下所测暗环的标尺读数，D_m、D_n 各测六组数据，列表记录。

2. 用劈尖干涉法测量薄纸片的厚度（或细丝的直径）：

⑴ 检查平行平面玻璃板上是否有灰尘、指纹，否则用擦镜纸擦干净。

⑵ 把一侧夹有待测薄纸片（或细丝）的两块玻璃板放在显微镜的载物台上，调节显微镜，在目镜中观测到一系列清晰的明暗直条纹。

⑶ 先测出劈尖长度记为 L，再测量 20 条暗纹的距离记为 M。测量读数时要保证整个劈尖位于显微镜的移测范围之内。

3. 记录实验环境条件，整理好实验仪器。

【数据处理】

1. 透镜曲率半径的数据处理

⑴ 求出 D_m、D_n 的平均值及实验标准差。

⑵ 由公式（4-8-12）计算凸透镜的曲率半径 R，评定其测量不确定度。

2. 薄纸片（或细丝）的数据处理

⑴ 由实验内容 2 测量数据，求出 $\Delta x = M/20$，代入式（4-8-10）求出 d。

⑵ 评定测量不确定度。

【实验报告】

1. 实验所用的实验仪器（型号或规格），实验环境条件。

2. 简述实验原理，画出实验光路图，说明实验的操作过程。

3. 按实验数据处理，求出凸透镜的曲率半径，薄纸片（或细丝）的测量结果。评定测量不确定度，正确写出实验结果。

分析、讨论本次实验误差产生的原因及改进方法。

4. 思考题

⑴ 牛顿圈实验测量中把测 r 变为测 D，这么做有什么好处？

⑵ 在牛顿圈实验中，如果平板玻璃不平整，比如说平板玻璃上有微小的凸起，则凸起处空气薄膜厚度减小，导致等厚干涉条纹发生畸变。试问这时的牛顿环（暗环）将局部内凹还是局部外凸？为什么？

【附录】

1. GP20Na 型钠灯

钠光灯是一种气体放电灯，分有低压和高压两种，实验常用的是低压钠光灯。它的发光物质是金属钠蒸汽，发出两条强谱线：589.0 nm 和 589.6 nm，在作单色光源用时，常取其平均波长 589.3 nm。

起保温作用的硬质玻璃管内有一抽真空的圆柱形石英管，管内装有金属钠和惰性气体。通电后，惰性气体放电，灯管温度升高，金属钠逐渐气化，然后产生的钠蒸气弧光放电，发出较强的钠黄光。

由于钠是一种难熔的金属，一般通电后要过十余分钟钠蒸气才能达到正常的工作气压而稳定发光。

使用时要注意，钠光灯电源关闭后，不要马上重新启动，以免影响灯管的寿命。

2. JCD3 型读数显微镜

读数显微镜也称为移测显微镜，它由长焦距显微镜和可移动的读数系统组成，放大观测部分和读数测量部分是相对独立的，可直接用于测量物体的长度或宽度。读数显微镜放大倍数一般是固定不变的，JCD 3 型读数显微镜物镜倍数为 3 倍，目镜倍数为 10 倍。工作距离为 54 mm 。测量时以目镜内的十字叉丝为标志，它与手摇鼓轮同步移动，鼓轮转一圈，具有读数指示的主尺移动 1 mm 。主尺表示读数显微镜测量范围为 0 ～ 50 mm ，与测微目镜一样，鼓轮副尺上刻有 100 等分的刻度，相邻两刻线的间距是 0.01 mm ，一般情况下，仪器测量误差可按 ± 0.005 mm 来估算。

实验 4.9　分光计的原理与调整

光线在传播中，遇到不同介质的分界面时，会发生折射和反射，光线将改变传播的方向，结果在入射光与反射光或折射光之间就有一定的夹角。通过对一些角度的测量，可以测定折射率、光栅常数、光波波长、色散率等诸多物理量。

分光计是一种分光和精确测量角度的重要光学仪器。操作要求较高，熟悉分光计的基本结构、调整原理、方法和技巧，对调整和使用其他光学仪器具有特别重要的意义。

【实验目的】

1. 了解分光计的基本结构及各组成部分的作用。
2. 熟悉分光计调整的要求，掌握其调整方法。

【实验仪器】

分光计，钠灯。

【实验原理】

1. 视差：视差是指观察两个静止物体，若两个物体不在同一竖直平面上，当观察者的观察位置发生变化时，一物体相对与另一物体的位置有明显移动。若两个物体在同一竖直平面上紧贴，就无此现象，如图 4-9-1 所示。

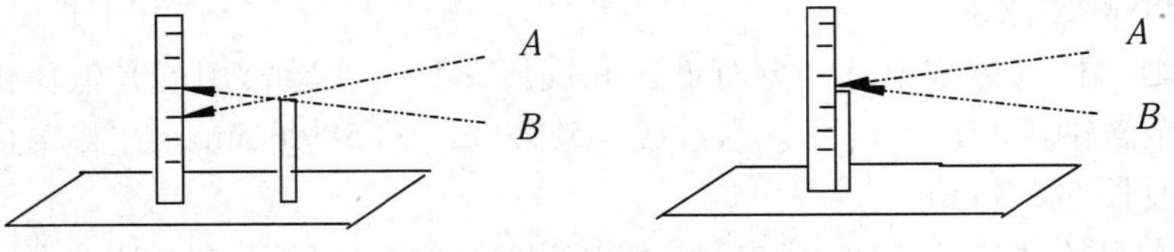

图 4-9-1　视差示意图

在光学仪器的调节中，当人的眼睛从一侧移到另一侧时，像相对于分划板的十字叉丝若有明显的移动，即出现视差，说明像与十字叉丝不在同一平面。如果当眼睛移到右边时，像就移到十字叉丝的左边，说明此时的像是在眼睛与十字叉丝之间；如果当眼睛移到左边时，像就移到十字叉丝的右边，说明此时的像在十字叉丝之前。反之，当眼睛左右移动时，像与十字叉丝之间无相对移动，说明像与十字叉丝在同一平面，聚焦已调好。光学实验中常根据视差现象来判断像与十字叉丝是否共面。

2. 平行光：若点光源正好处在凸透镜焦平面上时，由点光源发出的光经过凸透镜后，将成为一束平行光。

3. 共轴调节：光学实验中经常要用到多个透镜成像。为了获得质量较好的像，必须进行共轴调节，以使各个透镜的主光轴重合，并使物体置于近光轴位置，即使物体位于透镜的主光轴附近。而且透镜成像公式中的物距、像距等都是沿主光轴计算长度的，因此必须使透镜的主光轴与光具座的刻度尺平行。

4. 自准法：当光点（物）处在凸透镜的焦平面上时，它发出的光线通过透镜后将成为一束平行光。若用与主光轴垂直的平面镜将此平行光反射回去，反射光再次通过透镜后仍会聚于透镜的焦平面上，其会聚点将落在光点相对于光轴的对称位置上。

【实验内容】

精密光学测量都是使用平行光，分光计也是按此设计的，能精确地测定光线的偏转角。在使用时须调整好分光计，以达到如下的要求：

望远镜能接收平行光，平行光管能发出平行光，望远镜和平行光管的光轴所组成的平面垂直于分光计的中心旋转轴且与载物台平面及度盘平面平行。

分光计的结构如图 4-9-2 所示，对于初学者来讲，分光计的调整往往会感到一些困难。但只要在调整操作中，明确调整要求，注意观察现象，并努力运用已有的理论知识去分析、指导操作，一般是能够掌握的。分光计的调整方法与步骤：

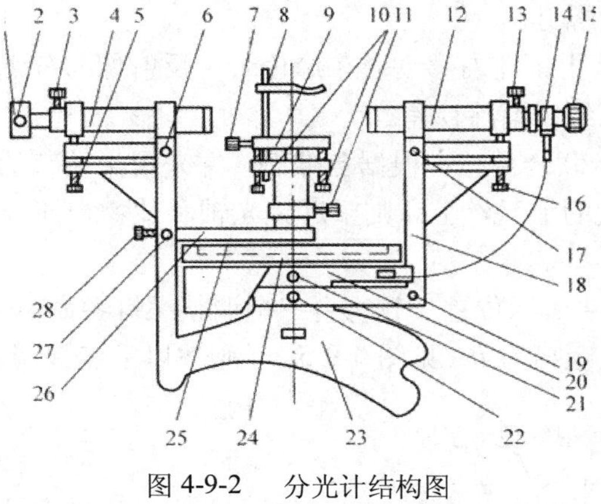

图 4-9-2　分光计结构图

1. 可调狭缝，2. 狭缝调整锣钉，3. 套筒锁紧锣钉，4. 平行光管，5. 平行光管高低调整锣钉，6. 平行光管水平微调锣钉，7. 被测物压簧片支杆锁紧锣钉，8. 压簧片，9. 载物台，10. 载物台平调锣钉，11. 载物台锁紧锣钉，12. 望远镜镜筒，13. 望远镜镜筒锁紧锣钉，14. 照明小灯，15. 望远镜目镜调节锣钉，16. 望远镜高低调整锣钉，17. 望远镜水平微调锣钉，18. 望远镜水平微调锣钉望远镜支架，19. 望远镜微调锣钉，20. 望远镜转座，21. 望远镜与读数盘联结锣钉，22. 望远镜制动锣钉，23. 三角底座，24. 读数盘（刻度盘），25. 游标盘，26. 游标盘制动架，27. 游标盘微调锣钉，28. 游标盘制动锣钉

1. 目测粗调：眼睛观察，调整望远镜和平行光管基本等高、光轴共轴，并调整载物台平面（调三个调节螺钉等高），使二者大致均垂直于分光计的中心旋转轴。

2. 调整望远镜：望远镜是用来观察和确定平行光线的方位，它由能消色差的物镜与目镜、分划板和照明灯组成。

⑴ 望远镜的调焦：目的是将分划板上的叉丝分别调整到物镜和目镜的焦平面上，让望远镜调焦于无穷远，即望远镜适合于接收平行光。这时在目镜视场中可同时看到清晰的小十字（含叉丝）和其反射回来的绿色十字像（图 4-9-3），并使叉丝与绿色十字像之间无视差。

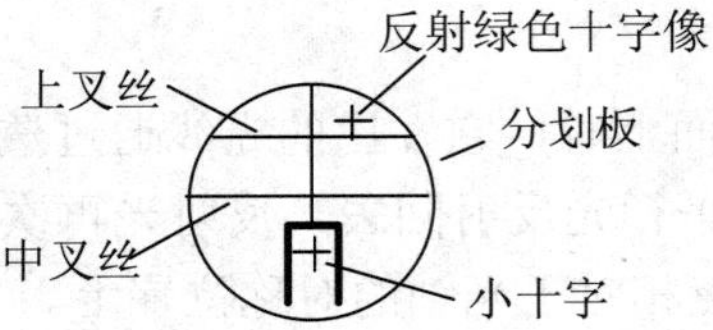

图 4-9-3　小十字，叉丝及反射绿色十字像

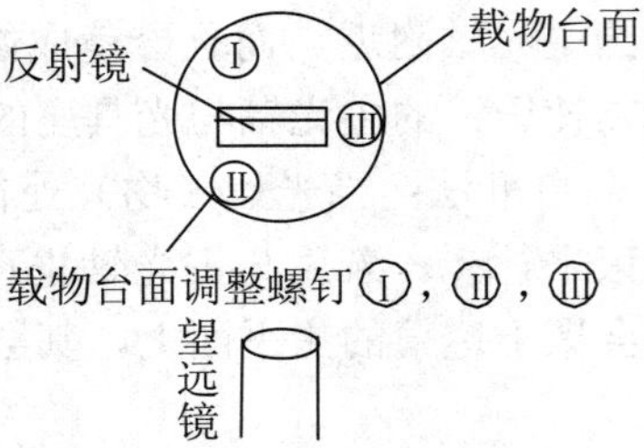

图 4-9-4　反射镜放置图

望远镜的调焦分三步进行：

① 目镜调焦： 仪器通电照明叉丝及小十字（小十字与上叉丝对称于中叉丝），旋转目镜旋钮，调整目镜与分划板上的相对位置，使分划板上的叉丝及小十字由模糊变成清晰，且分划板上的上、中叉丝基本水平。

② 物镜调焦：将反射镜置于载物台面上，仔细调整望远镜的俯仰角调节螺钉、左右转动载物台，在望远镜中找到绿色的十字反射自准像（可能较模糊）。松开目镜系统锁紧螺钉，前后移动目镜系统，调整分划板与物镜间距，使绿色的十字反射像清晰，完成后锁紧目镜系统的锁紧螺钉。

③ 消除视差：眼睛上下左右移动时，绿色十字反射像与分划板上的叉丝之间无相对移动，否则微调目镜系统以消除视差。

⑵ 望远镜与载物台联合调整：根据自准法，并采用半调节的方法，使绿色十字反射像能准确地落在分划板的上叉丝上。则望远镜光轴和载物台面分别与分光计的中心旋转轴垂直。调整方法为：

反射镜置于图 4-9-4 所示位置（载物台三个调整螺钉各命名为 Ⅰ 、Ⅱ 、Ⅲ ）。若绿色十字反射像离上叉丝距离为 h（见图 4-9-5），则按以下步骤调节：

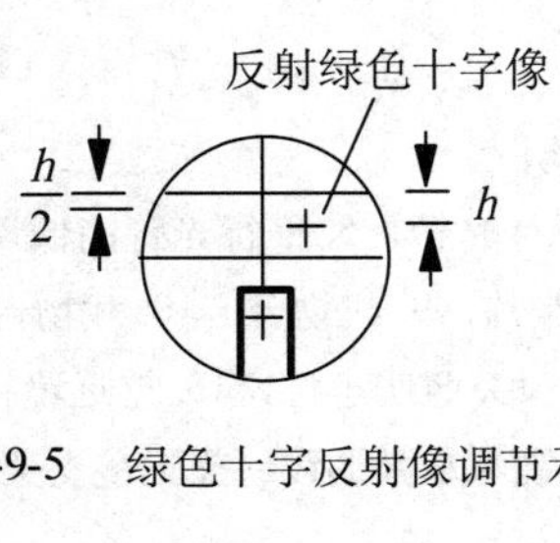

图 4-9-5　绿色十字反射像调节示意图

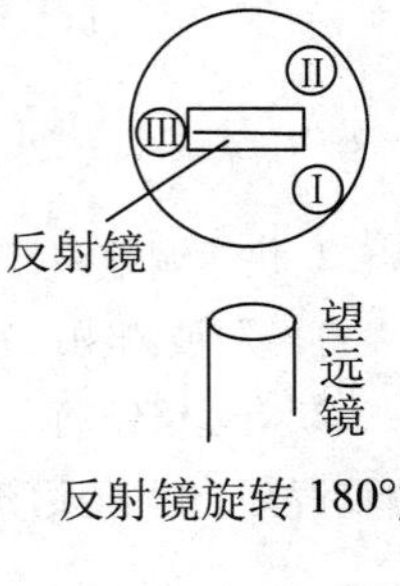

图 4-9-6　反射镜旋转 180°放置图

① 调整载物台平面调节螺钉“Ⅱ”使绿色十字反射像上升 $h/2$，然后再调整望远镜俯仰角调节螺钉，使绿色十字反射像落在分划板的上叉丝上。

② 使载物台旋转180°，若绿色十字反射像离上叉丝距离为 h'，调整载物台平面调节螺钉“Ⅰ”使绿色十字反射像上升 $h'/2$，然后再调整望远镜俯仰角调节螺钉，使绿色十字反射像落在分划板的上叉丝上。

③ 重复上述两个步骤，直至载物台反复旋转180°后，绿色十字反射像均能准确地落在分划板的上叉丝上。

④ 反射镜置于图 4-9-6 所示位置，按半调节法，反复旋转载物台（180°）、调整载物台平面调节螺钉“Ⅲ”，使绿色十字反射像能准确地落在分划板的上叉丝上。

注意：在步骤④的调整中，载物台平面调整螺钉“Ⅰ”和“Ⅱ”、望远镜俯仰角调整螺钉不能再有任何的调整。

⑤ 检查反射镜置于载物台的任意位置，绿色十字反射像均能准确地落在分划板的上叉丝上。否则按以上步骤①，②，③，④重新调整。

如此反复调整，若绿色十字反射像均能准确地落在分划板的上叉丝上。则望远镜光轴和载物台面分别与分光计的中心旋转轴垂直。

3. 调整平行光管：平行光管用来产生平行光，平行光管的一端装有消色差的复合透镜，另一端装有一套筒，末端装有一可调狭缝，宽度可通过狭缝调节螺钉来调整。

⑴ 调整平行光管产生平行光：开启钠灯电源，将平行光管对准光源。松开平行光管套筒上的锁紧螺钉，前后移动平行光管套筒，调整狭缝与平行光管透镜的间距，使狭缝处在平行光管透镜的焦平面上，在望远镜中观察到清晰的狭缝像。调整平行光管套筒上的狭缝调节螺钉，使狭缝宽约为 0.5 mm，此时平行光管发出平行光。

⑵ 调整平行光管光轴与分光计的中心旋转轴垂直：旋转平行光管套筒使狭缝像水平，调整平行光管的俯仰角调节螺钉，使水平狭缝像落在分划板的中叉丝上，将平行光管套筒旋转 180°，再调整平行光管的俯仰角调节螺钉，使水平狭缝像落在分划板的中叉丝上。反复调整使水平狭缝像均落在分划板的中叉丝上。此时平行光管光轴与分光计的中心旋转轴垂直。

⑶ 将平行光管套筒旋转 90°，狭缝像与分划板的竖直叉丝平行，锁紧平行光管套筒的锁紧螺钉。调整好后应注意检查狭缝像是否清晰、有无视差。

4. 分光计读数装置由刻度盘和游标盘组成，度盘上最小分度为 30′，游标盘的最小分度为 1′，读数方法按游标原理读取。在计算望远镜转过角度时，要注意望远镜是否经过了度盘零点（0° 刻线）。

5. 仪器系统误差：在分光计的生产装配过程中，分光计的度盘中心与仪器主轴不可能完全同心，因此在读数时将产生偏心差（属周期性系统误差）。为了消除此误差，分光计的游标盘按180° 各设一个读数角游标，测量时分别从两个角游标上读数，取两者的平均即可。

6. 记录实验环境条件，整理好实验仪器。

7. 注意事项

⑴ 除因更换待测器件（如平面镜、三棱镜、光栅等）需微调载物台调平螺钉外，分

光计一旦调整完毕，各调节螺钉不能再有任意的调整，否则仪器需重新调整。

⑵ 分光计的调节螺钉较多，仪器调整前，需仔细阅读仪器使用说明书，弄清各调节螺钉的作用及位置。

【附录】 圆刻度盘的偏心差

由于制造、装配等原因，分光计刻度盘与圆游标盘的转动中心不容易重合，会产生偏心现象，造成测量值与实际转过的角度值不同而产生误差，这种误差称为偏心差。

为消除圆刻度盘的偏心差，用圆刻度盘测量角度时，必须由相差为180° 的两个游标分别读数。圆刻度盘上的刻度是均匀的，当圆刻度盘中心与主轴重合时，由相差 180° 的两个游标读出的转角刻度值相等；而当圆刻度盘偏心时，由两个游标读出的转角刻度数值就不相等了。所以，如果只用一个游标，读数就会带有系统误差。

如图 4-9-7 所示，用 AB 弧的刻度读数则偏大；用 $A'B'$ 的刻度读数则偏小，由平面几何很容易证明：

$$\frac{\overset{\frown}{AB}+\overset{\frown}{A'B'}}{2}=\overset{\frown}{CD}=\overset{\frown}{C'D'}$$

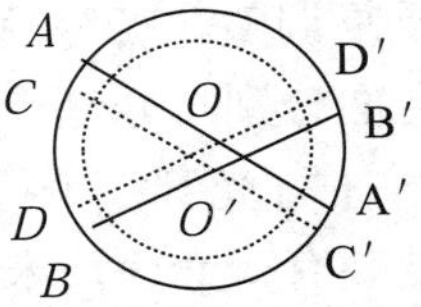

图 4-9-7 圆刻度盘的偏心差

在两个相差 180° 的游标上读出的转角刻度数值，求出平均值，就是圆刻度盘真正的转角度值。

实验 4.10 三棱镜折射率的测量

折射率是描写透明物质的重要光学参量。通过它能了解物质的纯度、浓度、透光性、色散等性能。测定固体折射率方法很多，对固体介质，常用最小偏向角法或自准直法；液体介质常用临界角法（阿贝折射仪）；气体介质则用精密度更高的干涉法（瑞利干涉仪）。

【实验目的】

1. 进一步掌握分光计的调整和使用。
2. 用最小偏向角法测定三棱镜的折射率。
3. 体会用“对称测量法”消除实验中的系统误差。

【实验仪器】

分光计，钠光灯，三棱镜。

【实验原理】

棱镜是由透明介质（如玻璃）做成的棱柱体，截面呈三角形的棱镜称为三棱镜，与棱边垂直的平面称为棱镜主截面。下面讨论光线在三棱镜主截面内折射的情况，如图 4-10-1 所示，三角形 ABC 表示三棱镜的横截面。AB 和 AC 是透光的光学表面，为折射面。其夹角 A 称为三棱镜的顶角。BC 为毛玻璃面，为三棱镜的底面。

单色光线 LD 经待测棱镜的两次折射后，沿 ER 方向射出。入射光线与出射光线的夹角称为偏向角 δ。δ 的大小随入射光束在 AB 面上的入射角 i_1 而变。

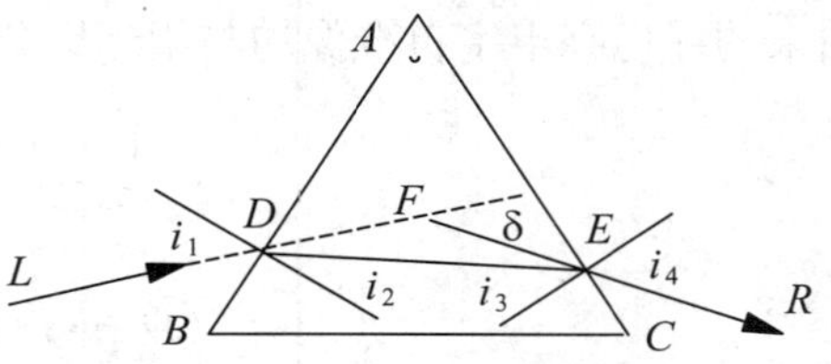

图 4-10-1　三棱镜光路图

可以证明，当入射角 i_1 和 AC 面上的出射角 i_4 相等，即入射光束和出射光束对称于棱镜 A 的平分面时，偏向角有极小值 $\delta_{\min}$，并有：

$$n=\frac{\sin i_1}{\sin i_2}=\frac{\sin\dfrac{\delta_{\min}+A}{2}}{\sin\dfrac{A}{2}} \tag{4-10-1}$$

式中 n 是棱镜对单色光的折射率。把待测的光学玻璃制成三棱镜，只要测出棱镜顶角 A 和最小偏向角 $\delta_{\min}$，就可以按公式（4-10-1）计算出折射率 n。

由于透明介质的折射率是入射光波长的函数，同一棱镜对不同波长的光具有不同的折射率。通常在不考虑色散的情况下，棱镜的折射率是相对钠光波长 589.3 nm 而言。

【实验分析】

1. 判断出射光的方向。三棱镜在平台上放好后，根据入射光的方向和三棱镜中的光路原理，出射光应该偏右下方，望远镜转动到这个方位，才有可能观察到出射光的谱线。

2. 要仔细判断最小偏向角的位置。调节某单色光谱线的最小偏向角时，要先观察到彩色谱线，但不能误认为任意彩色谱线的位置就是最小偏向角的位置。静止状态是无法判断最小偏向角的位置的。只有在刻度圆盘转动（带动三棱镜转动）的过程中，才能发现谱线是否发生了“逆转”，即只有在“动态”过程中才能发现和判断最小偏向角的位置。

3. 在计算望远镜转过角度时，要注意望远镜是否经过刻度盘的零点。

4. 在测量三棱镜的顶角 A 时，棱镜的顶角应放在靠近载物台的中心位置，否则棱镜折射面的反射光不能进入望远镜。

5. 分划板上的竖叉丝与狭缝的重合调整，可利用望远镜的微调螺钉来进行微调。

【实验内容】

1. 按实验 4.9 的实验要求调整好分光计。

2. 测三棱镜的顶角

⑴ 三棱镜的调整

将三棱镜按图 4-10-2 所示位置放在载物台平面上，使三个调节螺钉两两之间的连线与三棱镜的镜面正交。

点亮分光计照明小灯，转动载物台使 AC 面正对望远镜，调节螺钉 II 使 AC 面与望远镜光轴垂直，然后再调节 III 使 AB 面正对望远镜且与望远镜光轴相垂直。直至由两个侧面（AB 和 AC）反射回来的绿色亮十字自准像均与望远镜分划板上十字叉丝重合。

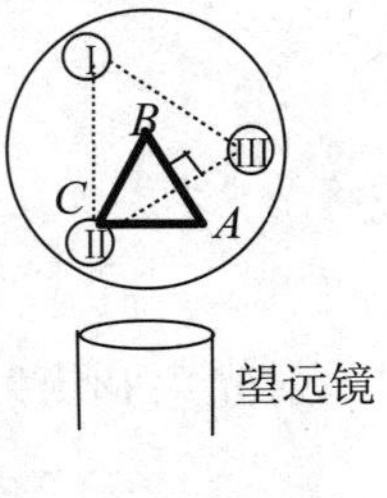

图 4-10-2　三棱镜放置位置示意图

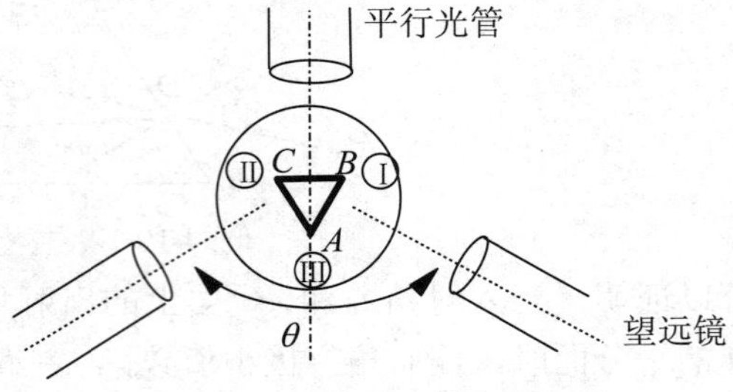

图 4-10-3　自准法测棱镜的顶角

⑵ 自准法测棱镜的顶角

当 AB 面对准望远镜，且反射回来的亮十字自准像与十字叉丝重合时，记下两个游标读数分别为 θ_1，θ_1'。然后再转动望远镜（注意此时游标盘的锁紧螺钉应将游标盘锁紧固定），使 AC 面反射回来的亮十字自准像与上十字叉丝重合，记下两个游标读数分别为 θ_2，θ_2'（如图 4-10-3 所示）。两次读数之差即为棱镜顶角 A 的补角 θ：

$$\theta = \frac{1}{2}\left(\left|\theta_2' - \theta_1'\right| + \left|\theta_2 - \theta_1\right|\right) \tag{4-10-2}$$

则三棱镜顶角 A 为：

$$A = 180° - \theta \tag{4-10-3}$$

⑶ 测三棱镜的最小偏向角

用钠灯照明平行光管狭缝，使载物台和望远镜、三棱镜相对位置如图 4-10-4 所示。

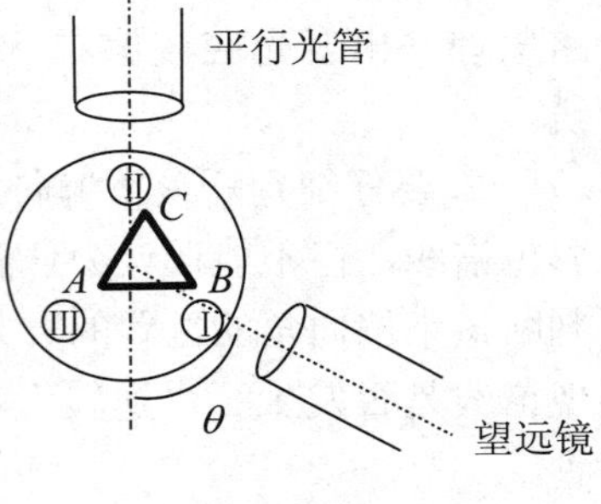

图 4-10-4　测三棱镜最小偏向角

转动望远镜，在望远镜的视场中看到狭缝经棱镜二次折射后出射的狭缝像。狭缝入射至棱镜的入射方向与狭缝经棱镜折射后出射方向的夹角称为偏向角。若顺着某一方向缓缓转动载物台，在望远镜中可观察到狭缝像的移动情况，找出使偏向角减小的转动方向，并以此方向继续缓慢转动载物台。直至观察到偏向角不再减小反而增大的转折点，找出偏向角减至最小的位置，此位置即为相应光波的最小偏向角位置。

转动望远镜使分划板上的竖叉丝与最小偏向角时的狭缝二次折射像重合，再度轻转载物台确认望远镜竖叉丝已对准最小偏向角位置，记下游标读数 θ_3，θ_3'。移动三棱镜，转动望远镜使其对准平行光管，竖叉丝对准狭缝像中央时记下游标读数 θ_4，θ_4'，则最小偏向角为：

$$\delta_{\min} = \frac{1}{2}\left(\left|\theta_3 - \theta_4\right| + \left|\theta_3' - \theta_4'\right|\right) \tag{4-10-4}$$

注意：三棱镜的调整只能通过调节载物台的调节螺钉来实现，望远镜与平行光管的调节螺钉不能有任何调节。

3. 记录实验环境条件，整理好实验仪器。

【数据处理】

1. θ_1，θ_1'与θ_2，θ_2'各测量三次，求出平均值，由式（4-10-3）求出三棱镜的顶角A，求出A的标准误差σ_A。

2. θ_3，θ_3' 与θ_4，θ_4'各测量三次，求出平均值，再由式（4-10- 4）求出最小偏向角$\delta_{\min}$，求出$\delta_{\min}$标准误差$\sigma_{\delta\min}$。

3. 将求出的三棱镜的顶角A和最小偏向角$\delta_{\min}$代入式（4-10-1），求出三棱镜的折射率n，评定其测量不确定度度。

【实验报告】

1. 实验所用的实验仪器（型号或规格），实验环境条件。

2. 简述实验原理，画出实验光路图，说明实验的操作过程。

3. 按实验数据处理，计算三棱镜的折射率n，评定其测量不确定度。正确写出实验的测量结果。

4. 分析、讨论本次实验误差产生的原因及改进方法。

5. 思考题

⑴ 分光计的刻度盘为什么要在相对 180° 的方向上设二个游标读数？

⑵ 如果三棱镜的光学平面与分光计中心转轴不平行，是否可以进行测量？

【附录】

分光计的刻度盘与游标

分光计的刻度盘垂直于分光计主轴并且可绕主轴转动。为了消除刻度盘的偏心差，采用两个相差 180° 的窗口来读数。刻度盘的分度值为 30′，30′ 度以下则需用游标来读数。游标上的 30 格与刻度盘上的 29 格相等，故游标最小分度值为 1′。读数时应先看游标零刻度线所指的位置。例如，图 4-10-5 所示的读数为 334° 30′ 稍多一点，而游标上的第 17 格恰好与刻度盘上的某一刻度对齐，因此该读数为：

334° 30′ ＋ 17′ ＝ 334° 47′

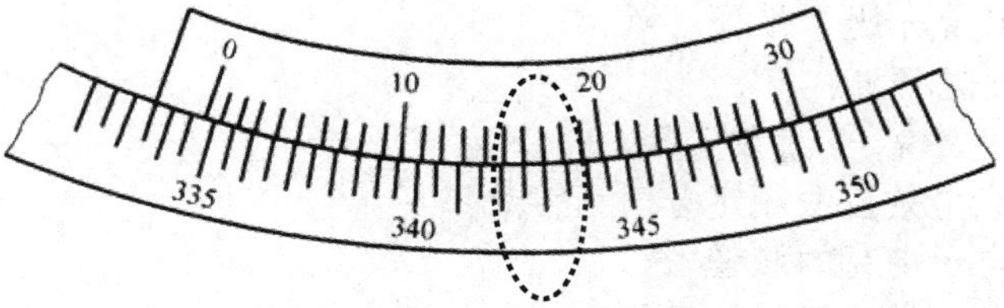

图 4-10-5　刻度盘与游标

第五章　提高型和综合性实验

开设提高型和综合性物理实验的目的，是希望通过对一些具有代表性的物理实验的训练，提高和加深学生对这些物理学中有关综合性概念的理解。我们选取了一些在近代物理发展史中起重要作用的实验作为教学内容，其中不少曾获得诺贝尔物理学奖。学生通过亲自做这些著名的实验，学习这些实验中所用的研究方法，了解到实验物理学家是如何用实验方法去研究物理现象和规律，如何致力于实验观察，以及如何试图阐明观察结果和引入解释，描述实验结果所需的新概念。

在提高型和综合性物理实验中，实验技术是重要的。从我们所选的实验中，可以看到综合科学知识与技术之间相互促进的关系，学习和了解这些综合实验技术是必要的。本章重点是要求学生如何学习和综合使用新的实验技术，为今后使用或研究新的实验技术打下基础。

随着传感器在实验中的广泛使用，许多单纯的力、热、电、光实验已改变为力、热、电、光、计（计算机）的综合实验，促进了力、热、电、光、计之间的融合。

本章安排的实验有：

实验 5.1　弹性模量的测量
　　1. 静态拉伸法
　　2. 动态共振法

实验 5.2　转动惯量的测量
　　1. 动力法
　　2. 三线摆法
　　3. 扭摆法

实验 5.3　霍尔效应法测磁场

实验 5.4　声速的测量
　　1. 干涉法
　　2. 相位法
　　3. 时差法

实验 5.5　光速的测量
　　1. 相位法
　　2. 振荡法

实验 5.6　光栅衍射实验

实验 5.7　迈克尔逊干涉仪

实验 5.8　全息照相

实验 5.9　夫兰克 - 赫兹实验

实验 5.10　光电效应法测定普朗克常数

实验 5.11　电子电荷的测量

实验 5.12　非线性电路混沌实验

实验 5.1　弹性模量的测量

物体在外力的作用下或多或少地都会发生形变。当形变不超过某一限度时，撤走外力之后，形变能随之消失，这种形变称之为“弹性形变”。发生弹性形变时，物体内部将产生恢复原状的内应力。弹性模量反映材料形变与内应力关系，是描述固体材料抵抗形变能力的重要物理量，它是工程技术中机械构件选材时的重要参数。

弹性模量是杨氏模量和切变模量的统称，杨氏弹性模量表征的是固体材料抵抗拉伸或压缩形变的能力，切变模量表征的是固体材料抵抗切向形变的能力。

【实验目的】

1. 学习用静态拉伸法、动态共振法测量金属的杨氏弹性模量。
2. 掌握“光放大法”中光杠杆测量微小长度变化的原理与方法。
3. 分析系统误差，采用合适的测量方法以消除或修正系统误差。
4. 提高综合运用物理实验仪器的能力。

【实验仪器】

弹性模量实验仪，示波器，信号发生器，游标卡尺，千分尺，电子天平。

【实验原理】

在外力作用下，固体所发生的形状变化称为形变。它可分为弹性形变和范形形变两类。外力撤除后物体能恢复原状的形变，称为弹性形变；如果加在物体上的外力过大，以致外力撤除后，物体不能完全恢复原状，而留下剩余形变，就称之为范形形变。本实验只研究弹性形变，测量材料的杨氏弹性模量。

测量杨氏弹性模量的方法通常有静态法、动态法等。

1. 静态拉伸法：当截面为 S，长度为 L 的棒状（或线状）材料，受到拉力 F 拉伸时伸长了 ΔL，其单位面积截面所受的拉力 F/S 称为胁强，而单位长度的伸长量 $\Delta L/L$ 称为胁变。根据胡克定律，在弹性形变范围内，棒状（或线状）固体胁变与它所受的胁强成正比：

$$\frac{\Delta L}{L}=a\frac{F}{S} \tag{5-1-1}$$

式中 a 是伸长（或缩短）的弹性系数，它的倒数称为杨氏弹性模量，用 E 表示：

$$E=\frac{F}{S}\frac{L}{\Delta L} \tag{5-1-2}$$

实验证明，弹性模量与外力 F、物体的长度 L 和截面积 S 的大小无关，它完全决定于材料的性质，弹性模量是表示金属材料抗应变能力大小的物理量。

实验中只要测出材料受的外力 F、其相应伸长（或缩短）量 ΔL、材料的长度 L 和横截面积 S，便可算出 E。但 ΔL 是一个微小的变量，因此要用特殊的方法来测量，本实验采用“光杠杆法”来进行该微小变量的测量。

“光杠杆”组由光杠杆镜、望远镜及望远镜旁的标尺组成，见图 5-1-1 所示。

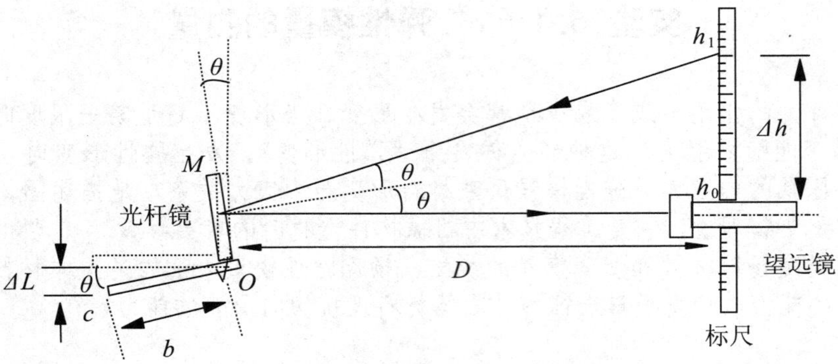

图 5-1-1　光杠杆测量原理图

光杠杆是一种支架，上面有可转动的平面反射镜。在支架的下部有三个脚，前两脚与镜面平行，后脚即杠杆的支脚与夹住钢丝的圆柱夹头接触。如图 5-1-1 所示，左侧 L 状物为光杠杆镜，M 为平面反射镜，D 为光杠杆镜到一标尺的距离，b 为光杠杆臂杆的长度，O 点是光杠杆的旋转支点，c 点随着金属丝的伸缩而上下活动，它反映了金属丝的微小伸长量 ΔL 。当金属丝未伸长时，平面镜 M 与望远镜中心光轴垂直，望远镜通过平面镜 M 反射可从标尺上读出 h_0。当金属丝有微小伸长量 ΔL ，M 转过 θ 角，此时望远镜通过平面镜 M 反射从标尺上读出的是 h_1 。

由图可知，$\mathrm{tg}\,\theta = \Delta L / b$ ，而 $\mathrm{tg}2\theta = \left| h_1 - h_0 \right| / D = \Delta h / D$ 。由于$\Delta L << b$ ，θ 角很小， 则 $\mathrm{tg}\theta \approx \theta$，$\mathrm{tg}2\theta \approx 2\theta$ 。

从而可得：$\dfrac{2\Delta L}{b} = \dfrac{\Delta h}{D}$，因 $\Delta h = \dfrac{2D\,\Delta L}{b}$，可知 $\dfrac{2D}{b}$ 为放大倍数。

由于 $D >> b$ ，所以 $\Delta h >> \Delta L$ ，故而可获得微小量的线性放大，提高了ΔL 的测量准确度。此法被称为“光放大法”，它具有机械性能稳定，测量准确度高，受环境影响小的特点，而且是线性放大、非接触测量，从而被广泛地运用于各种精密测量之中。由式（5-1-2）可得：

$$E = \frac{FL}{S\Delta L} \tag{5-1-3}$$

其中 $\Delta L = \dfrac{b}{2D}\Delta h$ 、$S = \dfrac{1}{4}\pi d^2$ ，因此：

$$E = \frac{8FLD}{\pi d^2 b \Delta h} \tag{5-1-4}$$

实验时，我们只要测出光杠杆镜到标尺的水平距离 D 、光杠杆臂杆长度 b 、金属丝的直径 d 、金属丝的原长 L 和在外力作用下金属丝的微小伸长量的放大量 Δh ，就能由式（5-1-4）求出金属丝的杨氏弹性模量。

2. 动态共振法：对某种待测样品材料施加激振信号，如果它的共振频率只是由材料的弹性模量、密度和材料的几何尺寸来确定的，那么在确定的振动模式下，通过测量该材料样品的共振频率、密度和几何尺寸，就可求出该待测样品材料的杨氏弹性模量。

实验测量原理图如图 5-1-2 所示。

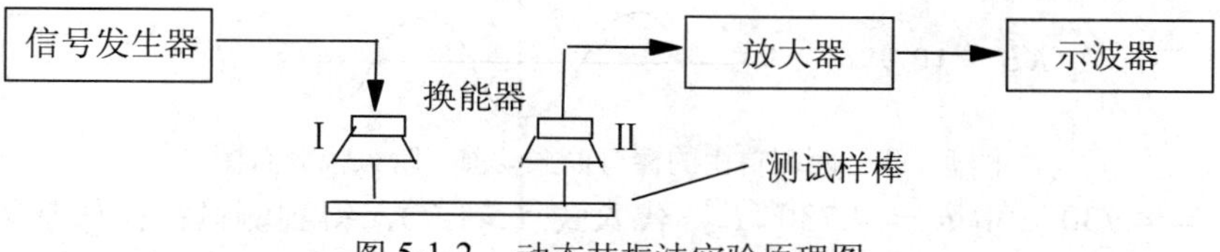

图 5-1-2　动态共振法实验原理图

将一根截面均匀的测试样棒 L（长度比横向尺寸大的多）用线悬挂在两个换能器的下方，换能器 I 作为激振，换能器 II 作为拾振。从信号发生器发出的电信号由换能器 I 经悬线送给测试样棒，使测试样棒做横向弯曲振动。经另一根悬线，通过换能器 II 把测试样棒的机械振动转换成电信号送至示波器。在示波器中观察振动波形振幅的大小，可确定测试样棒是否处在共振状态。

棒振动时会反复弯曲，棒的不同部位出现反复的伸长和压缩。在不考虑外力的情况下，测试样棒横向 x 处沿 y 垂直方向的位移满足下横振动方程：

$$\frac{\partial^4 y}{\partial x^4}+\frac{\rho S}{EI}\frac{\partial^2 y}{\partial t^2}=0 \tag{5-1-5}$$

式中 ρ 为测试样棒的密度，S 为测试样棒的横截面积，I 为测试样棒对中心轴的惯量矩，t 为时间变量，E 为测试样棒的杨氏弹性模量。采用分离变量法，可求出式（5-1-5）的通解：

$$Y(x,\ t)=A(K,x)\cos(\omega_0 t+\varphi) \tag{5-1-6}$$

这是一个振动方程，其中：

$$\omega_0=\sqrt{\frac{K^4EI}{\rho S}} \tag{5-1-7}$$

式（5-1-7）称为频率公式，式中 ω_0 是测试样棒的固有频率，K 是常数。频率公式对任意形状的截面，不同的边界条件的测试样棒都成立。因此，只要用特定的边界条件定出常数 K 代入特定截面的惯量矩 I，就可得到具体条件下的计算公式。

对于长度为 L，两端自由的棒，当用悬线挂在棒振动的节点附近时，其边界条件为：棒的两自由端横向作用力为零，弯矩亦为零。将通解代入边界条件，得到：

$$\cos KL\cdot \mathrm{ch}\, KL=1 \tag{5-1-8}$$

用数值解法，可求出满足式（5-1-8）的一系列根值：

$$KL=0\ ,\ 4.730\ ,\ 7.853\ ,\ 10.996\ ,\ 14.137\ ,\ \cdots\cdots$$

$KL=0$ 是基态，对应于静止情况。

$KL=4.730$ 对应的振动频率称为基振频率。测试样棒在作基频振动时存在两个节点，见图 5-1-3（a），根据计算它们位置分别距测试样棒端面在 $0.224L$ 和 $0.776L$ 处。

$KL=7.853$ 对应的振动频率约为基频的 2.5 ～ 2.8 倍，它们节点的位置分别距测试样棒端面在 $0.132L$、$0.500L$ 和 $0.868L$ 处，见图 5-1-3（b）。

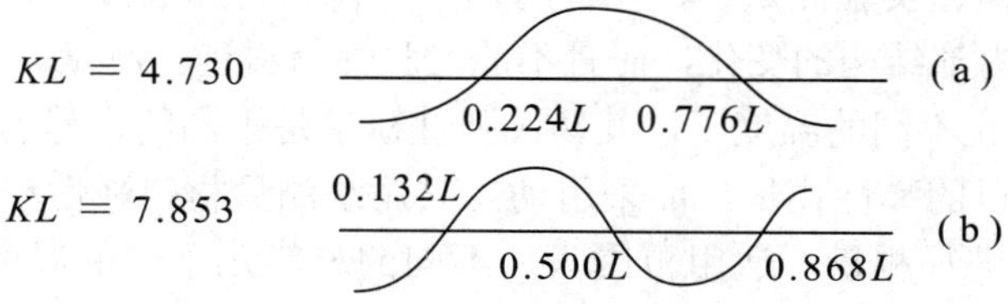

$KL = 10.996$ 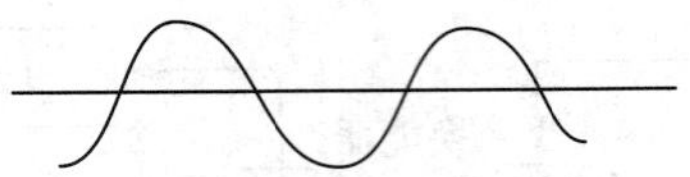 (c)

图 5-1-3　两端自由的棒弯曲振动前三阶振幅分布图

由 $KL = 4.730$，得 $K = 4.730/L$，代入式（5-1-7），得到测试样棒作基频振动的固有频率：

$$\omega = \sqrt{\frac{4.730^4 EI}{\rho S L^4}} \tag{5-1-9}$$

从而解出测试样棒的杨氏弹性模量为：

$$E = 1.9978\times10^{-3}\frac{\rho S\omega^2 L^4}{I} = 7.8870\times10^{-2}\frac{mf^2L^3}{I} \tag{5-1-10}$$

式中 m 为测试样棒的质量，$m = \rho LS$；f 为测试样棒的基振频率。

对于直径为 d 的测试样棒，其惯量矩 $I = \pi d^4/64$，代入式（5-1-10），得：

$$E = 1.6067\frac{mf^2L^3}{d^4} \tag{5-1-11}$$

可见实验时，只要能使测试样棒在基频下共振，测量出此时的基振频率 f，以及测试样棒质量 m，棒长 L，直径 d，就能计算出测试样棒在室温下的杨氏弹性模量 E。

【实验分析】

1. 静态拉伸法测量中应注意以下几个问题

⑴ 实验开始测量时，金属丝若未拉直，将带来较大的测量系统误差。由于实验只研究弹性形变，为此应控制外加砝码的大小，以保证当外力撤除后物体能恢复原状。

⑵ 金属丝受外力时存在着弹性滞后效应。钢丝受到拉伸力作用时，并不能立即伸长到应有的长度，钢丝受到拉伸力减小时，也不能马上缩短到原有的长度。这种弹性滞后效应引起的测量误差，属于未定的线性系统误差。对此实验可采用加砝码、减砝码的对称测量法，以减小或消除该系统误差对实验测量结果的影响。

⑶ 在测量光杠杆平面镜到标尺的水平距离 D 和金属丝原长 L 时，由于受仪器条件的限制，会带来较大的测量误差，实验测量时应合理的估算其测量误差。

⑷ 测量金属丝的微小伸长量的放大量 Δh 时，受仪器条件的限制，Δh 的测量存在着较大的系统误差和随机误差，在实验测量方法和数据处理时要采用适当的方法。

⑸ 根据间接测量不确定度的传播，分析哪些直接测量量对测量的总不确定度影响大，在测量中注意设法减小它的测量误差。另外，选择的测量仪器本身可能存在的已定系统误差，应予以修正。

2. 静态拉伸法实验原理简单，操作方便，实验中采用的“光放大法”被广泛地运用于各种精密测量。但在实验测量中，拉伸时由于载荷大，加载慢，存有弛豫过程，故而不能真实反映材料内部结构的变化，而且不能对脆性材料进行测量。

3. 不同的材料在不同的温度下，其杨氏弹性模量是不同的，静态拉伸测量法无法测量在不同温度下材料的弹性模量。而采用动态共振法测量材料弹性模量时，可以把待测样品放在炉内加温进行测量，适用范围大（不同的材料，不同的温度），实验测量结果稳定、误差小，更具有实用性，因而是国家标准所推荐使用的测量方法。

4. 理论上测试样棒在基频下共振有两个节点，要测出样棒的基频共振频率，只能将样棒悬挂在 $0.224L$ 和 $0.776L$ 的节点处。但是在两节点处，振动幅度几乎为零，悬挂在节点处的测试样棒难以被激振和拾振。

实验检测到的共振频率的大小是随悬挂点的位置而变化的，悬挂点偏离节点越远，可检测的共振信号越强，但测试样棒所受的外力作用也越大。而实验要测出样棒的基频共振频率，是在样棒两端自由的条件下。因此，偏离节点处的测量，虽然容易获得较强的测量信号，但将产生较大的系统误差。为消除系统误差，测出样棒在节点处的基频共振频率，可在节点两旁选不同的点对称悬挂，用外延测量法找出节点处的共振频率。

所谓外延测量法，就是所求得的数据在测量数据范围之外，一般很难测量到，为了求得这个值，采用作图外推求值的方法。即：用已测的数据绘制出曲线，再将曲线按原规律延长到待求值范围，在延长线部分中求出所要的值。外延法只适用于在所研究的范围内没有突变的情况，否则不能使用。

5. 由实验原理可知，测试样棒不只在一个频率处发生共振现象，会出现好几个共振峰，以至在实验中难以确认哪个是基频共振峰，而式（5-1-11）只适用于基频共振的情况。对此可采用以下的方法来解决：

⑴ 实验前先用理论公式预算出基频共振频率；⑵ 出现几个共振频率点时，基频共振频率最低，其它共振频率较高；⑶ 观察各共振波形的振幅，振幅最大的共振就是基频共振；⑷ 沿测试样棒长度的方向轻触棒的不同部位，观察共振波的振幅。波节处振幅不变，波腹处振幅减小，若发现在样棒上只有两个波节，则该共振就是基频共振。

6. 物体的固有频率 $f_{固}$ 和共振频率 $f_{共}$ 是不同的概念，它们之间的关系为：

$$f_{固} = f_{共}\sqrt{1 + \frac{1}{4Q^2}} \tag{5-1-12}$$

式中 Q 为测试样品的机械品质因素。对于悬挂法测量，一般 Q 的最小值约为 50，共振频率和固有频率相比只偏低 0.005 % 左右。由于实验只能测量出测试样品的共振频率，两者相差很小，因此实验中的固有频率可用共振频率来代替。

【实验内容】

1. 静态拉伸法测金属丝的弹性模量

⑴ 弹性模量实验仪的调整：调整弹性模量实验仪底脚螺丝，使仪器底座处于水平状态。将光杠杆平面镜的两前脚放在仪器中平台前端的凹槽内，后脚放在钢丝圆柱夹管的夹口平台上，并使光杠杆镜的平面镜面 M 基本竖直。

调节望远镜。望远镜光轴与反射平面镜的几何中心基本等高，望远镜置于距光杠杆镜 1.8 米左右处。调整光杠杆平面镜的竖直度、望远镜观察方位、望远镜俯仰角螺钉，从望远镜上的准星沿望远镜光轴方向观测平面镜面，在镜面中看到标尺的反射像。

调节望远镜目镜使十字叉丝清晰（严格消除视差），最后缓缓旋转望远镜调焦旋钮，至看到清晰的标尺刻度为止。注意：在整个实验中，光学系统一旦调节好后，要始终保持原来调整好的实验系统进行测量，不可变动，否则测量数据无效，实验需重新进行；观察到的标尺刻度应满足该刻度与望远镜的光轴基本在同一平面上。

⑵ 根据实验原理及实验测量要求，考虑实验测量方法，选择测量 L、D、b、d 的测量仪器（参见表 5-1-2），设法消除或修正实验中的系统误差。

⑶ 由于金属丝受外力时存在着弹性滞后效应，因此 Δh 的测量应采用加法码、减法码的对称测量法，法码加、减动作要轻，以免钢丝晃动造成光杠杆的移动，以减小或消除该系统误差对实验测量结果的影响。

2. 动态共振法测金属棒的弹性模量

⑴ 熟悉弹性模量测量仪的使用：“激振”与“波形”为信号发生器的输出端口。“频率调节”用于调节信号发生器输出信号频率的大小，通过“粗调”和“细调”的配合调节，可使测试样棒在基频下共振。信号频率的大小由“频率显示”窗口指示。

由于换能器拾振的信号较弱，因此需将拾振信号放大后再输入示波器观察。通过仪器背后的“信号放大输入”和“信号放大输出”端口，可将拾振信号放大后输入示波器以便测量观察。

⑵ 选择测量仪器，测量样棒的长度、直径、质量，分别记为 L、d 和 m，为减小测量的系统误差，各参量应测量 4 ～ 5 次。

⑶ 将测试样棒悬挂在两悬线之上，要求悬线与测试样棒轴向垂直。

⑷ 为了测试方便，根据外延测量法，悬挂点 x 可分别在：5.0、10.0、15.0、20.0、25.0、30.0、35.0、40.0、45.0、50.0、55.0、60.0（mm）时，调节仪器“频率调节”的“粗调”，观察示波器的接收波形。当出现共振现象时（正弦波振幅突然变大），再缓慢调节“细调”，使波形振幅达到最大值，检查此时是否为基频共振，若是则将此时的频率显示值记于表 5-1-1 中。

表 5-1-1　外延测量法数据表

x/mm	5.0	10.0	15.0	20.0	25.0	30.0	35.0	40.0	45.0	50.0	55.0	60.0
$\dfrac{x}{L}$												
f/Hz												

⑸ 按实验内容及步骤（2），（3），（4） 的方法，更换测试样棒进行测试。

3. 记录实验环境条件，整理好实验仪器。

【数据处理】

1. 静态拉伸法测量的数据处理

⑴ 计算各直接测量量的最佳值，评定各直接测量量的不确定度。

⑵ 用逐差法求出砝码每增加 1 kg （或 0.5kg）时，钢丝的平均伸长量 Δh 及实验标准差，由公式（5-1-4）求出金属丝的弹性模量测量值，评定其测量不确定度。

评定测量不确定度时，d 与 Δh 需评定 A、B 类不确定度。L、D、b 可只按 B 类不确定度来评定，仅考虑仪器误差，且按均匀分布 68 % 的置信概率来处理。

⑶ 用作图法处理实验数据。以 F_i 为纵坐标，h_i 为横坐标作图，求出斜率值 c，由公式（5-1-4）导出计算公式，求出金属丝的弹性模量测量值，评定实验的测量不确定度。

按 B 类不确定度评定测量不确定度，除仪器误差外，还应考虑作图误差，各误差可按均匀分布 68 % 的置信概率来处理（碳钢的弹性模量值参阅书末附表 7 ）。

2. 动态共振法测量的数据处理

⑴ 由实验内容 4 的测量数据，以 x / L 为横坐标，以相对应的共振频率为纵坐标作图，画出曲线，按外延法求得曲线最低点（即节点）所对应的频率即为测试样棒的基频共振频率且记为 f。

⑵ 将实验测量的数据 L 、d 、 m 及 f 代入公式（5-1-11)，求出测试样棒的弹性模量测量值 E，评定实验测量不确定度。

按 B 类不确定度评定测量不确定度，除仪器误差外，还应考虑作图误差，各误差可按均匀分布 68 % 的置信概率来处理。

（黄铜测试样棒的弹性模量参考值 $E = 1.0 \sim 1.20\times10^{11}\ \mathrm{N/m^2}$，不锈钢测试样棒的弹性模量参考值 $E = 1.95 \sim 2.10\times10^{11}\ \mathrm{N/m^2}$ ）

【实验报告】

1. 实验所用的实验仪器（型号或规格)，实验环境条件。

2. 简述实验原理，画出有关原理图，说明实验的操作过程。按实验数据处理，正确给出实验测量结果，检查实验测量结果是否符合实验的要求。

3. 对实验中使用的测量仪器，选择它们的依据是什么？在实验报告中论述之。

4. 分析、讨论本次实验，存在哪些系统误差，在实验中采用了哪些实验测量方法？如何消除实验中的系统误差？比较作图法、逐差法处理实验数据的优缺点。

5. 思考题

⑴ 光杠杆有什么优点？怎样提高光杠杆测量微小长度变化的灵敏度？

⑵ 怎么才能较准确地用共振法测出材料的弹性模量值？

【附录】　测量望远镜简介

测量望远镜属于天文望远镜一类，观察的物像为倒像。它由物镜、目镜、调焦旋钮、分划板（上有十字叉丝）等组成（图 5-1-4 所示）。物镜与目镜的焦平面上有一平板玻璃称为分划板，分划板上刻有两根正交的细丝称为十字叉丝。调整物镜的调焦旋钮，可使物镜产生的实像清晰地落在分划板上。调整目镜的调焦旋钮使十字叉丝清晰，通过目镜可清晰地看到分划板上的实像。

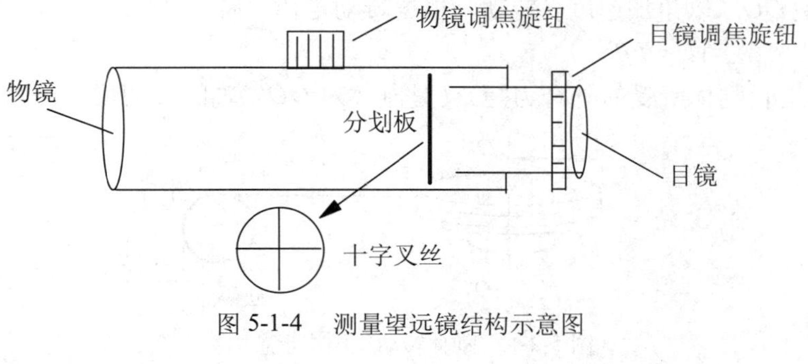

图 5-1-4　测量望远镜结构示意图

实验 5.2　转动惯量的测量

转动惯量是物体转动惯性大小的量度。除了与物体的质量有关外，它还与物体质量的分布（即形状，大小），转轴位置有关。对于形状简单的物体可以通过数学计算得出它的转动惯量。但是，对于形状复杂、质量分布不均匀的物体，如机械零部件、机电转子以及枪炮的弹丸等大都用实验的方法测定。

【实验目的】

1. 学习用动力法、振动法测量物体的转动惯量。
2. 观察物体的转动惯量与物体的质量、转轴位置及质量分布关系。
3. 用作图法、回归法处理实验数据。

【实验仪器】

转动惯量实验仪，光电计时计数仪，电子天平，秒表，直尺，卷尺，游标卡尺。

【实验原理】

测量转动惯量，一般是使物体以一定的形式转动，通过表征这种转动特征的物理量与转动惯量的关系，进行转换测量。要使物体以一定的形式转动，通常采用的方法有动力法和振动法。

动力法是使物体在重力的作用下进行转动，利用转动定律，通过物体转动时所受力矩和角加速度的测量来求得物体的转动惯量。

振动法常用的方法有三线摆法和扭摆法，它们都是利用物体绕定轴摆动的规律来测量物体的转动惯量。在三线摆的摆动过程中，物体的转动动能与重力势能之间互相转换；在扭摆的摆动过程中，物体的转动动能与弹簧片的弹性势能之间互相转换。在一定的条件下，这两种摆动都可近似为简谐振动，其振动的周期为：

$$T = k\sqrt{I} \tag{5-2-1}$$

式中 I 为物体的转动惯量，k 为比例系数，三线摆和扭摆两种方法的比例系数不同，但它们都是可以确定的，实验中只要测量出摆动周期，就可求出物体的转动惯量。

1. 动力法：实验装置如图 5-2-1 所示，塔轮刚体在砝码重力作用下受到外力矩的作用，将绕定轴 OO' 以角加速度 β 转动，根据转动定律，有：

$$\sum M = I\beta \tag{5-2-2}$$

式中 $\sum M$ 是塔轮刚体所受的外合力矩，I 是刚体对 OO' 轴的转动惯量。

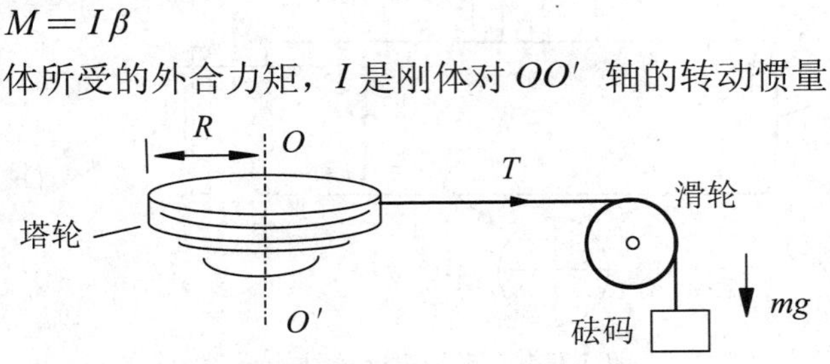

图 5-2-1　刚体转动仪结构示意图

在实验装置中，刚体所受的外力矩有绳子给予的力矩 M_T 和摩擦力矩 M_μ。在砝码 m

的重力作用下，塔轮开始转动。若塔轮转动不太快，转动时空气阻力可以忽略，且认为绳子长度不变，略去滑轮及绳子的质量，并视滑轮轴上的摩擦力为一常数，则：

$$\sum M = M_T - M_\mu \tag{5-2-3}$$

其中 $M_T = TR$，T 为绳子的张力，与轴 OO' 相互垂直，R 是塔轮的绕线半径。

由牛顿第二定律有：

$$T = m(g - a) \tag{5-2-4}$$

$$m(g - a)R - M_\mu = I\beta \tag{5-2-5}$$

设砝码 m 由静止开始往下作匀加速直线运动，砝码下落高度为 h，下落到地面所需的时间为 t，则满足下式：

$$h = \frac{1}{2}at^2 \tag{5-2-6}$$

假设绳子与塔轮无相对运动，绳子不被拉长，塔轮转动时边缘的切向加速度与砝码下降的加速度相等，根据角量与线量的关系 $a = R\beta$，由式（5-2-5）及（5-2-6），得：

$$m(g - a)R - M_\mu = \frac{2hI}{Rt^2} \tag{5-2-7}$$

由于砝码质量与刚体质量相比要小得多，因此 $g >> a$，则有：

$$mgR - M_\mu \approx \frac{2hI}{Rt^2} \tag{5-2-8}$$

整理后可得：

$$m = \frac{2hI}{gR^2t^2} + \frac{M_\mu}{gR} \tag{5-2-9}$$

将半径测量改为直径 D 测量，令：

$$y = m,\ x = \frac{1}{t^2},\ c = \frac{8hI}{gD^2},\ b = \frac{2M_\mu}{gD} \tag{5-2-10}$$

则式（5-2-9）可写成 $y = b + cx$，为一直线方程。可见，实验时只要测出在不同砝码作用下，砝码托盘下落高度 h 时所对应的各时间 t，就可通过数据处理求出转动惯量。

2. 三线摆法：实验装置如图 5-2-2 所示，在立柱和底座支撑着的横梁上（图中未画出），悬挂着处于水平且距垂直中心轴 OO' 半径分别为 r、R 的两个上、下刚性圆盘。上圆盘固定，三根对称分布无弹性、质量可忽略的等长悬线连接上、下两个圆盘。

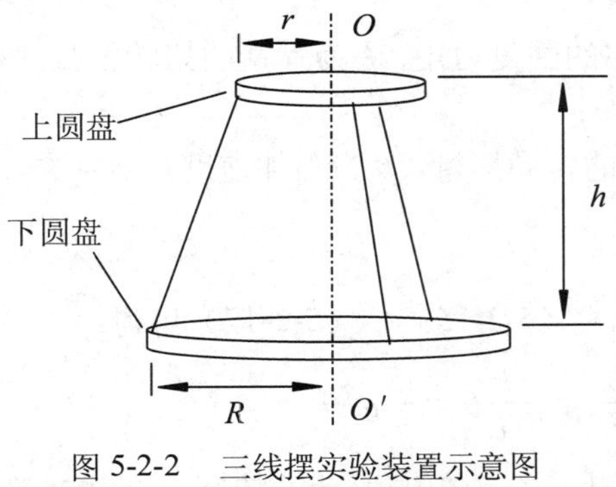

图 5-2-2　三线摆实验装置示意图

转动上圆盘可使下圆盘绕垂直的中心轴 OO' 作摆动。设下圆盘的质量为 m_0，上、下两圆盘的垂直间距为 h，下圆盘的摆动周期为 T_0、转动惯量为 I_0，忽略空气阻力和悬线扭力的影响，当下圆盘的摆角 θ 很小时（$\theta < 5°$），根据能量守恒和刚体转动定律，可得下圆盘的摆动周期为：

$$T_0 = 2\pi\sqrt{\frac{hI_0}{m_0 grR}} \tag{5-2-11}$$

可见，只要测出 r、R、m_0、h 和 T_0，就可求出下圆盘的转动惯量 I_0：

$$I_0 = \frac{m_0 grRT_0^2}{4\pi^2 h} \tag{5-2-12}$$

实验时，将质量为 m_1 的待测物体放在下圆盘上，并使它的质心位于中心轴 OO' 上，设 I 为下圆盘及待测物体绕中心轴 OO' 的总转动惯量，T 为系统的摆动周期，根据转动惯量的可加性，由式（5-2-12）则有：

$$I = \frac{(m_0 + m_1)grRT^2}{4\pi^2 h} \tag{5-2-13}$$

设 I_1 为待测物体绕中心轴 OO' 的转动惯量，则待测物体的转动惯量为：

$$I_1 = I - I_0 \tag{5-2-14}$$

3. 扭摆法：实验装置如图 5-2-3 所示，在垂直轴 OO' 上有一根薄片状的螺旋弹簧，用以产生回复力矩。轴的上端装有一载物盘，可放置各种待测物体。垂直轴与支架座间装有轴承，以降低系统的摩擦力矩。

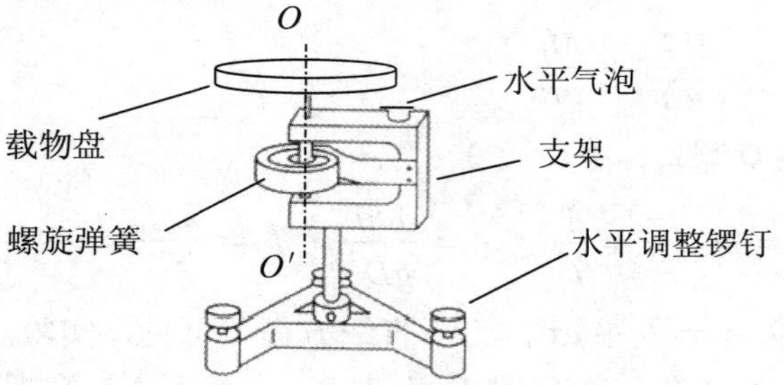

图 5-2-3　扭摆法实验装置示意图

将待测物体（载物盘上）在水平面内转动一角度 θ 后，在弹簧的回复力矩作用下，待测物体就开始绕垂直轴作反复扭转运动。根据胡克定律有：

$$M = -k\theta \tag{5-2-15}$$

式中 M 为弹簧扭转而产生的回复力矩，k 为弹簧的扭转常数。根据转动定律：

$$M = I\beta \tag{5-2-16}$$

式中 I 为待测物体绕转轴的转动惯量，β 为角加速度。令：

$$\omega^2 = \frac{k}{I} \tag{5-2-17}$$

忽略轴承的摩擦力矩，由式（5-2-15）～（5-2-17）可得：

$$\beta = \frac{d^2\theta}{dt^2} = -\frac{k}{I}\theta = -\omega^2\theta \tag{5-2-18}$$

式（5-2-18）表明扭摆运动具有角简谐振动的特征，角加速度 β 与角位移 θ 成正比，且方向相反。方程（5-2-18）的解为：

$$\theta = A\cos(\omega t+\varphi) \tag{5-2-19}$$

式中 A 为简谐振动的角振幅，ω 为角频率，φ 为初相位角。此简谐振动的周期为：

$$T = \frac{2\pi}{\omega} = 2\pi\sqrt{\frac{I}{k}} \tag{5-2-20}$$

式中 k 为弹簧的扭转常数，在 SI 制中 k 的单位为 $kg\cdot m^2\cdot s^{-2}$（或 N· m ）。

由式（5-2-20）可知，通过实验测得待测物体扭摆的摆动周期 T，并且待测物体的转动惯量 I 和弹簧的扭转常数 k 两量中其中一个为已知，则可计算出另一个物理量。

实验时用一个几何形状规则的物体，由理论计算可求出其转动惯量，再通过实验可求出弹簧的扭转常数 k。在知道了弹簧的扭转常数 k 后，由式（5-2-20），就可求出其它待测物体的转动惯量。

设实验仪器载物盘的摆动周期为 T_0，由式（5-2-20）可知其转动惯量为：

$$I_0 = \frac{kT_0^2}{4\pi^2} \tag{5-2-21}$$

在仪器载物盘上放置转动惯量为 I_1 的待测物体，若测得其扭摆的摆动周期为 T_1，根据转动惯量的可加性，由式（5-2-21）可得到总转动惯量为：

$$I_0+I_1 = \frac{kT_1^2}{4\pi^2} \tag{5-2-22}$$

则待测物体的转动惯量为：

$$I_1 = \frac{(T_1^2-T_0^2)\,k}{4\pi^2} \tag{5-2-23}$$

【实验分析】

在实验中，除实验仪器装配是否正确外，还应考虑以下问题：

1. 动力法测量：如果时间测量采用机械秒表，那么其指针跳跃式走动，最小刻度以下的估读是否有意义；测量砝码下降距离 h 时，方法上是否有问题，如何做到 $g >> a$；绳子的不确定因素；砝码质量 m 较小时，摩擦力矩 M_μ 的变化较大，测出的时间重复性较差。

2. 三线摆法测量：在三线摆实验中，我们是将下圆盘的转动惯量作为已知量，利用比较测量法来求得其上待测物体的转动惯量。实际上，并不一定要有下圆盘，实验时可在待测物体上悬挂三根线，并使其质心与三线中心重合，也可利用式（5-2-10）求出待测物体对其质心的转动惯量。这就是三线摆比其他摆的优越之处：三线摆可以测量自身的转动惯量。

3. 扭摆法测量：弹簧扭转常数 k 不是固定常数，它与摆角的大小有关，摆角不同时扭转常数不同，小角度摆动时扭转常数将变小。因此，在实验中测周期时，每次测量应控制摆角相同（± 90° 左右）。

在考虑待测物体固定支撑架的转动惯量时，为实验方便，可以按圆柱体近似处理，不必再进行单独测量。

4. 几种规则物体转动惯量的理论计算式

实心圆柱体 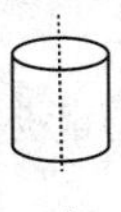 $I=\frac{mD^2}{8}$

空心圆筒 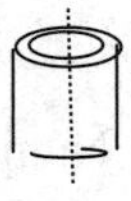 $I=\frac{(D_{外}^2+D_{内}^2)m}{8}$

圆球 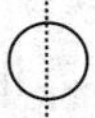 $I=\frac{mD^2}{10}$

空心圆环 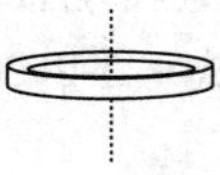 $I=\frac{(D_{外}^2+D_{内}^2)m}{2}$

细杆 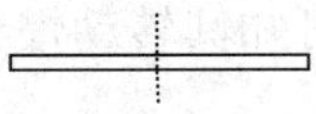 $I=\frac{ml^2}{12}$

【实验内容】

1. 动力法测转动惯量

⑴ 熟悉仪器结构，安装好滑轮固定支架，安装滑轮时要注意滑轮的绕线槽要顺着塔轮出线的切线方向，绕线要尽量均匀密排。

⑵ 调整实验仪器底座上的三个螺钉，使水准仪中的气泡处于中央，塔轮轴线与地面垂直，实验中保持塔轮与滑轮之间的拉线水平并与滑轮轴正交，在实验过程中应维持摩擦力不变。

⑶ 每增加 5.0 g（砝码托盘质量为 5.0 g），测量砝码下降至地面的时间，测四次以求平均值，测至 $m=40.0$ g 为止。

⑷ 测量、记录塔轮绕线槽的直径记为 D，砝码下降到地面的距离记为 h。

⑸ 列表记录各实验测量数据。

2. 三线摆法测转动惯量

⑴ 熟悉仪器结构，用水准仪调整三线摆底座、下圆盘的水平度，待下圆盘水平度调整好后，固定上圆盘上的锁紧螺钉，使实验中尽量保持三悬线长度相等。

⑵ 调整光电探头的上下位置，使下圆盘上的挡光杆处于其缺口的中央且能遮住光电管的发射、接收小孔。

⑶ 三悬线在上、下圆盘的悬挂点是均匀分布的，但线的悬挂点并不在盘的圆周上，而是在盘内的某一同心圆周上。考虑实验测量方法，测出上、下两圆盘三悬线的悬挂点与中心轴之间的距离，分别记为：r 和 R；测出上、下两圆盘之间的垂直距离记为 h。

⑷ 熟悉光电计时计数仪的使用方法，设置“置数”周期数记为 N_0。在下圆盘的扭转稳定时，按仪器“执行”键，测出空载时下圆盘完成周期数所需的累计时间记为 t_0，重复测五次。测量时不能直接拨动下圆盘，应通过轻微转动上圆盘，借助三悬线的张力使下圆盘作扭转振动，摆角控制在 5° 左右。

⑸ 测量出待测空心圆环的几何尺寸，其质量记为 m_1，将空心圆环放入下圆盘，其质心与下圆盘的中心轴重合。按实验内容步骤 4，设置周期数记为 N，测出系统在完成

该周期数所需的时间记为 t 。

3. 扭摆法测转动惯量

⑴ 熟悉仪器结构，调整扭摆基座底脚螺钉，使水准仪中的气泡处于中央。装上塑料圆球，调整光电探头的上下位置，使圆球上的挡光杆处于其缺口的中央且能遮住光电管的发射、接收小孔。

⑵ 熟悉光电计时计数仪的使用方法。按“功能”键选择“摆动”，按“置数”键设置周期数。待塑料圆球扭转稳定时，按“执行”键，测出塑料圆球的摆动周期记为 $T_{球}$（重复测量五次，通过仪器“查询”，获得平均周期值），注意：测周期时应使摆动的摆角控制在 90° 左右。

⑶ 取下塑料圆球，换上金属载物盘，按实验内容 2 ，设置测量周期数，测定金属载物盘的摆动周期的平均值记为 T_0 。

⑷ 在金属载物盘上依次放置将要测试的各待测物体，设置各测量周期数，按实验内容 2 ，测出各待测物的摆动周期的平均值，列表分别记录为 $T_{物i}$。注意：圆柱体和空心圆筒放在金属载物盘上时，必须放正不能倾斜；测周期时应使摆动的摆角控制在 90° 左右。

⑸ 测量出圆球的几何尺寸和质量，其金属支座杆按圆柱体处理。测量出其他各待测物体的几何尺寸和质量，各测量数据列表记录。

4. 记录实验环境条件，整理好实验仪器。

【数据处理】

1. 动力法测量数据处理

根据测量数据 D 、h、m_i、t_i，考虑数据处理方法，求出转动惯量和摩擦力矩。

⑴ 作图法处理：在直角坐标纸上以 $y=m$ 为纵坐标，$x=1/t^2$ 为横坐标，作图可得一直线。由斜率 c 可求得转动惯量 I，由截距 b 可求得摩擦力矩 M_μ 。

⑵ 回归法处理：可令 $y_i=m_i$，$x_i=1/t_i^2$，求出回归方程 $y=cx+b$，相关系数为 r 。由回归系数 c、b 可求出转动惯量 I 和摩擦力矩 M_μ 。

⑶ 根据测量不确定度传播，评定出各测量不确定度，正确表示实验测量结果。

2. 三线摆法测量数据处理

⑴ 由实验测量数据 N_0、t_0 求出下圆盘的摆动周期：$T_0=t_0/N_0$ 。

下圆盘的质量 m_0 由实验室给出，根据测量数据 r、R、h，由式（5-2-11）求出下圆盘的转动惯量 I_0 。

⑵ 由实验测量数据 N、t 求出（下圆盘与空心圆环）的摆动周期：$T=N/t$ 。根据测量数据 r、R、h、m_1，由式（5-2-12）求出系统的转动惯量 I 。

⑶ 由式（5-2-13）求出空心圆环的转动惯量：$I_1=I-I_0$，评定其测量不确定度，正确表示实验测量结果。

⑷ 根据实验内容（5）所测空心圆环的几何尺寸和质量，求出其转动惯量的理论值，计算理论值与实验测量值的相对百分差。

3. 扭摆法测量数据处理

⑴ 根据圆球测量的几何尺寸和质量，求出其转动惯量的理论值记为 $I_{球理论}$。

⑵ 由 $I_{球理论}$ 和实验内容（2）测得的 $T_{球}$，用式（5-2-19）求出弹簧的扭转常数 k。

⑶ 根据弹簧扭转常数 k，由实验内容（3）测的 T_0 和实验内容（4）测得的各 $T_{物i}$，用式（5-2-22）求出各待测物体的转动惯量。

⑷ 评定各待测物体转动惯量的测量不确定度，正确表示各实验测量结果。

⑸ 根据实验内容（5）所测各待测物体的几何尺寸和质量，分别求出各转动惯量的理论值，计算各理论值与实验测量值的相对百分差。

【实验报告】

1. 实验所用的实验仪器（型号或规格），实验环境条件。

2. 简述实验原理，画出必要的实验原理图，说明实验的操作过程，按数据处理要求，给出实验测量结果。

3. 你采用什么方法处理实验数据？比较作图法、回归法处理数据的优缺点。

4. 分析、讨论本次实验。采用了哪些实验测量方法？存在哪些系统误差，采用什么方法消除？总结本实验中要求保证哪些实验条件？如何在实验中予以满足？

5. 思考题

⑴ 用作图法处理动力法的实验数据时，其截距值在实验中表现为什么物理量？

⑵ 在三线摆下圆盘上加上待测物体后的摆动周期是否一定比不加时的周期大？试根据式（5-2-11）和式（5-2-12）分析说明。

⑶ 在扭摆法实验测量摆的摆动周期时，仪器计时误差为 0.001s，为什么还要设置测量周期数达 10 T？

⑷ 理论分析证明，若质量为 m 的物体绕通过质心轴的转动惯量为 I_0 时，当转轴平行移动距离为 x 时，则此物体对新轴线的转动惯量变为 I_0+x^2m，称为转动惯量的平行轴定理。请考虑设计实验方案，如何利用本实验所提供的三种转动惯量实验仪来验证转动惯量的平行轴定理？

【附录】

1. FB210 型光电计时计数仪

“置数”为周期数设置键，仪器开机时默认值为 20。按“置数”键后，通过“下调”、“上调”按键，可设定实验测量所需的周期数，最大为 255。周期数设置完成后，需再按一次“置数”键，以确认当前所设置的周期数。周期数一旦设置完毕，除“复位”键外，其它的键操作均不改变已经设定好的周期数。

实验测量时，按“执行”键，仪器便进入周期数测试状态。通过光电传感器，当下圆盘上的挡光杆摆动周期数达到所设定的周期数后，计时仪就显示出完成该设置周期数所需的累计时间，从而可算出下圆盘的摆动周期。

注意：每次测量周期数，均需按“执行”键。

“返回”键用于对同一设置周期数内的多次测量。

“复位”键用于对原设置的周期数进行清零，或情况异常（死机）时复位。

2. TH-2 型光电计时计数仪

开启电源，“数据显示”数码显示为“— — — —”，“参量显示”窗口数码显示为“P1”。开机时，仪器默认检测方式为“摆动”，默认测量周期数“$n = 10$”。

“功能”键可选择仪器对挡光杆的不同检测方式，是处于“摆动”测试，还是处于“转动”测试。选择“摆动”功能时，仪器处于周期数测试方式，即：挡光杆在光电探头内往复一次为一个周期数；选择“转动”功能时，仪器处于转动次数测试方式，即：挡光杆在光电探头内往复一次为转动二次。

“置数”键用于设置所要测试的周期数，按“上调”或“下调”键，周期数的设置可在 1 ～ 20 范围内任意设定，设置完周期数后需再按一次“置数”键，数码窗口显示为“F1 End”，表示第一次设定被确认。周期数一旦设置完毕，除“复位”和“置数”键外，其它键操作均不改变已经设定好的周期数。

周期数设置完后，按“执行”键，仪器便进入周期数测试状态。当待测物体的挡光杆摆动周期数达到所设定的周期数，“数据显示”窗口数码显示完成设定周期数所需的累计时间。再次按“执行”键，可进行同条件下的第二次测试。仪器最多可重复测试五次，测量数据在数码显示中分别显示为：P1、P2、P3、P4、P5 。

注意：每次测量周期数，均需按“执行”键。

按“查询”键，可查知同组测量中的每个测试周期（显示为：C1、C2、C3、C4、C5)；周期平均值（数码显示以 CA 表示）；以及“置数”所设置的周期数 n 。

按“返回”键，系统将回到最初状态，清除当前状态的所有测量数据，但原“置数”所设置的周期数仍保留。

按“自检”键，仪器依次显示为“$n = N - 1$”、“$2n = N - 1$”、“SC Good”，并自动复位到“ P1 — — — — ”，表示仪器工作正常。

按“复位”键，实验所测数据会全部清除，所有参量恢复到仪器的初始默认状态。

实验 5.3　　霍尔效应法测磁场

在工业、国防和科学研究中，例如粒子回旋加速器、受控热核反应、同位素分离、地球资源探测、地震预报和磁性材料研究等方面，常要对磁场进行测量。测磁场的方法主要有核磁共振法、霍尔效应法和感应法等。具体采用什么方法，由被测磁场的类型和强弱来确定。霍尔效应法具有结构简单、探头体积小、测量快和直接连续读数等优点，特别适合于测量只有几个毫米的磁极间的磁场。缺点是测量结果受温度的影响较大。

【实验目的】

1. 学习“能量换测法”在实验中的应用。
2. 了解霍尔效应的基本原理，学习利用霍尔效应测量磁场。
3. 研究磁场强度与励磁电流的关系，绘制电磁铁气隙中心横向磁场分布图。
4. 进一步学习如何用“对称测量法”消除实验中的系统误差。

【实验仪器】

霍尔效应实验仪，电压测量双路恒流电源。

【实验原理】

1. 霍尔效应原理：将通有电流的半导体薄片置于均匀强磁场中，如图 5-3-1 所示。如果电流沿 x 方向，磁场沿 y 方向，则在 z 方向上的两截面（G，Q）间就会有电位差出现，这种现象是霍尔在 1879 年发现的，故称霍尔效应。横向电位差 U_H 称为霍尔电压。该半导体薄片称为霍尔元件。

霍尔效应是运动载流子（电子 N 或空穴 P）在磁场中受到洛仑兹力的作用而产生的。以 N 型半导体为例，设电子电荷为 e，速度为 v，则电子在磁场中受到的洛仑兹力 $\boldsymbol{F_m} = -\boldsymbol{e}\,\boldsymbol{v}\times\boldsymbol{B}$，并指向 G 面，造成电子流发生偏转，而有部分电子聚集于 G 面上，使 G、Q 间建立电场 E_H，该电场又对电子具有反方向的静电力 $F_e = eE_H$，随着电子向 G 侧继续积累，该电场逐渐增强，直到 $F_e = -F_m$，达到平衡，在 G、Q 间形成稳定的霍尔电场 E_H。于是在霍尔片 G、Q 间产生一稳定的电位差 U_H，即为输出霍尔电压。

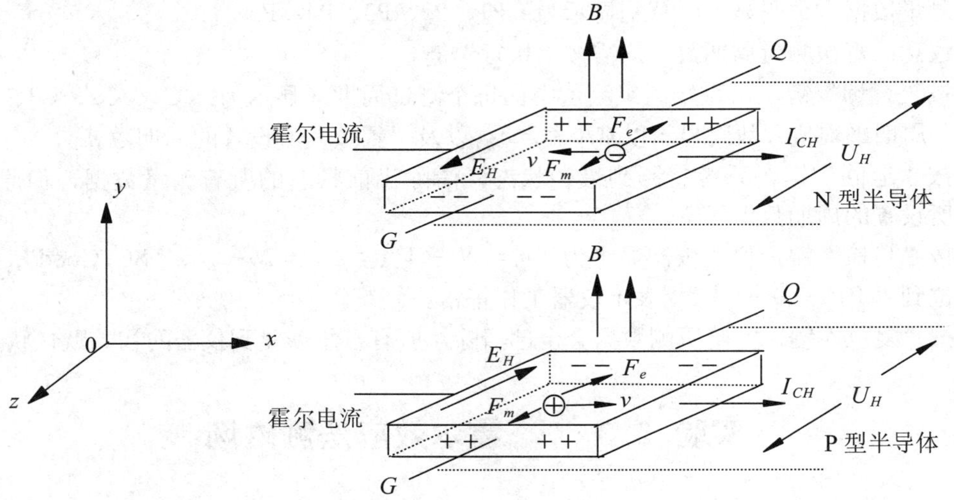

图 5-3-1 霍尔效应原理图

由上可知，霍尔元件是一种磁电变换元件，可以证明，霍尔输出电压 U_H 为：

$$U_H = K_H I_{CH} B \tag{5-3-1}$$

式中 K_H 为霍尔元件的灵敏度，即霍尔系数；I_{CH} 为霍尔元件的控制电流；B 为垂直于霍尔元件的电磁感应强度；U_H 霍尔输出电压。可见，如果知道了霍尔片灵敏度 K_H，用仪器测出 U_H 和 I_{CH}，就能由式（5-3-1）算出电磁感应强度 B。

2. 磁路定理：在工程上，通常用磁导率来表示各种材料导磁能力的强弱，并根据磁导率的大小，把各种材料分成铁磁性材料和非铁磁性材料。

为了便于比较铁磁性材料和非铁磁性材料的导磁能力，把任一种铁磁性材料的磁导率 μ 与非铁磁性材料磁导率 μ_0 的比值称为铁磁性材料的相对磁导率。即：

$$\mu_r = \frac{\mu}{\mu_0} \tag{5-3-2}$$

式中 μ_r 是一个没有单位的数，它表示铁磁性材料的导磁系数比非铁磁性材料的磁导系数大多少倍。

磁场的强弱可以用磁感应强度来表示，在磁场内，某一截面外的磁感应强度和该截面面积的乘积称为穿过该截面的磁通。即：

$$\varphi = BS \tag{5-3-3}$$

当通电线圈中具有铁芯时，磁通就主要集中在由铁芯所规定的路径内，这种磁通集中的路径称为磁路，用 L 表示。

在磁路中，用来产生磁通的电流称为励磁电流。流过励磁电流的线圈称为励磁线圈。把励磁电流 I 和励磁线圈 N 的乘积看做是磁路中产生磁通的根源，称为磁动势。

磁路定理指出：在磁动势不变的条件下，铁芯的截面积越大，磁通就越多；铁芯的平均长度越长磁通就越少。也就是说，当磁动势一定时，磁路中的磁通与铁芯材料的磁导率成正比，与铁芯的截面积成正比，而与磁路的平均长度成反比。即：

$$\varphi\text{（磁通）} = \frac{NI\text{（磁势）}}{\frac{L}{\mu S}\text{（磁阻）}} \tag{5-3-4}$$

对本实验装置而言，设铁芯磁路平均长度为 L_2，铁芯中气隙距离为 L_1，由式（5-3-2）、（5-3-3）及（5-3-4）可得：

$$B = \frac{\mu_0 NI}{L_1 + \frac{L_2}{\mu_r}} \tag{5-3-5}$$

式（5-3-5）为本实验的理论计算式，其中：μ_0 为真空磁导率，μ_r 为铁芯相对磁导率。

3. 实验原理图如图 5-3-2 所示，励磁电流经 K_1 接至电磁铁的励磁线圈，通过 K_1 换向，可改变电磁铁中磁场方向；霍尔电流经 K_2 接至霍尔片的 1、2 脚，通过 K_2 换向，可改变霍尔控制电流方向；霍尔片 3、4 脚为霍尔输出电压。

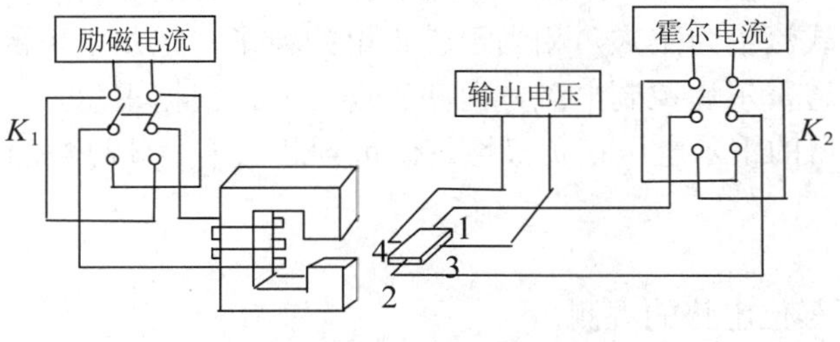

图 5-3-2　霍尔效应实验电原理图

【实验分析】

1. 实验中实际测的 U_H 并非是真正的霍尔电压。除霍尔电压外还包括霍尔元件其他各种附加效应引起的附加电压，会引入测量的系统误差。这些附加效应有：

⑴ 不等位电压效应：由于霍尔电极位置的不对称，使极点不在同一等位面上，因此当有电流通过霍尔元件时，即使不加磁场，在霍尔电极间也存在电压，称为不等位电压 U_0。U_0 的正负与电流方向有关，与磁场无关。

⑵ 爱廷豪森效应（温差效应）：由于载流子速度的差异，在洛仑兹力作用下，致使

元件在横向上有一侧面载流子速度大，温度高，而另一侧面则速度小，温度低，因而造成横向两侧面有温差，从而产生温差电压 U_E。U_E 的正负与电流、磁场的方向都有关。

⑶ 能斯脱效应：由于给霍尔片加电流的两条引线焊点的接触电阻不同，通电后两焊点处将产生不同的焦耳热，而出现热扩散电流，此热电流在磁场的作用下将发生偏转，结果在横向产生附加电压 U_N。U_N 的正负与磁场方向有关，与电流无关。

⑷ 里记 - 勒杜克效应：上述热扩散电流中，载流子的速度也有快慢，故在磁场作用下又产生一个横向温差电压 U_R。U_R 的正负也只与磁场方向有关，与电流无关。

综上所述，在确定的磁场和霍尔控制电流条件下，实际测量的横向电压是 U_H，U_0，U_E，U_N 和 U_R 的代数和。

附加电压的消除：上述附加电压，除 U_E 外其余都可以通过改变霍尔控制电流或磁场的方向来消除。本实验是通过霍尔效应实验仪的换向开关来改变霍尔控制电流和磁场的方向（电流、磁场的数值不变），用以消除附加电压。其方法如下：

（$+B$，$+I_{CH}$）时测出：$U_1 = U_H + U_0 + U_E + U_N + U_R$

（$+B$，$-I_{CH}$）时测出：$U_2 = -U_H - U_0 - U_E + U_N + U_R$

（$-B$，$+I_{CH}$）时测出：$U_3 = -U_H + U_0 - U_E - U_N - U_R$

（$-B$，$-I_{CH}$）时测出：$U_4 = U_H - U_0 + U_E - U_N - U_R$

则：

$$U_H = \frac{U_1 + U_4 - U_2 - U_3}{4} - U_E \tag{5-3-6}$$

又因为 $U_H >> U_E$，所以：

$$U_H = \frac{U_1 + U_4 - U_2 - U_3}{4} \tag{5-3-7}$$

可见，用霍尔效应法测量磁场时，霍尔电压值应在不同条件下将测量四次的结果求代数和再取平均值才较为准确。

2. 半导体材料导电类型的确定：半导体材料有 N 型和 P 型两种，前者载流子为带负电的电子，后者载流子为空穴，相当于带正电的粒子。霍尔电压的正负与载流子电荷有关。实验中若知道霍尔片控制电流方向和磁场方向，根据霍尔片中载流子受的洛仑兹力的方向及实验测得的霍尔电压正负极性，便可判断出半导体材料的导电类型。

【实验内容】

1. 霍尔元件不等位电势的观测

⑴ 断开励磁线圈电流 I_M。

⑵ 短路电压表的正负输入端，调节调零电位器使数字电压表显示为 00.00 V。

⑶ 调节霍尔元件离开电磁铁以免电磁铁剩磁影响测量数据。

⑷ 连接数字电压表的正负输入，调节霍尔控制电流 $I_{CH} = 10.00$ mA，分别测量霍尔控制电流从 1 端流向 2 端、从 2 端流向 1 端的霍尔元件不等位电压 U_{12}、U_{21}。通过霍尔元件的霍尔控制电流不得超过其额定值，否则将损坏元件。

2. 测量霍尔元件输出电压 U_H

⑴ 接上励磁电流，调节励磁线圈电流 $I_M = 400.0$ mA。

⑵ 调节霍尔控制电流 $I_{CH} = 1.00$ mA，调节霍尔元件在气隙中的位置、角度，使电

压显示为最大。

(3) 调节霍尔控制电流 I_{CH} 分别为 2.00，3.00，…，9.00 mA。用对称测量法，依次改变励磁电流方向、霍尔控制电流方向，测量霍尔元件的输出电压：

$$U_1(+B, +I_{CH}),\ U_2(+B, -I_{CH}),\ U_3(-B, +I_{CH}),\ U_4(-B, -I_{CH})$$

列表记录各测量数据。

3. 研究磁场强度与励磁电流的关系

(1) 调节霍尔控制电流 $I_{CH}=10.00$ mA。

(2) 调节励磁线圈电流 $I_M=25.0$ mA，调节霍尔元件在气隙中的位置、角度，使电压显示为最大。

(3) 调节励磁线圈电流 I_M 分别为：50.00，100.0，300.0，…，900.0，1000 mA 。用对称测量法，依次改变励磁电流、霍尔控制电流的方向，测量霍尔元件的输出电压：

$$U_1(+B, +I_{CH}),\ U_2(+B, -I_{CH}),\ U_3(-B, +I_{CH}),\ U_4(-B, -I_{CH})$$

列表记录各测量数据。

4. 测绘电磁铁气隙中心的横向磁场分布

(1) 将霍尔片移出电磁铁气隙外，调节励磁线圈电流 $I_M=400.0$ mA，调节霍尔控制电流 $I_{CH}=10.00$ mA。

(2) 在霍尔片从磁铁右端移入到移出磁铁左端的全过程中，每 3 ～ 5 mm 测量一次霍尔输出电压，列表记录各测量数据（磁场随 x 方向的分布可不考虑消除附加效应）

5. 记录霍尔效应实验仪的各技术参数。

6. 记录实验环境条件，整理好实验仪器。

【数据处理】

1. 根据实验内容 2 ，由 $U_H=\dfrac{U_1+U_4-U_2-U_3}{4}$ 计算 U_{Hi}，考虑数据处理方法，求出 B 的测量值，评定测量不确定度。

2. 根据公式（ 5-3-5），计算实验理论值，求出实验值相对于理论值的百分差。

3. 根据实验内容 3 ，作“I_M - B”曲线图。

4. 根据实验内容 4 ，计算出 B，以位移量 x 为横坐标，B 为纵坐标作图，绘出电磁铁气隙中心的横向磁场分布“B - x”曲线图。

【实验报告】

1. 实验所用的实验仪器（型号或规格），实验环境条件。

2. 简述实验原理，绘出实验电原理图，说明实验的操作过程，按数据处理要求，给出实验测量结果，分析、讨论本次实验。

3. 绘制并分析、讨论“I_M - B”和“B - x”特性曲线图。

4. 实验中是否存在着系统误差？采用什么方法消除系统误差？请讨论之。

5. 思考题

(1) 若磁场 B 的方向与霍尔片的法线方向不一致，对测量结果有何影响。

(2) 如何判断本实验中霍尔半导体材料的载流子类型。

实验 5.4　声速的测量

声波是在弹性媒质中传播的一种机械波。振动频率在 20 Hz ~ 20 kHz 的声波可以被人听到，称为可闻声波；频率超过 20 kHz 的声波称为超声波；频率在 20 Hz 以下的声波称为次声波。超声波与次声波人耳都不能听到。对于声波特性的测量（如频率、波速、波长、相位等）是声学应用技术中的一个重要内容，特别是声波波速的测量，在声波定位、探伤、测距等应用中具有重要的意义。

【实验目的】

1. 了解压电换能器的功能，加深对驻波及振动合成等理论知识的理解。
2. 了解声波在空气中传播的速度与气体参数的关系。
3. 学习用共振干涉法、相位比较法和时差法测量超声波的传播速度。
4. 通过用时差法对多种介质的测量，了解声纳技术。

【实验仪器】

声速测量组合仪、示波器、信号发生器，游标卡尺。

【实验原理】

实验利用压电晶体换能器来测量超声波的传播速度。声速测量的方法有两种：一种是根据 $v = f\lambda$，测出频率 f 和波长 λ，就可计算出声速 v；另一种是利用 $v = L/t$，测量出距离 L 和时间 t，即可计算出声速 v。

压电换能器是能将声波（机械振动）和电信号相互转换的传感器，它的主要部件是压电换能片。当输给发射压电换能器一个电信号时，压电换能器便按电信号的频率做机械振动，从而推动介质分子振动产生平面声波；接收压电换能器受到机械振动后，又会将机械振动转换为相同振动频率的电信号。

1. 共振干涉法：声波是一种在弹性介质中传播的机械波，它和振源的频率 f、波长 λ 有如下关系：

$$v = \lambda f \tag{5-4-1}$$

当一列行波以某一频率在介质中沿一直线发射传播时，若遇到刚性平面障碍，就在其界面以相同的频率、相同的振幅、相同的振动方向、沿同一直线反射回去，与发射波叠加干涉而形成驻波。驻波的某些点的振动始终加强，其振幅是两列行波的振幅之和，这些点称为波腹；而另一些点的合振幅为零，这些点称为波节。相邻两个波节或两波腹之间的距离就是半个波长。

设沿 x 方向的发射波方程为：

$$y_1 = A\cos\left(\omega t - \frac{2\pi}{\lambda}x\right) \tag{5-4-2}$$

反射波方程为：

$$y_2 = A\cos\left(\omega t + \frac{2\pi}{\lambda}x\right) \tag{5-4-3}$$

则发射波与反射波在空间某点的合振动方程为：

$$y = y_1 + y_2 = \left(2A\cos\frac{2\pi}{\lambda}x\right)\cos\omega t \tag{5-4-4}$$

式（5-4-4）也称为驻波方程。

当 $\left|\cos\frac{2\pi}{\lambda}x\right| = 1$，即 $\frac{2\pi}{\lambda}x = n\pi$ 时，在 $x = n\frac{\lambda}{2}$，（$n = 0, 1, 2, \cdots$）位置上，波振动的振幅最大，即为波腹。

当 $\cos\frac{2\pi}{\lambda} = 0$，即 $\frac{2\pi}{\lambda}x = (2n+1)\frac{\pi}{2}$ 时，在 $x = (2n+1)\frac{\lambda}{4}$，（$n = 0, 1, 2, \cdots$）位置上，波振动的振幅最小，即为波节。其余各点的振幅在 0 和 $2A$ 之间。

实验电原理图如图 5-4-1 所示，发射器 S_1 接信号发生器，接收器 S_2 接示波器。

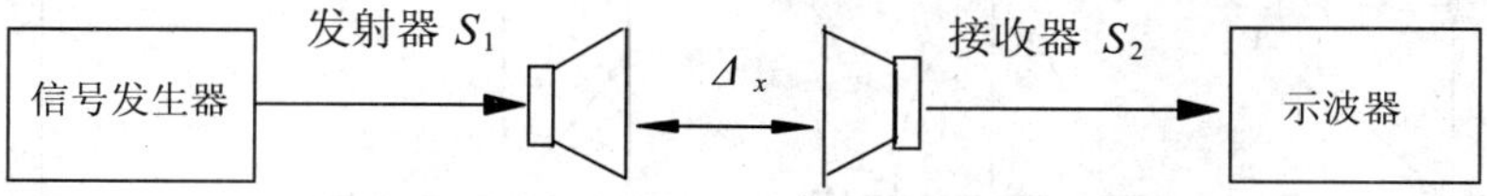

图 5-4-1　共振干涉法实验电原理图

当压电换能器 S_1、S_2 之间的距离 Δx 等于半波长的整数倍时，有：

$$\Delta x = n\frac{\lambda}{2} \quad (n = 1, 2, 3, \cdots) \tag{5-4-5}$$

在移动接收器 S_2 的过程中，通过示波器可观察到一系列的共振态，示波器上任意两个相邻的振幅较大的共振信号之间，S_2 移动的距离为：

$$\Delta x = l_{k+1} - l_k = \lambda/2 \tag{5-4-6}$$

通过仪器刻度标尺可读出一系列共振态的 S_2 位置，可得到超声波的波长 λ，从信号发生器上读出共振态时的频率 f，则可由式（5-4-1）求出声速 v。

2. 相位比较法：信号发生器输出信号接至发射器 S_1 和示波器的"X 轴输入"，接收器 S_2 接至示波器的"Y 轴输入"，示波器工作在"X - Y"状态（如图 5-4-2 所示）。

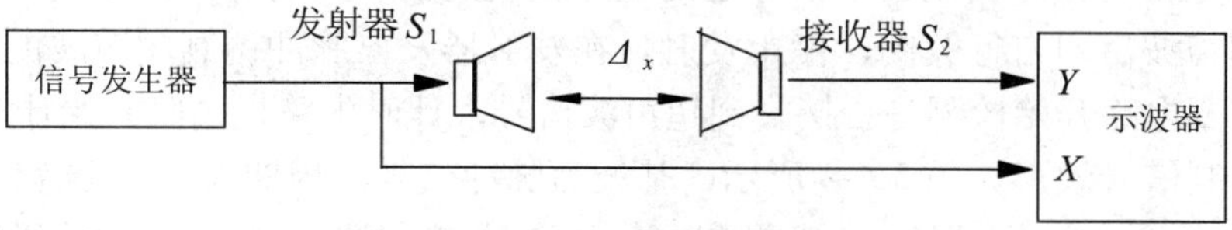

图 5-4-2　相位比较法实验电原理图

设输入示波器 X 轴的发射波振动方程为：

$$x = A_1\cos(\omega t + \varphi_1) \tag{5-4-7}$$

输入示波器 Y 轴的接收波振动方程为：

$$y = A_2\cos(\omega t + \varphi_2) \tag{5-4-8}$$

则示波器中合成的图形为李萨如图形，合振动方程为：

$$\frac{x^2}{A_1^2} + \frac{y^2}{A_2^2} - 2\frac{xy}{A_1A_2}\cos(\varphi_2 - \varphi_1) = \sin^2(\varphi_2 - \varphi_1) \tag{5-4-9}$$

该方程轨迹为一椭圆，椭圆的长短轴和方位由相位差 $\Delta\varphi = \varphi_2 - \varphi_1$ 决定。下面分别讨论（参见图 5-4-3）：

(1) $\varphi_2 - \varphi_1 = 0$，则有 $y = \frac{A_2}{A_1}x$，其轨迹为一直线，在 Ⅰ、Ⅲ 象限。

(2) $\varphi_2-\varphi_1=\dfrac{\pi}{2}$，则有 $\dfrac{x^2}{A_1^2}+\dfrac{y^2}{A_2^2}=1$，其轨迹是以坐标轴为主轴的椭圆，椭圆上的箭头方向表示质点的运动方向。

(3) $\varphi_2-\varphi_1=\pi$，则有 $y=-\dfrac{A_2}{A_1}x$，其轨迹也是一直线，但在Ⅱ、Ⅳ象限。

(4) $\varphi_2-\varphi_1=\dfrac{3\pi}{2}$，则有 $\dfrac{x^2}{A_1^2}+\dfrac{y^2}{A_2^2}=1$，其轨迹仍是以坐标轴为主轴的椭圆，但椭圆上的箭头方向表示质点的运动方向相反。

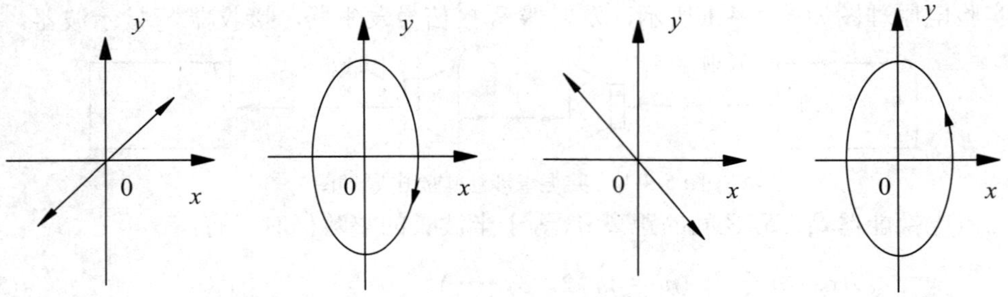

图 5-4-3　合成后的李萨如图形

利用李萨如图形，比较超声波发射器的输入电信号与接收器的输出电信号的相位差。当发射器与接收器之间的距离 Δx 变化为一个波长 λ 时，它们的相位正好变化一个周期，即 $\Delta\varphi=2\pi$。测出距离改变量 Δx，即可由 $\Delta x=\lambda$ 算出波长 λ，再从信号发生器上读出输入超声波发射器的信号频率 f，则可由式（5-4-1）求出声速 v。

3. 时差法：共振干涉法和相位比较法的测量方法，是用示波器来观察波形的波峰和波谷，或观察二个波的相位差，存在估读误差，较精确地测量声速是用时差法来测量。

时差法是将经脉冲调制的电信号送给超声波发射器以发射脉冲调制超声波，发射器发出一阵超声波后即自行关闭，停止发射。在发射器发出脉冲调制超声波的同时，超声波接收器控制电路开始检测是否接收到超声波信号，计时电路也同时开始计时。

脉冲调制信号波形如图 5-4-4 所示，基波为脉冲信号，周期为 T_1，脉宽为 T_2。载波信号为方波，频率为 38 kHz。基波脉冲信号和载波方波信号相与，得到脉冲调制信号。

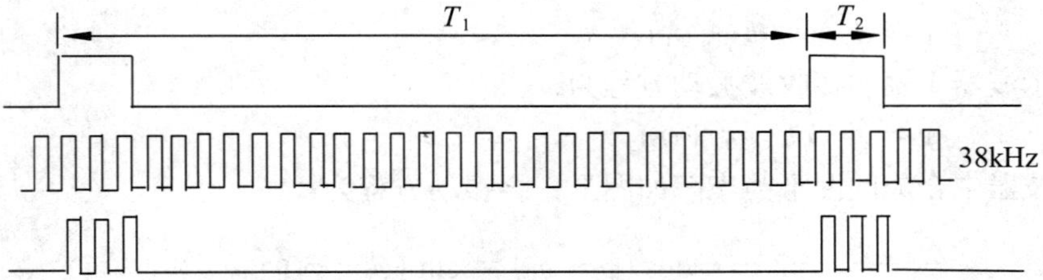

图 5-4-4　脉冲调制信号波形图

脉冲调制超声波在介质中传播，经 t 时间后，到达 L 距离处的超声波接收器，超声波接收器控制电路接收到超声波信号后，计时电路停止计时。则脉冲调制超声波在介质中的传播速度为：

$$v = \frac{L}{t} \tag{5-4-10}$$

可见，实验只要测量出脉冲调制超声波在介质中的传播时间 t，以及所经历的距离 L，就可由式（5-4-10）计算出声速 v。

【实验分析】

1. 声速与介质的温度有关，而且空气实际上并不是理想空气。因此理论上，在温度为 θ、相对湿度为 r 的空气中，声速为：

$$v_\theta = 331.45\sqrt{\left(1+\frac{\theta}{T}\right)\left(1+0.3192\frac{rP_H}{P_0}\right)} \tag{5-4-11}$$

式中 P_H 为温度 θ 时的空气饱和蒸汽压值（可从实验 4.2 的附表查出），T 为绝对温度（273.15 ℃），P_0 为大气压（实验中取 $P_0 = 1.013\times10^5$ Pa），式（5-4-10）可作为实验中超声波在空气中传播速度的理论计算式。

2. 超声波发射器与接收器是同一种结构的压电式超声波传感器，只是两种压电晶片的性能有所差别。发射器利用正压电效应，将高频电振动转换成高频机械振动，以产生超声波，其电能转变为机械能的效率高；而接收器则相反，它利用逆压电效应，将接收的高频机械振动转换成高频电振动信号，其机械能转变为电能的效率高。

实验中，为了能较好的获得电能与声能的转换，信号发生器送给超声波压电换能器的电信号频率应调节到压电换能器的谐振频率点上，以便发射器能发出较强的超声波。

3. 共振干涉法测量中，相邻两波峰（或波谷）之间的距离为 $\lambda/2$，实验原理讨论是假设反射波与发射波的振幅是相等的，但实际测量时并不相等。因为接收面并不是理想的刚性平面，它对发射波能量有吸收，另外空气对声波也有吸收的作用，发射波不能全部被反射。所以，反射波的振幅要比发射波的振幅小，但这不影响实验的测量。

4. 在液体中测量时，由于液体中声波的衰减较小，因此存在着较大的回波叠加，并且在相同频率的情况下，其波长 λ 要大得多，用共振干涉法或相位比较法测量超声波在液体中的传播速度会有较大的测量误差。

5. 声速测定仪测微手轮其内部与主尺是用齿轮螺杆联动的，螺杆从正转到反转（或反转到正转）必有空转。为了避免螺杆空转引起系统误差，在测量中，测微手轮应始终朝同一方向旋转读数。

【实验内容】

1. 超声波压电换能器谐振频率的调整：声速测定仪压电换能器的谐振频率在 38 kHz 左右，故信号发生器的输出信号频率应调节在 38 kHz 附近。

按图 5-4-1 连接电路，信号发生器“发射 S_1”端口接声速测定仪的“发射 S_1”端口，声速测定仪的“接收 S_2”端口接至示波器的 Y 轴输入。信号发生器“测试方法”置为“连续波”，“传播介质”置为“空气”。

观察示波器中超声波接收器的电压波形，调整信号发生器的“发射强度”和“频率微调（先粗调、后细调）”使电压波形幅度为最大，此时信号发生器的输出电压信号频率即为超声波压电换能器的谐振频率。谐振频率值由信号发生器上的 5 位 LED 数字表显示，记录此谐振频率值为f。

2. 用共振干涉法测量超声波在空气中的传播速度：按实验内容 1 电路连接方式，调节超声波发射器与接收器之间距离约 5cm，顺时针缓慢调节声速测定仪手轮，观察示波器中接收器电压波形的变化。

取某一位置为起始点，列表逐个记录，在电压波形幅度最大时所对应的各距离值分别为：x_1、x_2、x_3、…，共测 8 个数据点。

3. 用相位比较法测量超声波在空气中的传播速度：按实验内容 1 电路连接方式，另再连接信号发生器“发射波形”端口接至示波器的X轴输入（图 5-4-2 所示），示波器工作在“X-Y”方式。调节超声波发射器与接收器之间距离约 5cm，顺时针缓慢调节声速测定仪手轮，观察示波器中李萨如图形的相位变化。

取某一位置为起始点，顺时针调节手轮，在发射器和接收器之间的距离改变Δx时，准确观测相位变化 0 ～ 2π 一个周期（比如：李萨如图形中从斜率为正的直线变成椭圆，变到斜率为负的直线；再由斜率为负的直线变成椭圆，变到斜率为正的直线）时，列表逐个记下所对应的各距离值分别为：x_1、x_2、x_3、…，共测 8 个数据点。

4. 用时差法测量超声波在不同介质中的传播速度：按图 5-4-4 连接电路，示波器Y输入选择“交替”工作方式。信号发生器“发射波形”、“接收波形”分别接至示波器 CH1、CH2 端口，“测试方法”置为“脉冲波”，“传播介质”根据测试样品设置，超声波传播时间值t由信号发生器的窗口读出。

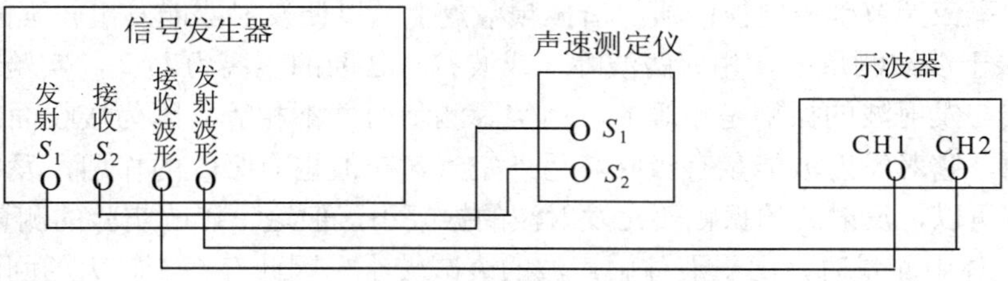

图 5-4-4　时差法测量电原理图

⑴ 空气介质的测量：信号发生器“发射S_1”、“接收S_2”连接至声速测定仪“液体（空气）发射S_1和接收S_2”端口。“传播介质”选择为“空气”。调整声速测定仪发射器和接收器之间距离约 50 mm，调节信号发生器“接收放大”旋钮，使示波器中接收波形稳定，观察声速测定仪发射和接收的波形。

取某一位置为起始点，顺时针调节手轮，从左向右移动超声波接收器，记录各移动距离值L和所对应的超声波传播时间值t，共测 8 个数据点。

⑵ 液体介质的测量：在储液槽中加入液体，直至将超声波传感器完全浸没，但不要超过液面线，液体不要淋在数显表头上。除信号发生器“传播介质”选择改为“液体”外，实验测量方法与空气介质的测量方法相同，测 8 个数据点。

⑶ 固体介质的测量：待测样品的一端旋入超声波接收器，将超声波发射器尾端的话筒插头拔出，待测样品的另一端旋入超声波发射器（旋转发射器使之旋入），要使待测样品的两端面与两超声波传感器的平面接触紧密、可靠，超声波发射器尾端的话筒插头插入原插座。

根据测试样品（金属或非金属），将信号发生器“传播介质”置于“金属”或“非金属”。设计表格，记录各测试样品的测量长度值 L，更换不同的测试样品，将各样品的超声波传播时间的测量值 t，对应记录在测试样品长度的表格中。

⑷ 在上述各介质的测量中，通过示波器中观察声速测定仪发射和接收的波形，画出发射和接收的波形图。

注意：更换测试样品时，应先将超声波发射器尾端的 6.5mm 话筒插头拔出，旋转超声波发射器，旋出测试样品的一端，然后再旋转测试样品旋出样品的另一端。

5. 记录实验环境条件，整理好实验仪器。

【数据处理】

1. 共振干涉法：由实验内容 1 的谐振频率测量值 f，实验内容 2 的测量数据：x_1、x_2、x_3、…，根据式（5-4-5），考虑数据处理方法，求出波长 λ，再由式（5-4-1）求出超声波在空气中的传播速度 v，并评定其测量不确定度。

2. 相位比较法：由实验内容 1 的谐振频率测量值 f，实验内容 3 的测量数据值：x_1、x_2、x_3、…，根据相位比较法，考虑数据处理方法，由 $\Delta x = \lambda$ 求出波长，再由式（5-4-1）求出超声波在空气中的传播速度 v，并评定其测量不确定度。

3. 时差法：根据实验内容 4 的各测量数据，由式（5-4-10），考虑数据处理方法，分别计算出超声波在空气、液体、固体介质中的传播速度 v，并评定其测量不确定度。

4. 由式（5-4-11），计算在环境条件下，超声波在空气中传播速度的理论值 v，与共振干涉法、相位比较法以及时差法实验测量值相比较，求出相对百分差。

（不同温度下干燥空气中的声速参见书末附表 9）

【实验报告】

1. 实验所用的实验仪器（型号或规格），实验环境条件。

2. 简述实验原理，画出实验电原理图，发射和接收的波形图，说明实验的操作过程。按数据处理要求，给出各测量结果，分析、讨论本实验各种测量方法的特点。

3. 思考题

⑴ 为什么超声波换能器要在谐振条件下测量声速？如何调节和判断测量系统是否处于谐振状态？

⑵ 如果在示波器屏上同时显示超声波发射信号和接收信号，若不用李萨如图，应如何判断同相位？

⑶ 时差法实验中，按最长测试样品计算，脉冲调制信号的基带脉冲信号周期 T_1、脉宽 T_2 应在多少范围之内，才能满足实验测量的要求？

【附录】　数显尺

随着传感器技术和大规模集成电路技术的发展，目前已出现了许多数字式长度测量的器具，数显尺就是其中的一种。

数显尺由容栅测量系统和数字显示部分组合而成。容栅传感器是数显尺的关键器件，它由固定容栅和可动容栅构成。

固定容栅贴在尺身上，在测量过程中位置保持不变，是测量的基准部件。可动容栅则固定在移动的尺框内，是在测量过程中与尺框一起发生位置变动的测量部件。固定容栅和可动容栅组成容栅幅，即容栅传感器。

如图 5-4-5 所示，固定容栅栅片为有规律排列的金属铜片，其节距为 D，其中公共板和独立的固定容栅片宽度各为总宽度的一半，即 $D/2$。

可动容栅和固定容栅一样（图 5-4-6 所示），也是有规律排列的金属铜片，其节距为 $d = D/8$。每块可动容栅由 48 片独立的栅片构成，对应固定容栅的 1 个节距有 8 个可动容栅片（A、B、C、D、E、F、G、H），这是为了连接电子线路的 8 路激励信号所设置的，所以称这些栅片为发射极板。

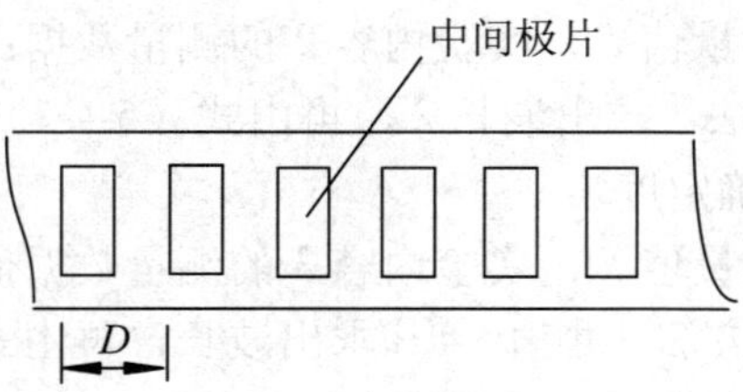

图 5-4-5　固定容栅

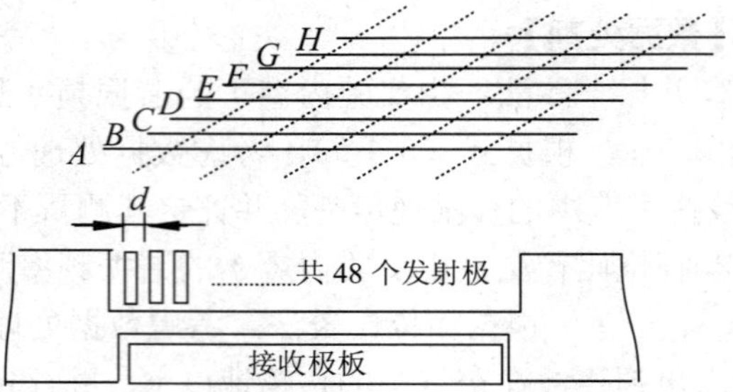

图 5-4-6　可动容栅

接收极板与发射极板做在同一平面内，在极板移动的过程中，它始终与不同的小电极组成差动电容器，通过适当的测量电路，就能得到与极板位移成线性关系的输出电信号，最后在数字显示屏上将位移量显示出来。

数显尺与普通量具尺相比，具有准确度高、测量效率高、并可实现相对测量等优点。数显尺对环境和使用的要求相对较高，如需防潮，怕碰摔等，使用时要注意爱护。

实验 5.5　光速的测量

光速的测量方法有好几种，通常是设法测量光通过某一长度基线 D 所用的时间 t，从而得到光速 $c = D/t$，这里长度和时间的单位是分别独立定义的。1983 年国际计量局建议把长度单位“米”定义为“光在真空中在 1/299792458 秒的时间间隔中所行进的路程的长度”，根据这个定义，真空中的光速具有确定的固定值 $c = 299792458\ \text{m/s}$。

【实验目的】

1. 了解“调制波”和“光 - 电振荡”的基本概念。
2. 学习用“相位法”和“振荡法”测量光速的原理及方法。

【实验仪器】

光速测量仪，数字示波器、数字频率计。

【实验原理】

波的周期是波前进一个波长 λ 的距离所需要的时间，周期的倒数称为波的频率 f，频率等于单位时间内波动所传播的完整波的数目。在波动过程中，某一振动状态在单位时间内所传播的距离称为波速 c：

$$c = \lambda f \tag{5-5-1}$$

目前实验室里光速的测量方法一般有光脉冲法、相位法、驻波法和振荡法等方法，本实验采用相位法和振荡法来测量光速。

1. 相位法测量调制波在空气中的传播速度

如果直接测量河中水流的速度有困难，可以采用这样一种方法：周期性地向河中投放小木块（f），再设法测量出相邻两小木块间的距离（λ），由于木块的移动速度就是水流流动的速度，依据公式（5-5-1）即可算出水流的速度。

周期性地向河中投放木块，为的是在水流上作一特殊标记，我们也可以在光波上作一些特殊的标记。把一种波动变化特征加载到另一个波上，此种过程或所产生的结果称为“调制”。被调制的波称为“载波”，调制“载波”的波称为调制波，其逆向的还原过程称为“解调”。

调制波的频率可以比光波的频率低很多，可用常规器件来接收。与木块的移动速度就是水流流动的速度原理一样，调制波的传播速度就是载波的传播速度。

设光强度受到频率为 f 的正弦信号调制的激光载波 I（$I = I_0 + I_0 m\cos 2\pi ft$，其中 m 是调制度，f 是调制波的频率，I_0 是载波激光的原有光强）经激光发射管电 - 光变换后发射出 $u = U_0 \cos 2\pi ft$ 的交变信号。

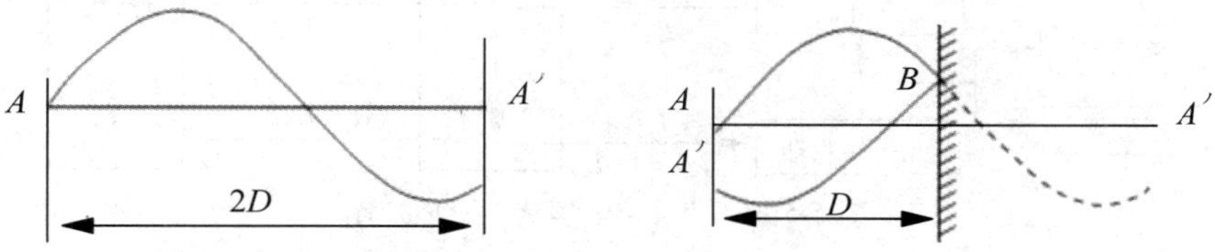

（a）　　　　图 5-5-1　光波的传播　　　　（b）

如图 5-5-1（a）所示，若发射波在 t_1 时刻由 A 点出发，经时间 Δt 后传播到距离 A 点 $2D$ 的 A' 点，此时在 A' 点的载波光强为 $I_2 = I_0 + I_0 m\cos 2\pi f(t_1 + \Delta t)$，经激光接收器光 - 电变换后接收到的交变信号为 $u_2 = U_0 \cos 2\pi f(t_1 + \Delta t)$，在相位上比由 A 点发射的交变信号 $u_1 = U_0 \cos 2\pi f t_1$ 落后 $\Delta\varphi$，即：

$$\Delta\varphi = 2\pi f \Delta t = \frac{4\pi f D}{c} \tag{5-5-2}$$

式中，c 是调制波在空气中的传播速度，f 是调制波的频率。

为了用同一台仪器能同时测量 A、A' 两点的发射波和接收波信号，在 A、A' 两点的中点 B 处放置一个平面反射镜（图 5-5-1（b）所示）。A 点发出的发射波经过 B 点平面镜反射后再回到 A' 点，发射波走过的光程同样为 $2D$，经激光接收器光 - 电变换后接收到的交变信号 u_2 在相位上也只比 u_1 落后 $\Delta\varphi = 4\pi fD / c$。

因此，实验只要测出发射波和接收波信号的相位差 $\Delta\varphi$，调制波频率 f，发射波走过的光程 $2D$，就可得到调制波在空气中的传播速度。但在实际实验测相过程中，当发射和接收波信号频率较高时，高频下的电路测相困难较大。为了避免高频下测相的困难，实验采用电路差频法把待测的高频发射波信号和接收波信号转化为中、低频信号来测量，可以证明差频前后发射波信号与接收波信号之间的相位差仍保持不变。

为提高测量准确度，实验采用数字示波器进行测量。若发射波信号与接收波信号分别为 u_1 和 u_2（均为差频后信号，后面不再赘述），u_1 信号一个周期所对应的水平宽度为 x，两信号在同相位点间的水平距离为 Δx（图 5-5-2 所示），则两信号之间的相位差为：

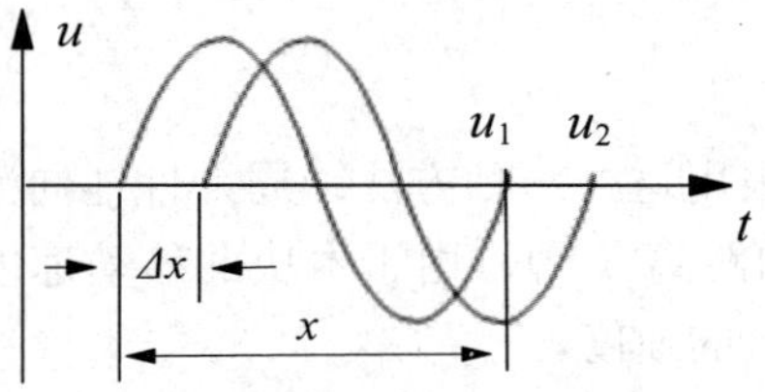

图 5-5-2　两信号之间的相位差

$$\Delta\varphi = 2\pi\frac{\Delta x}{x} \tag{5-5-3}$$

由式（5-5-2）和（5-5-3）可得：

$$c = \frac{2xDf}{\Delta x} \tag{5-5-4}$$

可见，实验将两信号之间的相位测量转化为两信号之间的时间测量，利用数字示波器的光标测量可以准确的测出两信号的时间量。

2. 光 - 电振荡法测量光在空气中的传播速度

如图 5-5-3 所示，P 为直角棱镜反射镜，作为激光转向反射用。“光开关”决定激光是否发射，但它受“光电接收器”的控制，相互之间是反相的关系。即“光电接收器”一旦接收到激光，立即关闭“光开关”，“光开关”停止发射激光；经过一段时间，“光电接收器”接收不到激光，又重新打开“光开关”，“光开关”再次发射激光，周而复始，形成“光 - 电振荡”。

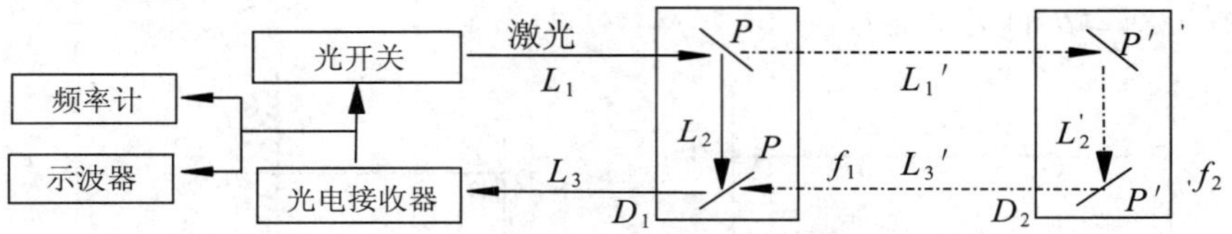

图 5-5-3　“光 - 电振荡”电原理图

在 t_0 时刻，由于“光电接收器”无信号，“光开关”打开发射激光，t_1 时刻光束走完 L_1 光程，t_2 时刻走完了 L_1+L_2 光程，t_3 时刻走完 $L_1+L_2+L_3$ 光程，到达“光电接收器”，并立即控制“光开关”停止发射激光（注意：此时 $L_1+L_2+L_3$ 光程内仍充满着激光束）。在 t_4 时刻激光束离开 L_1 光程，t_5 时刻光束离开 L_2 光程，t_6 时刻光束离开 L_3 光程。此时，“光电接收器”已不受激光控制，重新启动“光开关”，再次发射激光，进入下一个循环周期。

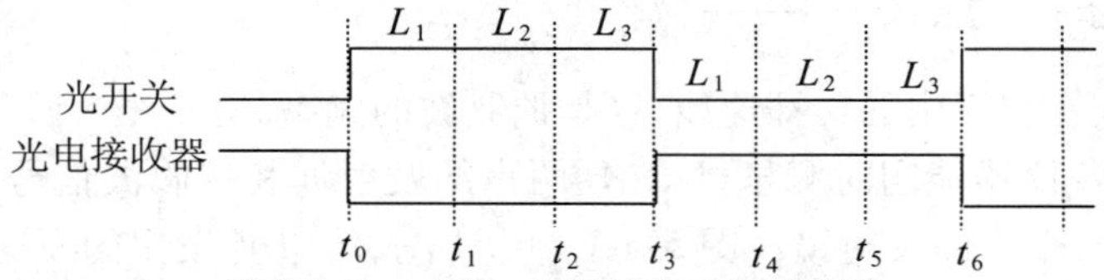

图 5-5-4　“光 - 电振荡”工作时序图

从图 5-5-4 可见，一个振荡周期内，激光束二次经过 L_1，L_2，L_3，由于 $L_1=L_3$，即相当于激光束四次经过 L_1 或 L_3，二次经过棱镜 L_2。实验用数字频率计可以很方便地测量出“光 - 电振荡”的频率，显然其频率与光程有关。

先将轨道上的棱镜小车先置于 D_1 位置（见图 5-5-3），设此时频率计测得振荡频率为 f_1，然后再将棱镜小车移至 D_2 处，设此时频率计测得振荡频率为 f_2，则光速为：

$$c = \frac{4(D_2 - D_1)}{1/f_2 - 1/f_1} \tag{5-5-5}$$

式（5-5-5）中，$D_2 - D_1$ 的差值可由导轨上的标尺刻度读数来计算。

【实验分析】

仪器中所选用的光源相位的一致性好坏、仪器电路的稳定性、信号强度的大小以及测量轨道米尺的准确度等诸因素都直接影响实验测量的准确度。

1. 调制波信号频率很高时，电路测相系统的稳定性、工作速度以及电路分布参量造成的附加相移等因素都会直接影响测相的准确性，同时对电路的制造工艺要求也较苛刻。为避免高频下测相的困难，本实验利用差频测相的方法，将高频发射信号和高频接收信号分别与本机振荡器产生的高频振荡信号混频，得到两个频率为 455 kHz，位相差依然为 $\Delta\varphi$ 的中频信号，然后再送到示波器中进行测量。

2. 电路的不稳定性：若在实验测量过程中被测信号强度始终保持不变，则仪器电路的不稳定因素会影响到相位的准确测量。由于电路不稳定所造成的相位变化较缓慢，实验中只要测量所用的时间足够短，就可以把相位的缓慢变化作线性近似。按图 5-5-5 所示的 D_1 - D_2 - D_1 二次测量方法顺序读取测量值，以两次 D_1 点位置的平均值作为起点测量，可减小由于电路不稳定给实验测量带来的误差。

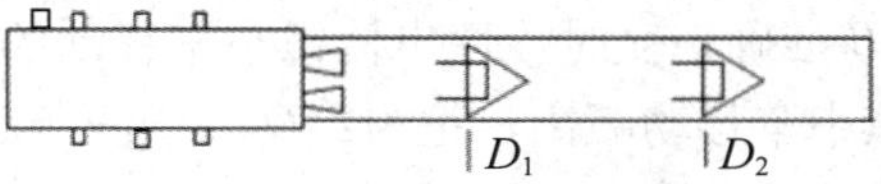

图 5-5-5　二次顺序测量法

3. 幅度误差：棱镜小车处在不同位置时，光电管接收到的光信号强度不同，会带来由“幅度误差”所引入的系统因素给相位测量带来误差。实验用 100 MHz 信号调制光波，光波包络的半波长约 1.5 米，在正确照准情况下反射镜在短距离内的移动可以认为光信号幅度基本不变。

4. 照准误差：棱镜小车处在不同位置时，光斑大小和位置也会有所变化，会引起照准误差。因此，实验测量中要细心“照准”，尽可能使反射镜在前后移动时截取同一光束进行测量，可把照准误差限制到最小。

5. 实验所测的是光在大气中的传播速度，若要获得光在真空中的传播速度，须准确地测定空气折射率后再作相应的修正。

【实验内容】

1. 实验用的光速测量仪分 A、B 型，A 型用于相位法测量，B 型用于振荡法测量。仪器由透镜组、棱镜小车、0.5 m 标尺轨道等组成，实验时先将仪器通电预热半小时。

把棱镜小车移近收发透镜处，用一小纸片挡在接收物镜管前，观察激光光斑位置是否居中，否则调节棱镜小车上的微调螺钉，使光斑尽可能居中。将小车移至最远端，观察光斑位置有无变化，并作相应调整，达到棱镜小车前后移动时，光斑位置变化最小。

2. 相位法：光速测量仪“测频”端接数字示波器 CH1 通道，在示波器系统功能设置区中按 UTILITY 键，设置 频率计 为“打开”，测出调制波频率记为 f。

发射波（基准 - 正弦）信号接数字示波器 CH1 通道，接收波（测相 - 正弦）信号接 CH2 通道。设置 CH1 信号为触发信号源，调节 CH1、CH2 SCALE 旋钮，使屏幕上显示两个大小适合的波形并尽可能展开。

在示波器系统功能设置区中按 CURSOR 键，设置示波器为光标测量，光标模式 设置为“追踪”，光标类型 选择为“时间”。移动光标 A 与光标 B，测出发射波信号的一个完整周期时间记为 x。

(1) 等距测量法：在导轨上取 8 个等间隔点（见图 5-5-5），在 h_0 处，以示波器光标 A 与发射波的峰（或谷）正交时的点为起始点。缓慢移动棱镜小车，在 h_1、h_2、h_3、……h_8 各测点处，用光标 B 依次准确测出接收波峰（或谷）的各时移量记为 Δx_i。

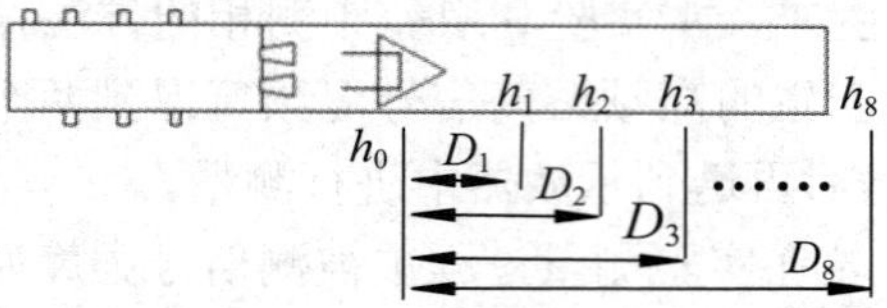

图 5-5-6　根据时移量与反射镜距离之间的关系测定光速

(2) 等时测量法：在 h_0 处，以示波器光标 A 与发射波的峰（或谷）正交点为起始点，沿示波器时间轴取 8 个整数倍时移量的测量点：Δx_1、Δx_2、Δx_3、……Δx_8。

示波器光标 B 准确移至 Δx_1 处，缓慢移动棱镜小车，在示波器屏幕上仔细观察到接收波的峰（或谷）与光标 B 准确正交时，读出棱镜小车移动的距离记为 D_1。依次测出与各时移量 Δx_i 所对应的棱镜小车移动距离，记为：$D_2 = h_2 - h_0$、$D_3 = h_3 - h_0$、……。

(3) 在等距测量法或等时测量法中，为了减小实验的系统误差，也可采取 h_0 - h_1 - h_0 及 h_0 - h_2 - h_0、…… 的两次顺序法进行测量，要求两次顺序距离测量的读数误差不得超过 1mm，否则须重测。

(4) 数字示波器的使用方法请参见实验 4.6【附录】五。

3. 振荡法：按实验电原理图 5-5-3 接线，光速仪输出分别接示波器和频率计。用示波器观察“光 - 电振荡”的振荡波形，用频率计测出“光 - 电振荡”的振荡频率。

根据实验公式（5-5-5），考虑实验测量方法。按 D_1 - D_2 - D_1 的两次顺序位置读取光程和频率值（参见图 5-5-3）。

以两次 D_1 位置测得的振荡频率 f_1 作为起点 D_1 的平均值，这种二次测量法可以减小由于电路的不稳定性延时给测量带来的系统误差。读取频率时不可在读数上停留时间太长，一般取 5 ～ 6 位读数。

要较好地在短时间里完成 D_1 - D_2 - D_1 的测量，就要求在移动棱镜小车时，要稳、轻、快、准。在 0.5 m 的光轨上可以找很多等间隔点，来作为 D_1 - D_2 - D_1 的测量，如：

0.1 m — 0.2 m — 0.1 m，0.2 m — 0.3 m — 0.2 m，……；

0.1 m — 0.3 m — 0.1 m，0.2 m — 0.4 m — 0.2 m，……；

0.1 m — 0.4 m — 0.1 m，0.2 m — 0.5 m — 0.2 m 等。

4. 记录实验环境条件，整理好实验仪器。

【数据处理】

1. 相位法：根据等距法和等时法的测量数据，用逐差法求出 Δx 和 D 的平均值，由

调制波频率 f，发射波周期时间 x，用式（5-5-4）求出光速 c，评定其测量不确定度。

也可用作图法处理实验数据：以 Δx_i 为横坐标，D_i 为纵坐标，作“$D - \Delta x$”直线，则该直线斜率的 $2xf$ 倍即为光速 c，评定其测量不确定度。

2. 振荡法：按式（5-5-5）计算，得到若干组实验测量值，求其平均作为实验的最终测量结果，评定测量不确定度。

3. 测量值与理论值进行比较，求出相对百分差。

【实验报告】

1. 实验所用的实验仪器（型号或规格），实验环境条件。

2. 简述实验原理，画出实验原理图，说明实验的操作过程。

3. 按数据处理要求，求出实验测量的光速，评定测量不确定度，给出实验测量结果。比较等距测量、等时测量和“光 - 电振荡”三种测量方法，分析、讨论本次实验。

4. 思考题

⑴ 本实验中能否改用李萨如图形法来测量发射波信号和接收波信号之间的相位差？

⑵ 实验中“光 - 电振荡”的振荡频率是如何改变的？

⑶ 你认为实验测量的主要误差来源是什么？为提高测量准确度需注意哪些问题？

【附录】　频率计

HC-F1000 L 频率计采用多周期同步法测量原理，应用单片机控制和运算，采用大规模集成电路，完成宽频率范围内频率和周期的准确测量。对于任何被测信号，都能够实现每秒 8 位数的测量和显示，具有 10 MHz 的标频自检信号输出。

一、主要技术指标

1. A 通道（FA：INPUT）

频率测量范围：1 Hz ～ 100 MHz；

周期测量范围：1s ～ 0.01 μs；

输入灵敏度：1Hz ～ 20 MHz：35 mV；20 Hz ～ 100 MHz：20 mV；

最大输入电压：250 V；

输入阻抗：1 MΩ。

2. B 通道（FB：INPUT）

频率测量范围：100 MHz ～ 1 GHz；

输入灵敏度：20 mV；

最大输入电平：3 V；

输入阻抗：50 Ω。

3. 闸门时间（GATE TIME）

0.01s（GT 0.01s）：测量时闸门开启时间为 0.01 s，测量结果为六位；

0.1s（GT 0.1s）：测量时闸门开启时间为 0.1 s，测量结果为七位；

1s（GT 1s）：测量时闸门开启时间为 1 s，测量结果为八位。

4. 低通滤波器（LPF OUT）

被测信号频率较低（低于 100 kHz）且信号高频噪声较大时使用。

二、使用方法

测量前，仪器预热 20 分钟，以保证仪器内晶体振荡的频率稳定。

1. 频率测量

根据被测信号频率，选择 A 或 B 测量通道（FA：INPUT 或 FB：INPUT），功能按钮（FUNCTION）选择“FA”或“FB”。估计被测信号的幅度，若大于 10 V，将衰减器打至“×20”，以防烧坏测量通道电路（仅用于 A 通道）。选择不同的闸门时间（GATE TIME）得到所需要的分辨率，显示器显示测量频率值。在每次测量过程中闸门灯亮，而测量间隔的末尾，更新显示结果。

2. 周期测量

仅用于 A 通道测量。被测信号接入 A 测量通道（FA：INPUT），功能按钮（FUNCTION）选择“PA”，估计被测信号的幅度，若大于 10 V，将衰减器打至“×20”。选择不同的闸门时间（GATE TIME）得到所需要的分辨率，显示器显示测量周期值。在每次测量过程中闸门灯亮，而测量间隔的末尾，更新显示结果。若显示“FL”，表示被测周期小于 10 ns，测量溢出。

3. 整机复位

当仪器工作不正常时，可按复位按钮“REST”，整机复位。

实验 5.6　光栅衍射实验

光栅是由大量相互平行、等宽、等距的狭缝（或刻痕）组合而成。它利用光的多缝衍射原理使光波发生色散，在光谱技术中得到极为广泛的应用。一般光栅在 1mm 内有几十乃至上千条的狭缝。光栅可分为透射式和反射式两类，在结构上有平面、阶梯和凹面型等几种。在制作上通常用高准确度的机械刻痕或全息干涉照相等方法制成。

【实验目的】

1. 了解光栅的衍射特点，学习“衍射法”在实验中的应用。
2. 用光栅观察汞原子的衍射光谱，测定光栅常数、角色散率。

【实验仪器】

分光计，汞灯，全息光栅。

【实验原理】

光的衍射是光的波动性质的又一重要表征。实验选用的全息光栅，由多个平行狭缝组成，能产生谱线间距较宽的匀排光谱，并用它来测定光栅常数和角色散率。

1. 当一束平行单色光垂直照射到光栅平面上，则透过光栅各狭缝的光线因衍射将向各方向传播，经透镜会聚后相互干涉，并在透镜焦平面上形成一系列锐细的明条纹（称为谱线）。按光栅衍射理论，谱线的位置由光栅方程决定：

$$(a+b)\sin\varphi_k = d\sin\varphi_k = \pm k\lambda \qquad (k=0,\ 1,\ 2,\ \cdots) \qquad (5\text{-}6\text{-}1)$$

式中 λ 为入射光波长，k 为光谱的级次，φ_k 是第 k 级谱线的衍射角，$d = a + b$ 是缝距（如图 5-6-1 所示），称为光栅常数（即光栅每单位长度上刻痕条数的倒数）。

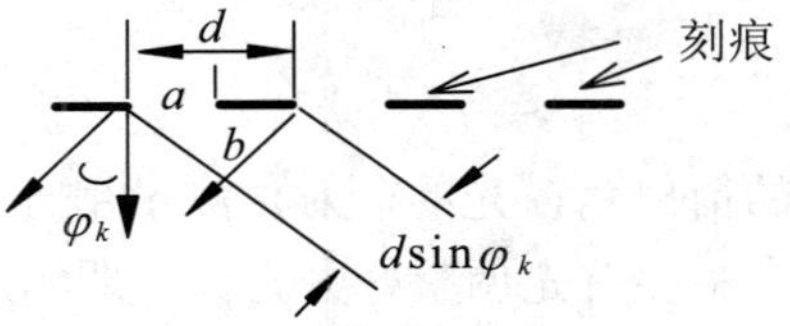

图 5-6-1　光栅刻痕示意图

如果是一束平行复色光垂直照射到光栅平面上，经光栅衍射，对于给定的衍射级数，因光的波长不同，其衍射角 φ_k 也各不相同。

经光栅衍射在望远镜透镜的焦平面上 $k = 0$ 处各色光仍迭加在一起，呈白色，称为衍射光谱的中央明条纹，其它级次（$k \neq 0$）的谱线位于中央明条纹的两侧对称分布。

同一级谱线按不同波长，从短波向长波散开，形成彩色谱线，如图 5-6-2 所示，为普通低压汞灯第一级光栅衍射光谱，每一级有六条特征谱线：蓝紫色（弱）404.66nm；蓝色（强）435.83 nm；绿蓝色（弱）491.60 nm；绿色（强）546.07 nm；黄色（强）576.96 nm 和 579.07 nm （参见书末附表 8）。

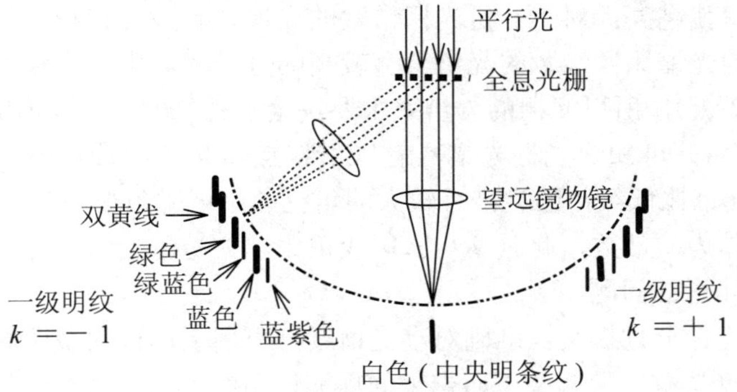

图 5-6-2　光栅衍射光谱示意图

如果已知 d，用分光计测出第 k 级谱线相对应的 φ_k 角，则入射光的波长 λ 可由公式（5-6-1）算出，反之，已知 λ 则可测定光栅常数 d。

2. 衍射光栅的基本特征，可以用它的“分辨率”和“角色散率”来表征。

⑴ 衍射分辨率 R 定义为两条相邻谱线的平均波长除以它们的波长差 $\Delta\lambda$，即：

$$R = \bar{\lambda} / \Delta\lambda \tag{5-6-2}$$

R 越大，表明刚刚能被分辨开的波长差 $\Delta\lambda$ 越小，光栅分辨细微结构的能力就越强。按照瑞利判据，两条刚好能被分开的谱线规定为：其中一条谱线的极强正好落在另一条谱线的极弱上。由此条件可推知，光栅的分辨率公式为：

$$R = kN \tag{5-6-3}$$

式中 N 是光栅有效使用面积内的刻线总数目。

⑵ 光栅的角色散率 D 定义为同一级两条谱线衍射角之差 $\Delta\varphi$ 与它们的波长差 $\Delta\lambda$ 之比。它只反映两条谱线中心分开的程度，而不涉及它们是否能够分辨。

对式（5-6-1）两边求导数，得：

$$D = \frac{d\varphi}{d\lambda} = \frac{k}{d\cos\varphi} \approx \frac{\Delta\varphi}{\Delta\lambda} \tag{5-6-4}$$

光栅的角色散率是光栅元件的重要参数，在数值上等于波长差为 1 个单位的两单色光所分开的角间距。

【实验分析】

1. 实验的关键是测量光的衍射角，光的衍射角测量用分光计来测量（分光计的调整方法参见实验 4.9），因此，实验要首先调整好分光计，即满足：

⑴ 望远镜能接收平行光。

⑵ 平行光管能发出平行光。

⑶ 望远镜和平行光管的光轴所组成的平面垂直于分光计的中心旋转轴。

⑷ 望远镜光轴和平行光管光轴所组成的平面与载物台平面及度盘平面平行。

分光计一旦调整好后，望远镜及平行光管的各调节螺钉就不能再作任何调整。

2. 在应用式（5-6-1）时，应满足平行光垂直入射光栅。当入射平行光不与光栅表面垂直时，式（5-6-1）要改为：$d(\sin\varphi-\sin i)=\pm k\lambda$（$k=0$，1，2，…），式中 i 为入射平行光与光栅法线的夹角。

3. 由式（5-6-3）可知，光栅在使用面积一定的情况下，使用面积内的刻线数目越多，光栅的分辨率就越高；对于一定光栅常数的光栅，有效面积越大，光栅的分辨率也就越高；高级数的光谱比低级数的光谱具有较高的分辨率。由于实验室通常用的光栅级数不高（1 级或 2 级），所以光栅的分辨率主要决定于有效使用面积内的刻线数目。

4. 由式（5-6-4）可知，光栅光谱具有以下特点：光栅常数越小，光栅的角色散就越大；高级数的光谱比低级数的光谱有较大的角色散；衍射角很小时，由于 $\cos\varphi\approx 1$，角色散 D 可以看作为一常数，此时 $\Delta\varphi$ 与 $\Delta\lambda$ 成正比，故光栅光谱称为“匀排光谱”。

5. 测量时要注意的问题

⑴ 为了使分光计分划板叉丝准确对准光谱线，可用望远镜的微调螺钉来调整。

⑵ 为消除度盘与游标盘偏心差而带来的周期性系统误差，每次测量应读取处于对径位置的二个游标处的读数，以求平均。

⑶ 为了减小光束偏离垂直入射造成的测角误差，实验中应采用对 $\pm k$ 级衍射角测量再求平均的方法。

⑷ 在计算望远镜转过角度时，要注意望远镜是否经过刻度盘的零点。

【实验内容】

1. 调节光栅方位：测量时，光栅刻痕应与分光计中心旋转轴平行，并要求平行光垂直照射于光栅平面，狭缝与光栅刻痕平行。

⑴ 调节光栅平面与平行光管的光轴垂直：在望远镜与平行光管已同轴等高后，将光栅置于载物台上，并使光栅平面与载物台三个调平螺钉中任意二个大致垂直，旋动载物台使光栅平面大致与望远镜垂直，利用光栅平面的反射，用自准法，只通过调节载物台调平螺钉，使绿色亮十字自准像与分划板的上十字叉丝重合。

⑵ 调节光栅刻痕与分光计中心旋转轴平行：用汞灯照亮平行光管的狭缝，转动望远镜，观察左右两侧各谱线分布情况。若发现两侧光谱线不在同一高度上，可通过调节载

物台调平螺钉，使各级光谱线等高。这时，光栅刻痕平行于分光计中心旋转轴。

(3) 调节平行光管狭缝与光栅刻痕平行：一旦光栅方位已经调好，就不能再动，只能微微旋转平行光管的狭缝体，使得光谱线与分划板的竖直叉丝平行即可。同时适当减小狭缝的宽度，以使谱线细锐，并有足够的亮度。

2. 观察汞灯光谱的分布情况：要求观察到 6 条谱线，观察时，若各光谱线不清晰，应检查望远镜、平行光管调焦是否到位，平行光管的狭缝宽度是否适当，画出光谱图。

3. 测量光谱线的衍射角：由于入射平行光并不严格垂直于光栅，测量光谱线的衍射角时要考虑适当的测量方法，以减小测量的系统误差。

(1) 用汞灯的绿强色谱线测定光栅常数，记录绿色谱线的衍射角。

(2) 用两条黄色谱线测定光栅的角色散率，记录两条黄色谱线的衍射角。

(3) 从 －1 级谱线开始，向 ＋1 级方向转动望远镜进行测量，数据列表记录。

4. 记录实验环境条件，整理好实验仪器。

【数据处理】

1. 按公式计算各谱线衍射角的平均值。

2. 根据实验内容 3，计算绿色谱线衍射角，计算光栅常数，评定其测量不确定度。

3. 求光栅的角色散率

(1) 根据实验所测两条黄色谱线的衍射角，求出两条黄色谱线的衍射角之差 $\Delta\varphi$ 。

(2) 根据所测两条黄色谱线的衍射角，由式（5-6-1）求出两条黄色谱线的波长，再计算它们的波长差 $\Delta\lambda$ 。

(3) 根据计算得到的 $\Delta\varphi$、$\Delta\lambda$ ，求光栅的角色散率（单位为 rad / nm），评定角色散率的测量不确定度。

【实验报告】

1. 实验所用的实验仪器（型号或规格），实验环境条件。

2. 简述实验原理，画出实验光路图，说明实验的操作过程。

3. 按实验数据处理求出各测量结果，评定测量不确定度，给出测量结果。

4. 分析、讨论本次实验误差产生的原因及改进方法。

5. 思考题

(1) 应用光栅方程进行测量的条件是什么？实验中如何判断这些条件是否具备？

(2) 用光栅观察自然光时，看到什么现象？解释你所观察到的现象。

【附录】 GP 20 Hg 汞灯

汞灯是一种气体放电灯，实验常用的有低压和高压两种。它的发光物质是汞蒸汽，在可见光范围内有几条谱线，参见表 5-6-1 。

表 5-6-1　GP 20 Hg 汞灯在可见光范围内的谱线

波长 / nm	404.66	407.78	435.83	491.60	546.07	576.96	579.07	623.44
颜色	紫	蓝紫	蓝	绿蓝	绿	黄	黄	橙

汞灯在常温下不易点燃，因此常在管内充以辅助气体氩。通电后氩气首先电离放电，使灯管温度升高，汞受热逐渐气化，汞蒸气弧光放电。增加灯管内的气压，便可制成高压汞灯，管内气压的增加提高了灯的发光效率，从而大大提高了灯的亮度。

汞灯点燃一般要预热十余分钟之后才能发光，使用时要注意，电源关闭后，不要马上重新启动，要等灯管温度下降，水银蒸气压降至一定程度后，才能再次点燃，以免影响灯管的寿命。

实验 5.7　迈克尔逊干涉仪

迈克尔逊干涉仪是历史上最著名的干涉仪，对物理学的发展有过重大贡献。迈克尔逊曾用它作了三个闻名于世的实验：迈克尔逊 — 莫雷实验、光谱精细结构和利用光波波长标定米标准原器。迈克尔逊干涉仪是用分振幅法产生双光束以实现干涉的仪器。它可以观察光的等倾、等厚和多光束干涉现象，测定单色光波长、光源相干长度等。至今利用它的原理研制的各种专用干涉仪，已在近代物理和计量技术中被广泛应用。

【实验目的】

1. 了解迈克尔逊干涉仪的结构原理，并学习其调整方法。
2. 观察非定域干涉和定域干涉现象。
3. 了解光程补偿法的应用，测定光波波长。

【实验仪器】

迈克尔逊干涉仪，多路氦氖激光器。

【实验原理】

1. 迈克尔逊干涉仪的结构如图 5-7-1 所示，光学系统由两个平面反射镜 M_1 、M_2 和两块材质相同等厚的平行平面玻璃板 G_1、G_2 所组成，见图 5-7-2 所示。

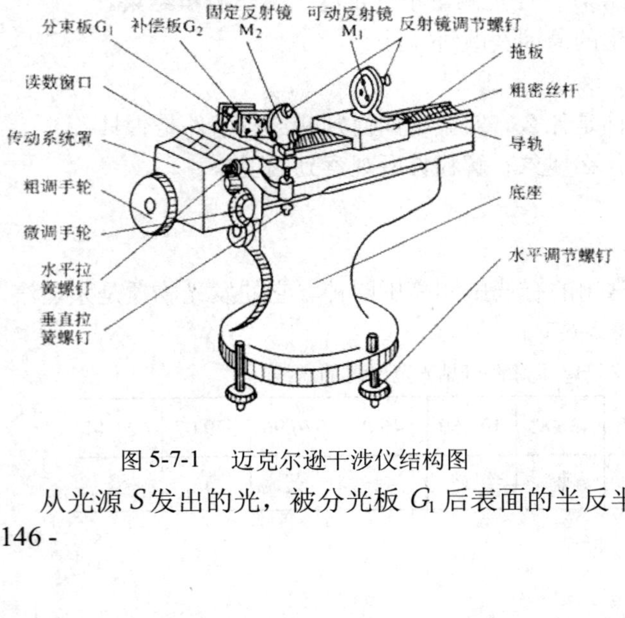

图 5-7-1　迈克尔逊干涉仪结构图

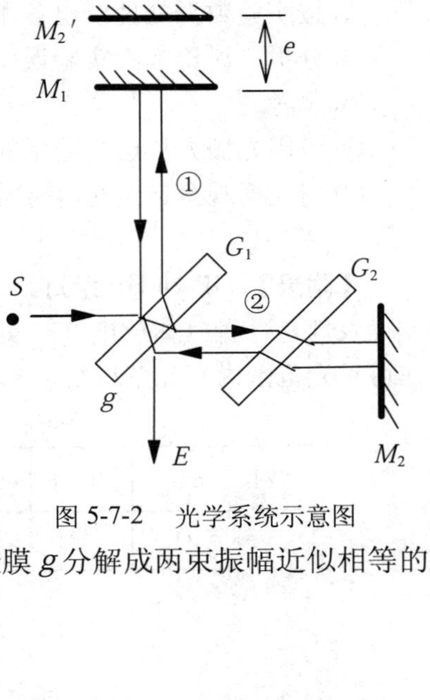

图 5-7-2　光学系统示意图

从光源 S 发出的光，被分光板 G_1 后表面的半反半透膜 g 分解成两束振幅近似相等的光（反射光 ① 和透射光 ② ）。由于 G_1 与 M_1 、M_2 均成 45° 角，所以两束光都垂直地射到 M_1 和 M_2 ，并经反射后在观察处 E 相遇。若仪器调整得当，便可在 E 处观察到干涉图样。G_2 为补偿板，它的作用是为了补偿光束 ② 的光程，使光束 ① 和光束 ② 在玻璃中满足等光程。以后在计算光程差时，就不需考虑 G_1 对光束 ② 的影响 。

2. 干涉条纹的形成：由于 g 膜实质上是一个反射镜，它使 M_2 在 M_1 附近形成一个虚象 M_2' 。由于从观察处 E 看到的两束光好象是从 M_1 和 M_2' 射来的，故可将 M_1 、M_2' 看成一个虚平板。因 M_2' 不是实物，虚平板的两个表面所夹的空气膜可以任意调节。如果使 M_1 、M_2' 平行则形成平行的空气板，若不平行则形成空气劈尖，甚至可形成两个相交对顶的空气劈尖。从而可以观察到不同的干涉图样。从光学角度上看，M_1 和 M_2 可看作是两个相干光源，因此在迈克尔逊干涉仪中可观察到：点光源产生的非定域干涉条纹；点、面光源等倾干涉条纹和面光源等厚干涉条纹。

【实验分析】

1. 非定域干涉：S 是点光源（激光通过凸透镜会聚后即为点光源），经 M_1 和 M_2' 所成的像分别是 S_1 和 S_2（相当于两个虚光源），S_1 和 S_2 间的距离是 M_1 和M_2' 间距 e 的两倍（如图 5-7-2 所示）。

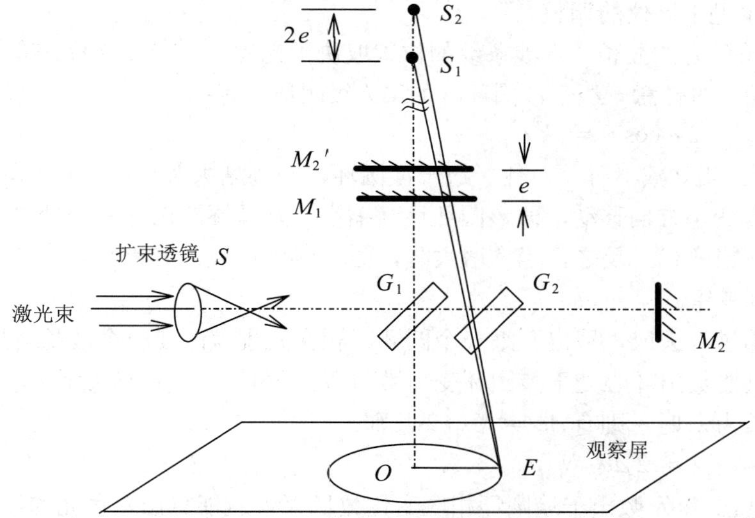

图 5-7-2　迈克尔逊干涉仪干涉原理图

虚光源 S_1 和 S_2 发出的球面波在它们相遇的空间处处相干，无论把屏放在何处都可以观察到干涉图样，故称为非定域干涉。

若用平面屏观察干涉图样时，屏置于不同的角度可观察到圆、椭圆、双曲线、直线的条纹。通常把屏垂直于 S_1S_2 的连线，则可观察到一组同心圆，圆心在 S_1S_2 延长线和屏的交点 O 上。

2. 定域干涉 —— 等倾干涉：使 M_1 垂直于 M_2（即 M_2' 平行于 M_1），S 又为面光源时，这就相当于空气平板所产生的等倾干涉。自 M_1 和 M_2' 反射后两束光的光程差（如果光束 ①、② 在 g 膜上反射时无附加光程差）为：

$$\delta = 2e\cos i \tag{5-7-1}$$

式（5-7-1）中 e 为 M_1 和 M_2' 间的距离，即为空气膜厚度。i 为入射光在 M_1 和 M_2' 膜表面的入射角。由式可知，当 e、λ 一定时，光程差只决定于入射角。面光源上具有相同倾角 i 的所有光束的光程差 δ 也相同，它们在干涉区域内将形成同一条干涉条纹，这种干涉即为等倾干涉。对应不同入射角的光束其光程差不相同，形成不同级次的干涉条纹，便得到一组明暗相间的同心圆环，条纹定域在无穷远处，在 E 处直接用眼睛就可观察到等倾圆环。

在同心圆环中心，对应的 $i=0$，$\delta=2e$，光程差最大，其干涉级次最高，从环心向外的等倾级次逐次降低。

3. 定域干涉 —— 等厚干涉：当 M_1 和 M_2' 距很近，并把 M_2' 调成与 M_1 相交呈很小的角度时，就形成一空气劈尖。在劈尖很薄的情况下，从 E 处便可看到等厚干涉条纹。在 M_1 和 M_2' 的交线处的直线条纹称为中央条纹。在交线附近 e 很小，条纹为一组近似与中央条纹平行的等间距的直线，可视为等厚条纹；离交线较远处 e 变大，条纹发生弯曲。因为在劈尖很薄处 i 的变化可以忽略，即 $\cos i$ 视为常量，而远离交线处，光程差 δ 的改变除了与膜厚度 e 有关外，还受 i 角的影响。

【实验内容】

1. 迈克尔逊干涉仪的调整。

2. 测定单色光的波长：干涉条纹的位置取决于光程差，只要光程差有微小的变化，条纹就会移动。对任意一级干涉圆环（如第 k 级明环）有：

$$2e\cos i_k = k\lambda \tag{5-7-2}$$

移动 M_1，当 e 减小时，对任一级干涉圆环，必须增大其 $\cos i_k$ 来满足式（5-7-2）。故该圆环向 i_k 变小方向移动，即该圆环逐渐缩小，好像逐渐向环中心处“缩进”去，同时整体条纹变粗变稀。反之，当 e 增大时，圆环向外扩展，好象自环中心“冒出”来，整体条纹变细变密。

每当“缩进”去或“冒出”来一个圆环，相应光程差改变一个波长，也就是 e 变化 $\lambda/2$。因此只要数出环心处干涉圆环变化数目 N，又读出对应 M_1 镜移动的距离 Δe，当入射光的波长为 λ 时，则有 $\Delta e = N\lambda/2$，则：

$$\lambda = 2\Delta e/N \tag{5-7-3}$$

可见，只要读出 Δe 及数出干涉圆环相应变化数目 N，就能算出单色光的波长。

3. 测定单色光的波长。每“缩进”（或“冒出”）50 环记下一次 M_1 的位置 e_i，连续测 7 次，共记下 8 个 e_i 值。

4. 记录实验环境条件，整理好实验仪器。

【数据处理】

1. 列表记录测量数据 e_0、e_{50}、e_{100}、…、e_{350}，求出 $N=200$ 时，Δe 的平均值。

2. 计算单色光的波长及实验标准差，评定其测量不确定度。

3. 实验值与光源标准值 λ_0 比较，计算相对百分差。

【实验报告】

1. 实验所用的实验仪器（型号或规格），实验环境条件。

2. 简述实验原理，画出实验光路图。说明实验的操作过程。

3. 按数据处理要求，评定测量值的测量不确定度，给出实验测量结果，分析、讨论本次实验。

4. 思考题

⑴ 说明迈克尔逊干涉仪的干涉原理，为何它可以观察到几种性质不同的条纹？

⑵ 在实验中，分别用激光器、钠光灯和白炽灯作为光源，试问使用哪种光源调整干涉仪最方便？为什么？

实验 5.8　　全息照相

全息照相是20世纪60年代发展起来的一种立体摄影和波前再现的新技术，能完整记录物体表面发出光波的全部信息。在立体显示、精密测量、无损检测、信息处理、遥感技术、生物医学、军事领域中有着广泛的应用。

【实验目的】

1. 进一步学习“干涉、衍射法”在实验中的应用。

2. 学习全息照片透射式和反射式的两种拍摄方法和再现观察的方法。

3. 了解全息照片技术的主要特点。

【实验仪器】

激光器及电源，全息摄影台，计时器，光照计，电吹风，卷尺。

【实验原理】

1. 光波的信息：任何物体表面上所发出的光波，可以看成是由其表面上各物点上所发出元光波的总和，其表达式为：

$$Y=\sum_{i=1}^{n}A_i\cos\left(\omega t+\varphi_i-\frac{2\pi x_i}{\lambda}\right)=A\cos\left(\omega t+\varphi-\frac{2\pi x}{\lambda}\right) \tag{5-8-1}$$

式中所包含的振幅、频率和相位三大信息与一般物体的明暗、颜色和形状相对应。

当实验中用单色光作为光源时，相位信息中反映光的颜色特征的 ω（或 λ）可不予讨论。而通常感光乳胶的感光特性，其频率响应远跟不上光波的频率（10^{14} Hz 以上），感光的程度仅与总曝光量有关，它只能反映光波的振幅分布。

在普通照相技术中记录的物像，它是依据几何光学 —— 透镜成像，所以，它只反映被摄物表面上各点光波振幅信息的分布，而不反映位相的信息，因而也不能反映被摄物表面凹凸及远近的差别，故而也无立体感。

全息照相是依据物理光学 —— 干涉和衍射，在记录被摄物表面光波（称为物光波）振幅信息的同时，也记录了位相的信息，因而它具有立体感。

2. 全息照相的记录原理 —— 物光和参考光在感光板上的干涉：光干涉的理论分析指出，干涉图象中亮条纹和暗条纹之间亮暗程度的差异（反差），主要取决于参与干涉的两束光波的强度，而干涉条纹的疏密程度则取决于这两束光位相的差别（光程差）。全息照相就是采用干涉方法，以干涉条纹的形式记录物光波的全部信息。

从形式上讲，全息照相有透射式和反射式两种拍摄的方法。由于全息照相利用光的干涉进行全息记录，就要求光源满足相干条件。一般使用相干性极好的激光作光源。

3. 透射式全息照片的拍摄：拍摄全息照片的光路图如图 5-8-1 所示。

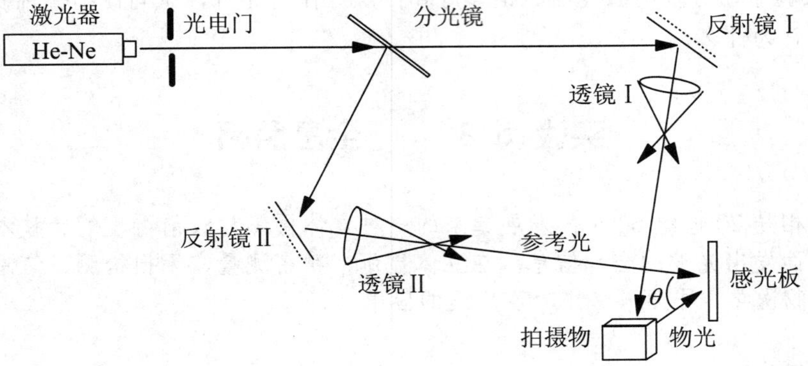

图 5-8-1　全息照片拍摄光路图

激光束经过分光镜后分成两束，一束经反射镜 II 反射再被透镜 II 扩束后直接照射在感光板上（称为参考光）；另一束经反射镜 I 反射再被透镜 I 扩束后均匀地照射在拍摄物的整个表面上，并使拍摄物表面漫射的光波也能射到感光板上（称为物光）。当参考光和物光在感光板上相遇且满足光的相干条件时，干涉条纹被感光板记录。

由光路图可见，到达全息感光板上参考光波的振幅和位相是由光路确定的，与被拍摄物无关，而射至全息感光板上的物光的振幅和位相却与物体表面各点的分布和漫射性质有关。从不同物点来的物光光程（位相）不同，因而参考光和物光干涉的结果与被拍摄物有对应关系。而对于复杂的物光波可看成由无数物点发出的光的总和，全息感光板记录的干涉图像就是由这些物点所发出的复杂物光和参考光相互干涉的结果。一个物点的物光形成一组干涉条纹，与不同物点对应的干涉条纹的疏密、走向和反差等分布均不相同，由这些干涉图像叠加在一起就形成了常见的全息图。

4. 透射式全息照片的再现原理 —— 再现光束被全息图衍射：全息照相在感光板上记录的不是被拍摄物的直观物像，而是复杂的干涉条纹，故在观察时必须采用一定的再现手段。再现观察的光路如图 5-8-2 所示。

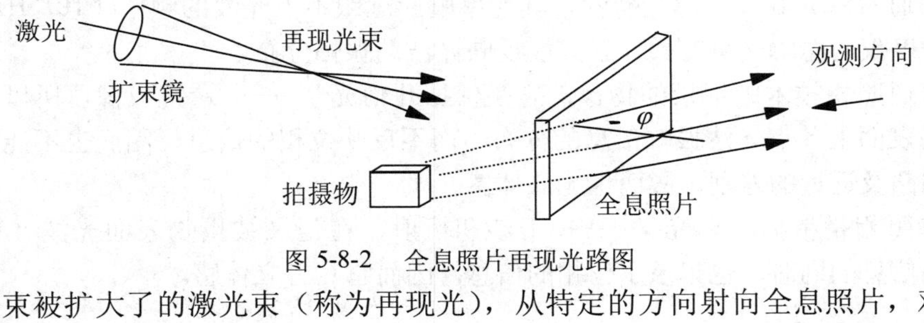

图 5-8-2　全息照片再现光路图

用一束被扩大了的激光束（称为再现光），从特定的方向射向全息照片，对于再现光束来讲，全息照片相当于一块复杂的光栅，再现光经过它时会发生光的衍射，产生两列一级衍射光。其中一列一级衍射光似乎是从原处物体发出的，如果这个光波被人眼所接收，就等于看到了原物体的再现像。由于衍射光是物光的复现，因此，改变眼睛的观察方向，可从不同位置上观察到原位置上原物体的虚像，这是一个三维的立体像。

5. 全息干板：全息图中的干涉条纹间距是 μm 数量级，必须使用高分辨率的感光材料，才能有效地记录信息。普通照相用的底片的分辨率仅为 0.01 ～ 0.02 mm 数量级，一般人眼不能分辨。全息感光干板能满足高分辨率记录信息的要求。不同型号的全息干板感光敏感波长不同（参见表 5-8-1），全息干板曝光后，需经过显影、水洗、定影等化学处理。

表 5-8-1　不同型号的全息干板感光敏感波长

型号	安全灯	敏感峰值波长 / nm	敏感波长范围 / nm
全息 I 型	暗绿灯	630	530 ～ 700
全息 II 型	暗绿灯	690	560 ～ 780
全息 III 型	红灯	510	440 ～ 160

实验采用的全息干板（增感范围 530 ～ 700 nm），是用极微细颗粒卤化银明胶乳剂涂布在玻璃板上制成的，具有极高的反差和解相力。

感光材料的感光灵敏度往往随分辨率的提高而降低，所以全息干板的感光速度要比普通的胶卷慢得多，一般需要几十秒甚至几分钟，具体时间由激光器的功率和被拍摄物体大小及表面的反光性能来决定。

6. 全息照相的特点

⑴ 全息照片所再现出的被拍摄物形象是完全逼真的三维立体形像，它具有显著的视差特性。

⑵ 全息照片具有可分割的特性，即它一旦被弄碎，任一碎片仍能再现出完整的被拍物图像。

⑶ 全息照片所再现出的被拍物像的亮度可调。因为再现光波是入射光的一部分，故入射光越强，再现物像就越亮。

⑷ 同一张全息感光板可多次重复曝光记录，一般在每次拍摄前稍微改变全息感光板的方位，或改变参考光束的入射方向，或改变物体在空间的位置，就可在同一感光板上重迭记录，并能互不干扰地再现各个不同的图像。

⑸ 全息照片的再现像可放大或缩小。用不同波长的激光照射全息照片，由于与拍摄时所用激光的波长不同，再现物像就会发生放大或缩小。

【实验分析】

全息照相实际上是采用一种将相位关系转换成相应振幅关系的方法，把相位关系以干涉条纹明暗变化的形式记录在全息感光板上，干涉条纹上各点的明暗主要决定于两光波在该点的相位关系（和两光波的振幅也有关）。

如果在某些地方两列光波以相同位相到达，它们的振幅叠加，则形成明条纹；如果两列光波以相反位相到达，则振幅相减，形成暗条纹；而其他地方，随相位差的不同，而有不同的亮度。

当由复杂物体反射的不规则光波与参考光波相干涉时，形成的干涉条纹是不规则的。干涉条纹的间距 d 由布喇格条件可以推得：

$$d=\frac{\lambda}{2\sin\frac{\theta}{2}} \tag{5-8-2}$$

式中 θ 为参考光与物光投射到全息感光板上时，两者之间的夹角，λ 为光波的波长。在物光与参考光夹角大的地方，干涉条纹细密，夹角小的地方，干涉条纹稀疏。

由光的叠加原理可知，干涉条纹的明暗对比度（即反差）和两相干光的振幅有关：如果两干涉光的振幅相等，则干涉条纹反差最大，如果振幅一大一小，则干涉条纹反差最小。在全息照相中，干涉条纹的反差决定于物光与参考光的振幅，即干涉条纹的反差包含有物光光波振幅的信息。

由上可知，物光光波中的振幅和相位信息是以干涉条纹的反差和明暗变化的形式被记录下来的，物光波的方向以干涉条纹的间距和走向被记录下来，所以，物光波的全部信息均以干涉条纹的形式被记录下来。

【实验内容】

全息照相的光学系统要求有特别高的机械稳定性。拍摄中，物光和参考光的光程稍有不规则的变化，就会使干涉图像模糊不清。实验采用的全息台是一块不锈钢板下面放置防震垫，各光学器件均用磁铁吸住（开关控制），具有良好的防震性能。光源采用功率为 1 ～ 3 mW 的 He - Ne 激光器，波长为 632.8 nm，曝光定时器用来控制曝光时间。

1. 按迈克尔逊干涉光路，设计一个简单的迈克尔逊干涉光路实验系统，检查实验系统的稳定性。

2. 光路的调节

⑴ 按拍摄原理光路图 5-8-1，安置各光学器件，并调节各光学器件的几何中心与激光束基本等高，光束应为水平，扩束后的光斑不发生畸变，物体得到均匀照明。装上毛玻璃接收屏，观察物光应尽量多地照射到接收屏上，并与参考光有较大的重叠区。

⑵ 物光与参考光的光程差控制在 2 ～ 3 cm 以内。

⑶ 物光与参考光射至感光板的夹角控制在 45° 度左右。

⑷ 光强比控制在 1∶2 ～ 1∶10 之内。

3. 拍摄静物的全息照片

⑴ 显影液、停显液、定影液的配方。

① D19 显影液：米吐尔 2 g，无水碳酸钠 48 g，无水亚硫酸钠 9.0 g，溴化钾 5 g，对苯二酚 8 g，加蒸馏水至 1000 ml。

② 停显液：蒸馏水 1000 ml，冰醋酸 13.5 ml。

③ F - 5 定影液：蒸馏水 500 ml，硼酸（结晶）7.5 g，硫代硫酸钠 240 g，钾矾 15 g，无水亚硫酸钠 15 g，冰醋酸 13.5 ml，加蒸馏水至 1000 ml。

⑵ 曝光、拍摄：根据光强确定曝光时间，在全暗条件下取下毛玻璃接收屏，装上全息干板，感光面向着激光束。安静片刻后开启计时器进行定时曝光（实验人员离开实验

台面，不要走动和高声讲话)，曝光完后，取下全息干板。

4. 反射式白光再现全息图的拍摄：在暗绿灯下，用胶带纸将一硬币紧贴在全息干板的感光面，全息干板没有感光的一面朝着激光束，调整入射光与全息干板法线之间的夹角为 10° ～ 20°。安静片刻后开启计时器进行定时曝光，完后取下全息干板。

5. 全息照片的冲洗，按下列步骤进行：

显影 → 停显 → 定影 → 清洗 → 干燥

注意干板显影不要太黑，利用停显可观察全息干板的显影情况，以便确定是否需要延长显影时间。因全息干板对绿光不敏感，故显影、停显、定影的过程可在安全暗绿灯下进行。将清洗完后的全息干板用无水酒精脱水，电吹风微风吹干。

6. 全息照片再现像的观察

⑴ 按全息照片再现像光路图 5-8-2（激光光源）观察拍摄物的虚像。观察时注意比较再现虚像的大小、位置与原物的情况，改变观察角度，原物虚像有何特点和变化，详细记录观察结果。

⑵ 用钠光灯、汞灯作为再现光源，观察并记录再现像的变化，与激光源再现像进行比较、分析。

⑶ 在白光下观察反射式全息照片的再现像，观察并记录所观察到的情况。

7. 记录实验环境条件，整理好实验仪器。

【实验报告】

1. 实验所用的实验仪器（型号或规格），实验环境条件。

2. 简述实验原理、绘出全息照相的光路图，说明实验的操作过程，分析、讨论本次实验情况。

3. 思考题

⑴ 全息照相与普通照相（黑白与彩色）有哪些不同？

⑵ 绘出拍摄全息照片的基本光路图，说明拍摄时的技术要求。

⑶ 如何获得全息照片的再现像？讨论观察结果。

【附录】　氦氖激光器

激光器的种类很多，如氦镉激光器、氩离子激光器、二氧化碳激光器、红宝石激光器等，在激光导向、准直、测距，测长和全息等许多反面都有应用。

氦氖激光器是实验室常用的一种，工作物质为氖，辅助物质为氦。输出光的波长主要有 632.8 nm 、1.15 μm 、3.39 μm 三个波长。管长 250 mm 左右的氦氖激光器，输出的激光功率约为 2 ～3 mW 。

实验 5.9　夫兰克 - 赫兹实验

1913 年玻尔提出了氢原子结构和氢光谱的初步理论，把经典力学与量子理论结合起来，为量子力学的建立起了重要作用，从而荣获 1922 年诺贝尔物理奖。

1914 年夫兰克和赫兹利用慢电子（速度远小于光速的电子）与稀薄汞原子碰撞，测出汞原子的第一激发电位和电离电位，证明了原子内部确实存在不连续的稳定状态，他们的实验为玻尔理论提供了直接而有力的证据，因而获得 1925 年诺贝尔物理奖。

F - H 实验至今仍是探索原子结构的重要手段之一，它不仅提供了一个直接测量原子量子态能量差的方法，而且可以了解气体放电现象中低能电子与原子间相互作用的实验思想和方法，电子与原子碰撞的微观过程是怎样与实验中的宏观量相联系的，使人们形象地了解到微观粒子如何交换能量，并可用于研究原子内部的能量状态与能量交换的微观过程。实验中用“拒斥电压”筛去小能量电子的方法，已成为广泛应用的实验技术。

【实验目的】

1. 了解 F - H 实验的设计思想和实现方法，加深对弹性碰撞与非弹性碰撞，原子结构的能级间跃迁量子化的认识。

2. 了解原子激发的过程，观察原子内部能量状态和能量交换的微观过程。

3. 测量氩原子的第一激发电位，用逐差法、最小二乘法处理实验数据。

【实验仪器】

示波器，F - H 实验仪。

【实验原理】

1. 玻尔的原子模型理论：原子是由原子核和以原子核为中心沿不同直径的轨道旋转的一些电子构成，对于不同的原子，轨道上分布的电子数各不相同。一定轨道上的电子具有一定的能量。同一原子的电子从低能量的轨道跃迁到高能量的轨道时，原子处于受激状态（如从轨道 1 跃迁到轨道 2 ），电子处在轨道 1 时称为基态，处在轨道 2 时称为第一激发态，处在轨道 3 时称为第二激发态（如图 5-9-1 所示）。

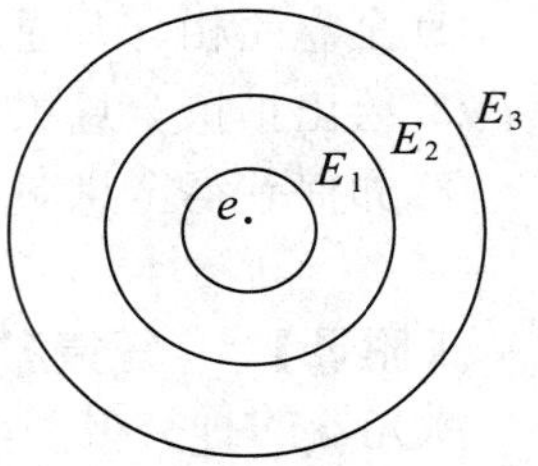

图 5-9-1　玻尔原子模型

玻尔理论认为，原子只能处在一些不连续的稳定状态中，每一稳定态相应有一定的能量 E_i（$i=1, 2, 3, \cdots$）；当原子从一个稳定态过渡到另一个稳定态时，要吸收或辐射一定频率的电磁波，频率的大小决定于两稳定态之间的能量差，并满足下式：

$$h\nu = E_H - E_L \tag{5-9-1}$$

式中 h 为普朗克常数，ν 为电磁波频率，E_H、E_L 为两稳定态之能量。

2. 原子稳定态的改变通常在两种情况下发生。一是当原子本身吸收或发出电磁幅射时，二是通过原子与其它粒子的碰撞交换能量而发生。本实验是利用具有一定能量的电子与氩原子相碰撞而发生能量交换来实现氩原子状态的改变。

由玻尔理论可知，处于基态的原子发生状态改变时，所需能量不能小于该原子从基态跃迁到第一激发态时所需的能量，这个能量称为临界能量。电子与原子碰撞时，如果电子能量小于临界能量，发生弹性碰撞；若电子能量大于临界能量，发生非弹性碰撞。这时，电子给予原子以跃迁到第一激发态时所需的能量，而其余的能量仍由电子保留。

初速度为零的电子在电位差为 U_0 的加速电场作用下，获得能量为 eU_0，当电子以这种能量与稀薄气体的氩原子发生非弹性碰撞时就会发生能量交换。若以 E_1 代表氩原子的基态能量，E_2 代表氩原子的第一激发态的能量，那么当氩原子得到从电子传递来的能量恰好等于 $eU_0 = E_2 - E_1$ 时氩原子就会受激，从基态跃迁到第一激发态，相应的电位差 U_0 称为氩原子的第一激发电位。测定出这个电位差 U_0，就可以求出氩原子的基态和第一激发态之间的能量差。

3. 实验中采用复旦双栅柱面四极式夫兰克 - 赫兹管（如图 5-9-2 所示）。f 为灯丝，U_f 为灯丝电压（1 ～ 10 V），$G1$ 为控制栅极，U_{G1} 为控制栅极电压（0 ～ 12 V），$G2$ 为加速栅极，U_{G2} 为加速栅极电压（0 ～ 100 V），U_P 为拒斥电压（1 ～ 20 V），K 为阴极，P 为集流板。

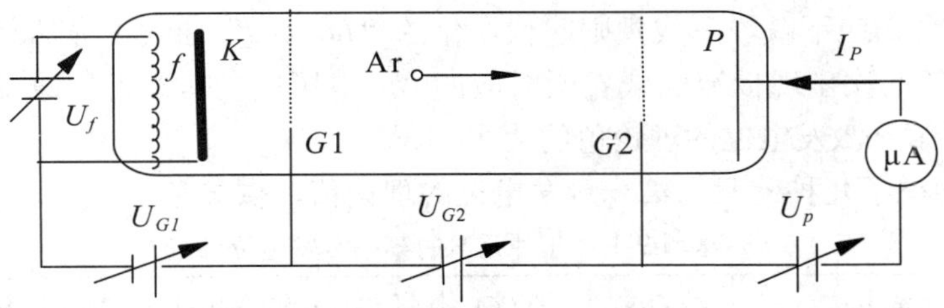

图 5-9-2 F - H 实验电原理图

电子由热阴极 K 发射，阴极 K 与加速栅极 $G2$ 间的加速电压 U_{G2} 使电子加速。在集流板 P 和栅极 $G2$ 之间加有反向拒斥电压 U_P。当电子通过 $K \sim G2$ 空间进入 $G2 \sim P$ 空间时，如果电子的能量大于 eU_P，电子就能冲过拒斥电场到达集流板 P 形成板流 I_P，被微电流计检出。

如果电子在 $G1 \sim G2$ 空间具有较大能量（$\geqslant eU_0$），电子在 $G1 \sim G2$ 空间就会与氩原子发生非弹性碰撞，电子把恰好为 $eU_0 = E_2 - E_1$ 的能量传递给氩原子而使氩原子受激，而电子由于丢失能量，以致它即使通过 $G2$，也不足以克服拒斥电场而折回到 $G2$，此时，通过电流计的电流就将明显减少。

实验时，调节 U_{G2} 电压逐级增加，仔细观察微电流计的电流指示。如果原子能级确实存在，而且原子基态与第一激发态之间有确定的能量差，就能观察到如图 5-9-3 所示的“I_P - U_{G2}”曲线。

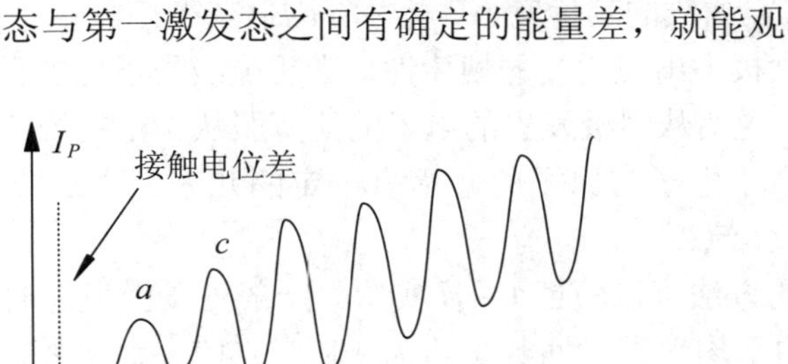

图 5-9-3 F - H 曲线图

图 5-9-3 曲线反映了氩原子在 $G1 \sim G2$ 空间与电子进行能量交换的情况。当 U_{G2} 电压逐级增时，电子在 $G1 \sim G2$ 空间被加速而获得越来越大的能量。但起始阶段由于电压较低，电子的能量较小，即使在运动过程中它与氩原子碰撞，也只是弹性碰撞。穿过栅极 $G2$ 的电子所形成的板流 I_P 将随加速电压 U_{G2} 的增加而增加（图中 $0a$ 段）。当 U_{G1G2} 电压达到氩原子的第一激发电位 U_0 时，电子在栅极 $G2$ 附近与氩原子发生非弹性碰撞，将它从加速电场中获得的全部能量转移给氩原子，并使氩原子从基态激发到第一激发态。而电子本身由于把全部能量转移给了氩原子，即便是穿过栅极 $G2$ 也不能克服反向拒斥电场而折回到栅极 $G2$，所以板极电流 I_P 将显著减少（图中 ab 段）。

随着加速电压 U_{G2} 的增加，电子的能量随之增加，电子在与氩原子相碰撞后还留下足够的能量，可以克服拒斥电场而达到集流板 P，这时电流 I_P 又开始上升（图中 bc 段）。直到 U_{G1G2} 间电压是二倍氩原子的第一激发电位 U_0 时，电子在 $G1 \sim G2$ 间又与氩原子发生二次非弹性碰撞，电子与原子进行能量交换而失去能量，又造成第二次板极电流 I_P 下降（图中 cd 段）。同理，只要满足：

$$U_{G1G2} = nU_0\ (n = 1,\ 2,\ \cdots) \tag{5-9-2}$$

板极电流 I_P 都会相应下跌，形成规则起伏变化的“I_P - U_{G2}”曲线。显然相邻两次出现板流的峰值或相邻两次出现板流的低谷所对应的 U_{G2} 电压值之差即为氩原子的第一激发电位 U_0，氩原子第一激发电位的理论值约为 11.8 V 。

表 5-9-1 列举了几种元素的第一激发电位的理论值，供参考。

表 5-9-1　几种元素的第一激发电位

元素名称	纳 (Na)	钾 (K)	氩 (Ar)	镁 (Mg)	氖 (Ne)	汞 (Hg)
第一激发电位　/ V	2.12	1.63	11.8	3.20	18.6	4.9

【实验分析】

1. 灯丝电压 U_f 对阴极的发射系数有很大的影响。阴极发射出来的电子数过多，会引起“I_P - U_{G2}”曲线的阻塞。控制栅极电压 U_{G1} 用于消除电子在阴极附近的堆积效应，控制阴极发射的电子流的大小。加速栅极电压 U_{G2} 的上限以夫兰克 - 赫兹管中的气体不发生电离为界。

2. 夫兰克 - 赫兹管内的气体密度对测量结果有重要的影响。气体密度高，电子的自由程小，电子与气体原子碰撞的概率增加，曲线的起伏就大；峰 - 谷比增大；气体密度低，电子的自由程大，曲线的起伏就小、峰 - 谷比也减小。

3. 实验曲线极大极小出现明显的规律性，表明能级量子化被吸收的结果。板极电流 I_P 具有一定的宽度，说明从阴极发出的电子的能量服从一定的统计分布规律，板极电流并不下降为零，是由于电子与原子的碰撞有一定的几率，少部分电子未能发生碰撞，“逃避”碰撞而达到集流板 P 。

4. 用光谱分析的方法可以验证 F - H 实验。一般处于激发态时的原子是不稳定的，原子在第一激发态的平均滞留时间数量级为 $10^{-8} \sim 10^{-7}$ s ，它退激回到基态时以光量子的形式向外辐射能量，光辐射的波长为 $\lambda = hc / eU_0$ 。

5. 很明显，“I_P - U_{G2}”曲线板流的第一个峰值 a 所对应的 U_{G2} 电压并不等于氩原子

的第一激发电位 U_0，这时由于接触电位差的存在。两种不同的金属（阴极与板电极）紧密接触时，由于两种不同金属的化学势不同，金属表面任意两点之间有电势差存在，这种电势差称为接触电位差。

【实验内容】

1. 熟悉 F - H 实验仪面板上的各工作旋钮，调整灯丝电压 U_f、控制栅极电压 U_{G1}、加速栅极电压 U_{G2}、拒斥电压 U_P 符合实验测量要求，电流表量程置 10 nA。将 F - H 实验仪调整到正常工作状态。

2. 用示波器观测 U_{G2} 扫描电压波形，测出其幅值（×10）、频率；F - H 实验仪工作开关选择“自动”或“快速”，观测 U_{G2} 扫描电压波形的变化。

F - H 实验仪工作开关选择在“自动、快速 ”工作状态。实验仪上的 U_{G2}、I_P 输出与示波器（X 置外扫描）的 X、Y 输入（DC 耦合）用电缆线联接。调整示波器、F - H 实验仪，观察 F - H 曲线 。由 F - H 曲线，估算氩原子的第一激发电位 U_0。

3. 手动测量氩原子第一激发电位：F - H 实验仪工作开关选择在“手动”工作状态，保持原调整的 U_f、U_{G1}、U_P 电压不变。电压显示开关置“U_{G2}”，调节 U_{G2} 电压从 0 开始逐渐增加至 10.0 V（×10）。仔细观察数字电流表，记录下电流表指示出的各最大值、最小值及若干个中间值时所对应的 U_{G2} 电压值，列表记录实验数据，

4. 记录实验环境条件，整理好实验仪器。

【数据处理】

1. 根据实验内容 3 实验数据作“I_P - U_{G2}”曲线图。

2. 根据“I_P - U_{G2}”曲线，用逐差法求出氩原子的第一激发电位 U_0，评定其测量不确定度。

3. 根据“I_P - U_{G2}”曲线，设 k 为接触电位差，U_0 为氩原子的第一激发电位，则有：

$$U_{G2} = k + nU_0 \tag{5-9-3}$$

用最小二乘法处理峰位电压 U_{G2} 与对应的峰位序数 n 之间的关系，评定 U_0 的不确定度。

【实验报告】

1. 实验所用的实验仪器（型号或规格），实验环境条件。

2. 简述实验原理和实验的操作过程，按数据处理要求，给出实验测量结果，分析、讨论本次实验误差产生的原因。

3. 依所测 F - H 曲线说明原子能级的存在。

4. 在调节观察 I_P 随 U_{G2} 电压的变化情况时，如电流过小，是什么原因？怎样增大电流？如出现峰值时的电流变化不明显，又是什么原因？怎样才能使变化幅度增大？

【附录】 复旦双栅柱面四极式夫兰克 - 赫兹管

夫兰克 - 赫兹管结构如图 5-9-4 所示，板极 P 的直径约为 14 mm 的敷铝的铁皮圆筒，控制栅 $G1$ 和加速栅 $G2$ 分别用钼丝绕制的 Φ1.8 mm 和 Φ12 mm 的螺旋线，阴极 K

是 Φ1.14 mm 的镍管，管的外壁则敷有三元氧化物（BaO，SrO，CaO），涂层厚约 0.05 mm；管内加有的热子 f，它是双向绞绕的钨丝，钨丝表面涂敷有氧化铝绝缘层。热子 f 与 阴极 K 构成傍热式氧化物阴极，发射系数远大于直热式。$G1$ 栅丝的表面镀有金或银，以确保管子性能稳定。所有部件都经过严格的清洁处理，各电极同轴固定在云母绝缘片上，K 与 $G1$，$G1$ 与 $G2$，$G2$ 与 P 的间距分别约为 0.3 mm，5 mm 与 1mm。部件装入玻壳内，然后接到真空系统上抽空、除气和处理，最后充入惰性气体氩。

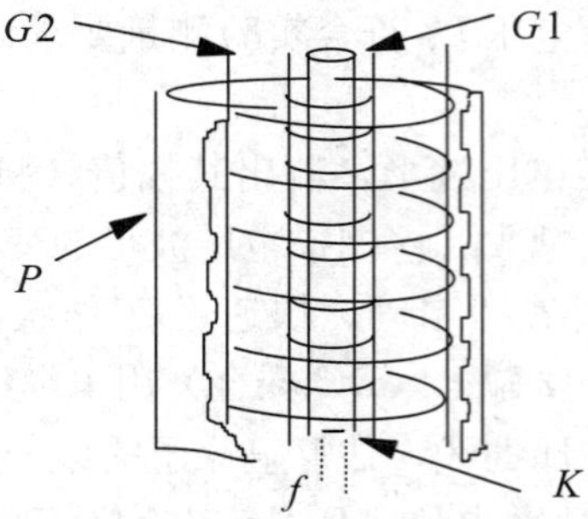

图 5-9-4　双栅柱面四极式夫兰克 - 赫兹管结构图

实验 5.10　光电效应法测定普朗克常数

在一定频率的光照射下，电子从金属表面逸出的现象，称为光电效应。从金属表面逸出的电子称为光电子，故亦称为光电子发射。

在物理学史上，光电效应现象的发现，对光的本质 —— 波粒二象性的认识，具有极为重要的意义，它给量子论以直观、明确的论证。利用光电效应制成的光电管等光电器件，由于把光和电联系起来，使它在科学技术中得到广泛的应用：如有声电影、自动控制、无线电传真等。

本实验通过用光电效应实验测定物理学中一个重要的基本常数 —— 普朗克常数，以进一步理解光电效应的基本规律及其有关测试技术。

【实验目的】

1. 了解光电效应的基本规律，测出不同频率单色光的遏止电压。
2. 测出普朗克常数 h 及光电管阴极材料的逸出功 W_S 和截止频率 ν_0。

【实验仪器】

普朗克常数测定仪，高压汞灯。

【实验原理】

当光照射在物体上时，光的能量仅部分地以热的形式为物体所吸收，而另一部分则转换为物体中某些电子的能量，使这些电子逸出物体的表面，这种现象称为光电效应。在光电效应这一现象中，光显示出它的粒子性，通过观察光电效应现象，对认识光的本性具有极其重要的意义。

1. 光电效应现象及其基本规律：如图 5-10-1 所示，当一束频率为 ν 的单色光照射在光电管中由金属材料制成的阴极板 K 上时，金属中的自由电子立即逸出金属表面。这种自由电子在阳极 A 和阴极 K 之间正向电场的作用下，定向运动到 A，从而在回路中形成光电流 I，被微电流计检出，这种现象就是光电效应现象。电压表用于测光电管 A、K 两极间的电压。调节 R 可以改变光电管两极间的电压极性，从而可得到实验所需的加速电压或减速电压。

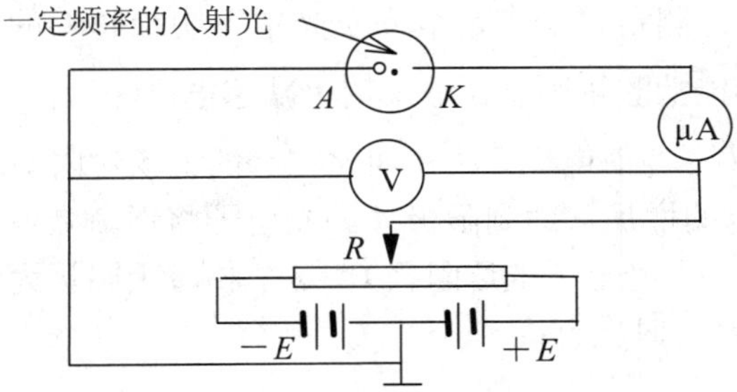

图 5-10-1　光电效应电原理图

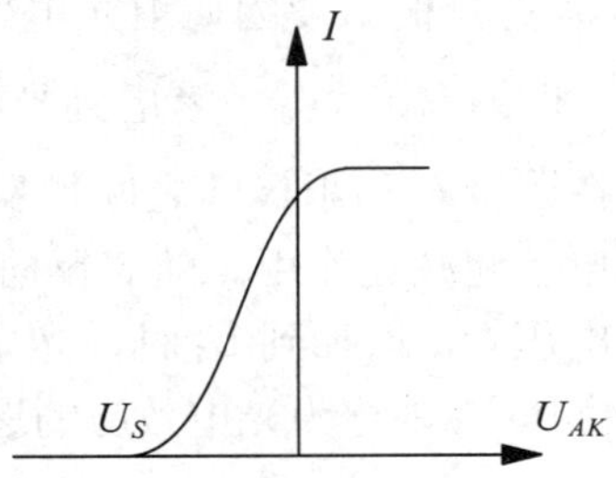

5-10-2　光电管的伏安特性曲线

光电管的伏安特性如图 5-10-2 所示，当用一定强度的光照射在光电管阴极 K 上时，光电流随两极间的加速电压增加而增加，当加速电压增加到一定值后，光电流不再增加而达到饱和。

光电效应的基本规律可归纳为：

(1) 在光谱成分不变的情况下，光电流的大小与入射光的强度成正比。

(2) 光电子的最大能量随入射光频率的增加而线性地增加，与入射光的强度无关。

(3) 光电效应存在一个阈频率，当入射光的频率低于某一阈值时，不论光的强度如何，都没有光电子产生。

(4) 光电效应是瞬时效应，一经光照射，立刻产生光电子。

2. 爱因斯坦对光电效应的物理解释：爱因斯坦认为，光是由光量子组成的粒子流，光子的能量：

$$E = h\nu \tag{5-10-1}$$

式中 ν 为光的频率，h 即普朗克常数。

光的强弱决定于光量子数目的多少，故光电流与入射光的强度成正比。又因每个电子吸收一个光子能量的几率最大，所以电子获得的能量与光强无关，只与频率成正比，而且光电子获得能量不需时间积累，所以光电效应现象是瞬时效应，其数学表达式为：

$$h\nu = \frac{1}{2}mv^2 + W_S \tag{5-10-2}$$

式中 m 是电子的质量；v 是电子逸出金属（或半导体）表面时的初速度；$mv^2/2$ 是电子逸出金属（或半导体）表面时所具有的最大初动能；W_S 是受光照射的金属（或半导体）材料的逸出功，即一个电子从金属（或半导体）内部克服表面势垒，逸出材料表面所需的能量。式（5-10-2）也称为爱因斯坦光电效应方程，它说明了：

(1) 当光子能量 $h\nu < W_S$ 时，电子不能逸出金属表面，不产生光电效应现象。

⑵ 产生光电效应的入射光最低频率为：

$$\nu_0 = \frac{W_S}{h} \tag{5-10-3}$$

只有入射光的频率 $\nu > \nu_0$ 时才能产生光电流，故称 ν_0 为光电效应的截止频率（或称为红限）；W_S 由金属或半导体材料的固有属性所决定，对给定的材料，W_S 是一个定值，不同材料的 W_S 不同，因而截止频率 ν_0 也不同。

3. 实验根据爱因斯坦光电效应方程，测定普朗克常数 h 及光电管阴极材料的逸出功 W_S 和截止频率 ν_0。考虑到光电子初动能的测量困难，故采用“减速电位法”。

在阴极 K 和阳极 A 之间加反向电压 U_{AK}，使电极 K、A 间建立起的电场对阴极逸出的光电子起减速作用。随着反向电压 U_{AK} 的增加，达到阳极 A 的光电子将逐渐减少，当反向电压 U_{AK} 增加到 U_S 时，光电流为零（无光电子抵达阳极），这个相对于阴极为负的阳极电压 U_S 则称为光电效应的遏止电压。此时应有：

$$eU_S - \frac{1}{2}mv^2 = 0 \tag{5-10-4}$$

代入式（5-10-2）有：

$$eU_S = h\nu - W_S \tag{5-10-5}$$

$$U_S = \frac{h}{e}\nu - \frac{W_S}{e} \tag{5-10-6}$$

式中 $e = 1.602\times10^{-19}$ C 为电子的电量。利用式（5-10-3）可将式（5-10-6）改写为：

$$U_S = \frac{h}{e}(\nu - \nu_0) \tag{5-10-7}$$

此式表明，遏止电压 U_S 是入射光频率 ν 的线性函数，当入射光的频率 $\nu = \nu_0$ 时，遏止电压 $U_S = 0$，且 h/e 为斜率，如图 5-10-3 所示。

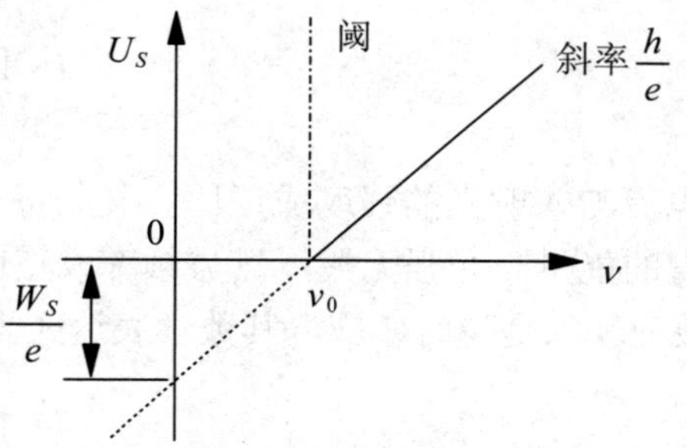

图 5-10-3　遏止电压、入射光频率与斜率的关系

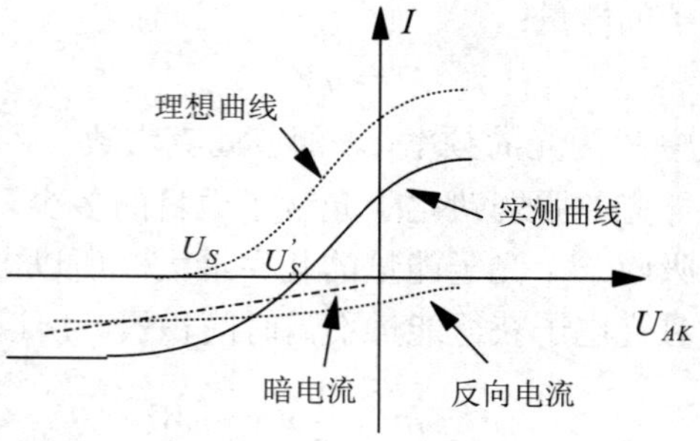

图 5-10-4　光电管电流特性曲线

可见，用光电效应法测定 h、W_S 和 ν_0 的关键是如何正确地测定 U_S。

【实验分析】

1. 光电管电流特性曲线分析

从理论上讲，如果阴极发射的光电子全部被阳极所接收，而且阳极本身又不能发出光电子，则光电管的阴极电流特性曲线为图 5-10-4 所示中的虚线，但实际上光电管的电流特性曲线却是图中的实线。

光电效应是通过特制的光电管及必需的辅助设备进行观测的，当光射到光电管阴极 K 表面时，若入射光的频率越高，逸出电子的最大初动能必然越大，所以既使光电管阴阳两极间不加电压，也会有光电子向阳极 A 运动而形成光电流，甚至阳极 A 的电位低于阴极 K 的电位时，也会有光电子落到阳极 A 上。这是因为：

(1) 存在着暗电流：光电管没有受到光照时，也会产生电流，称为暗电流。它是由于阴极在常温下的热电子发射所形成的热电流，光电管管壳漏电等原因造成的。

(2) 存在着本底电流：本底电流是因为室内各种漫反射光射入光电管所致。

(3) 存在着反向电流：由于制作时阳极 A 难免被阴极材料所污染，而且这种污染在光电管使用过程中还会日趋严重，污染后的阳极其逸出功将减低。当光直射到阳极 A 上或光由阴极 K 漫反射到阳极 A 上时，阳极 A 也会有光电子发射，形成阳极光电流。当阳极 A 相对阴极 K 为负电位时，它们对阴极 K 发射的光电子将起减速作用，而对阳极 A 发射的光电子起加速作用，使阳极 A 发出的光电子也能到达阴极 K 而形成反向电流。

因此，实测的电流特性曲线，是阴极光电流和阳极光电流迭加的结果。

2. 遏止电压 U_S 的确定方法

从图 5-10-4 可看出，暗电流、本底电流和反向电流的同时存在，实测特性曲线与横轴交点的光电流虽等于零，但阴极光电流并不为零，交点对应的电压 U_S' 也不等于遏止电压 U_S，两者之差取决于阴极电流上升的快慢和阳极电流的大小。阴极电流上升越快，阳极电流越小，U_S' 与 U_S 之差也越小，即正向电流上升快，反向电流小，则 $U_S' \approx U_S$，这种确定 U_S 的方法称为交点法。

3. 光电管与高压汞灯

实验采用 GD - 27 型光电管，阴极电流上升快且阳极电流小，适合用交点法测 U_S。实际使用时，由于光电管暗电流也很小，可近似地看成在“I - U_{AK}”特性曲线中，暗电流线与电压横坐标重合，即暗电流值为“0”。因此，实验中可缓慢调节加速电压，当光电流显示为“0”时，对应的加速电压即为某单色光的遏止电压 U_S。

光源采用 GGQ - 50 WHg 高压汞灯，光谱范围：320.3 ～ 872.0 nm 。采用 ZD - II 型介质膜干涉滤色片，用于滤选汞灯的谱线，可提供波长：365.0 nm ，404.7 nm ，435.8 nm ，491.6 nm，546.1 nm 和 577.0 nm 的光波。

汞灯与光电管接收暗箱之间的距离可根据实验需要进行调节，

【实验内容】

1. 用高频匹配电缆（50Ω）将微电流测试仪输入接口与光电管接收暗箱输出端接口连接起来，用屏蔽线将光电管接收暗箱加速电压输入端插座与微电流测试仪加速电压输出端插座连接起来。开启微电流测试仪、高压汞灯电源，仪器预热 20 分钟。

2. 校准电流表的零位与满度：电流表的“电流极性”置“－”或“＋”，“测量范围（A）”旋钮旋至“短路”，调节“调零”旋钮使电流表指示电流为“ 0”；“测量范围（A）”旋钮旋至“满度”，调节“满度”旋钮使电流表指示为满度“100”，电流表的

“调零”与“满度”的调节需反复进行。

3. 光电管的伏安特性的测量：调整汞灯与光电管接收暗箱之间的距离约为 30 ~ 50 cm，光电管接收暗箱物镜筒上装上波长为 365.0 nm 的滤色片，“测量范围（A）”旋钮旋至“10^{-11}（或 10^{-12}）”档，从低到高调节“加速电压”，测出一系列加速电压所对应的光电流。

按上述实验方法，分五次测出 365.0 nm，404.7 nm，435.8 nm，546.1 nm 和 577.0 nm 滤色片时的光电管伏安特性，列表记录测量数据。

注意：实验中及时选择合适的“测量范围（A）”，电表指针反偏时可切换电流表极性“－”或“＋”。

在极间电压变化不大而光电流有较大变化时，极间电压每次少增加些，以增加实验测量点；在极间电压变化很大而光电流变化不大时，极间电压每次可多增加一些。

在实验中，汞灯与光电管接收暗箱之间的相对位置应固定不变。

4. 测量各波长光的遏止电压：光电管接收暗箱物镜筒上装上波长为 365.0 nm 的滤色片。“测量范围（A）”旋钮旋至“10^{-11}（或 10^{-12}）”档，从－1.999 V 开始缓慢增加“加速电压”，仔细观察电流表的指示电流（电表指针反偏时可切换电流表极性“－”或“＋”），当电流表指示电流为“0”时（即光电流为 0），对应的加速电压值即为 365.0 nm 光波长的遏止电压 U_S。

5. 按上述实验方法，分五次测出 365.0 nm，404.7 nm，435.8 nm，546.1 nm 和 577.0 nm 光波长的遏止电压，列表记录各测量数据。

6. 实验中要注意：滤光片应避免污染，不要用手触摸，若发现有灰尘等可用擦镜纸擦净。光电管的阴极应避免强光的照射，更换滤色光片时，先遮住汞灯的出光口，然后再更换滤光片，实验结束后，光电管接收暗箱口应立即盖上遮光罩。汞灯在实验中不要随意关闭开启，再次开启须待汞灯冷却后方可进行。

7. 记录实验环境条件，整理好实验仪器。

【数据处理】

1. 根据伏安特性测量数据，绘制出光电管在不同光波长时的伏安特性曲线。

2. 根据测量各光波长的遏止电压，考虑实验数据处理方法，求出普朗克常数 h，截止频率 ν_0，逸出功 W_S，评定各测量值的不测量确定度。

3. 实验求得的普朗克常数值与公认值相比较，求出相对百分差。

【实验报告】

1. 实验所用的实验仪器（型号或规格），实验环境条件。

2. 简述实验原理和实验的操作过程，实验有关电路图。按数据处理要求，绘制出光电管的伏安特性曲线，求出普朗克常数 h，截止频率 ν_0 和逸出功 W_S，评定各测量值的测量不确定度。给出实验测量结果，分析、讨论本次实验。

3. 思考题

(1) 改变光源与光电管之间的距离时，光电流与光强的关系如何？

(2) 伏安特性曲线中，光电流不再增加而达到饱和的原因是什么？

(3) 测定普朗克常数 h 的关键是什么？怎样根据光电管特性曲线选择测 U_S 方法？

(4) 所测得的 h 值是偏大还是偏小？试从实验现象中分析说明产生误差的原因。

实验 5.11　电子电荷的测量

电在技术上的广泛应用以及物质的电结构理论的发展，促使人们要求对电的本质作更深入的研究。美国物理学教授密立根于 1907 年开始，经历 7 年的时间，用油滴法直接证实了“电”的不连续性，并用实验方法直接测量了电子的电荷量。这就是著名的密立根油滴实验，它是近代物理学发展中具有重要意义的实验。

由于密立根油滴实验设计巧妙、原理清楚、设备简单、结果准确，所以它历来是一个著名而有启发性的物理实验。多年来，密立根油滴实验在国内外许多院校中广泛开设。通过学习密立根油滴实验的设计思想和实验技巧，以提高学生的实验能力和素质。

【实验目的】

1. 测定电子的电荷量。

2. 通过密立根油滴实验来验证电荷的“量子化”，即电量不是连续变化的，而是基本电荷（电子的电量绝对值）的整数倍。

3. 用计算机处理实验数据。

【实验仪器】

密立根油滴实验仪，CCD 监视器。

【实验原理】

密立根油滴实验测定电子电荷的基本思想是使带电油滴在测量范围内处于受力平衡的状态，按油滴作匀速运动或静止两种运动方式，油滴法测电子电荷量的方法可分为动态测量法和静态测量法，本实验采用静态测量法来测量电子的电荷量。

1. 基本原理：用喷雾器将油喷入两块相距为 d，水平放置的平行电极极板之间，如图 5-11-1 所示。油滴在喷射时由于磨擦，一般都带有电。设油滴的质量为 m，所带电量为 q，两极板间所加的电压为 U，则油滴在平行极板间将同时受到两个力的作用，一个是重力 mg，一个是静电力 qE（$E = U/d$），两力的方向如图 5-11-1 所示。

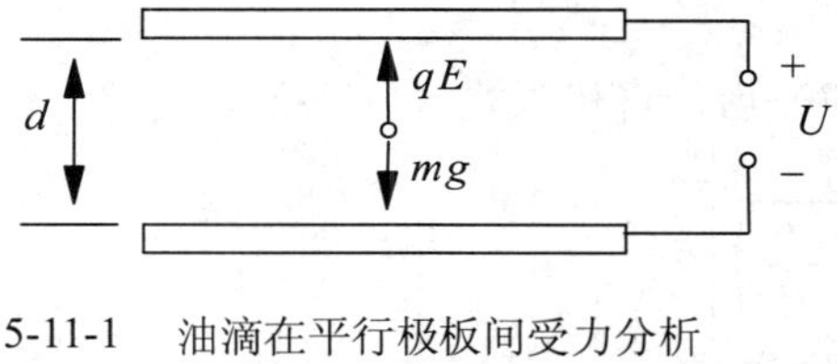

图 5-11-1　油滴在平行极板间受力分析

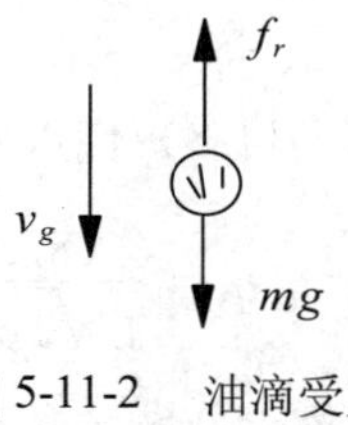

图 5-11-2　油滴受力分析图

调节两极板间的电压 U，可使两力相互抵消而达到平衡，此时有：

$$mg = \frac{qU}{d} \tag{5-11-1}$$

得：
$$q = \frac{mgd}{U} \tag{5-11-2}$$

可见，实验中只要测出了 U、d、m，即可知道油滴的带电量 q。由于油滴的质量很小（约 10^{-15} kg），因此，必须采用特殊的方法才能加以测定。

2. 油滴质量的测定：平行板间未加电压时，油滴受重力作用而加速下降，但空气将对油滴产生粘滞阻力 f_r（见图 5-11-2，空气浮力忽略不计），与速度成正比，油滴走了一小段距离到达某一速度 v_g 后，粘滞阻力与重力平衡，油滴将匀速下降。由斯托克斯定律知，粘滞阻力与物体运动速度成正比，则有：

$$f_r = 6\pi r \eta v_g = mg \tag{5-11-3}$$

式中 η 是空气的粘度系数，r 是油滴的半径（由于表面张力的原因，油滴几乎呈小球状）。设油滴的密度为 ρ，则油滴的质量 m 可用下式表示：

$$m = \frac{4}{3}\pi r^3 \rho \tag{5-11-4}$$

合并式（5-11-3）和（5-11-4），得油滴的半径为：

$$r = \sqrt{\frac{9\eta v_g}{2\rho g}} \tag{5-11-5}$$

考虑到油滴的半径非常小（约 10^{-6} m），与空气中分子之间的距离可以比较，空气已不能再认为是连续的介质，而斯氏定律只能对连续介质才正确，因此式（5-11-5）中的空气的粘度系数应予以修正。式（5-11-5）修正后为：

$$r' = \sqrt{\frac{9\eta v_g}{2\rho g}\frac{1}{1+\frac{b}{Pr}}} \tag{5-11-6}$$

式中 b 为修正常数（8.22×10^{-3} m · Pa），P 为大气压强（1.013×10^5 Pa），r 为未修正过的油滴半径，但因它处于修正项中，不需要十分精确，故仍可用式（5-11-5）来计算。将式（5-11-6）代入式（5-11-4）得：

$$m = \frac{4\pi\rho}{3}\left(\frac{9\eta v_g}{2\rho g}\frac{1}{1+\frac{b}{Pr}}\right)^{\frac{3}{2}} \tag{5-11-7}$$

3. 油滴下降速度的测定。设油滴下降距离为 l，所用时间为 t，当两极板间电压 U 为 0 时，油滴下降的速度为：

$$v_g = \frac{l}{t} \tag{5-11-8}$$

4. 将式（5-11-8）代入式（5-11-7）后，再代入式（5-11-2），得：

$$q = \frac{18\pi d}{U\sqrt{2\rho g}}\left[\frac{\eta l}{t\left(1+\frac{b}{Pr}\right)}\right]^{\frac{3}{2}} \tag{5-11-9}$$

此式即为静态法测油滴电量的实验公式。

【实验分析】

选择一颗合适的油滴十分重要，油滴的体积既不能太大，也不能太小。大而亮的油滴固然容易观察，但质量大，所带的电荷也多，油滴下降的时间则短，会增大测量的误差；太小的油滴观测困难，而且热扰动和布朗运动明显，运动涨落很大，也不容易测准，也会增大测量的误差。

通常选择平衡电压为 200 ～ 300 V，目视油滴的直径在 1 mm 左右，油滴下落分划板 6 格（1.5 mm）的时间在 8 ～ 20 s 左右的油滴较为适宜。

由于空气阻力的存在，油滴是先经一段变速运动后再进入匀速运动的。因此，在测量油滴匀速下降距离 l 所需要的时间 t 时，为保证油滴下降速度均匀，应先让油滴下降一段距离后，再测时间。选定测量的一段距离，应该在平行电极板之间的中央部分，即视场中分划板的中央部分。若太靠近上电极板，小孔附近有气流，电场也不会均匀，会影响测量结果。太靠近下电极板，测量完时间 t，油滴容易丢失，影响重复测量，一般取 $l = 1.5$ mm 比较合适。

显然，由于油滴密度 ρ、空气的粘度 η 都是温度的函数，大气压强 P 又随实验地点和条件的变化而变化。因此，式（5-11-9）的计算是近似式。在一般条件下，由于它们引起的误差仅 1 % 左右，因此，采用上述的近似计算是允许的。

实验中可发现，对于同一油滴，如果我们改变它所带的电量，则能够使油滴达到平衡的电压 U，必须是某些特定的值 U_n，这表示与它相对应的电量 q 是不连续的，即：

$$q_n = ne = \frac{mgd}{U_n^2} \tag{5-11-10}$$

式中 $n = \pm1, \pm2, \cdots$，而 e 则是一个不变的值。

对于不同的油滴，可以发现有同样的规律，而且 e 值是 $q_1, q_2, \cdots, q_n$ 的最大公约数，这就证明了电荷的不连续性，并存在着最小的电荷单位，即电子的电荷值 e。

$$ne = \frac{18\pi d}{U_n\sqrt{2\rho g}}\left[\frac{\eta l}{t\left(1+\frac{b}{Pr}\right)}\right]^{\frac{3}{2}} \tag{5-11-11}$$

【实验内容】

测定油滴所带电荷量，并与公认值进行比较。

1. 将油滴实验仪 75 Ω 电缆线接至监视器后背的 BNC 插座（VIDEO IN），调整油滴实验仪底座上的三个调平螺钉，使水准仪气泡到中央。

2. 仪器使用

⑴ 监视器：打开监视器的电源，5 秒后仪器自动进入测量状态，监视器屏上显示出标准分划板刻度线。分划板垂直方向分为 8 格，每格实际值为 0.25 mm。监视器显示屏右上角有电压测量 U 值和时间测量 S 值的指示窗口。

监视器有四个调节旋钮，其“对比度”、“亮度”应调整适当。如发现分划板刻度线上下抖动，可调节监视器“帧抖”旋钮予以解决。

⑵ 油滴实验仪：“K_1”用来改变平行电极极板上极板的电压极性，实验中置于“正”或“负”位置均可；“W”用来调整平行电极极板电压的大小（0 ～ 500 V），电

压值由监视器显示屏右上角显示，通过电极极板电压大小的调整，可使极板内的油滴处于受力平衡；“K_2”用来控制平行电极极板上的电压处于三种不同的工作方式。

置“0”时，平行电极极板上的电压为 0 V，油滴在重力的作用下匀速下降。

置“平衡”时，平行电极极板上的电压受“W”的控制。通过调节“W”旋钮，调整极板上电压的大小，以改变极板中静电力的大小，从而控制极板内的油滴能处于某一平衡位置。

置“提升”时，平行电极极板上的电压在原来平衡电压的基础上再增加 200 ～ 300 V，使极板内的油滴所受的静电力大于重力，油滴上升。

“计时 / 停”用来控制启动“计时”或停止“计时”，以测出油滴行走一段路程所用的时间。时间测量范围为 0 ～ 99.99 s，测量时间显示于监视器显示屏右上角。

为了提高测量准确度，仪器“计时 / 停”是与“K_2”中的“0”、“平衡”控制开关是联动的。在“K_2”由“平衡”拨向“0”位置，极板中受力平衡的油滴下降的同时，时间开始计时。当油滴下降到预定点，将“K_2”由“0”拨向“平衡”位置，油滴又处于受力平衡的同时，计时停止。

3. 油滴实验是一个操作技巧要求较高的实验，练习是顺利做好实验的重要一环，它包括练习选择合适的油滴、控制油滴运动、测量油滴的运动时间等等。

练习时，K_2 置“平衡”档，调整“W”使极板电压为 200 V 左右。喷油时，喷油不要太多（喷雾气囊按一、二下即可）。喷油后，调节 CCD 摄像头的焦距，注意观察显示屏中几颗运动缓慢、较为清晰明亮的油滴（直径 1 mm 较适宜）。将 K_2 置“0 V”档，试观察油滴下落的大概速度，从中选出一颗作为测量对象。

判断油滴是否平衡要有足够的耐心。用 K_2“提升”油滴将其移至某条刻度线上，仔细调节平衡电压，准确判断油滴是否静止。经一段时间的观察，油滴确实不再移动才认为是油滴受力平衡。

将 K_2 拨向“0 V”，去掉平衡电压，让油滴匀速下降。下降一段距离后再加上“提升”电压，让油滴上升。如此反复多次的练习，以掌握控制油滴的方法。

练习测量时间。任意选择几个下降速度快慢不同的油滴，准确测出它们下降一段距离所需要的时间，以掌握测量油滴速度的方法。

练习测量时应注意：

⑴ 在测量油滴下降距离 l 所需的时间 t 时，为保证油滴下降速度均匀，应让油滴下降一段距离后再测量，因此测量的某段距离应选择在视场分划板的中央。

⑵ 统一油滴到达刻度线的什么位置才认为油滴已踏线，使各测量时间离散性最小。

⑶ 实验中如果油滴的像变得模糊，应随时调整 CCD 摄像头的焦距。

4. 正式测量：由公式（5-11-9）可知，实验时实际上要测量的只有两个物理量，一个是平衡电压 U，另一个是油滴匀速下降一段距离 l 所需要的时间 t。

对已调平衡的油滴，用 K_2“提升”控制，将油滴移到“起跑”线上，进一步仔细调节“平衡”电压，使油滴受力平衡静止不动。按“计时 / 停”按钮，让计时器停止，然后将 K_2 拨向“0 V”，油滴开始匀速下降，到达终点踏线时，迅速将 K_2 拨向“平衡”，使油滴立即静止。

选择 10 颗油滴进行测量，由于有涨落，对同一颗油滴应重复测量 5 次，列表记录各次测量的“平衡”电压值 U 和油滴下降同一路程所需的时间 t。

在每次测量时都要仔细调整“平衡”电压，以减小测量的随机误差和因油滴挥发使平衡电压发生变化。

5. 记录实验环境条件，整理好实验仪器。

【数据处理】

实验室提供计算机实验数据处理软件。输入姓名、学号、日期，有关实验参数及实验测量的平衡电压、时间，即可求出每一颗油滴的平均电量 q，实验测量的基本电荷 e 值和测量值与理论值的相对百分差值。

为了求出电子电荷 e，对实验测量得到的各个电量 q 求其最大公约数，就是基本电荷 e 的值。

公式（5-11-9）中的各常数分别为：

油的密度：　$\rho = 981\ \mathrm{kg \cdot m^{-3}}$（20 ℃）

重力加速度：　$g = 9.793\ \mathrm{m \cdot s^{-2}}$（杭州地区）

空气粘度系数：　$\eta = 1.83\times10^{-5}\ \mathrm{kg \cdot m^{-1} \cdot s^{-1}}$

油滴匀速下降距离：　$l = 1.5\times10^{-3}\ \mathrm{m}$

修正常数：　$b = 6.17\times10^{-6}\ \mathrm{m \cdot cmHg}$

大气压强：　$P = 76.0\ \mathrm{cmHg}$

平行极板距离：　$d = 5.00\times10^{-3}\ \mathrm{m}$

【实验报告】

1. 实验所用的实验仪器（型号或规格），实验环境条件。

2. 简述实验原理，画出实验电原理图，说明实验的操作过程，按数据处理要求，打印实验测量结果。

3. 分析、讨论本次实验误差产生的原因。

4. 思考题

(1) 调整实验仪器水准仪气泡到中央的目的是什么？

(2) 如何用实验测量得到的各个电量 q，由作图法求出基本电荷 e 的值。

实验 5.12　非线性电路混沌实验

非线性是自然世界中普遍存在的现象，正是非线性才构成了变化莫测的世界。长期以来，我们在研究中大多只是注重使用那些线性描述的方法，以此来得到完美的解析解，即确定的运动有一个完美的解析解。但是自然界在相当多的情况下，非线性现象却起着很大的作用，使得线性方程的解无法解释。因而我们不得不着手去研究非线性的现象，以期得到一些规律，并已经获得了一定的结果。在各种非线性的现象中，最具有代表性的就是混沌现象。

【实验目的】

1. 了解混沌现象的一些基本概念。

2. 观察实验系统的振荡周期窗口及混沌现象。

3. 设计一简单的实验方法，实时“动态测量”有源非线性负阻器的伏安特性。

【实验仪器】

混沌实验仪，示波器，其他实验仪器根据实验要求选择。

【实验原理】

1. 非线性电路与非线性动力学：一个简单的非线性电路如图 5-12-1 所示，它是一个三阶互易非线性自治电路。R 是一个有源非线性负阻器，电感 L 和电容 C_1 组成一个损耗可忽略的振荡回路，振荡信号由 A 点输出。可变电阻 R_W 和电容 C_2 串联将振荡器产生的正弦信号移相，由 B 点输出，使 A、B 两处的信号产生相位差，通过调节可变电阻 R_W 就能改变相位差的大小。

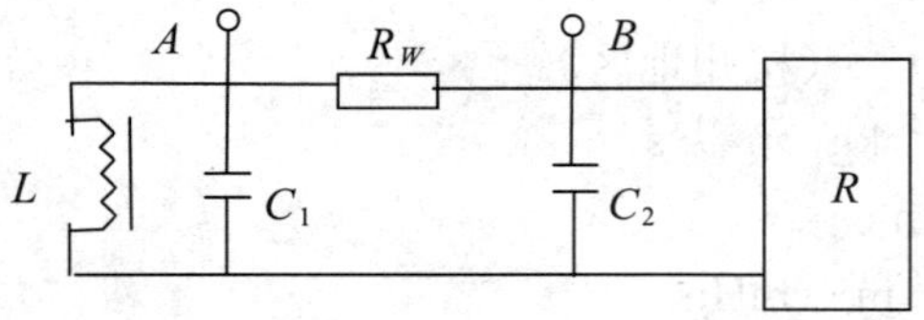

图 5-12-1　非线性混沌实验电原理图

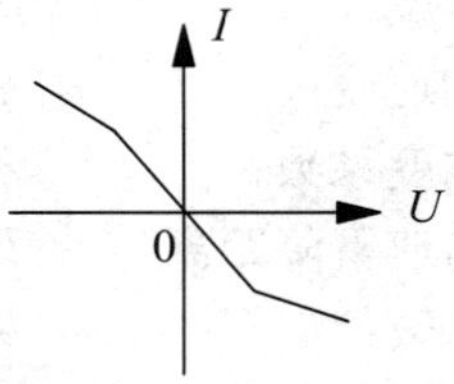

图 5-12-2　非线性元件伏安特性曲线

根据电路原理，图 5-12-1 电路的非线性动力学方程为：

$$C_1\frac{\mathrm{d}U_{C_1}}{\mathrm{d}t}=G\left(U_{C_2}-U_{C_1}\right)-gU_{C_1} \tag{5-12-1}$$

$$C_2\frac{\mathrm{d}U_{C_2}}{\mathrm{d}t}=G\left(U_{C_1}-U_{C_2}\right)+i_L \tag{5-12-2}$$

$$L\frac{\mathrm{d}i_L}{\mathrm{d}t}=-U_{C_2} \tag{5-12-3}$$

式中电导 $G=1/R_W$，U_{C_1} 和 U_{C_2} 分别表示加在 C_1 和 C_2 上的电压，i_L 表示流过电感 L 的电流，g 表示非线性元件 R 的电导。实验通过改变电导 G 值来达到改变参数的目的，由于 g 是非线性变化，因此上述三元非线性方程组没有解析解。若用计算机编程进行数值计算，取适当的电路参数时，可以在显示屏上观察到模拟实验的混沌现象。

2. 非线性负阻器件的实现：非线性元件是系统产生混沌现象的必要条件，理想的非线性元件是一个分段线性元件（图 5-12-2 所示）。从特性曲线图可知，此非线性元件上的电压与流过它的电流极性相反，即加在此元件上的电压增加时，通过它的电流却减小，且呈非线性特征，因而此元件为非线性负阻元件，而且曲线关于原点 180° 对称。

实验中，为了维持 L、C_1 振荡器不断振荡，非线性元件应该是有源的，能输出电流以维持 L、C_1 振荡器不断的振荡。有源非线性元件实现的方法有多种，本实验采用一种简单的电路，用两个运算放大器（IC_1、IC_2）和六个电阻来实现（见图 5-12-3），其伏安特性曲线如图 5-12-4 所示。从特性曲线可知，曲线分段线性度很高，是一个较理想的有源非线性负阻器件。实验中，它的作用是使振荡周期产生分岔和出现混沌现象。

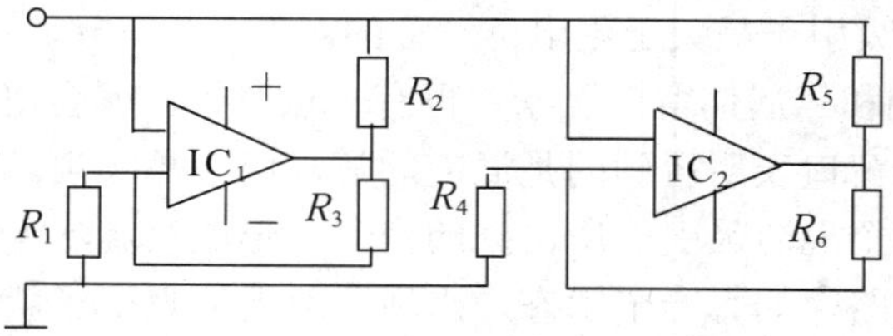

图 5-12-3　有源非线性负阻器

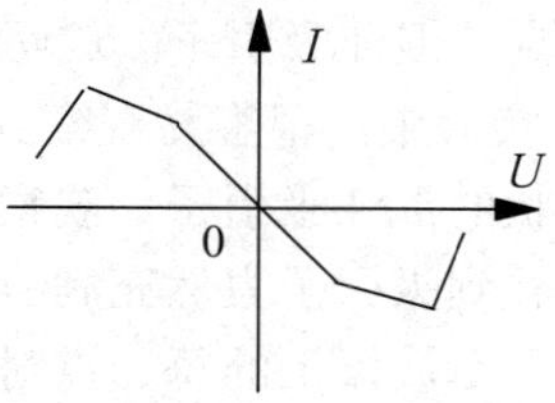

图 5-12-4　有源非线性负阻器特性曲线

将 L、C_1 振荡回路（图 5-12-1）与有源非线性负阻器（图 5-12-3）相连接，可得到本实验所采用的非线性混沌实验电路（图 5-12-5 所示）。

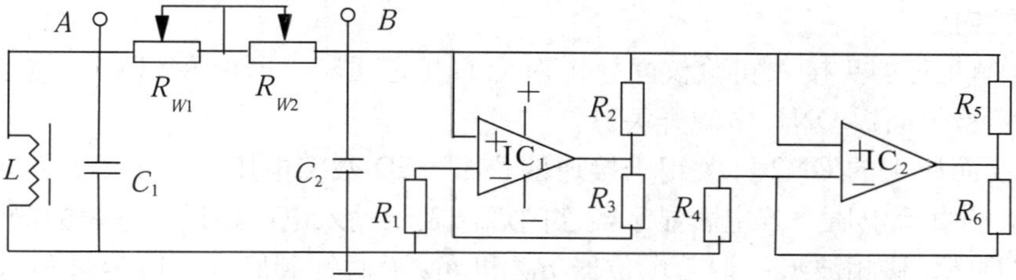

图 5-12-5　非线性混沌实验电路图

电路中，运算放大器的前级 IC_1 和后级 IC_2 的正负反馈同时存在。电路正反馈的强弱与 $R_2/(R_{W1}+R_{W2})$、$R_5/(R_{W1}+R_{W2})$ 的比值有关；而电路负反馈的强弱与 R_3/R_1、R_6/R_4 的比值有关。调节电位器 R_{W1}（粗调）或 R_{W2}（细调），电路的正反馈就会发生变化。当电路的正反馈大于负反馈时，L、C_1 振荡电路才能维持振荡。

实验通过示波器的“X-Y”工作方式，观察 A 点 L、C_1 的振荡波形与 B 点移相后信号波形的合成图形，通过调节电位器 R_{W1} 和 R_{W2} 观察到一系列的非线性混沌现象图形。

【实验分析】

1. 非线性元件的实现方法有许多种，由于研究的只是元件的外部效应，即其两端电压及流过其电流的关系。因此，在允许的范围内，完全可以把它看成一个黑匣子。负阻的实现是为了产生振荡，非线性的目的是为了产生混沌现象等一系列非线性的现象，其实，很难说哪一个元件是绝对线性的，这里特意去做一个非线性的元件只是想让非线性的现象更加明显。

2. 电路刚通电时，有一个短暂的稳态响应现象，这个稳态响应被称作系统的吸引子，意味着系统的响应部分虽然初始条件各异，但仍会变化到一个稳态。在本实验中对于初始电路中的微小正负扰动，各对应于一个正负的稳态。当电导继续平滑增大，到达某一值时，会发现响应部分的电压和电流开始周期性地回到同一值，产生振荡。这时，观察到了一个单周期窗口图形，它的频率决定于电感与非线性电阻组成的回路的特性。

3. 增加电导 G 时，可观察到了一系列非线性的现象，先是电路中产生了一个不连续的变化，电路各电压的振荡周期变成了原来的二倍，出现二周期窗口图形，也称分岔。继续增加电导，还会发现二周期倍增到四周期。四周期倍增到八周期……。如果能连续地、越来越细小地平滑调节电导，就会发现一系列永无止境的周期倍增，最终在有限的范围内会成为无穷周期的循环，从而显示出混沌吸引子的性质。

需要注意的是，对应于前面所述的不同的初始稳态，调节电导会导致两个不同的但却是确定的混沌吸引子，这两个混沌吸引子是关于零电位对称的。

4. 实验中，很容易观察到倍周期和三周期窗口现象，再有一点变化，就会出现一个单旋涡状的混沌吸引子。观察到这些窗口表明得到的是混沌的解，而不是噪声。调节的最后，看到吸引子突然充满了原本两个混沌吸引子所占据的空间，形成双旋涡混沌吸引子。由于示波器上的每一点对应着电路中的每一个状态，出现了双混沌吸引子就意味着电路在这个状态时，相当于电路处于在最初的那个响应状态，最终会到达哪一个状态完全取决于初始条件。

【实验内容】

1. 电源九芯插头接入实验仪面板上对应的九芯插座（POWRE IN），接上电源变压器，打开实验仪面板 ON1 电源开关。

实验仪面板上的 ON2 开关用于接通四位半 LED 数字电压表的电源，可用于测量 0 ～ 19.99 V 的直流电压，若电表显示数字闪烁，表示输入电压超过了电表的测量量程。

2. 观察 RC 移相波形：调节电位器 R_{W1} 和 R_{W2} 逆时针到底（电阻值最小），A 、B 点的振荡输出波形分别接入示波器的 Y 轴，观察 A 、B 点的振荡波形。

调节示波器的相关旋钮，顺时针缓慢调节 R_{W1} ，观察 B 点波形随 R_{W1} 变化、相对于 A 点振荡波形的移相图形。

3. 非线性混沌现象的观察

(1) 按实验内容 2，调节电位器 R_{W1} 和 R_{W2} 顺时针到底（电阻值最大），将 B 点振荡波形作为示波器的 X 水平扫描信号（输入方式置 DC）。调节示波器的相关旋钮，在示波器中可看到电路的一个稳态响应点，称为系统的吸引子。

(2) 逆时针调节电位器 R_{W1} ，使电导 G 平滑增大，达到某一值时，可观察到一个单周期的稳态图像。再缓慢平滑增加电导 G（逆时针调节 R_{W2} ），可以在示波器中观察倍周期分岔现象，按 1∶1 绘制各周期窗口的图形曲线。

(3) 当平滑调节电导 G，增加电路的正反馈时，通过多次周期分岔，会出现切分岔现象，较明显的有三周期窗口。这表明，电路产生的周期窗口与混沌现象呈无规律地“阵发”现象，这种现象的复现，就是“阵发混沌”。

(4) 继续增加电路的正反馈，出现多个难以计数的闭合环形曲线，这是一个单涡旋吸引子集。再继续平滑调节电导 G，单引子突然变为双吸引子，而且两个吸引子基本上是对称的，它们的特点就是整体上的稳定性和局部上的不稳定性同时存在。

4. 有源非线性负 阻器的伏安特性的观测

(1) 负阻器伏安特性的静态测量：在负阻器的两端并接一电阻箱，由于负阻器是有源的，因此电路中始终有电流。用数字电压表测量电阻箱两端的电压，电阻箱的阻值从大到小调节，列表记录电阻箱的阻值和数字电压表所对应的测量电压值。

(2) 负阻器伏安特性的动态测量：设计一种简单的、能实时的动态测量有源非线性负阻器伏安特性的测量方法。

考虑实验测量方法，提出所要用的测量仪器，画出实验测量电路图，根据实验要求，完成实验内容并绘出实验所观测到的伏安特性曲线，记录实验有关参数。

5. 记录实验环境条件，整理好实验仪器。

【实验报告】

1. 实验所用的实验仪器（型号或规格），实验环境条件。

2. 简述实验原理，画出实验电原理图，说明实验的操作过程。

3. 绘出实验系统因倍周期分岔、切分岔而出现的各周期窗口，并加以分析说明。绘出系统出现的单吸引子、双旋涡混沌吸引子的混沌图像。

4. 根据“静态测量法”测得的电压、电流数据，分段进行线性拟合，绘出有源非线性负阻器的伏安特性曲线，

5. 画出实现“动态测量”有源非线性负阻器伏安特性的测量电路图，并说明实验的设计方法和测量方法，绘出所测有源非线性负阻器的伏安特性曲线。

【附录】

一、示波器观测到的非线性电路混沌实验有关图形（图 5-12-6 所示）

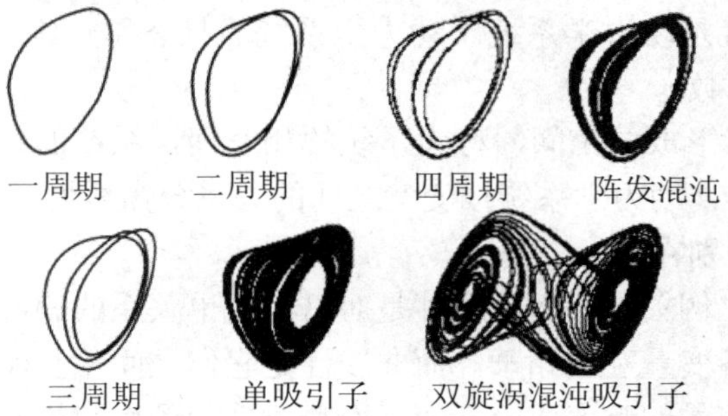

图 5-12-6　非线性电路混沌实验图形

二、混沌学简述

以牛顿力学为核心的经典理论，不仅以其完整的理论体系奠定了近代科学的基础，而且以其科学观和方法论影响了学术界整整几个世纪。上世纪 60 年代之前，人们普遍认为，确定性系统的行为是完全确定的、可以预言的，不确定性的行为只会产生在随机系统里。

确定性联系着有序性、可逆性和可预见性，随机性联系着无序性、不可逆性和不可预见性。确定论和随机论是在认识论和方法论上相互对立的两套不同的描述体系。这两大体系虽然在发展过程中，在各自的领域里，“成功地”描述过世界，但客观世界只有一个，世界到底是确定的还是随机的？是必然的还是偶然的？是有序性的还是无序性？这是一个长期争论而未得到解决的问题。

然而近 40 年的研究表明，一些完全确定性的系统，不外加任何随机因素，初始条件也是确定的，但系统自身会内在地产生随机行为。而且，即使是非常简单的确定性系统，同样具有内在随机性。混沌学揭示了随机性存在于确定性之中这一科学事实，说明客观实体可以兼有确定性和随机性，绝大多数确定性系统都会发生复杂奇怪的、随机行为的混沌现象。混沌现象的内涵就是确定性的系统具有内在的随机性，是整体稳定性与

局部不稳定性的统一。

系统的混沌运动来自于系统的非线性性质，非线性是产生混沌的必要条件而非充分条件。非线性动力学对混沌的研究迄今为止最为系统、最为严密。绝大多数非线性动力学系统，既有周期运动，又有混沌运动，事实表明混沌是非线性系统的普遍行为。混沌既包含无序又包含有序，混沌既不是具有周期性和其他明显对称性的有序态，也不是绝对的无序，而可以认为是必须用吸引子来描述的复杂有序。

如今的科学研究表明，非线性是世界的基本特征，是现实世界无限多样化和复杂性的根源，线性系统只不过是一部分非线性系统的理想化，现实世界实际上是非线性的。混沌现象的存在，说明对非线性系统作长期预测是不可能的。

非线性动力学及混沌现象的研究是近 20 多年来科学界研究的热门课题，已有大量论文对此学科进行了深入的研究。为了对混沌学的基本概念有一个初步了解，我们在此作部分简述，以便同学们能较好地理解混沌现象。

1. 动力学系统

在科学和工程技术的实践中，常常要考虑一个系统的状态是如何随时间变化的。一个随时间变化的系统就是动力学系统。动力学系统的状态用一组变量 x，y，z，… 来描述，它们都是时间的函数。

以状态变量为坐标形成的空间，称为系统的相空间，系统的状态在相空间中用一个相点表示。从数学上讲，动力学系统按变量之间的关系分为线性和非线性两类。

线性与非线性的区别在于：

⑴ 线性是简单的比例关系，而非线性是对这种简单关系的偏离；

⑵ 线性关系中的各变量互不相干，而非线性是它们之间相互作用；

⑶ 线性系统保持信号的频率成分不变，而非线性使频率结构发生变化；

⑷ 线性系统满足迭加原理，而非线性系统则不满足；

⑸ 线性方程可以解析求解，而非线性方程一般无解析解。

2. 混沌学中的一些基本概念

对于混沌现象，我们不仅要了解它本身的特征，而且要把握混沌发生的基本条件和一般规律，清楚有哪些通向混沌的途径。

⑴ 数学上对混沌的描述是针对一个集合提出的，但它表明了混沌运动的重要特征：

① 存在着可数无穷多个稳定的周期轨道；

② 存在着不可数无穷多个稳定的非周期轨道；

③ 至少存在着一个不稳定的非周期轨道。

⑵ 系统在混沌区的有序和无序中，存在着复杂精细的几何结构，它们互补。这些几何结构可以用周期窗口、分岔、倍周期分岔、切分岔等来加以描述。

周期窗口　对应于系统稳定周期运动轨道的窗口，简称为周期窗口。

分岔　分岔原为微分方程理论中的一个名词，原义是一分为二。在非线性作用下，系统原稳定的周期运动轨道会出现分岔，产生新的周期运动轨道，新的周期运动轨道不稳定时，又会产生另一类新的周期运动轨道，……，最后达到的终态就是混沌理论所研究的对象。在混沌学中，倍周期分岔和切分岔是目前研究得最细的两条通向混沌途径的经典分岔。

倍周期分岔　是指系统周期运动轨道由一分为二，二分为四，四分为八，八分为十六，…；或三分为六，六分为十二，…；或五分为十，十分为二十，…，　等等。周期运动轨道的倍周期分岔对混沌现象研究之所以重要，是因为这样无限地分下去将导致混沌现象的出现。

切分岔　切分岔是指系统存在着区别于倍周期分岔的另一类周期运动轨道的分岔，这种分岔周期运动轨道的出现也会导致系统产生混沌现象。在切分岔中，倍周期分岔依然存在，它与切分岔之间是一种具有无限的自嵌套、自相似的几何结构。而且，正是由于切分岔的存在，使系统混沌现象的出现呈现出“阵发”的特点。

切分岔中一个明显的周期窗口是三周期。三周期不可能来自倍周期分岔，因为倍周期分岔的结果只能产生二的倍数的偶数类，而不能产生奇数类周期。系统存在一个以三为周期的周期点时，就一定存在任何正整数的周期点，系统一定出现混沌现象。

因为，一个稳定的三周期运动轨道，在系统不稳定时，会由倍周期分岔出现六周期，再分岔出现十二周期，…，至倍周期分岔现象突然中断，周期性让位于混沌，混沌现象出现。反之，在能观察到倍周期分岔的系统中，原则上都能看到三周期的现象。对此，有人说：“只要有周期三，就会有乱七八糟”。

吸引子　“吸引”是指系统状态变化的趋向，结构不稳定的状态总是要趋向稳定才能存在下去。那些相空间中对应着系统结构（指运动方程的结构）稳定的部分（点或区域），对其他不稳定的“点”有一种“吸引”作用，这种结构稳定的部分称为“吸引子”。从物理、数学和动力系统的角度来看，吸引子表示系统的稳定定态，系统的运动只有到达吸引子上，才能稳定下来并保持下去。

混沌吸引子的概念描述的是系统在相空间收缩的同时出现的整体稳定而局部的不稳定。它是一种三维或三维以上的吸引子，其基本特征是它对初始条件的敏感依赖性。

3. 混沌分岔图

为了方便同学对上述概念的理解，我们给出一些混沌现象的分岔图，并结合上述概念加以说明。

图 5-12-7 说明，在非线性作用下，系统的定态（一周期）由失态进入二周期运动轨道，再进入四周期运动轨道，…，最后周期性让位于混沌，混沌现象出现（黑色区域）。而在混沌带区域，并非毫无规律一片混沌，而存在着复杂、精细的几何结构（黑色区域中一些狭窄白色区域）。它与通常的外在随机性不同，包含着内在的规律性。

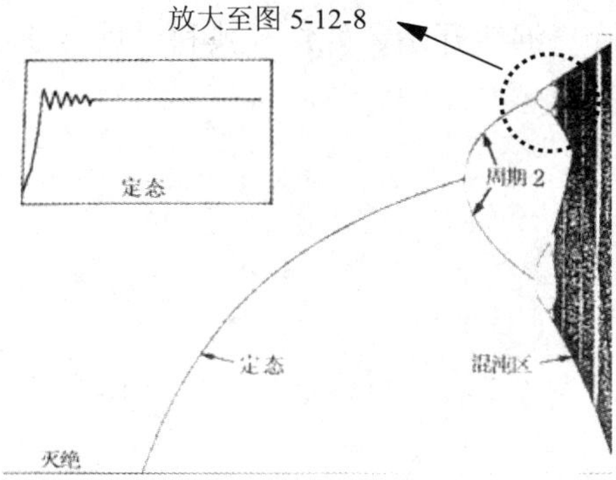

图 5-12-7　倍周期分岔和混沌

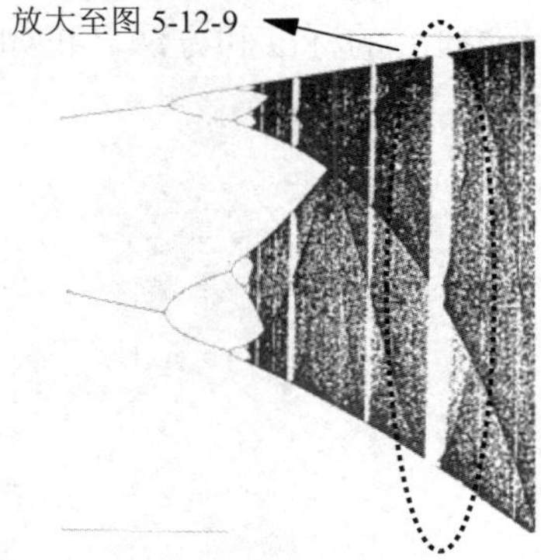

图 5-12-8　混沌中的有序窗口

图 5-12-8 是图 5-12-7 右上角一周期分岔为二周期，二周期分岔为四周期，… 局部放大的混沌分岔图。从中可以看出，在这局部的混沌带区域中，倍周期分岔、切分岔具有无限的自嵌套、自相似的几何结构。

另外，可看出，当非线性对系统的作用越来越强时，在混沌区右侧忽然会冒出一个具有稳定周期运动的轨道（白色区域）。图 5-12-8 右侧较宽的一白色区域就是一个由切分岔产生的三周期稳定运动轨道窗口，其放大图见图 5-12-9 。

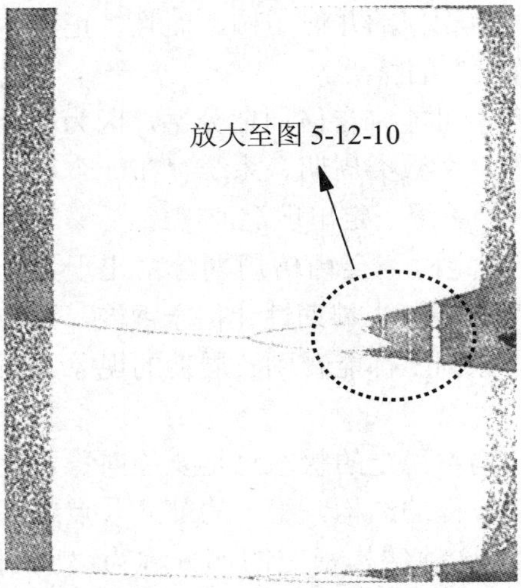

图 5-12-9　图 5-12-8 中的局部放大图

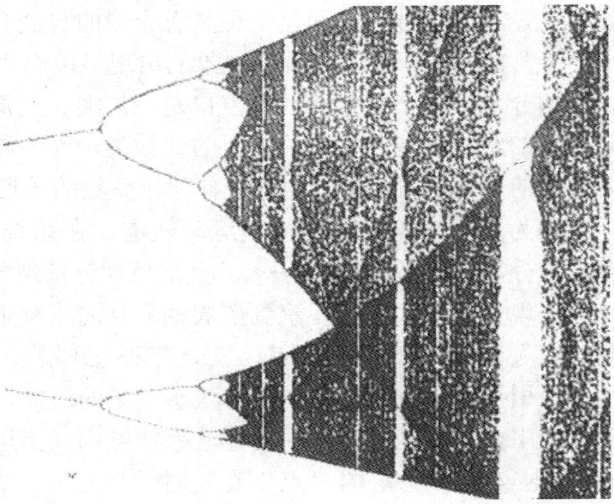

图 5-12-10　图 5-12-9 中的局部放大图

在图 5-12-9 的中央部分，我们可看见切分岔中嵌套着倍周期分岔。一周期运动轨道又一分为二，二分为四，四分为八，八分为十六，…，混沌现象又复现（其放大图见图 5-13-10)，这就是混沌的“阵发”特征。

在图 5-12-10 中，我们还能观察到三周期，五周期，… 的稳定周期运动轨道，形成有规则的周期窗口（在图 5-12-8、5-12-9 中均有此周期窗口)，由倍周期分岔以更快的速度全面展开，很快地经过三，六，十二，…；　或七，十四，二十八，… 这些周期窗口，然后再次中断，进入新的混沌。

至此，从混沌分岔图中，我们可以了解到：混沌既包含无序又包含有序，混沌既不是具有周期性和其他明显对称性的有序态，也不是绝对的无序。

混沌学导致的革命是震撼人心的，它将在一切科学领域推翻经典科学的基础假设，改变科学研究的标准和方法，正如格莱克所说：“混沌开始之处，经典科学就终止了”。

第六章 e-measure 实验

e-measure实验采用新颖的实验测量方法，对物理量进行自动测量，使学生在传统物理实验的基础上运用高科技实验仪器进行科学实验，以开拓视野，增强计算机的运用能力，培养科研意识。e-measure实验种类齐全，涵盖力、热、波、电、磁、光、原子物理等多个物理实验。

e-measure实验系统主要由计算机、数据采集接口器、实验控制软件和PASCO物理实验组合仪等四部分组成。各种传感器可实时采集各种物理量的测量数据，例如：位移、速度、压力、温度、光强等非电量的测量。通过先进的数据采集接口，将来自传感器的数据信号输入计算机进行，运用实验控制软件进行实验结果的可视化处理。

本章安排的实验有：

第一节　计算机与数据采集
第二节　传感器
第三节　Science Workshop
实验6.4　位置-时间、速度-时间的测量
实验6.5　牛顿定律的研究
实验6.6　加速度与简谐振动的测量
实验6.7　碰撞中动量和冲量的研究
实验6.8　碰撞中动量和动能的研究
实验6.9　弹簧劲度系数的测量
实验6.10　复摆与大角度摆实验
实验6.11　研究重力加速度对单摆周期的影响
实验6.12　混沌摆实验
实验6.13　固体线膨胀系数的测量
实验6.14　热功当量的测量
实验6.15　热机效率的测量
实验6.16　*RC*电路实验
实验6.17　整流与滤波电路实验
实验6.18　双缝干涉与单缝衍射
实验6.19　光的偏振
实验6.20　光谱分析

第一节　计算机与数据采集

计算机技术的飞速发展，使得它已经渗透到我们今天生活、工作的各个领域，无论是多媒体技术还是互联网功能，都使计算机在科研、生产、管理、军事、家庭生活、办公及教学等方面发挥日益强大的作用。与其他领域一样，计算机在物理实验及物理实验教学中也得到越来越多的应用，它包括：实验数据的采集和实验过程的控制、实验数据的处理等。

一、计算机

计算机是 e - measure 实验系统的显示和控制部分，是实现自动测量的重要工具，实验者需要有一定的计算机基础知识。实验中不要擅自更改、添加、删除程序。实验结束时，先把实验结果打印出来，再退出所用程序（一般选择不保存），并正常关机，严禁切断电源强行关机。

二、数据采集处理

所谓数据采集处理，就是将温度、压力、位移等各种物理量收集、转化为计算机能识别的信号（二进制数字），然后再传送到计算机中去这样一个过程。过程控制是计算机对采集到的信号进行分析计算判断，然后发出指令，通过实验执行机构对实验对象进行控制操作。计算机数据采集处理和过程控制的典型过程原理如图 6-1-1 所示。

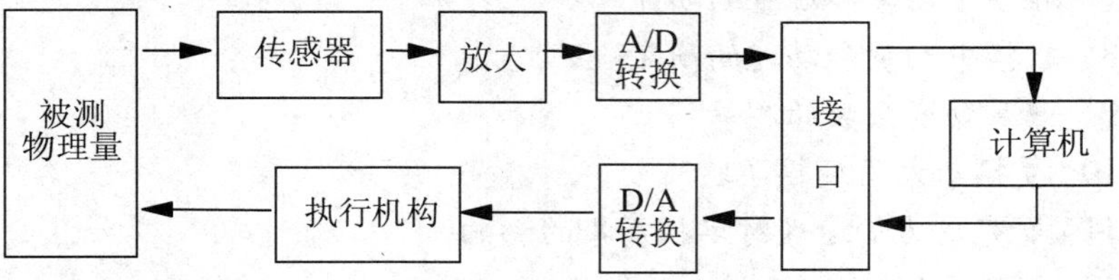

图 6-1-1　计算机数据采集处理和过程控制框图

实验数据采集处理的前提是要将各种非电量和电量转化成计算机能识别的信号量，各种测量传感器及其外围电路可以完成这一任务。由于传感器输出的信号较弱，因此需将信号放大，再由 A / D 转换成二进制数字，经接口至计算机，完成实验数据的采集；计算机发出的控制信号仍然是二进制数字，因此需经 D / A 转换，变成模拟信号，再通过执行机构予以执行，以便进行对实验的控制与操作。数据采集接口器是传感器和计算机的中间部分，起着传输数据和控制实验的重要的作用，其外形如图 6-1-2 所示。

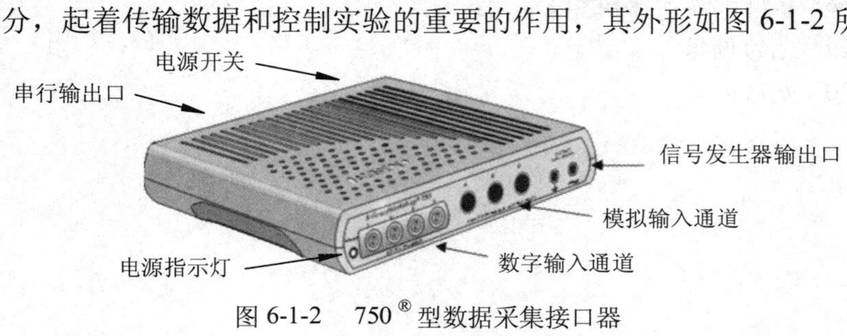

图 6-1-2　750® 型数据采集接口器

e - measure 实验系统采用 Science Workshop - 750® 型数据采集接口器，具有以下性能：闪存和场编程控制阵列系统（FPGA）；双端口内存（RAM）可直接进行存取（DMA）以进行快速的数据转换；Semi - RISC 32 MHz 微处理器；8 倍采样率；接口固定装置，多层线路板，连接高灵敏的 SCSI 终端。

750 接口器的数字输入通道和模拟输入通道可与各种相应的传感器组合使用，从传感器获得的原始测量数据，经数据采集接口器处理后再输送到计算机的串行端口。接口的 1、2 和 3、4 输入通道可分别接入两个数字传感器，A、B、C 输入通道同时可分别接入三个模拟传感器，信号发生器端口能输出 不小于1.5 W 的函数信号波形。

第二节　传感器

能量换测是利用一种运动形式转化为另一种运动形式时物理量之间的能量对应关系进行的间接测量，这种测量方式在前面的实验中已大量存在。由此而来的非电量测量以及各种类型传感器的问世已经使之发展成为一个专门的学科。传感器在现代检测、控制中的应用也越来越普遍，其种类由力敏、热敏、光敏、声敏等物理型器件，发展到化学型、生物型、智能型器件，使传感器逐步实现小型化、集成化，并将检测转化技术与信息处理技术有机地结合起来。

e - measure 实验系统采用现代化测试手段，实验传感器种类齐全，操作简单，可方便地测量各种物理量，并运用计算机控制、采集实验测量数据，令物理实验的测量更准确、更有效。 e - measure 实验测量传感器有数字式和模拟式两种。数字量是指变化不连续，离散的，只能一个单位，一个单位增加或减小的量，如移动、旋转等物理量测量后的输出信号；模拟量是指变化连续的量（所谓“连续”有两层含义，从时间上看，它是随时间连续变化，从数值上看，它的取值也是连续变化的），如电压、电流、热、光、力、声等物理量测量后的输出信号。

一、移动传感器

移动传感器是一种数字传感器（CI-6742 型），其外形如图 6-2-1 所示。实验时将移动传感器的输出接入数据采集接口器的数字输入通道。

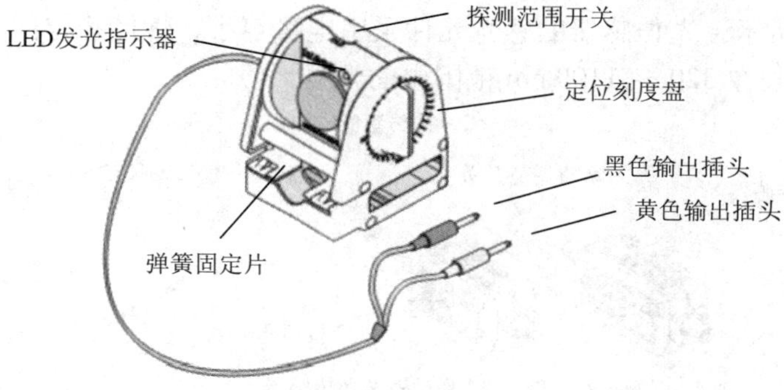

图 6-2-1　移动传感器

实验测量时，移动传感器上的超声波转换器向前方定向发射波速为 344.00 m/s 的超声波脉冲，当超声波脉冲遇到被测物体后按原路反射返回，超声波转换器接收返回的超声波脉冲。Science Workshop 程序可以根据超声波的速度和往返的时间计算出物体和传感器之间的距离，以此来测定物体的位置。当被测物体在作直线运动时，也可以根据距离和时间的测量值计算出被测物体的速度或加速度。

移动传感器的敏感测量范围有 0.15 ～ 2.00 m 和 0.15 ～ 8.00 m 两档，测量时可根据被测物体的距离来选择。移动传感器超声波的发射方向可在 0 ～ 180 度的范围内灵活调节，使传感器对准被测物体定向发射超声波脉冲，以得到最佳的测量效果。另外，根据被测物体的运动速度，还可以设置超声波脉冲的触发频率，设置范围为 5 ～ 120 Hz 。

二、旋转移动传感器

旋转移动传感器（CI-6538 型）是一个可双向旋转（顺时针或逆时针）的数字传感器，带有三级滑轮，直径分别为：10 mm，29 mm 和 48 mm ，其外形如图 6-2-2 所示。

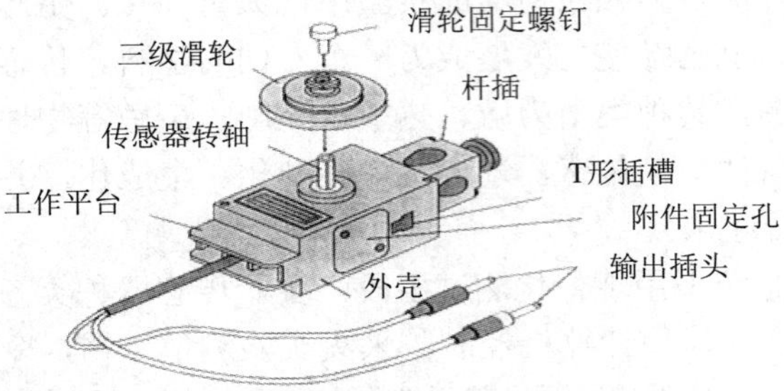

图 6-2-2　旋转移动传感器

旋转移动传感器主要由光学数编码器和转轴组成，转轴转动时，编码器就自动计数，测得转速和转向。转轴每转一周，它可以计数 360 次或 1440 次（对应的旋转测量分辨率分别为：1° 或 0.25°），根据被测物体转动的快慢，可相应设置编码器计数的快慢。传感器两边的 T 形插槽可以插在线性运动辅助支架上，将直线运动转换为旋转运动，在支架的长度范围内测量物体直线运动的位移量，测量分辨率为 0.055 mm。

三、光传感器

光传感器（CI-6504A 型和 CI-6604 型）是一种模拟传感器，用来测量相对光强，其外形如图 6-2-3 所示。光传感器的感光元件采用电噪声小、性能稳定的 Si PIN 光电二极管，可以测量波长在 320 ～ 1100 nm 范围内的光强。

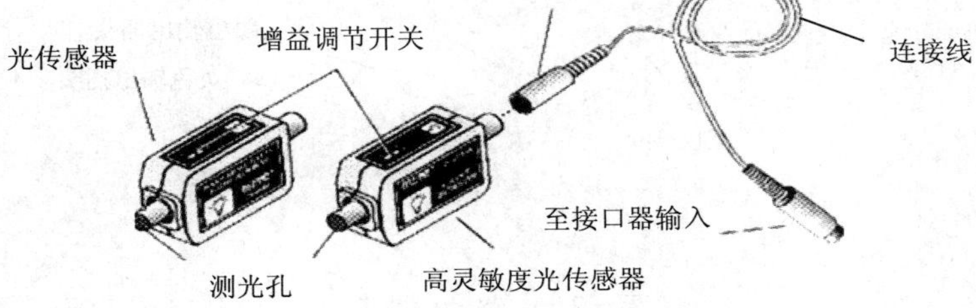

图 6-2-3　光传感器

CI-6504A 型传感器适合于环境光下的测量，测光增益调节为三档：×100，×10，×1，分别为 5 、50 、500 Lx 。

CI-6604 型传感器（高灵敏度）适合于微弱光下的测量，增益调节为三档：×100，×10，×1，分别为 0.05 、0.5 、5.0 Lx 。

光传感器使用时常与光阑探测圆盘（OS-8534 型）组合使用。光阑探测圆盘上有六档狭缝和三个圆形窗口，狭缝宽度分别为：0.1 ～ 1.5 mm，圆形窗口带有 10 % 透射率的滤光片，被测光经光阑探测圆盘进入光传感器。

四、压力传感器

压力传感器是一种模拟传感器（CI-6534A 型和 CI-6532A 型），其外形如图 6-2-4 所示。压力传感器用来测量密封容器内的气体压力，传感器内有一个压力传感单元，单元里面的压力感应元件具有两个压力端口。一个端口通过压力传感单元前端的压力端口连接器与被测气体相连，另一个端口在压力感应元件的内部，密封在真空内作为参考环境，根据两个端口的压力差，就可以测量出气体的压力。压力传感器要在非腐蚀性气体中使用，如空气、氢气和氮气等，实验中不能把传感器放入液体内使用。

CI-6534A 型压力传感器测量范围为：0 ～ 0.01 MPa；

CI-6532A 型压力传感器测量范围为：0 ～ 0.7 MPa 。

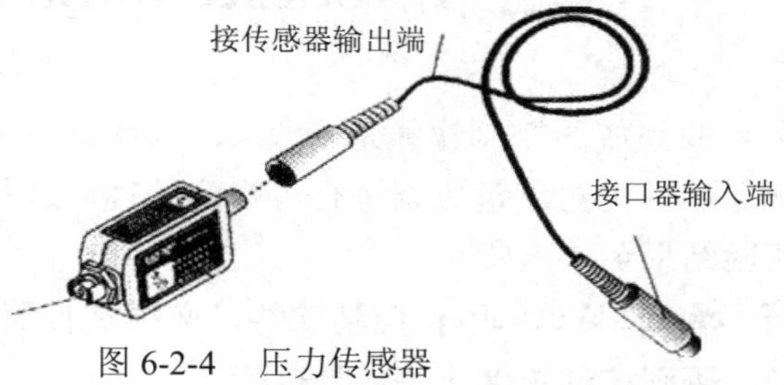

图 6-2-4　压力传感器

五、温度传感器

温度传感器是一种模拟传感器（CI-6505B 型和 CI-6527 型），其工作原理是根据热敏电阻的阻值随温度的变化而设计，外形如图 6-2-5 所示。温度变化时，热敏电阻的“温度 - 电阻”关系曲线如图 6-2-6 所示，根据检测到的不同电阻值，Science Workshop 程序可以自动计算出各对应的温度值。

CI-6505B 型温度传感器测温范围为：−5 ～ 105 ℃；

CI-6527 型温度传感器测温范围为：0 ～ 120 ℃ 。

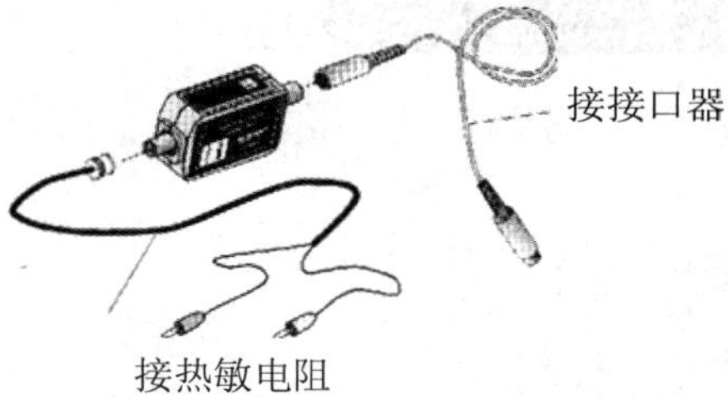

图 6-2-5　温度传感器

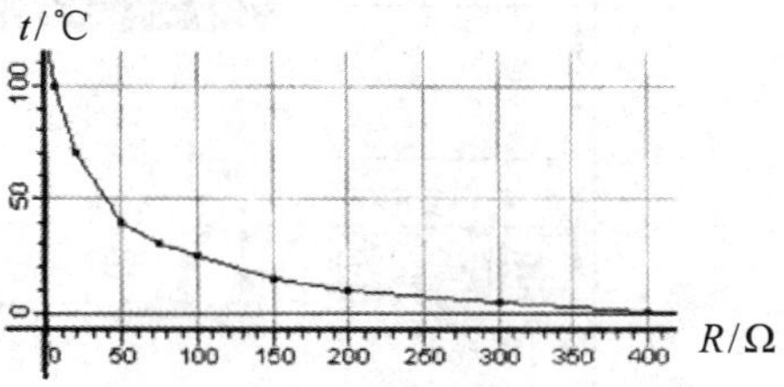

图 6-2-6　热敏电阻“温度 - 电阻”曲线图

e - measure 实验系统的传感器种类众多，在此不再作详细介绍，下面列出其余几种常用的传感器及有关技术参数，实验时可根据实际需要加以选择，以实现自动测量。各传感器的工作原理请参阅有关参考书。

CI-6537 型力传感器，测力范围：± 50 N；

CI-6558 型加速度传感器，加速度测量范围：0.001 ～ 0.1 m/s^2；

CI-6503 型电压传感器，电压测量范围：±10 V（AC / DC）；

CI-6556 型电流传感器，内阻为 1.0 Ω，最大测量值为 1.5 A；

CI-6506B 型声传感器，测频范围：20 ～ 7200 Hz；

CI-9784 型紫外传感器，敏感光谱区：315 ～ 400 nm；

CI-6628 型红外传感器，敏感光谱区：到 40000 nm（线性）；

CI-6531A 型大气压力测量传感器，压力测量范围：0.813 ～ 1.084 Pa；

CI-6559 型湿度传感器，相对湿度测量范围：0 % ～ 95 %；

另外还有 CI-6555 型电荷探测传感器，CI-6520A 型磁场探测传感器，CI-6543B 型心率传感器，CI-6535 型呼吸率传感器，CI-6507A 型 pH值传感器，CI-6561 型 CO_2 传感器等，实验中可根据需要选择使用。

第三节　Science Workshop

e - measure 实验系统的控制软件是 Science Workshop 应用软件，能够方便地对实验进行实时控制测量，并可对测量数据进行可视化处理，进行定性、定量的分析。软件运用的好坏，对实验结果至关重要。

注意：运行 Science Workshop 控制软件，必须在计算机开启前先打开 750® 数据采集接口器的电源，否则控制软件无法正常运行。

一、Science Workshop 界面

打开计算机桌面“科学工作室”快捷图标，弹出如图 6-3-1 所示的“科学工作室”窗口。

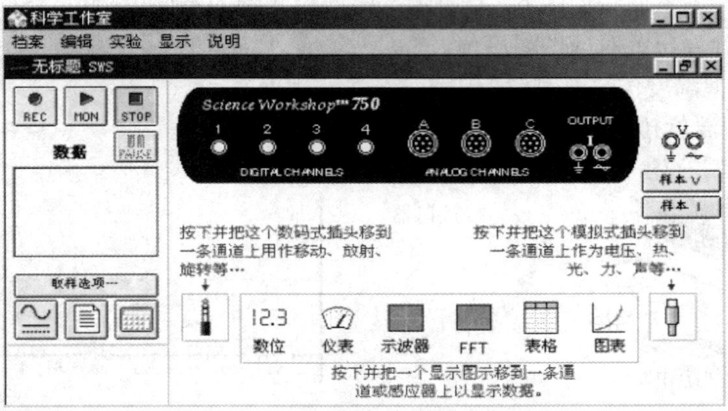

图 6-3-1　“科学工作室”窗口

e - measure 实验都是通过“科学工作室”窗口来完成的，为此，对窗口中的各图标、按钮的作用作如下介绍，以便实验时能正确运用。

1. 窗口中的  及  图标分别是录制、监察、停止、暂停四个控制采集实验数据方式的按钮。

(1) 点击“录制” 图标，传感器开始采集并录制实验测量数据。

(2) 点击“监察” 图标，实验测量数据只采集，不保存，可以在正式录制数据前作为实验预测使用。

(3) 点击“停止” 图标，传感器停止采集实验数据，测量数据按“数据 #”顺序编号保存在窗口中的“数据”记录框中（数据 # 用不同的颜色加以区分）。

(4) 点击“暂停” 图标，可在传感器采集实验测量数据的过程中，暂停采集，再次点击“暂停” 图标，传感器继续采集实验测量数据。

2.  是数字传感器插头图标。实验时根据传感器接入接口的通道，用鼠标点住数字插头图标并将其拖到接口器输入端图标  相应的通道上放下，计算机屏幕跳出选择传感器对话窗口，可选择所接入的传感器。 是模拟传感器插头图标。用鼠标点住模拟传感器插头图标并将其拖到接口器输入端图标  相应的通道上放下，计算机屏幕跳出选择传感器对话窗口，可选择所用的传感器。

3. 窗口中的 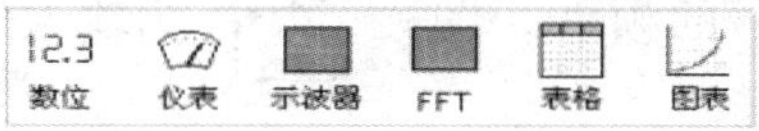 是实验测量数据各显示方式窗口选择图标。从左至右分别为：“数字显示”窗口、“指针显示”窗口、“示波器显示”窗口、“频谱（FFT）显示”窗口、“数据表格显示”窗口和“图形显示”窗口。

(1)“数字显示”窗口如图 6-3-2 所示，单击菜单  可选择所要显示的测量数据，双击“数字显示”窗口可进行数字表的数位设定。

图 6-3-2 “数字显示”窗口

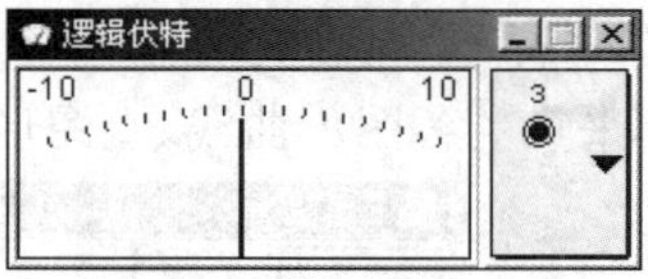

图 6-3-3 “指针显示”窗口

(2)“指针显示”窗口如图 6-3-3 所示，单击菜单 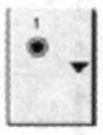 可选择所要显示的测量数据，双击指针窗口可进行仪表设定。

(3)“示波器显示”窗口如图 6-3-4 所示。图标 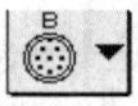 及  为 Y 轴输入信号选择；图标  为 X 轴输入选择；通过点击图标 ，“示波器显示”窗口可同时显示三路输入信号的波形，图标 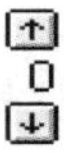 为显示波形在 Y 轴方向上的位移，点击  图标可使

显示波形稳定，图标 为 X 轴扫描周期控制（周期取样速率决定于示波器显示扫描速率），图标 为智能十字光标，可准确读取波形的时间和幅值，图标 可调整显示波形幅度的大小，图标 为显示波形的辉度调整，图标 为"实验备注"标签，点击该图标，可建立高速数据缓冲区资料，在各显示窗口中可得到由示波器测量的波形图。

示波器 Y 轴波形幅度调节为：最大 5.000 V / 格，最小 0.001 V / 格；X 轴扫描周期调节为：最大 1000.0 ms / 格，最小 0.02 ms / 格；双击示波器窗口，可进行"触发电平"和"触发方向"等设置。

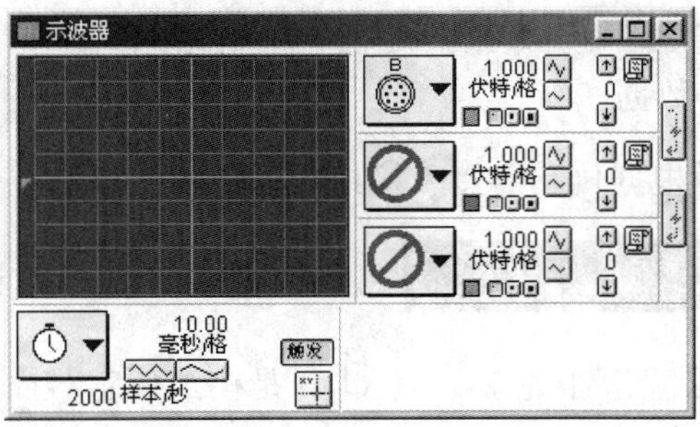

图 6-3-4 "示波器显示"窗口

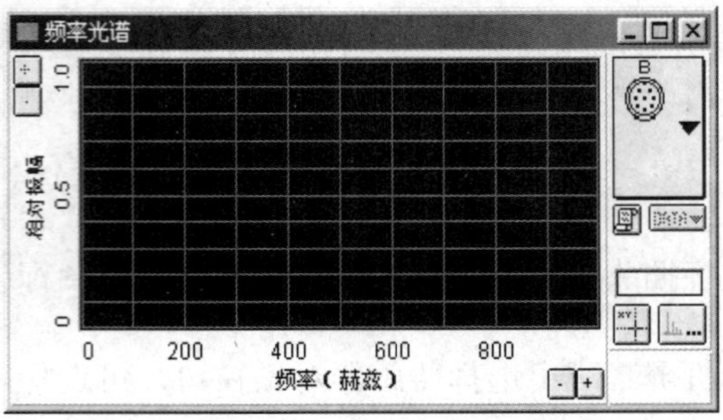

图 6-3-5 "频谱（FFT）显示"窗口

(4) "频谱（FFT）显示"窗口如图 6-3-5 所示。频谱显示是一种特殊的图表，可显示在 Science Workshop 界面下所测量信号的频率。图标 为输入信号选择；图标 为波形幅度调节；图标 为输入信号频率范围调节；图标 为智能十字光标，可准确读取显示波形的幅值与基本频率；图标 为"实验备注"标签，点击"实验备注"标签，可建立高速数据缓冲区资料，在各显示窗口中可得到测量的频谱图；图标 为"FFT"功能设置，测频范围为：0.2 ～ 100000 Hz 。

(5) "图形显示"窗口如图 6-3-6 所示。"图形显示"窗口在实验中最常用，用于显示实验中所采集的各图形曲线。"图形显示"窗口中的各图标功能介绍如下：

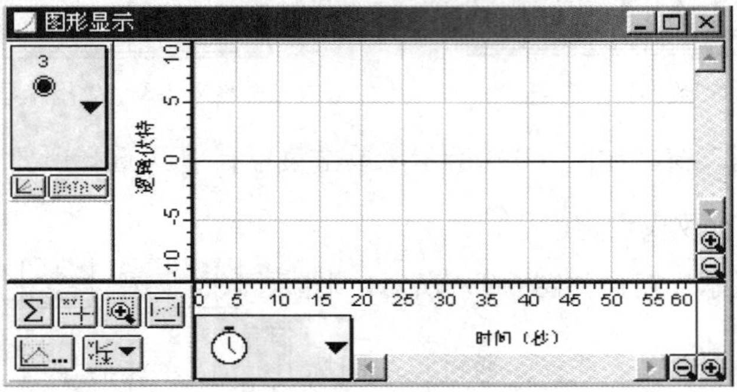

图 6-3-6 "图形显示"窗口

图标 可在同一个图表中，选择输入不同的实验测量数据图形；

图标  可在同一个图表中，建立不同的坐标系，分析不同的测量数据图形；

图标  为智能十字光标，用于准确读取图表中某一点的坐标量；

图标  用于放大图表中的局部图形，用于对某些细节的分析；

图标  为“自动分度”图标，用于图表中曲线的全屏显示，重新分度图表以适应数据；

图标  用于图表有关参数的设定；

图标  为“统计工具”图标，用于对图形进行定性分析或定量计算。通过点击“统计工具”图标，屏幕弹出如图 6-3-7 所示的下拉菜单，该菜单列出了所测物理量的各种数据统计方式。利用“曲线适配”还能够对图形进行各种函数式的适配，如“线性适配”，就能将所采集的数据图形自动进行线性化处理，可得到斜率、截距和曲线适配度等重要参数。

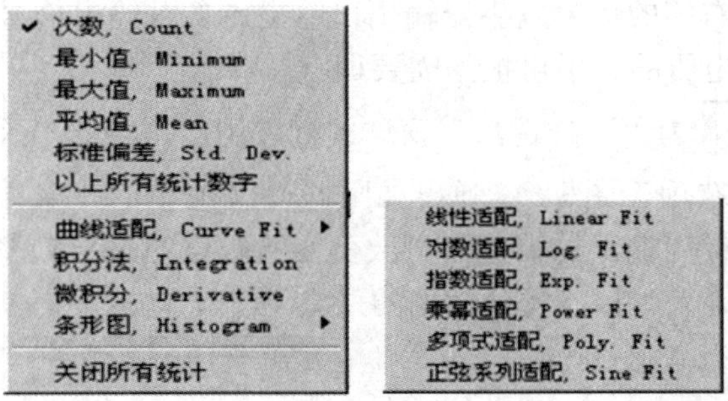

图 6-3-7 “统计工具”菜单

图标  和  分别为图形 X、Y 轴物理量的输入菜单。坐标轴比例的改变只需单击坐标轴即可进行。

(6) “数据表格显示”窗口如图 6-3-8 所示。数据表格能按时间列出各测量数据，其“统计工具”等图标的运用与“图形显示”窗口中的图标功能相同。

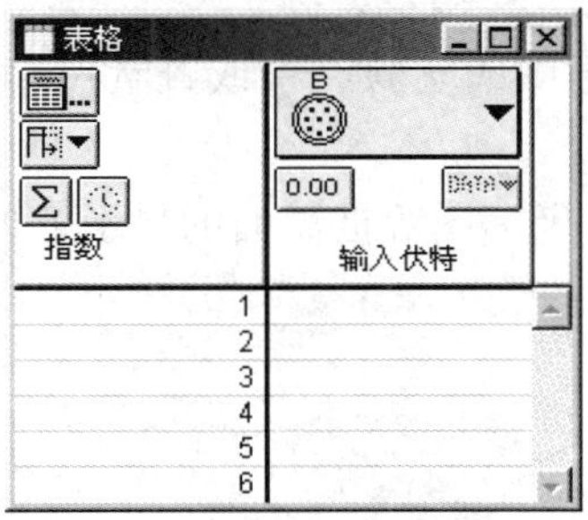

图 6-3-8 “数据表格显示”窗口

图 6-3-9 “实验备注”窗口

建立以上各显示窗口时，只需用鼠标点住所选择的显示窗口图标，将其拖到所选传感器的图标上放下即可。

4.  是“实验备注”窗口图标。可以记录实验步骤、测量数据、实验结果等内

容，也可利用它建立“高速数据缓冲区资料”，作为各显示方式窗口中的实验测量数据输入量。“实验备注”窗口如图 6-3-9 所示。

5.  为“实验计算机”窗口图标（图 6-3-10 所示）。可对实验测量数据进行函数运算，也可利用它建立函数式，作为各显示方式窗口中的实验测量数据输入量。

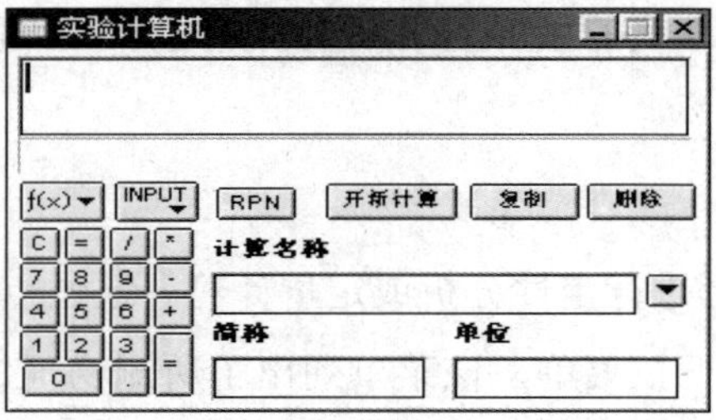

图 6-3-10　“实验计算机”窗口

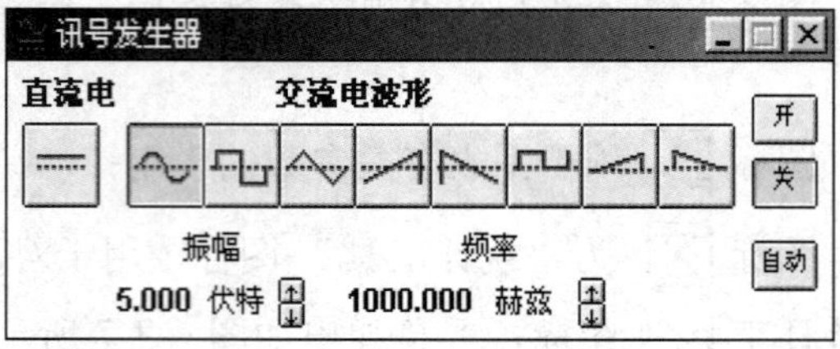

图 6-3-11　“信号发生器”窗口

6.  为“信号发生器”窗口图标，从中可以选择所需的各种电输出信号。输出信号从数据采集接口器右侧的信号发生器输出口输出。各种输出信号波形为图 6-3-11 中所示，输出信号频率和电压的大小可根据需要调整。

7.  为“取样选项”窗口图标，用于传感器“采样周期”等取样条件的设置。点击“取样选项”图标 ，弹出如图 6-3-12 所示的“取样选项”对话框。在该对话框中，通过“取样周期”的调整，可改变实验数据的采样频率。实验中也可以通过其中的“键盘”输入来人为控制实验数据的采集。

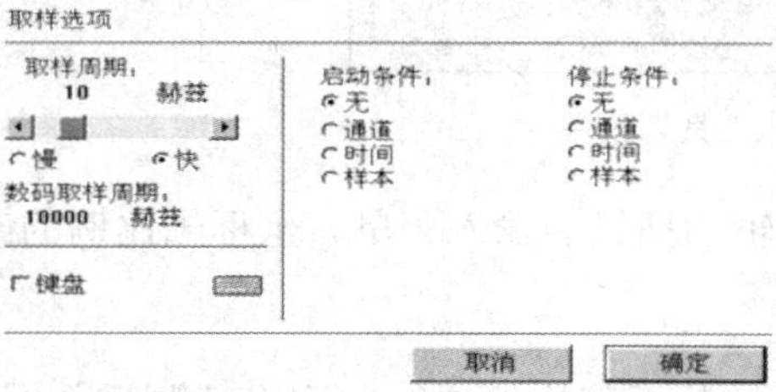

图 6-3-12　“取样选项”窗口

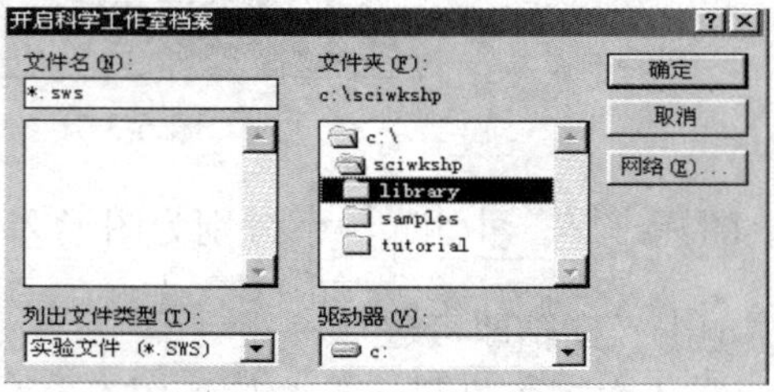

图 6-3-13　档案菜单

8. 工具栏菜单中的“档案”、“编辑”、“实验”及“显示”：

(1) “档案菜单”，用以新开实验，开启旧档案中的实验结果或查看保存的实验结果（图 6-3-13 所示）。

(2) “编辑菜单”，用以复制、粘贴实验数据、坐标图等被激活的显示窗口。

图 6-3-14　实验菜单

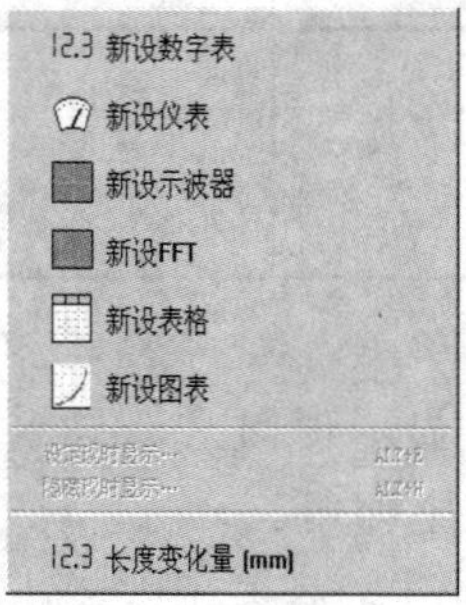

图 6-3-15　显示菜单

⑶ “实验菜单”，用以录制、监察、停止、暂停录制实验测量数据，也可以打开“信号发生器”、“实验备注”、“实验计算机”等窗口，或者查看所录制的实验测量数据（图 6-3-14 所示）。

⑷ “显示菜单”，用以打开实验测量数据的各种显示窗口（图 6-3-15 所示）。

二、传感器的选择

实验时，除所用传感器的输出插头需接入 750® 数据采集接口器相应的输入通道，“科学工作室”还需根据所选用的测量传感器在软件上进行相应的设置。如要测力的大小，就要选择力传感器，测光的强度，就要选择光传感器。

下面以移动传感器为例，介绍软件如何选择和设置传感器（设传感器接入 750® 接口的 1、2 数字通道）。

1. 在图 6-3-1 中，用鼠标点住数字传感器插头图标  并将其拖到图标  上放下，计算机屏幕弹出如图 6-3-16 所示的对话框。在该对话框中选中“移动传感器”并确定。

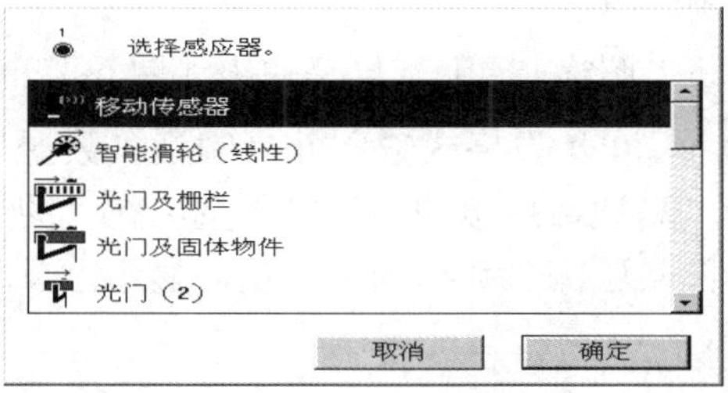

图 6-3-16　传感器选择对话框

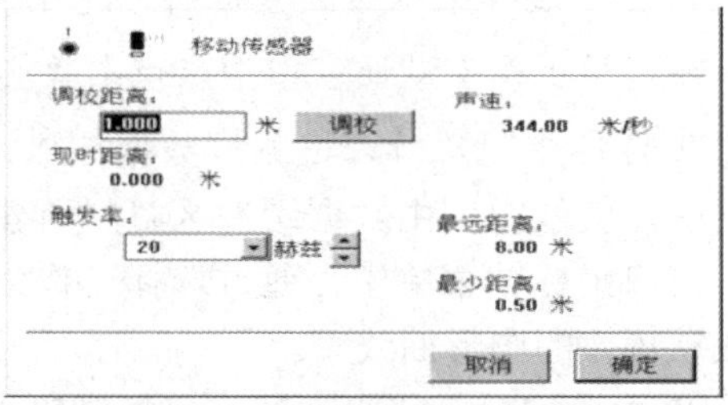

图 6-3-17　校准移动传感器对话框

屏幕弹出图 6-3-17 所示的“校准传感器”对话框，在该对话框中可以校准传感器或改变测量信号触发频率等工作参数。

2. 若不需校准传感器，则在图 6-3-17 中单击“确定”即可，此时图标  反白为 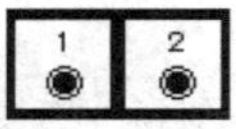，并在其下方出现移动传感器图标 。传感器选择完毕，就可以开始进行实验数据的采集。从图 6-3-17 可知，设定的移动传感器其触发频率为 20 Hz 。实验中若要更改传感器的工作参数，需在删除测量数据后双击传感器图标方可进行。

三、各显示方式窗口中实验测量数据输入量的建立

如何建立显示方式窗口中的实验测量数据输入量，是软件设置中的首要任务。由于“图形显示”窗口在实验中最常用，下面以“图形显示”窗口为例来加以说明。

分析一个图表，首先要明确图表横、纵坐标所表达的物理量。建立一个“图形显示”窗口时，用鼠标点住图 6-3-1 中的“图形显示”窗口图标并将其拖到所选择的传感器图标上，屏幕弹出如图 6-3-6 所示的“图形显示”窗口。Science Workshop 软件默认横坐标为“时间”，纵坐标为“逻辑伏特”。如果要改变“图形显示”坐标轴的物理量，建立新的物理量，主要有以下五种方法（其它各显示方式窗口中的实验测量数据输入量

也同样适用）。

1. 由测量传感器建立坐标轴输入量

传感器所测得的物理量，可以自动的在坐标轴菜单中列出。如实验选用移动传感器进行测量，那么在坐标图中，点击纵坐标轴菜单图标，屏幕弹出图 6-3-18 所示的纵坐标菜单。该菜单列出了由移动传感器所测的位移、速度、加速度等各种物理量，可以从中选择一个作为纵坐标所表达的物理量。

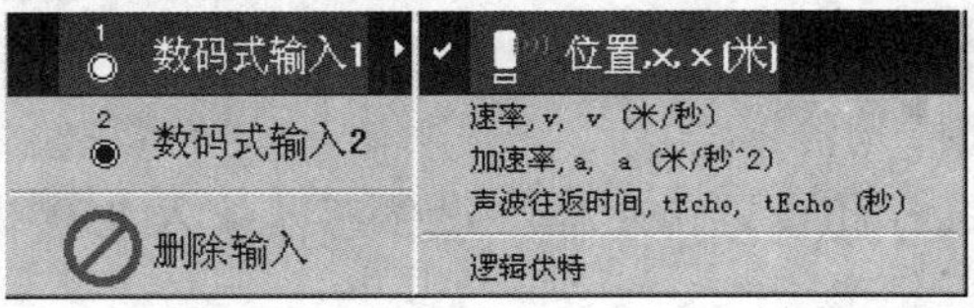

图 6-3-18　纵坐标菜单

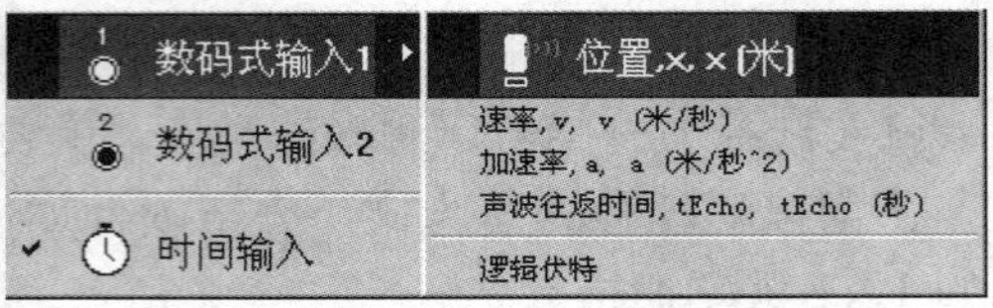

图 6-3-19　横坐标菜单

同样，点击横坐标轴菜单图标，可以从中选择一个作为横坐标要表达的物理量（图 6-3-19 所示）。

2. 由“高速数据缓冲区资料”建立坐标轴输入量

在科学工作室默认窗口中，点击“实验备注”图标，屏幕弹出如图 6-3-9 所示的“实验备注”窗口。将测量数据按“ *x* Tab *y* Enter ”格式输入并复制到“数据”记录框中，就能得到由数据缓冲区资料所建立的“高速数据缓冲区”输入量。在“图形显示”窗口坐标轴菜单中，通过选择可作为坐标图实验测量数据的输入量，显示出反映输入数据规律的图形曲线。

3. 由“实验计算机”建立坐标轴输入量

在科学工作室默认窗口中，点击“实验计算机”图标，屏幕弹出图 6-3-10 所示的“实验计算机”窗口。在该窗口中，通过图标 f(x)、INPUT 可建立相应的函数运算（式）。在“图形显示”窗口坐标轴菜单中，就能得到通过由“计算”所建立的物理量。

图标 f(x) 中各函数运算菜单如图 6-3-20 、6-3-21 、6-3-22 所示；图标 INPUT 输入菜单如图 6-3-23 所示，可选择输入要参与运算的测量量。

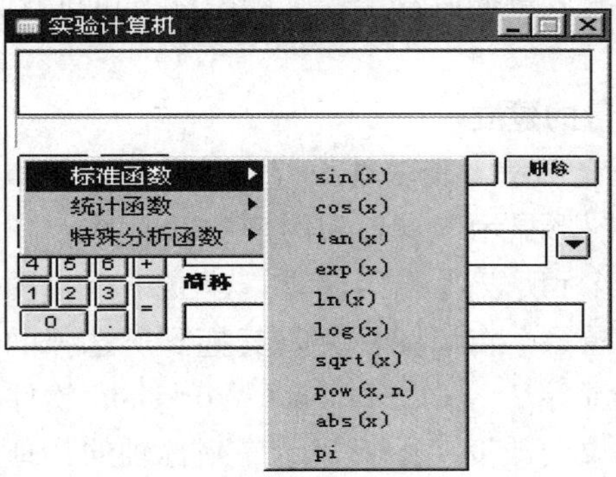

图 6-3-20　实验计算机“标准函数”窗口

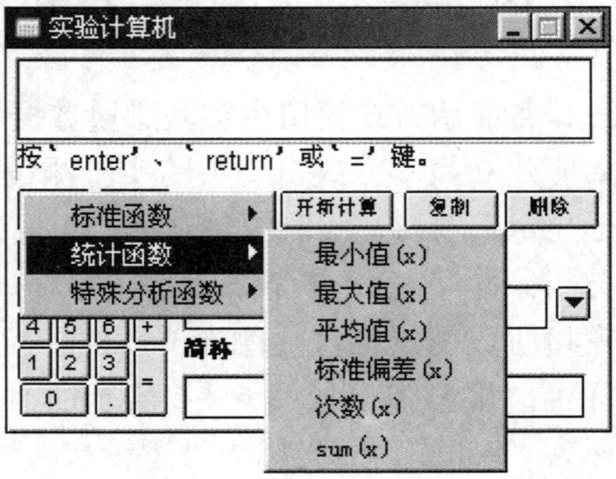

图 6-3-21　实验计算机“统计函数”窗口

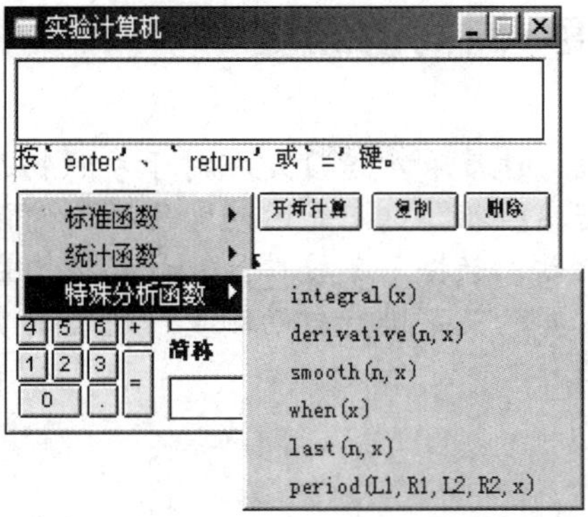

图 6-3-22　实验计算机“特殊分析函数”窗口

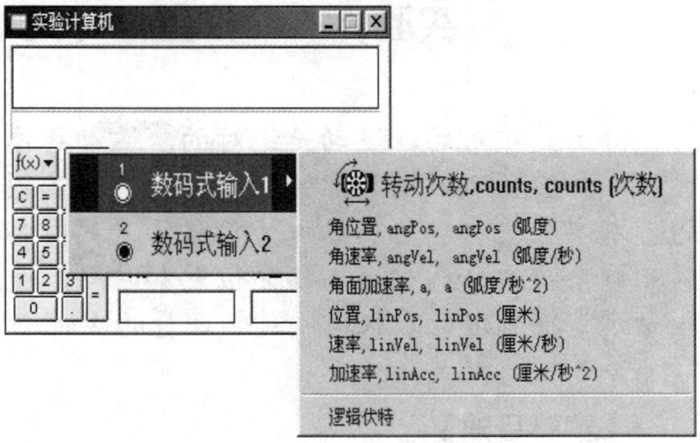

图 6-3-23　实验计算机“INPUT”输入窗口

4. 由“装入”建立坐标轴输入量

在“图形显示”窗口中，点击图标 ，弹出图 6-3-24 所示的对话框。在该对话框中，点击图标 装入…，可调出保存在计算机中的实验数据，显示于图表中。

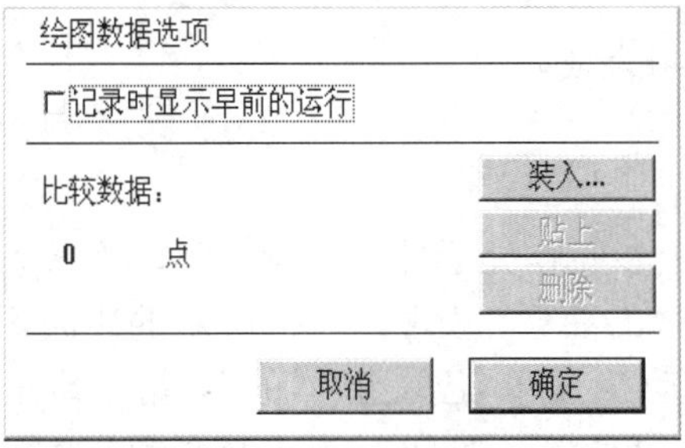

图 6-3-24　“绘图数据选项”对话框

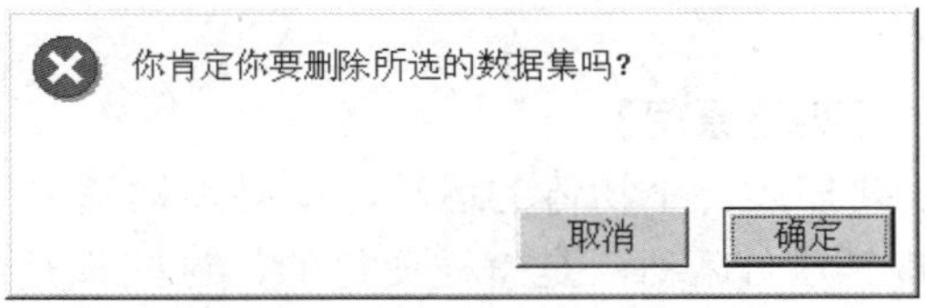

图 6-3-25　“数据删除”对话框

5. 通过“键盘取样”建立坐标轴输入量

在科学工作室窗口中，点击图标 取样选项…，屏幕弹出如图 6-3-12 所示的“取样选项”对话框。在该对话框中，选择“键盘”，输入实验人员所要控制测量的数据参量，就可得到由“键盘取样”建立的输入量。在“图形显示”窗口坐标轴菜单中，通过选择可显示出由“键盘”输入控制所得的被测量数据。同时，通过计算机的“键盘”输入，还可人为地控制计算机进行实验数据的采集。

四、删除实验数据

要删除某次实验测量数据，可选中科学工作室“数据”记录框中的“数据＃”实验数据，按键盘“Delete”键，屏幕弹出如图 6-3-25 所示的对话框，点击确认即可。

Science Workshop 控制软件功能强大，既能在实验中实现实时控制测量，又能进行实验数据、曲线图形的可视化处理。不仅能在 e - measure 实验系统中得到灵活的运用，而且也能够在传统物理实验和其他科学实验中。通过选择相应的测量传感器，测量结果的显示方式等，可得到更好的应用，实验中应加强联系。同时，控制软件的一些功能有多种运用方法，实验时要举一反三，灵活运用，以不断提高实验的综合能力。

实验 6.4　位置 - 时间、速度 - 时间的测量

静止是相对的，运动是绝对的。运动物体的位置、速度和加速度是相对于参照物而言的。如要预测弹道导弹的飞行轨迹，就必须要选好参照物，这正是运动学要讨论的问题。本实验把移动传感器作为参照物，利用移动传感器、数据采集接口器和计算机构成的测量系统，分别对运动物体位置和时间、速度和时间的关系进行自动测量。通过该实验初步掌握利用计算机控制对物理量的实时测量技术。

【实验目的】

1. 熟悉 Science Workshop 的界面和操作。
2. 初步掌握利用计算机控制对物理量的实时测量技术。
3. 利用“图形显示”窗口，描述运动物体位置和时间、速度和时间的关系。

【实验仪器】

计算机，数据采集接口器，PASCO 物理实验组合仪。

【实验原理】

要描述一个物体的运动，就必须知道它相对于参照物处于什么位置，运动有多快和朝哪个方向运动，是怎样变化的，这些都是最基本的要素。如图 6-4-1 所示的声波定位搜索装置中，当物体运动时，移动传感器自动测量和记录物体的位置，Science Workshop 程序在“图形显示”窗口中自动描绘出“位置 - 时间”、“速度 - 时间”的关系曲线，求出运动物体的位置、速度和加速度。

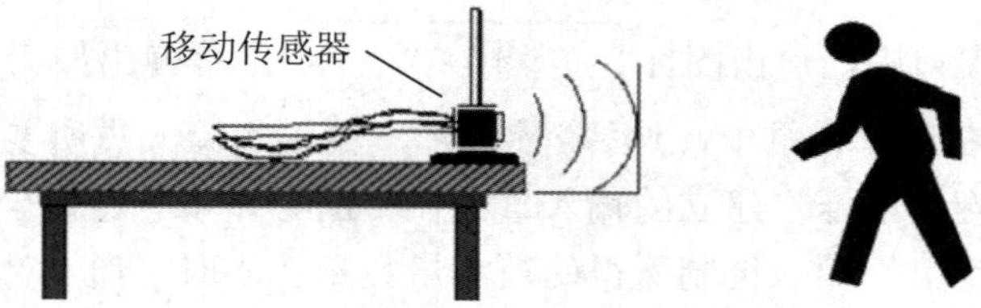

图 6-4-1　声波定位搜索示意图

【实验内容】

连接好移动传感器（CI-6742），打开科学工作室窗口，选择移动传感器。探测距离置于 0.15 ～ 8.00 m 档，无须校准本实验中的移动传感器（注意：与移动传感器的距离增加的运动被当作为“正向运动”，反之被当作为“负向运动”）。

打开“图形显示”窗口，横坐标设置为“时间”，纵坐标设置为“位置”。调整移动传感器的方向，确定实验者从传感器开始至少可以向后移动 2 m 。

考虑以下问题：实验开始时，实验者应该离移动传感器多近？实验开始后，实验者应该运动到多远？实验过程中，实验者的运动应持续多长时间？

实验中，选用移动传感器作为参照物，实验者是运动的物体。当实验者以不同的速

度作直线运动时，移动传感器将实时测量实验者的位置。Science Workshop 程序把实验者的运动描绘在“图形显示”窗口上。

1. 位置和时间关系的测量：单击 Science Workshop 默认窗口工具栏中的“档案”，打开 po1_mot1.sws 文件，得到如图 6-4-2 所示的已存在于图表中的“位置 - 时间”曲线图。

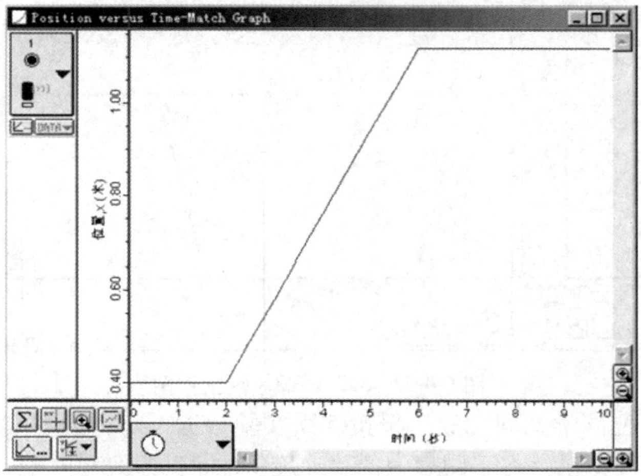

图 6-4-2　po1_mot1.sws 文件窗口

实验由两位同学共同完成，当一位同学运动时，另一位同学操作计算机。通过“录制”和“停止”，采集 5 次实验数据。努力调整实验者的运动过程，使实验者的运动曲线与已存在于图表中的“位置 - 时间”曲线相匹配。

在图 6-4-2 的窗口中，分别点击图标  和“自动分度”图标 ，依次单独比较 5 次运动曲线与已存在于图表中的“位置 - 时间”曲线的匹配程度，选出并分析其中匹配最好的实验数据，删除其余 4 次实验数据。

实验要求在同一图表中，实验者运动的“位置 - 时间”曲线能与已存在于图表中的“位置 - 时间”曲线相匹配，被选定运动部分的总绝对距离小于 0.02、拟合优良度 chi^2 小于 0.01 。

在图 6-4-2 的窗口中，用曲线适配处理实验数据，重复次数取 20 时，在“实验备注”中记录：

⑴ 实验者的“位置 - 时间”曲线上被选定运动部分的截距 b 、斜率 k 及拟合优良度 chi^2 、直线方程 $y = kx + b$ ，要求拟合优良度 chi^2 小于 0.01 。

⑵ 实验者的“位置 - 时间”曲线被选定运动部分与已存在于图表中曲线的总绝对距离 h 、拟合优良度 chi^2 ，判断实验者的运动曲线与图表中已存在的曲线拟合得好坏，要求总绝对距离 h 小于 0.02 ，拟合优良度 chi^2 小于 0.01 。

打印“位置 - 时间”曲线图和“实验备注”中的实验结果。

2. 速度和时间关系的测量：单击 Science Workshop 默认窗口工具栏中的“档案”，开启旧档案，打开 po2_mot2.sws 文件，得到如图 6-4-3 所示的已存在于图表中的“速度 - 时间”曲线图。

本实验要研究运动物体“速度 - 时间”的关系，所以先要考虑好下列几个问题：开始时实验者应该向哪个方向（正或负）运动？实验者必须达到的最大速度是多少？实验者的运动应持续多长时间？

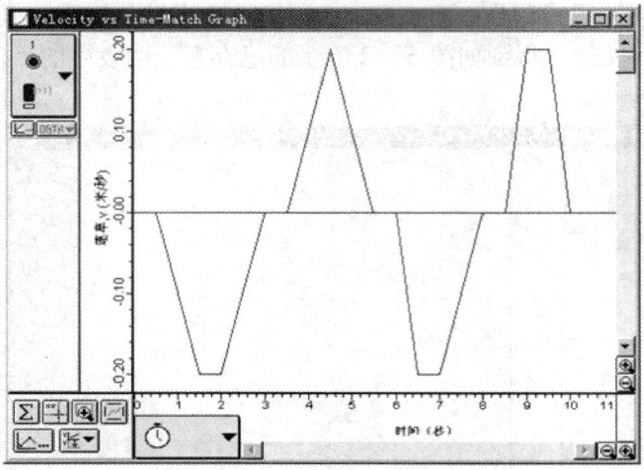

图 6-4-3　po2_mot2.sws 文件图

实验同样由两位同学共同完成，采集 5 次实验数据，努力调整实验者的运动过程，使实验者的运动曲线与已存在于图表中的“速度 - 时间”曲线相匹配。

在图 6-4-3 的窗口中，分别点击图标 

和“自动分度”图标  ，依次单独比较 5 次运动曲线与已存在于图表中的“速度 - 时间”曲线的匹配程度，选出并分析其中匹配最好的实验数据，删除其余 4 次实验数据。

要求在同一图表上，实验者运动的“速度 - 时间”曲线能与已存在于图表中的“速度 - 时间”曲线相匹配，被选定运动部分的总绝对距离 h 小于 0.02 、拟合优良度 chi^2 小于 0.01 。

在图 6-4-3 的窗口中，用曲线适配处理实验数据。重复次数取 20 时，在“实验备注”中记录：

⑴ 实验者“速度 - 时间”曲线上被选定运动部分的时间、速度最小值 $t_{\min}$ 和 $v_{\min}$ ；时间、速度最大值 $t_{\max}$ 和 $v_{\max}$ ；时间、速度平均值 $\overline{t}$ 和 $\overline{v}$ ；时间、速度标准差 σ_t 和 σ_v ，要求时间、速度的标准差均小于 0.01 。

⑵ 实验者“速度 - 时间”曲线上被选定运动部分的直线方程 $y = kx + b$、截距 b 和斜率 k 。

⑶ 实验者“速度 - 时间”曲线被选定运动部分与已存在于图表中曲线的总绝对距离 h 、拟合优良度 chi^2，判断实验者的运动曲线与图表中已存在的曲线拟合的好坏，要求总绝对距离 h 小于 0.02 ，拟合优良度 chi^2 小于 0.01 。

打印“速度 - 时间”曲线图和“实验备注”中的实验结果。

3. 记录实验环境条件，整理好实验仪器。

【实验报告】

1. 实验所用的实验仪器（型号或规格），实验环境条件。

2. 简述实验原理，画出有关原理图，说明实验的操作过程。按实验要求，给出“位置 - 时间”曲线图，“速度 - 时间”曲线图，以及“实验备注”中的实验结果。检查实验结果是否符合实验的测量要求。

3. 思考题

⑴ e - measure 实验系统与传统物理实验相比有哪些优点？

⑵ 如何描述你的运动？（例如，匀速运动 2 秒种，接着停止运动 3 秒种，等等）

⑶ “位置 - 时间”、“速度 - 时间”曲线的斜率分别代表什么物理意义？

⑷ 在最大努力下，运动曲线与图表中已有的曲线匹配得有多好？

实验 6.5　牛顿定律的研究

牛顿第二定律给出物体的加速度与作用于物体的力和物体质量之间的数量关系，牛顿第三定律则说明力具有物体间相互作用的性质。在传统的物理实验中，对加速度和瞬间作用力与反作用力的精确测量比较困难，误差较大。本实验采用动力学小车系统和传感器技术实现实时测量，通过实时测量运动物体的加速度和两个物体之间的作用力与反作用力，研究牛顿第二、第三定律。

【实验目的】

1. 观察匀加速直线运动和弹性碰撞。

2. 研究力、质量和加速度之间的关系，加深对牛顿第二、第三定律和机械能守恒定律、动量守恒定律的理解。

3. 利用图表描绘物体运动的“加速度 - 时间”，“动能 - 时间”，“势能 - 时间”和“力 - 时间”，“速度 - 时间”曲线。

【实验仪器】

计算机，数据采集接口器，PASCO 物理实验组合仪，电子天平。

【实验原理】

1. 水平导轨上放有一辆动力学小车（力传感器固定在其上），导轨的一端装有移动传感器，另一端装有轻质滑轮。力传感器的测力端系一细线经滑轮被砝码牵引（如图 6-5-1 所示）。实验研究小车在砝码重力作用下，在一直线上的运动情况。

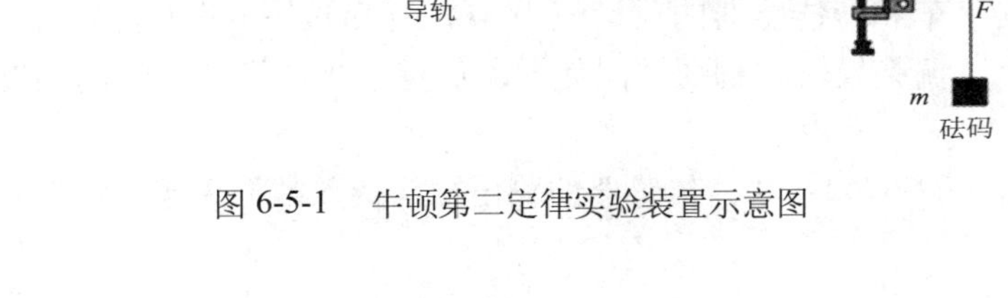

图 6-5-1　牛顿第二定律实验装置示意图

设小车和力传感器的质量为 M，砝码质量为 m，细线的张力为 F。忽略动力学小车和导轨间的摩擦力（空气阻力也忽略不计），滑轮轴上的摩擦力及细线的质量，并认为细线的长度不变时，砝码以匀加速 a 下落，则有：

$$mg - F = ma \tag{6-5-1}$$

$$F = Ma \tag{6-5-2}$$

式（6-5-2）为牛顿第二定律的数学表达式。由式可知，当质量 M 不变时，加速度 a 与力 F 成正比，力增大，加速度也增大，反之亦然；当力 F 不变时，加速度 a 与质量 M 成反比，质量增大，加速度减小，反之亦然。

设砝码下降的高度为 h，小车的最大速度为 v，根据机械能守恒定律，系统势能的减少等于系统动能的增加，即：

$$mgh = \frac{(m+M)v^2}{2} \tag{6-5-3}$$

实验中，用力传感器测量力 F，移动传感器测量动力学小车的位移、速度和加速度。通过 Science Workshop 软件描绘出系统“加速度 - 时间”、“动能 - 时间”和“势能 - 时间”曲线，从而研究牛顿第二定律和机械能守恒定律。

2. 让水平导轨上的两辆动力学小车相互碰撞（如图 6-5-2 所示），忽略小车与导轨间的摩擦力（空气阻力也忽略不计），研究碰撞时的作用力与反作用力。

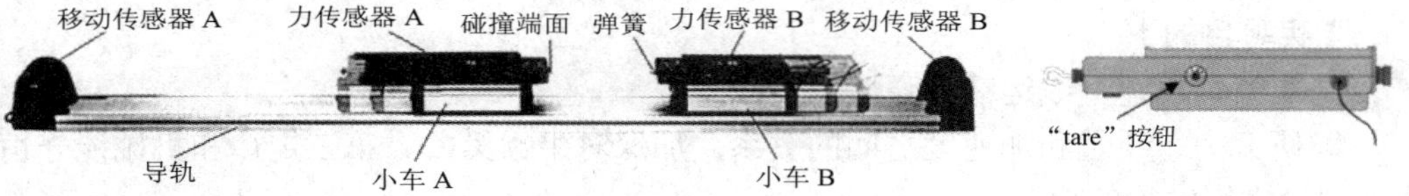

图 6-5-2　牛顿第三定律实验装置及力传感器示意图

根据牛顿第三定律，两辆动力学小车碰撞时的作用力 F 和反作用力 F'，沿同一直线，大小相等，方向相反，其数学表达式为：

$$F = -F' \tag{6-5-4}$$

实验中，力传感器 A 和小车 A、力传感器 B 和小车 B 分别固定在一起，小车可在水平导轨上左右运动。导轨两端各装有移动传感器 A 和 B，在两辆小车相互碰撞时，分别测量小车 A、B 碰撞过程中的运动情况。力传感器 A 的测力端装有碰撞平面，力传感器 B 的测力端装有弹簧，以测量小车碰撞时的作用力与反作用力。通过 Science Workshop 软件描绘“力 - 时间”，“速度 - 时间”曲线，研究牛顿第三定律和动量守恒定律。

【实验内容】

1. 加速度的测量：先将力传感器（CI-6537）固定在动力学小车（ME-9430）上，用电子秤测量出小车和力传感器的质量记为 M。然后按图 6-5-1 安装实验装置，把小车放在运动轨道上，调整导轨底脚螺丝，使导轨保持水平。调整滑轮的高度，使线绳与导轨平行。

移动传感器（CI-6742）和力传感器的输出插头接入数据采集接口器相应的通道，打开科学工作室窗口，设置移动传感器和力传感器的工作参数。

按下力传感器侧面的“tare”按钮，使力传感器的初始值为零（每次采集数据前都要按下力传感器侧面的“tare”按钮使传感器归零）。

⑴ 通过“实验计算机”建立图形坐标轴的物理量。

① 小车加速度：小车加速度直接由移动传感器通过“实验计算机”来设置。为了方便比较，另再设置一加速度测量量（由质量 M 和力传感器测得的力 F 来设置）。“实验计算机”设置窗口如图 6-5-3 所示。

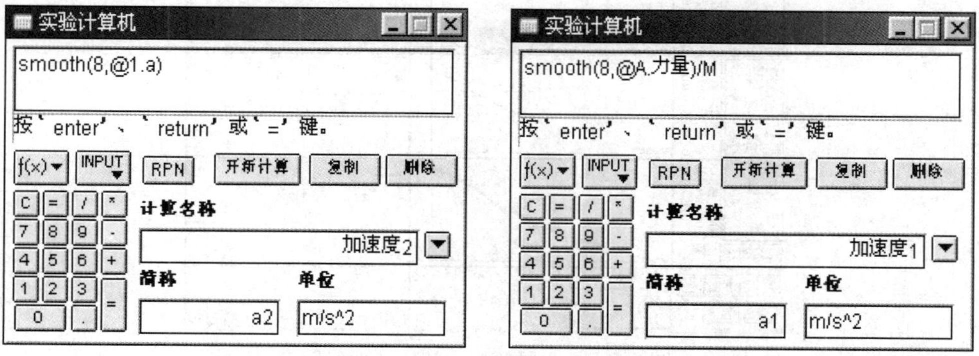

图 6-5-3 “实验计算机”加速度设置窗口

② 势能和动能：砝码下降的距离即为小车的行进的路程，因此，势能 W 的大小可根据砝码质量 m 和移动传感器的测量来设置；动能 E 则可根据移动传感器的测量和函数式 $(m+M)v^2/2$ 来设置。“实验计算机”设置窗口如图 6-5-4 所示。

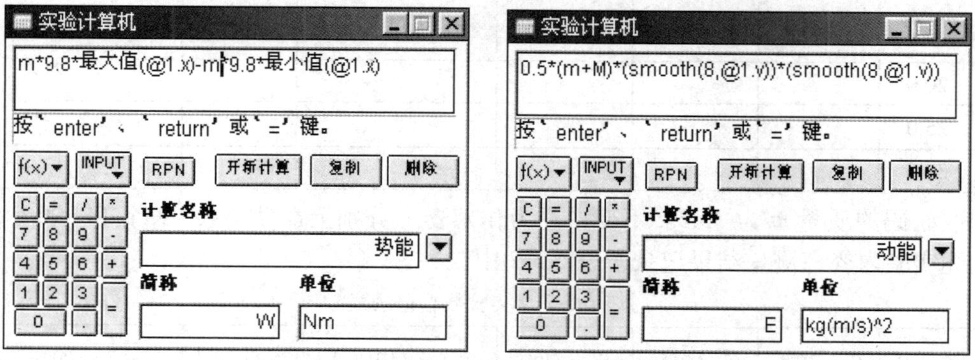

图 6-5-4 “实验计算机”势能和动能设置窗口

⑵ 打开一“图形显示”窗口，点击图标，在同一个图表中建立四个坐标系，分别用以描绘小车的“加速度 - 时间”（显示二条曲线），系统“势能 - 时间”和“动能 - 时间”曲线。

⑶ 砝码质量 m 取 20.0 g，将小车固定在某一合适的位置。准备好后，点击“录制”图标开始采集实验数据，同时放开小车。当小车运动一段距离快要撞到滑轮前的挡块时，单击“停止”图标结束数据采集，并将小车停住。“数据 #”将出现在科学工作室窗口的数据记录框中，曲线图形如图 6-5-5 所示。按此方法采集若干组实验数据。

⑷ 点击图标 DATA 和“自动分度”图标，选出并分析实验效果最好的实验图

形。点击统计图标 $\boxed{\Sigma}$ ，分别求出小车加速度 a ，系统的势能 W 和动能 E（参见图 6-5-5 ），结果记录于表 6-5-1 中。

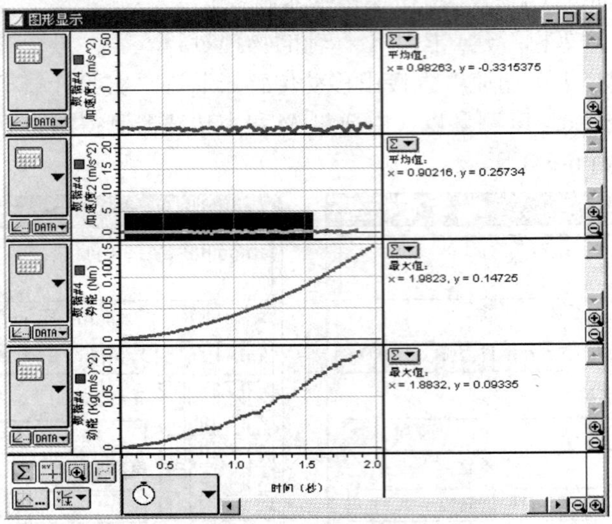

图 6-5-5　牛顿第二定律实验曲线图

⑸ 取砝码的质量 m 分别为 25.0 g 、30.0 g ，重复上述实验内容，测量结果记录于表 6-5-1 中。

表 6-5-1　实验数据记录表

m / g	a_1 / m·s^{-2}	a_2 / m·s^{-2}	W / N·m	E / kg·(m·s^{-1})^2	$\frac{F}{a}$ / kg	$\frac{W-E}{W}\times 100\%$
20.0						
25.0						
30.0						

取砝码的质量 m 为 30.0 g 不变，在力传感器上分别上加砝码条 495 g 和 990 g ，重复上述实验内容，测量结果记录于表 6-5-2 中。

表 6-5-2　实验数据记录表

M / g	a_1 / m·s^{-2}	a_2 / m·s^{-2}	W / N·m	E / kg·(m·s^{-1})^2	Ma / N	$\frac{W-E}{W}\times 100\%$
$M=$						
$M+495$						
$M+990$						

⑹ 分析表 6-5-1、6-5-2 中的测量数据，得出实验结论。

2. 作用力与反作用力的测量：将两个力传感器（CI-6537）分别固定在动力学小车 A（ME-9430）和 B（ME-9454）上。在力传感器 B 的测力端装上粗弹簧，用电子秤分别称出小车 A（力传感器 A ）的质量记为 M_A、小车 B（力传感器 B ）的质量记为 M_B 。

按图 6-5-2 安装实验装置，运动导轨上放置小车 A（力传感器 A)，小车 B（力传感器 B)，调整导轨底脚螺丝，使导轨保持水平。导轨两端分别装上移动传感器（CI-

6742）。将移动传感器和力传感器的输出插头接入数据采集接口器相应的通道，打开科学工作室窗口，设置移动传感器和力传感器的工作参数。

约定：力传感器 A 所测得的力称为作用力，力传感器 B 所测得的力称为反作用力。

⑴ 通过“实验计算机”建立图形坐标轴物理量：作用力，反作用力，小车 A 和小车 B 的速度（参见实验内容 1 - ⑴“实验计算机”设置）。

⑵ 打开一“图形显示”窗口，点击图标 ，在同一个图表中建立四个坐标系，分别用以描绘小车 A 、B 的“速度 - 时间”，力传感器 A“作用力 - 时间”，力传感器 B“反作用力 - 时间”曲线。

⑶ 将小车 A 、B 停放在合适的位置，按下两个力传感器侧面的“tare”按钮，使力传感器的初始值为零。准备好后，点击“录制”图标开始采集实验数据，同时轻推小车 A，向静止的小车 B 运动。当两车发生弹性碰撞后，点击“停止”图标结束数据采集，“数据 #”将出现在科学工作室窗口的数据记录框中，曲线图形如图 6-5-6 所示。按此方法采集若干组实验数据。

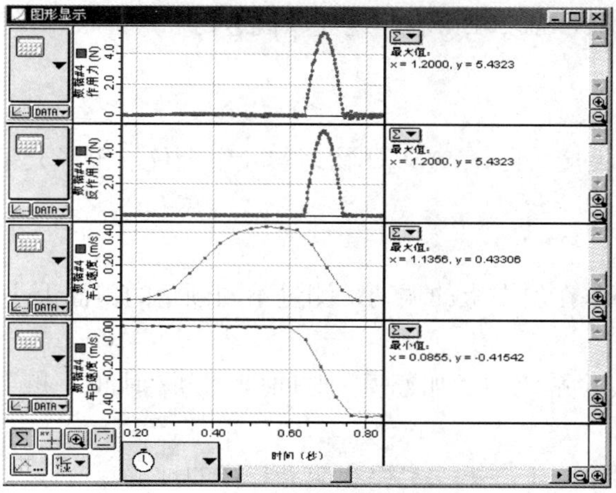

图 6-5-6　牛顿第三定律实验曲线图

⑷ 点击图标 DATA 和“自动分度”图标 ，选出实验效果最好的曲线图形（参见 6-5-6）加以分析。点击统计图标 Σ ，分别求出两车碰撞时的作用力与反作用力，小车 A 、B 碰撞前的速度 $v_{A前}$、$v_{B前}$ 和碰撞后的速度 $v_{A后}$、$v_{B后}$，记录于表 6-5-3 中。

⑸ 将力传感器 B 测力端上的粗弹簧换成细弹簧，称衡质量后重复以上实验内容，结果记录于表 6-5-3 中。

表 6-5-3　实验数据记录表

弹簧种类	F / N	F' / N	$v_{A前}$ / m·s^{-1}	$v_{B前}$ / m·s^{-1}	$v_{A后}$ / m·s^{-1}	$v_{B后}$ / m·s^{-1}	$F-F'$ / N	$v_{A前}-v_{B后}$ / m·s^{-1}
粗弹簧								
细弹簧								

⑹ 分析表 6-5-3 中的测量数据，得出实验结论。

3. 记录实验环境条件，整理好实验仪器。

【实验报告】

1. 实验所用的实验仪器（型号或规格），实验环境条件。

2. 简述实验原理，画出有关原理图，说明实验的操作过程。按实验要求打印出各实验图形曲线，根据表 6-5-1、6-5-2、6-5-3 中的测量数据，通过分析得出实验结论。

3. 思考题

⑴ 在图 6-5-1 中，力传感器所测得的力与砝码重力是否相等？为什么？

⑵ 在作用力与反作用力实验测量中，为何图 6-5-6 中显示的作用力与反作用力都为正？小车 A 、B 的“速度 - 时间”曲线有何特点？

实验 6.6　加速度与简谐振动的测量

分析物体振动的实验，一般都是在竖直平面或在水平面内进行。本实验采用动力学小车系统和传感器技术实现实时测量，在一定倾角的斜面上对弹簧、小车组成的振动系统进行研究，从而加深对振动理论和加速度等概念的理解。

【实验仪器】

计算机，数据采集接口器，PASCO 物理实验组合仪，电子天平。

【实验目的】

1. 观察动力学小车在斜面上的振动，测量不同倾角的斜面上小车和弹簧系统的振动周期。

2. 用图表描绘实验系统的“加速度 - 时间”，“力 - 时间”和“力 - 位移”，“力 - 加速度”曲线。

3. 加深对振动理论、牛顿第二定律和胡克定律的理解。

【实验原理】

在倾角为 θ 的运动导轨上装有动力学小车、加速度传感器和弹簧组成的实验系统，如图 6-6-1 所示。当给动力学小车施以一沿导轨方向的外力时，系统将在导轨所在的斜面上振动。

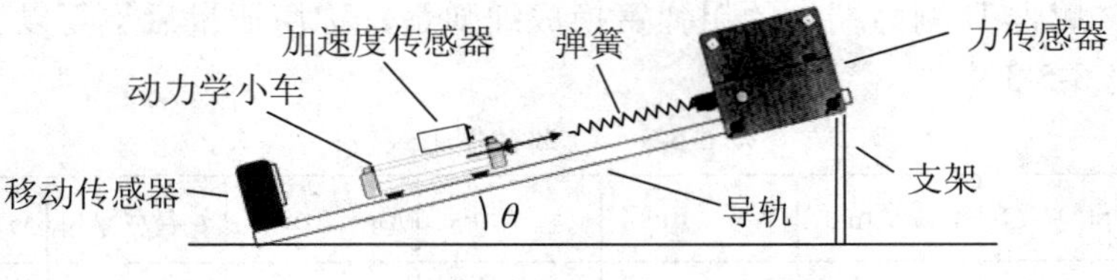

图 6-6-1　实验装置示意图

设弹簧劲度系数为 k，弹簧对小车的弹性力为 F，位移为 x，根据胡克定律：

$$F = -kx \tag{6-6-1}$$

若动力学小车和加速度传感器的质量为 M，运动的加速度为 a，（忽略动力学小车和导轨间的摩擦力，空气阻力也忽略不计），根据牛顿第二定律：

$$F - Mg\sin\theta = Ma \tag{6-6-2}$$

实验用力传感器测量弹簧的弹性力，若动力学小车在平衡位置时校准力传感器为零，则式（6-6-2）可描述为：

$$F' = Ma' \tag{6-6-3}$$

对于动力学小车、加速度、弹簧组成的实验系统，理论上系统振动的周期（忽略弹簧质量忽略不计）为：

$$T = 2\pi\sqrt{\frac{M}{k}} \tag{6-6-4}$$

实验用移动传感器测量动力学小车的位移 x，力传感器测量弹簧对动力学小车的弹性力 F'，加速度传感器测量动力学小车的加速度 a'。通过 Science Workshop 软件描绘出"加速度 - 时间"，"力 - 时间"和"力 - 位移"，"力 - 加速度"曲线图。

【实验内容】

1. 将加速度传感器（CI-6558）固定在动力学小车（ME-9430）上，测量出小车和加速度传感器的质量记为 M。

按图 6-6-1 安装实验装置，运动导轨的倾角 θ 不要太大。移动传感器（CI-6742）、力传感器（CI-6537）和加速度传感器（CI-6558）的输出插头接入数据采集接口器相应的通道。打开科学工作室窗口，设置移动传感器、力传感器和加速度传感器的工作参数。按下力传感器侧面的"tare"按钮，使力传感器的初始值为零（每次记录前都应按下力传感器侧面的"tare"按钮使力传感器归零）。

2. 从轨道标尺上读出小车的平衡位置记为 L_0。

3. 打开一"图形显示"窗口，点击图标 ，在同一个图表中建立二个坐标系，分别用以显示"加速度 - 时间"、"力 - 时间"曲线图。

4. 拉动动力学小车离开平衡位置一段合适的距离后松手（弹簧拉伸长度不超过导轨长度的一半），使系统开始振动。通过点击"录制"和"停止"图标采集若干组实验数据，"数据 #"将出现在科学工作室窗口的数据记录框中，曲线图形如图 6-6-2 所示。

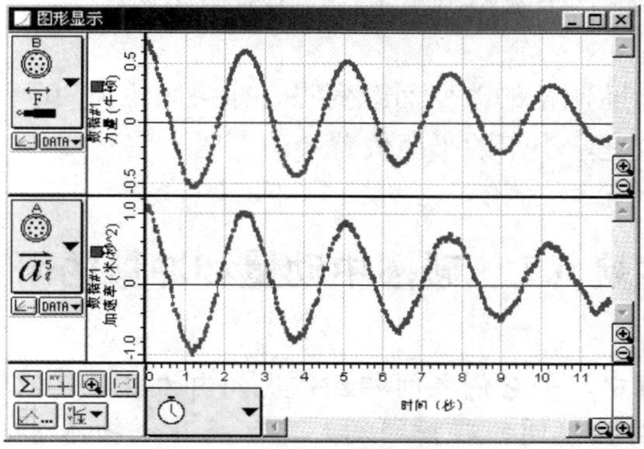

图 6-6-2　"加速度 - 时间"、"力 - 时间"实验曲线图

5. 点击数据图标  和"自动分度"图标 ，选出实验效果最好的曲线图形

（参见图 6-6-2）并加以分析。通过智能十字图标 求出系统振动周期 T。

6. 打开两个“图形显示”窗口，分别用以显示“力 - 位移”和“力 - 加速度”曲线图（如图 6-6-3、6-6-4 所示），点击数据图标 DATA 和“自动分度”图标 ，选出实验效果最好的曲线图形并加以分析。

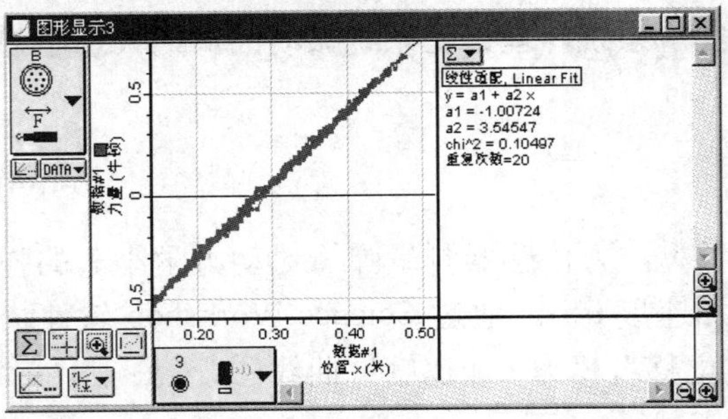

图 6-6-3　“力 - 位移”实验曲线图

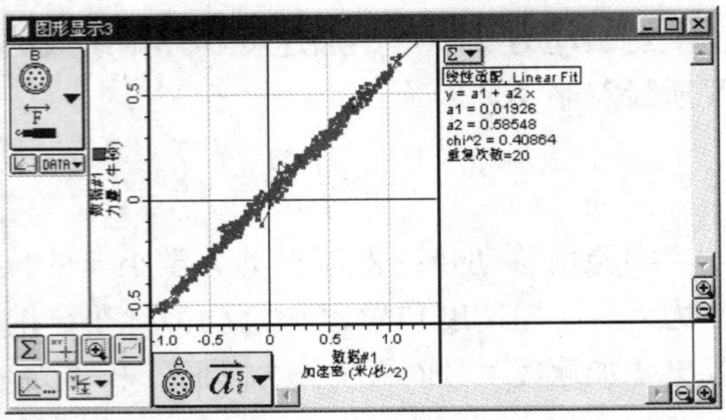

图 6-6-4　“力 - 加速度”实验曲线图

在图 6-6-3“力 - 位移”曲线图中，点击统计图标 Σ，通过曲线适配处理实验数据，求出斜率即为弹簧的劲度系数 k。再利用式（6-6-4）求出系统的振动周期 T，该结果与实验内容 4 的测量结果进行比较。

在图 6-6-4“力 - 加速度”曲线中，通过曲线适配处理实验数据，求出斜率即为小车和加速度传感器的质量，该结果与电子秤测量出的质量 M 进行比较。

7. 改变导轨的倾角 θ，重复以上实验内容。录制“加速度 - 时间”和“力 - 时间”曲线图，通过分析得出实验结论。

8. 记录实验环境条件，整理好实验仪器。

【实验报告】

1. 实验所用的实验仪器（型号或规格），实验环境条件。

2. 简述实验原理，画出有关原理图，说明实验的操作过程。按实验要求，打印出“加速度 - 时间”，“力 - 时间”、“力 - 位移”，“力 - 加速度”曲线图，各相关实验计算数据以及各拟合参数。分析各实验测量结果，得出实验结论。

3. 思考题

⑴ 系统振动周期会随倾角的改变而改变吗？如果倾角为 90°，周期将是多少？

⑵ 随着倾角 θ 的改变，小车的平衡位置会改变吗？

实验 6.7　碰撞中动量和冲量的研究

两物体在碰撞过程中，若它们之间相互作用的内力较之其他物体对它们作用的外力要大得多，则在研究两物体间的碰撞问题时，可将其他物体对它们作用的外力忽略不计。研究碰撞的实验方法有很多，常见的有气垫导轨等实验装置。本实验采用动力学小车系统和传感器技术实现实时测量，用图表描绘动力学小车碰撞时的运动规律和受力情况，研究碰撞过程中动量和冲量的关系。

【实验仪器】

计算机，数据采集接口器，PASCO 物理实验组合仪，电子天平。

【实验目的】

1. 研究在碰撞过程中，动力学小车动量和冲量的变化。

2. 观察弹性碰撞和非弹性碰撞的实验现象。

3. 描绘动力学小车在碰撞过程中“速度 - 时间”、“力 - 时间”、“动量 - 时间”和“冲量 - 时间”曲线图。

【实验原理】

在各种形式的碰撞过程中，若动力学小车的质量为 m ，碰撞前的速度为 $v_{前}$ ，碰撞后的速度为 $v_{后}$ ，则小车动量的变化量 ΔP 为：

$$\Delta P = m v_{后} - m v_{前} \tag{6-7-1}$$

若动力学小车碰撞时所受的力为 F ，受力时间为 t ，则小车所受的冲量 I 为：

$$I = \int_{t_1}^{t_2} F\mathrm{d}t \tag{6-7-2}$$

理论上认为，无论是弹性碰撞还是非弹性碰撞，碰撞前后小车动量的变化量与小车所受的冲量大小相等，即：

$$\Delta P = I \tag{6-7-3}$$

实验装置如图 6-7-1 所示。在水平导轨的一端安装移动传感器，以测量动力学小车的运动情况，另一端安装力传感器，以测量动力学小车在碰撞时的受力情况。力传感器的测力端可分别装上细弹簧、粗弹簧、磁体（和小车上的磁体同极性）、橡皮泥等。当动力学小车以一定的速度沿一直线向前运动，与力传感器发生碰撞时，可分别实现弹性碰撞、完全弹性碰撞及完全非弹性碰撞。

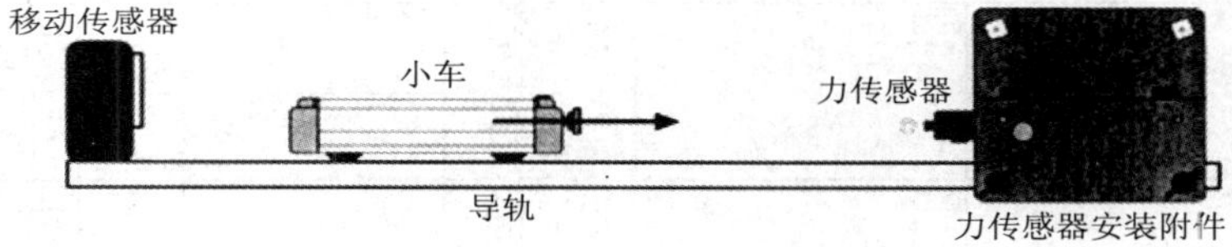

图 6-7-1　实验装置示意图

实验通过 Science Workshop 软件描绘出动力学小车碰撞前后速度、力、动量、冲量的时间曲线，求出动力学小车动量的变化量和冲量，进而研究它们之间的相互关系。

【实验内容】

1. 用电子秤测量出动力学小车（ME-9430）的质量记为 m 。按图 6-7-1 安装实验装置，调整导轨底脚螺丝使导轨保持水平，力传感器（CI-6537）的测力端装上细弹簧。

2. 移动传感器（CI-6742）和力传感器的输出插头接入数据采集接口器相应的通

道，打开科学工作室窗口，选择移动传感器和力传感器，校准实验传感器的工作参数。按下力传感器侧面的“tare”按钮，使传感器归零(每次记录前都需按下力传感器侧面的“tare”按钮使力传感器归零)。

3. 通过“实验计算机”建立坐标轴的物理量，得到小车的速度、力、动量和冲量。动量P和冲量I“实验计算机”设置窗口如图 6-7-2 所示。

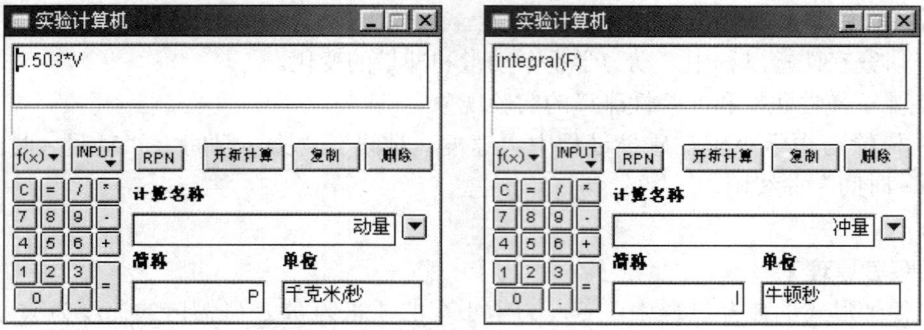

图 6-7-2　动量和冲量“实验计算机”设置窗口

4. 打开一“图形显示”窗口，点击图标，在同一个图表中建立四个坐标系，描绘小车的“速度 - 时间”，“力 - 时间”，“动量 - 时间”和“冲量 - 时间”曲线。

5. 单击“录制”图标开始采集实验数据，同时用适合的力推动动力学小车，使它向着力传感器的方向滚动，当小车与力传感器测力端的弹簧发生碰撞反弹后，单击“停止”按钮结束数据采集。“数据 #”将出现在科学工作室窗口的数据记录框中，实验所采集的曲线图形如图 6-7-3 所示。按上述实验方法采集若干组实验数据。

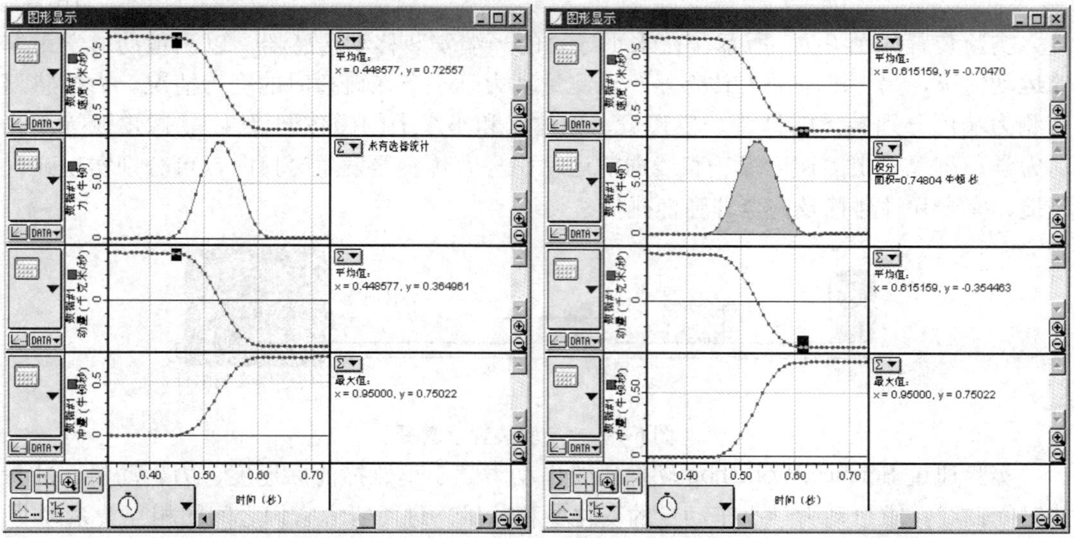

图 6-7-3　碰撞前、后的实验数据处理示意图

6. 在“图形显示”窗口中，点击图标 DATA 和“自动分度”图标，选出实验效果最好的图形曲线（参见图 6-7-3），用统计图标 Σ 分别求出小车碰撞前的速度$v_{前}$、动量P_1，碰撞后的速度$v_{后}$、动量P_2、冲量I（或用积分求“力 - 时间”图形中曲线下

面积，且记为 I_S ），结果记录于表 6-7-1 中。

7. 卸下力传感器测力端的细弹簧，分别装上粗弹簧、磁体、橡皮泥，重复上述实验内容，得出相应的实验图形曲线，按实验内容 6 处理数据，结果记录于表 6-7-1 中。

表 6-7-1　实验数据记录表

物理量 / 碰撞形式	v_1 / m·s^{-1}	v_2 / m·s^{-1}	P_1 / kg·m·s^{-1}	P_2 / kg·m·s^{-1}	I_S / N·s	I / N·s
弹性碰撞(细弹簧)						
弹性碰撞(粗弹簧)						
完全弹性碰撞(磁体)						
完全非弹性碰撞(橡皮泥)						

提示：若小车在碰撞后被橡皮泥粘住，小车静止不动速度为 0 ，则为完全非弹性碰撞（曲线图形如图 6-7-4 所示）。

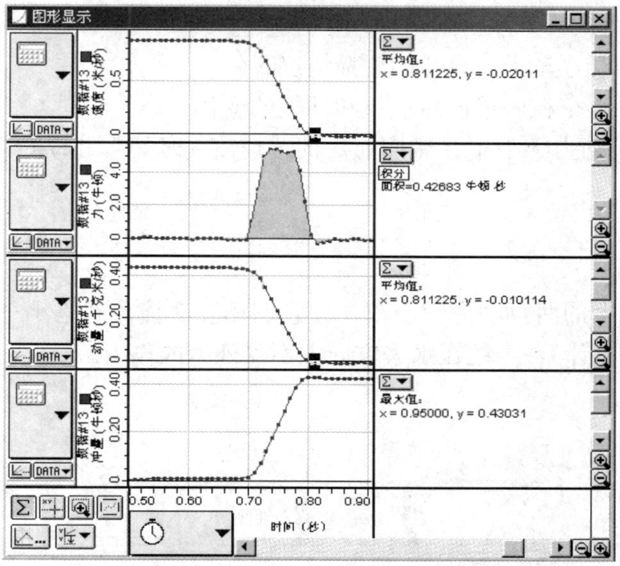

图 6-7-4　完全非弹性碰撞实验数据处理示意图

8. 根据表 6-7-1 实验数据，分析动力学小车在弹性、完全弹性、完全非弹性碰撞过程中，动量和冲量的的关系，得出实验结论。

9. 记录实验环境条件，整理好实验仪器。

【实验报告】

1. 实验所用的实验仪器（型号或规格），实验环境条件。

2. 简述实验原理，画出有关原理图，说明实验的操作过程。按实验要求打印出各实验图形曲线，根据表 6-7-1 的测量数据，分析动力学小车在不同碰撞过程中，动量和冲量的关系，得出实验结论。

3. 思考题

⑴ 动量的变化量与冲量相比较如何？

⑵ 导致动量的变化量与测量出的冲量存在差别的主要原因有哪些？

实验 6.8　碰撞中动量和动能的研究

如果两物体在碰撞后其动能之和完全没有损失，这种碰撞称为完全弹性碰撞。实际上，两物体碰撞时，由于非保守力的作用，致使机械能转换为热能、声能等其他形式的能量，或者其他形式的能量转换为机械能，这种碰撞称为非弹性碰撞。两物体在非弹性碰撞后以同一速度运动，这种碰撞又称为完全非弹性碰撞。

实验采用动力学小车系统和传感器技术实现实时测量，用图表描绘物体碰撞的运动规律，分析在完全非弹性碰撞和完全弹性碰撞前后，系统动量和动能的变化情况。

【实验仪器】

计算机，数据采集接口器，PASCO 物理实验组合仪，电子天平。

【实验目的】

1. 观察两动力学小车沿一直线的碰撞情况。

2. 研究动力学小车在碰撞前后动量和动能的变化。

3. 用图表描绘动力学小车在碰撞前后的“速度 - 时间”，“动量 - 时间”和“动能 - 时间”曲线。

【实验原理】

水平运动导轨上的两辆动力学小车，让它们相互碰撞，忽略小车与导轨间的摩擦力（空气阻力也忽略不计），系统在水平方向上不受外力的作用。

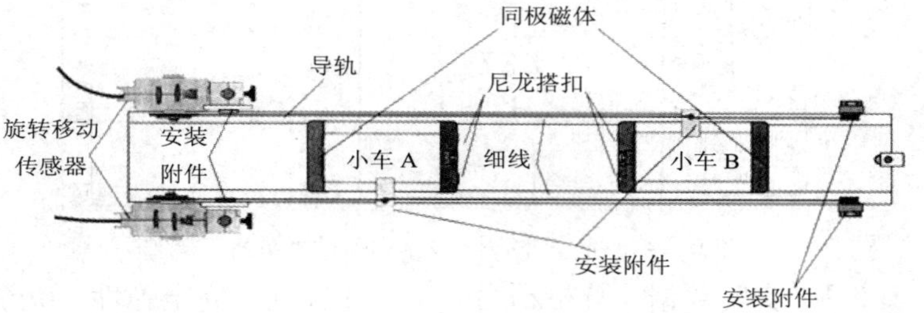

图 6-8-1　实验装置示意图

1. 完全非弹性碰撞：如图 6-8-1 所示，两车（A 和 B）的相碰面装有尼龙搭扣，碰撞后两车互相粘在一起，以同样的速度继续向前运动，实现完全非弹性碰撞。

设小车 A 的质量为 m_A，碰撞前的速度为 $v_{A前}$；小车 B 的质量为 m_B，碰撞前的速度为 $v_{B前}$，碰撞后两车的速度为 $v_后$，则有：

两车碰撞前、后的总动量 $P_前$、$P_后$ 分别为：

$$P_前 = m_A v_{A前} + m_B v_{B前} \tag{6-8-1}$$

$$P_后 = (m_A + m_B) v_后 \tag{6-8-2}$$

两车碰撞前、后的总动能 $E_前$、$E_后$ 分别为：

$$E_前 = \frac{1}{2} m_A v_{A前}^2 + \frac{1}{2} m_B v_{B前}^2 \tag{6-8-3}$$

$$E_{后}=\frac{1}{2}(m_A+m_B)v_{后}^2 \tag{6-8-4}$$

2. 完全弹性碰撞：将图 6-8-1 所示的两小车反相放置，此时两小车的相碰面装有同极磁体，碰撞时磁体相斥，实现完全弹性碰撞。设小车 A 质量为 m_A，碰撞前、后的速度为 $v_{A前}$、$v_{A后}$；小车 B 质量为 m_B，碰撞前、后的速度为 $v_{B前}$、$v_{B后}$。则有：

两车碰撞前、后的总动量 $P_{前}$、$P_{后}$ 分别为：

$$P_{前}=m_Av_{A前}+m_Bv_{B前} \tag{6-8-5}$$

$$P_{后}=m_Av_{A后}+m_Bv_{B后} \tag{6-8-6}$$

两车碰撞前、后的总动能 $E_{前}$、$E_{后}$ 分别为：

$$E_{前}=\frac{1}{2}m_Av_{A前}^2+\frac{1}{2}m_Bv_{B前}^2 \tag{6-8-7}$$

$$E_{后}=\frac{1}{2}m_Av_{A后}^2+\frac{1}{2}m_Bv_{B后}^2 \tag{6-8-8}$$

3. 实验时，导轨上小车 A 以一定的速度与静止的小车 B 发生碰撞。导轨的一端各安装两个旋转移动传感器（通过线绳与小车相连），用以分别测量动力学小车 A、B 在碰撞前后的运动情况。通过 Science Workshop 软件描绘出两小车的“速度 - 时间”，“动量 - 时间”和“动能 - 时间”曲线，求出小车在碰撞前后的动量和动能，研究它们之间的相互关系。

【实验内容】

用电子秤测量出动力学小车 A（ME-9430）、B（ME-9454）的质量记为 m_A 和 m_B。按图 6-8-1 安装实验装置，调整运动导轨底脚螺丝，使导轨保持水平。通过安装附件，用细线将小车 A、B 与两个旋转移动传感器分别相连，细线的松紧度要适合。

安装好发力枪（ME-9488）并调整其发力的大小，以便实验中小车 A 每次有一个大致相同的初速度与小车 B 发生碰撞。将两个旋转移动传感器（CI-6538）的输出插头接入数据采集接口器相应的通道，打开科学工作室窗口，选择旋转移动传感器，校准实验传感器的工作参数。

1. 完全非弹性碰撞

⑴ 打开“实验计算机”窗口，建立图形坐标轴的物理量：小车 A 的速度 v_A，小车 B 的速度 v_B，两车的总动量 P 和两车的总动能 E。动量、动能的“实验计算机”设置窗口分别如图 6-8-3、6-8-4 所示。

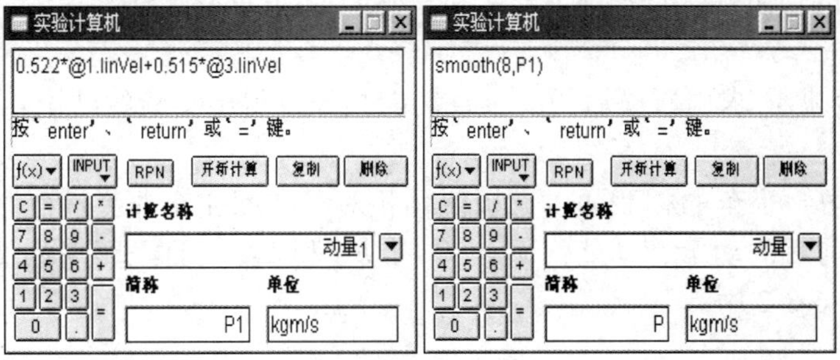

图 6-8-3 “实验计算机”动量设置窗口

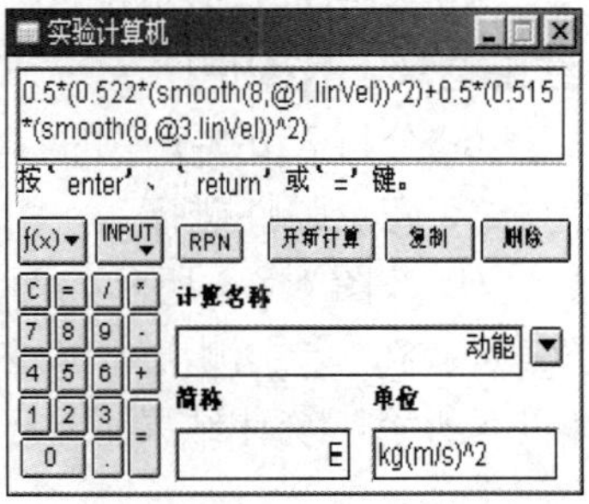

图 6-8-4 “实验计算机”动能设置窗口

(2) 打开“图形显示”窗口，点击图标 在同一个图表中建立四个坐标系，用以描绘小车 A、B 碰撞过程中的“速度 - 时间”，“动量 - 时间”和“动能 - 时间”曲线。

(3) 两动力学车的相碰面以尼龙搭扣相对，调整两车的相对距离，点击“录制”图标开始采集实验数据，同时用发力枪发力，使小车 A 向静止的小车 B 运动。当两车发生非弹性碰撞粘在一起，并以同样的速度继续向前运动时，点击“停止”图标。实验所采集的图形曲线如图 6-8-5 所示，以此方法采集若干组实验数据。

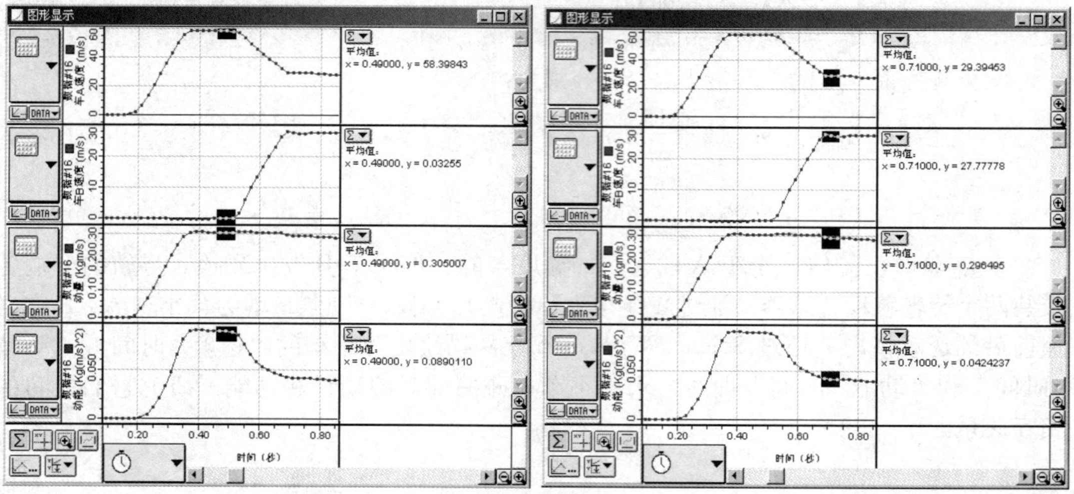

图 6-8-5　完全非弹性碰撞前、后的实验数据处理示意图

(4) 在图 6-8-5 中点击图标 DATA 和“自动分度”图标 ，分析实验曲线。用统计图标 Σ 分别求出小车碰撞前后的动量、动能：$P_{前}$、$E_{前}$、$P_{后}$、$E_{后}$，结果记录于表 6-8-1 中。

表 6-8-1　完全非弹性碰撞实验数据记录表

小车 A　/ g	小车 B　/ g	$P_{前}$　/ $kg\cdot m\cdot s^{-1}$	$E_{前}$　/ $kg\cdot(m\cdot s^{-1})^2$	$P_{后}$　/ $kg\cdot m\cdot s^{-1}$	$E_{后}$　/ $kg\cdot(m\cdot s^{-1})^2$
m_A =	m_B =				
m_A+495	m_B+495				
m_A+990	m_B+990				

(5) 改变动力学小车 A、B 的质量（加砝码条 495 g 和 990 g），重复以上述验内容，结果记录于表 6-8-1 中。

(6) 分析表 6-8-1 中的实验数据，求出碰撞后的动量、动能损失，得出实验的结论。

2. 完全弹性碰撞

(1) 按图 6-8-1 所示，两动力学小车的相碰面以同极磁体相对，参照完全非弹性碰撞实验内容，分别测出小车碰撞前后的动量、动能：$P_{前}$、$E_{前}$、$P_{后}$和$E_{后}$，曲线图形如图 6-8-6 所示，统计结果记录于表 6-8-2 中。

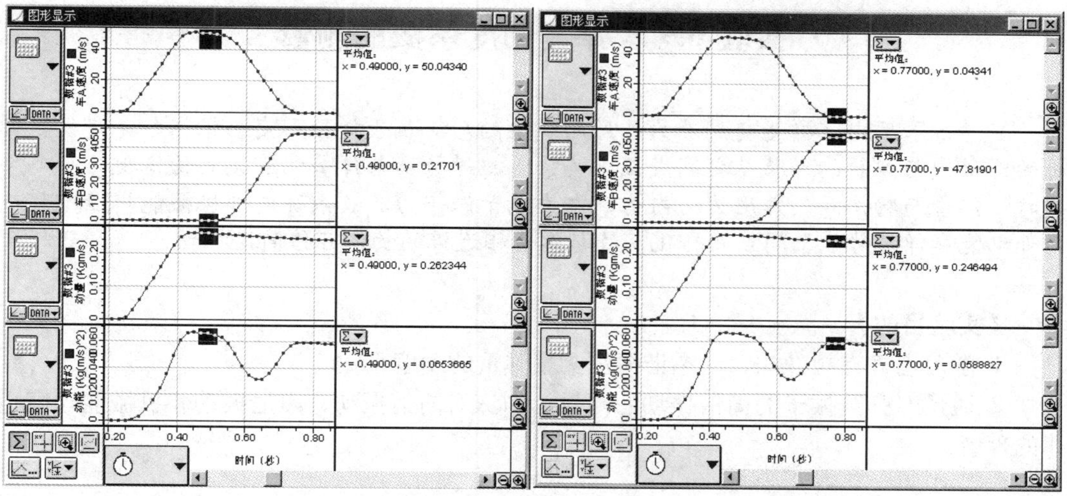

图 6-8-6　完全弹性碰撞前、后的实验数据处理示意图

(2) 改变动力学小车 A、B 的质量（加砝码条 495 g 和 990 g），重复以上实验内容，结果记录于表 6-8-2 中。

表 6-8-2　完全弹性碰撞实验数据记录表

小车 A　/ g	小车 B　/ g	$P_{前}$　/ $kg \cdot m \cdot s^{-1}$	$E_{前}$　/ $kg \cdot (m \cdot s^{-1})^2$	$P_{后}$　/ $kg \cdot m \cdot s^{-1}$	$E_{后}$　/ $kg \cdot (m \cdot s^{-1})^2$
m_A =	m_B =				
m_A+495	m_B+495				
m_A+990	m_B+990				

(3) 分析表 6-8-2 中的实验数据，求出碰撞后的动量、动能损失，得出实验的结论。

3. 记录实验环境条件，整理好实验仪器。

【实验报告】

1. 实验所用的实验仪器（型号或规格），实验环境条件。

2. 简述实验原理，画出有关原理图，说明实验的操作过程。按实验要求，打印出“速度 - 时间”，“动量 - 时间”和“动能 - 时间”曲线图。

根据表 6-8-1、6-8-2 中的实验数据，分析动力学小车在发生完全非弹性碰撞和完全弹性碰撞前后，系统动量和动能的变化情况，得出实验结论。

3. 思考题

(1) 什么因素造成了碰撞前的总动量和碰撞后的总动量有所不同？

(2) 在完全弹性碰撞曲线图中，为什么两车的总动能有一个下降和上升的过程？

实验 6.9　弹簧劲度系数的测量

在弹性限度内，弹簧受到外力作用而发生的形变属于弹性形变。根据胡克定律，弹簧的弹性力与弹簧的伸长量之间成正比关系。把弹簧和与弹簧相连接的物体视为一个系统时，弹簧与物体间的作用力为内力，内力属于保守力，故系统内部机械能守恒，系统内部动能和弹性势能之间互相转化，故与弹簧相连接的物体可作简谐振动。

【实验目的】

1. 学习用静态拉伸法、动态谐振法测量弹簧的劲度系数。

2. 通过对弹簧振子的简谐振动的测量，加深对简谐振动、阻尼振动和机械能守恒定律的理解。

【实验仪器】

计算机，数据采集接口器，PASCO 物理实验组合仪。

【实验原理】

1. 静态拉伸法测弹簧的劲度系数：如图 6-9-1 所示，一竖直的轻质弹簧下端悬挂一定质量的砝码，在弹簧的回复力与砝码的重力相等时系统处于平衡状态。逐渐增加砝码的质量，在砝码重力的作用下，砝码将离开原平衡位置。根据胡克定律，忽略弹簧的质量，弹簧的回复力 F 与砝码的位移量 x 之间的关系为：

$$F = -kx \tag{6-9-1}$$

实验通过“键盘取样”输入，逐个增加砝码质量，用移动传感器测出砝码的位移变化量（反映了弹簧的拉伸变化量），根据式（6-9-1），通过作图和曲线拟合，求出弹簧的劲度系数 k。

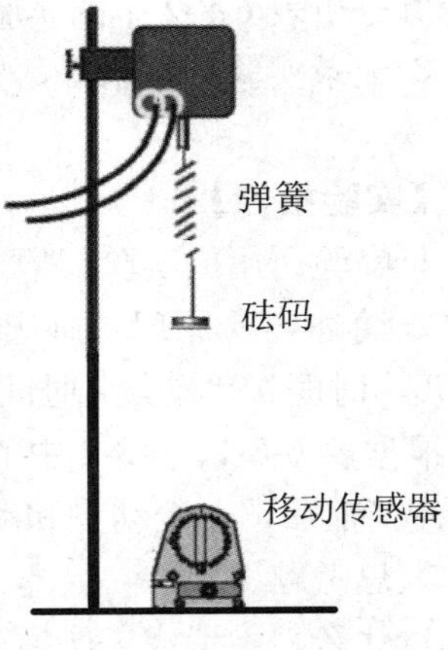

图 6-9-1　实验装置示意图

2. 动态谐振法测弹簧的劲度系数：如图 6-9-1 所示，在弹簧的下端悬挂一定质量的砝码，若沿竖直方向往下给法码施加一适当的外作用力并随之撤除，在弹簧回复力的作用下，砝码将在原平衡位置的竖直方向上下振动。系统振动时，能量频繁地在动能和几种形式的势能之间相互交换。如果忽略摩擦力，系统的总能量将保持恒定。当砝码处于最高点时，重力势能达到最大值；当砝码处于最低点时，弹性势能达到最大值。

根据牛顿第二定律，忽略弹簧的质量，系统的运动方程为：

$$m\frac{\mathrm{d}^2x}{\mathrm{d}t^2} = -kx \tag{6-9-2}$$

式中 m 为砝码的质量，x 为砝码在竖直方向离开原平衡位置的位移，k 为弹簧的劲度系数。将式（6-9-2）变形为：

$$\frac{d^2x}{dt^2} = -\frac{k}{m}x = -\omega_0^2 x \tag{6-9-3}$$

方程（6-9-3）的解为：

$$x = A\sin(\omega_0 t + \varphi_0) \tag{6-9-4}$$

式中 A 为振幅；φ_0 为初相位（初始条件决定）；x 为弹簧的位移；ω_0 为系统振动的角频率（固有频率，由振动系统本身的特性决定），即：

$$\omega_0 = \sqrt{\frac{k}{m}} \tag{6-9-5}$$

因此，系统的振动周期为：

$$T = \frac{2\pi}{\omega_0} = 2\pi\sqrt{\frac{m}{k}} \tag{6-9-6}$$

又因为：

$$T = \frac{1}{v} \tag{6-9-7}$$

故由式（6-9-6）可得：

$$k = 4\pi^2 m v^2 \tag{6-9-8}$$

由数据采集接口器和计算机构成实验系统，用移动传感器测量砝码的振动位置，通过 Science Workshop 程序描绘出弹簧系统振动的“位置 - 时间”曲线，经曲线拟合得到系统的振动频率 v，由式（6-9-8）可求出弹簧的劲度系数。

【实验内容】

按图 6-9-1 安装实验装置。移动传感器（CI-6742）的输出接入数据采集接口器相应的通道。为了取得较好的测量效果，砝码及弹簧要竖直向下，移动传感器对准砝码，并注意距离不小于 0.4 m 。

1. 静态拉伸法测弹簧劲度系数：打开科学工作室窗口，选择移动传感器，校准实验传感器的工作参数，点击 

图标打开“键盘取样”窗口，建立“图形显示”窗口中纵坐标“力”的输入量，以实现计算机的实时控制测量。

建立一“图形显示”窗口，纵坐标设置为“力”，横坐标设置为砝码相对于移动传感器间的变化“位置”。

实验时，因砝码的质量从 5.0 g 开始，故开始时在“键盘取样”窗口中键入 0.05 N（g 取 10 m / s^2），作为“输入 #1 ”（输入 #1 的缺省值是 10.0000 ），单击“输入”或键盘“Enter”来记录实验测量值。通过键盘输入逐个增加砝码质量，键入的值将出现在“键盘取样”窗口的数据列表中（如图 6-9-2 所示，输入 #2 之后的缺省值将映射前两次输入的特征曲线）。实验记录完后，单击“键盘取样”窗口中“停止取样”按钮停止采集数据。“数据 #1”将出现在科学工作室窗口的数据记录框中。

用“图形显示”窗口描绘“力”和砝码“位置”之间的关系曲线。在“图形显示”窗口中，点击“自动分度”图标  观察曲线。通过“统计工具”图标 ，用曲线适配处理实验数据。Science Workshop 程序将试图把数据拟合到一个数学拟合式，数学

拟合式的次数和系数显示在统计区中。chi^2 值是数据和数学式之间拟合相近程度的量度。当实验测得的“力 - 位置”曲线和拟合数学式适配时（参见图 6-9-3 ），即可求出所测弹簧的劲度系数。将数学拟合式的各个参数记录在“实验备注”中。

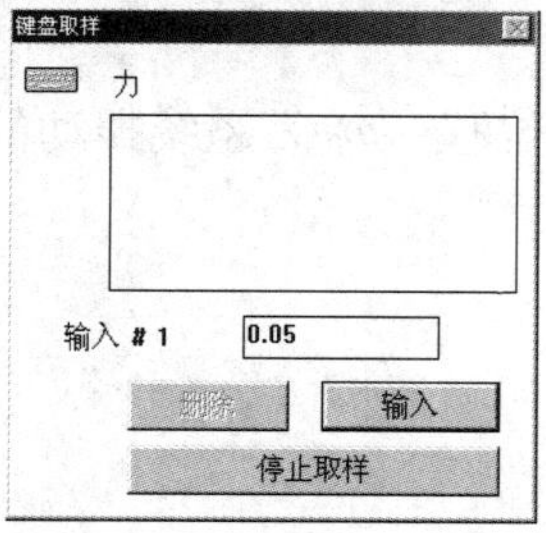

图 6-9-2 “键盘取样”窗口

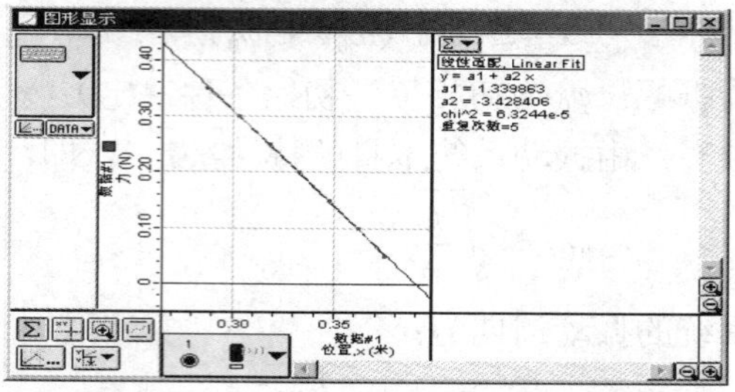

图 6-9-3 “重量 - 位置”曲线适配窗口

2. 动态谐振法测弹簧劲度系数：打开一“图形显示”窗口，设置纵坐标为“位置”，横坐标为“时间”，用该“图形显示”窗口描绘实验系统在振动过程中“位置”随“时间”变化的曲线。

决定系统振动一个周期所需时间的因素有两个：一是弹簧振动时所悬挂砝码的质量；二是弹簧本身的硬度和质量。在本实验中要使系统作简谐振动，就要考虑弹簧上所悬挂砝码的质量等其他因素（比如让它预振动几分钟以减弱多余的运动、注意观察系统是否在竖直方向作简谐振动等）。实验时，砝码的质量可从 10.0 克开始，慢慢增加，通过点击“录制”和“停止”图标记录实验数据，不断摸索。

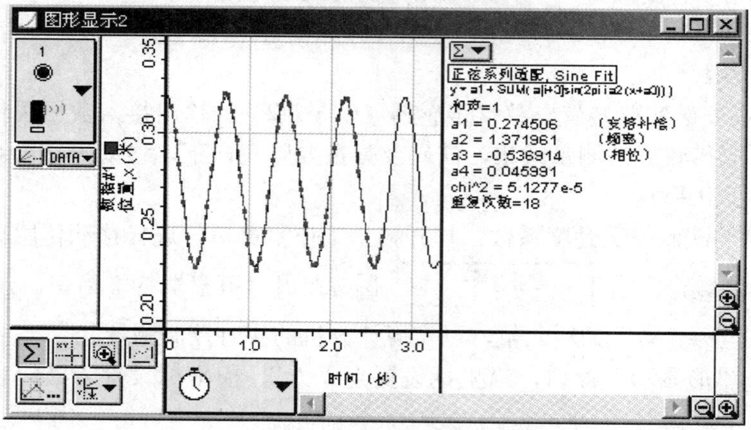

图 6-9-4 “位置 - 时间”曲线适配拟合图形窗口

在“图形显示”窗口中，点击“自动分度”  图标观察曲线。通过“统计工具”图标  ，用曲线适配处理实验所得的“位置 - 时间”曲线（参见图 6-9-4）。适配曲线拟合的好坏是判断系统是否作简谐振动的依据，只有系统作简谐振动时求出的频率才是系统振动的真实频率，由拟合参数可得到系统的振动频率 v 。

开启“实验计算机”窗口，由式（6-9-8）求出弹簧的劲度系数 k 。将实验计算的结果存放在“实验备注”中。

3. 打印拟合的“力 - 位置”曲线，“位置 - 时间”曲线，“实验备注”中的相关的实验计算数据以及各拟合参数。

4. 记录实验环境条件，整理好实验仪器。

【实验报告】

1. 实验所用的实验仪器（型号或规格），实验环境条件。

2. 简述实验原理，画出有关原理图，说明实验的操作过程。按实验要求，给出“力 - 位置”曲线，“位置 - 时间”曲线，“实验备注”中的相关实验计算数据以及各拟合参数，求出弹簧劲度系数值。

3. 思考题

(1) 比较两种不同测量方法求得的弹簧劲度系数是否相同，分析原因。

(2) 理论上，“力 - 位置”曲线应为直线，为何有时“图形显示”窗口中描绘出来的曲线是折线？“位置 - 时间”曲线拟合适配不佳的原因是什么？

(3) “位置 - 时间”曲线中当砝码的位置距平衡位置最远时，速度是多少？

(4) 在静态法测弹簧劲度系数实验中，若不采用“键盘取样”控制测量，而改用力传感器来测量弹簧的受力。Science Workshop 程序应如何设置，求出弹簧的劲度系数？

实验 6.10　复摆与大角度摆实验

单摆是一种既古老而又有现代意义的物理力学分析模型，它不但应用在古老的摆钟中，而且在许多现代物理分析模型中具有特别重要的意义。而复摆是比单摆更具有实际意义的物理模型。本次实验通过对复摆模型的分析，以加深对转动惯量的计算和小角度近似简谐振动等物理原理的理解。

【实验目的】

1. 观察复摆模型，用图表描述摆的“位置 - 时间”关系曲线。

2. 加深对转动惯量、平行轴定理、转动定律和机械能守恒定律的理解。

3. 通过复摆实验，学习测量重力加速度的方法。

4. 通过大角度摆实验，研究摆在不同角度摆动时的振动周期。

【实验仪器】

计算机，数据采集接口器，PASCO 物理实验组合仪。

【实验原理】

1. 一个任意形状刚体在重力的作用下，在竖直平面内绕一固定转轴作往复摆动的现象称为复摆。刚体离开平衡位置，摆角为 θ 时，刚体受到转动力矩的作用在竖直平面内绕固定轴 O 摆动，设摆的质心与摆轴 O 的距离为 h，并约定向右的摆动为正，则复摆所受的力矩 M 与角位移的方向相反，有：

$$M = -mgh\sin\theta \tag{6-10-1}$$

若摆角很小（5°以内），$\sin\theta \approx \theta$，式（6-10-1）近似为：

$$M = -mgh\theta \tag{6-10-2}$$

根据转动定律：

$$M = I\frac{\mathrm{d}^2\theta}{\mathrm{d}t^2} \tag{6-10-3}$$

将（6-10-2）代入式（6-10-3）整理可得：

$$\frac{\mathrm{d}^2\theta}{\mathrm{d}t^2} = -\frac{mgh}{I}\theta \tag{6-10-4}$$

由式（6-10-4）可看出刚体摆动时，其角加速度与角位移θ成正比并且异号，且是一种简谐振动（角谐振动），根据谐振动原理，复摆的角频率为：

$$\omega = \sqrt{\frac{mgh}{I}} \tag{6-10-5}$$

因此复摆的摆动周期为：

$$T = 2\pi\sqrt{\frac{I}{mgh}} \tag{6-10-6}$$

设I_c为复摆相对通过质心且与O轴平行的轴线的转动惯量，根据平行轴定理有：

$$I = I_c + mh^2 \tag{6-10-7}$$

将式（6-10-7）代入式（6-10-6）得：

$$T = 2\pi\sqrt{\frac{I_c + mh^2}{mgh}} \tag{6-10-8}$$

对于固定的刚体如复摆而言，I_c是固定的。由平行轴定理可知，若改变其质心与转轴O的距离h，那么其转动惯量I是要变化的，摆动的周期T也就随之变化。若质心与转轴O的距离h分别取$h = h_1$、$h = h_2$，则复摆摆动的周期T_1、T_2分别为：

$$T_1 = 2\pi\sqrt{\frac{I_c + mh_1^2}{mgh_1}} \tag{6-10-9}$$

$$T_2 = 2\pi\sqrt{\frac{I_c + mh_2^2}{mgh_2}} \tag{6-10-10}$$

为了使实验和计算公式简化，取$h_2 = 2h_1$，根据式（6-10-9）、（6-10-10）可求得重力加速度为：

$$g = \frac{12\pi^2 h_1}{2T_2^2 - T_1^2} \tag{6-10-11}$$

实验采用一长度为 38.0 cm 的轻质均匀细杆作为摆杆。摆杆上有两个小孔，上端小孔距摆杆端面的距离为 2.5 cm，中间小孔位于摆杆的中心。如图 6-10-1 所示，上端小孔作为摆轴O点，摆杆上可装两个质量均为m的砝码（高度各为 2.0 cm），其上下位置可以自由调节。

实验通过调节摆杆上砝码的位置来改变复摆的质心。利用旋转移动传感器、数据采集接口器和计算机构成的测量系统对复摆进行实时测量。由 Science Workshop 程序记录和显示复摆摆动时的位置，绘出其“位置 - 时间”曲线，通过曲线拟合得出简谐振动频率v，便可求出周期T，利用式（6-10-11）计算出重力加速度。

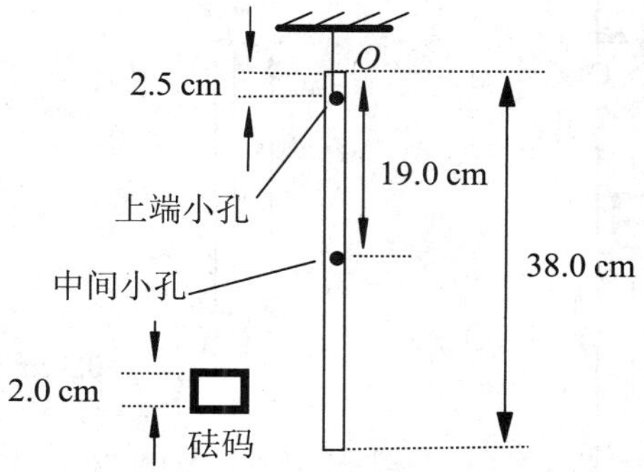

图 6-10-1　复摆装置示意图

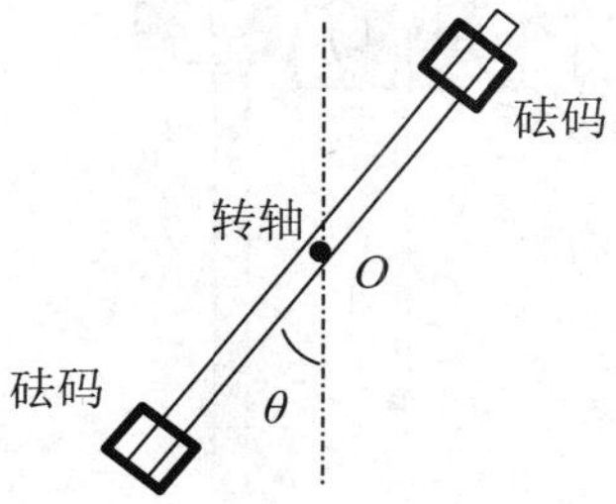

图 6-10-2　大角度摆实验示意图

2. 将摆杆的中间小孔作为转轴，摆杆的两端分别加以质量相同的砝码，但两砝码对转轴的距离不相等（图 6-10-2 所示），使摆杆绕定轴转动，在摆角 θ 较大时将形成大角度摆。由于摩擦力的作用，摆的振幅将逐渐减小，在摆角小于 20°时，摆的周期为：

$$T_0 = 2\pi\sqrt{\frac{I}{mgd}} \tag{6-10-12}$$

式中 I 是摆杆绕定轴旋转的转动惯量，m 为摆杆系统的质量，d 为转轴距摆杆系统质心的距离。

当摆在大角度摆动时，由于回复力矩的非线性作用，摆将作非线性运动，其周期由下式给出：

$$T = T_0\left[1+\sum_{i=1}^{P}\left[\frac{(2n-1)!\,!}{2^n n!}\right]^2 \sin^{2n}\left(\frac{\theta}{2}\right)\right] \tag{6-10-13}$$

周期 T 的前 5 项根据式（6-10-13）为：

$$T = T_0\left[1+\left(\frac{1}{2}\right)^2\sin^2\left(\frac{\theta}{2}\right)+\left(\frac{3\times1}{2^2\times2\times1}\right)^2\sin^4\left(\frac{\theta}{2}\right)+\left(\frac{15}{48}\right)^2\sin^6\left(\frac{\theta}{2}\right)+\left(\frac{105}{384}\right)^2\sin^8\left(\frac{\theta}{2}\right)+\cdots\right]$$

实验通过旋转移动传感器进行测量，摆的振动周期将被自动记录作为摆角的函数，从而得到摆在不同振幅情况下的“角位置 - 时间”，“角速度 - 时间”，“角加速度 - 时间”曲线图形。

【实验内容】

1. 复摆：将旋转移动传感器（CI-6538）固定在支架的上端，用小螺丝通过摆杆上端的小孔 O 点将摆杆（CI-6691）固定在旋转移动传感器上。调整实验装置，使旋转移动传感器保持水平，摆杆在静止时保持竖直向下（如图 6-10-3 所示）。

调节两个砝码的位置，使两个砝码的相对面置于摆杆的中间小孔，如图 6-10-4 所示。则复摆质心与转轴 O 间的距离为：

$$h_1 = 38.0 - 2.5 - 19.0 = 16.5\ \text{(cm)}$$

将旋转移动传感器的输出插头接入数据采集接口器相应的通道。打开科学工作室窗口，选择旋转移动传感器，校准传感器工作参数。

⑴ 打开一“图形显示”窗口，纵坐标选择为“位置”，横坐标选择为“时间”，用以描绘复摆在摆动过程中的“位置 - 时间”曲线。

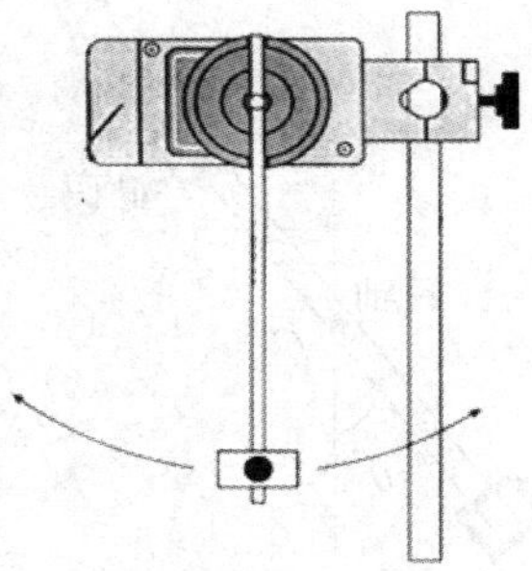

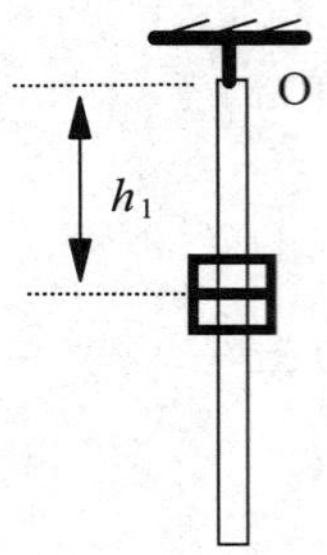

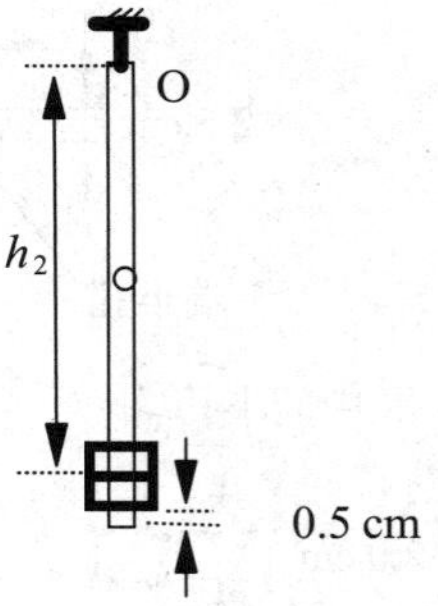

图 6-10-3　复摆示意图　　　　图 6-10-4　复摆结构示意图　　　　图 6-10-5　复摆结构示意图

⑵ 用手轻轻将摆推离平衡位置（注意摆角不要超过 5°），保持几秒钟后自然松开，以保证摆杆只在竖直平面内摆动。待摆动稳定后，点击“录制”和“停止”图标采集实验数据，“数据 #”将出现在科学工作室窗口的数据记录框中，曲线图形如图 6-10-6 所示，按此方法采集若干组实验数据。

⑶ 在图 6-10-6 中，分别点击图标  和“自动分度”图标  观察曲线，通过“统计工具”图标  ，用曲线适配处理实验数据，选取曲线拟合最佳的实验曲线，由拟合参数可得到简谐振动的频率且记为 v_1 。

开启“实验计算机”窗口，由 $T = 1 / v$ ，求出周期记为 T_1 。

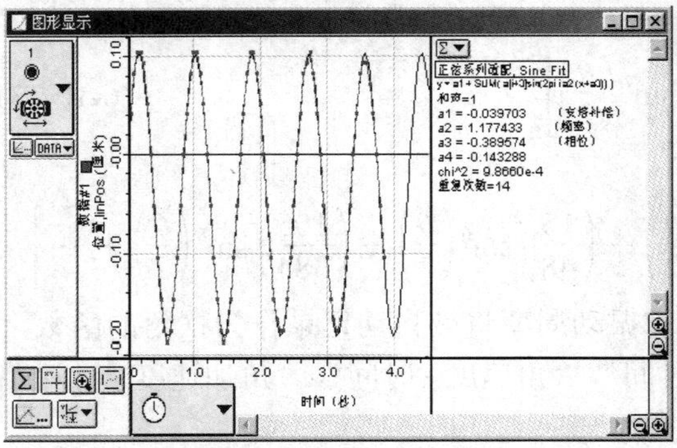

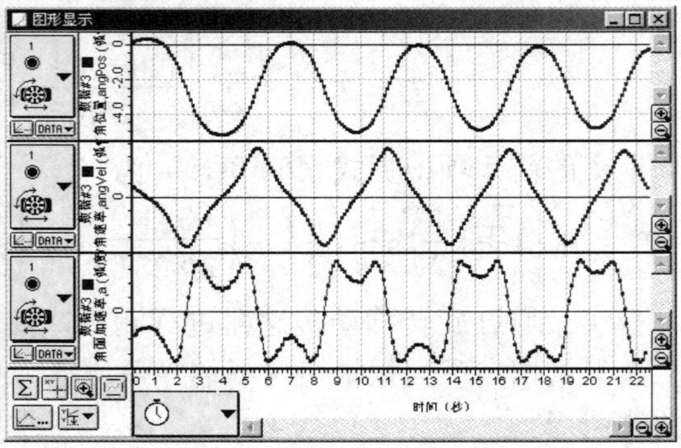

图 6-10-6　“位置 - 时间”曲线适配　　　　　图 6-10-7　大角度摆实验曲线图

⑷ 调节两砝码的安装位置，如图 6-10-5 所示，使两砝码的位置位于摆杆的下端。此时复摆质心与转轴 O 的距离为：

$$h_2 = 38.0 - 2.5 - 2.0 - 0.5 = 33.0 \text{ (cm)}$$

重复实验内容（2）、（3），求出此时复摆摆动的周期记为 T_2 。

⑸ 开启“实验计算机”窗口，根据测得的 T_1 和 T_2 ，由式（6-10-11）计算出重力加速度，将实验测量值与理论值（杭州地区 $g = 9.793 \text{ m/s}^2$ ）进行比较，计算出相对百分差，计算结果存放在“实验备注”中。打印两次简谐振动的“位置 - 时间”曲线及相应的实验计算结果。

2. 大角度摆：将摆杆中间的小孔作为转轴，摆杆的两端分别装上质量相同的砝码，调整其中一个砝码距摆杆顶端为 0.5 cm （如图 6-10-2 所示）。

⑴ 打开一“图形显示”窗口，点击图标  ，在同一个图表中建立三个坐标系，

用以描绘大角度摆实验中，“角度 - 时间”，“角速度 - 时间”和“角加速度 - 时间”图形曲线。

⑵ 摆杆处于竖直位置时作为初始位置，通过点击“录制”和“停止”图标，分别测出摆在180°，90°，0°摆动时的曲线图形（参见图 6-10-7）。

⑶ 在实验所采集曲线图形中，通过对时间轴的描点，讨论不同角度摆动时的情况：

① 在何角度摆动时周期最大？摆角减小时周期将增大还是减小？

② 三个曲线的周期都相同吗？哪个曲线与复摆运动曲线相吻合？

③ 如果角度摆恰好从180°释放，那么周期将是多少？

3. 记录实验环境条件，整理好实验仪器。

【实验报告】

1. 实验所用的实验仪器（型号或规格），实验环境条件。

2. 简述实验原理，画出有关原理图，说明实验的操作过程。按实验要求，给出复摆简谐振动的“位置 - 时间”曲线及相应的实验计算结果。

3. 给出大角度摆“角度 - 时间”，“角速度 - 时间”和“角加速度 - 时间”图形曲线，讨论大角度摆与小角度摆的不同情况。

4. 思考题

⑴ 若复摆摆杆上的砝码位置升高了，周期 T 将变大还是变小？若复摆摆杆上的砝码质量增大了，周期 T 将变大还是变小？

⑵ 大角度摆实验中，小角度摆的周期是否与复摆实验中小角度摆的周期相同？

实验 6.11　研究重力加速度对单摆周期的影响

上一个实验中，我们探讨了摆在竖直平面内摆动的特性，而研究在不同的倾斜平面内摆动的模型，可加深对摆特性的了解，这在工业生产和许多现代物理分析模型中具有特别重要的意义，而且具有很高的实用价值。本次实验通过对角度摆模型的分析，探索摆的周期与摆杆倾角之间的规律。

【实验目的】

1. 研究重力加速度对摆周期的影响，观察摆的周期在不同倾斜角时的摆动情况。

2. 通过实验曲线拟合，求出对应的函数拟合式。

【实验仪器】

计算机，数据采集接口器，PASCO 物理实验组合仪。

【实验原理】

在复摆特性的研究 —— 重力加速度测定的实验中，复摆是在重力的作用下绕固定的水平轴在竖直平面内摆动的，并且摆动角度较小（5º 以内），近似地认为是等频率的简谐振动。假如复摆不在竖直平面内摆动，而是在与竖直平面呈 θ 角的平面内摆动（如图 6-11-1 所示），这就构成了“变 g - 摆”。那么，重力加速度分量变化了后，摆的摆动周期将会怎样变化呢？这就是本次实验主要讨论的问题。

实验利用旋转移动传感器、角度调整指示器（图 6-11-2 所示）、摆杆、数据采集接口器和计算机构成的实验系统，描绘“变 g - 摆”的“位置 - 时间”曲线，研究摆的摆动周期与重力加速度分量之间的变化关系，探索它们的规律，加深理解简谐振动，并对实验结果做出一些定性的结论。

图 6-11-1　摆在 θ 角平面内摆动

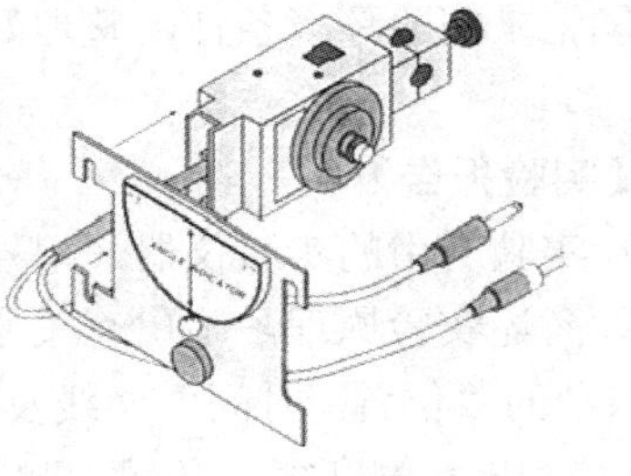

图 6-11-2　角度指示器

【实验内容】

1. 按图 6-11-1、6-11-2 安装好实验装置。调整旋转移动传感器（CI-6538），使角度指示器（ME-8745）指示为 0°，摆杆处于竖直状态。

2. 将旋转移动传感器的输出插头接入数据采集接口器相应的通道。打开科学工作室窗口，选择旋转移动传感器，校准传感器工作参数。

3. 打开一“图形显示”窗口，设置其纵坐标为“位置”，横坐标为“时间”，用该“图形显示”窗口描绘摆在摆动过程中的“位置 - 时间”曲线。

4. 沿竖直面用手轻轻的将摆推离平衡位置，保持几秒钟后自然松开，以保证复摆只在竖直面上摆动。待摆动稳定后，点击“录制”和“停止”图标采集实验数据，“数据#”将出现在科学工作室窗口的数据记录框中，按此方法采集若干组实验数据。

5. 在“图形显示”窗口中，分别点击图标 

和“自动分度”图标  观察曲线。通过“统计工具”图标 

，用曲线适配处理实验数据，选取曲线拟合最佳的实验曲线，由拟合参数可得到摆的摆动频率。

6. 重复上述实验，记录摆杆在不同倾斜角度时（见表 6-11-1 ），摆的摆动频率。

表 6-11-1　“角度 - 频率”测量数据记录表

倾斜角度	0°	5°	10°	15°	20°	30°	40°	50°	60°	70°
频率 / Hz										

7. 由表 6-11-1 求得的各数据，通过“实验备注”建立频率与倾斜角度的数据缓冲区资料，在“图形显示”窗口中设置纵坐标为“频率”，横坐标为“角度”，描绘出的“频率 - 角度”关系曲线图如图 6-11-3 所示。

8. 在图 6-11-3 中，通过“统计工具”图标 [Σ]，用曲线拟合处理实验数据，适配出“频率 - 角度”曲线图的函数关系式，将求得的函数适配式及有关参数存放在“实验备注”中。

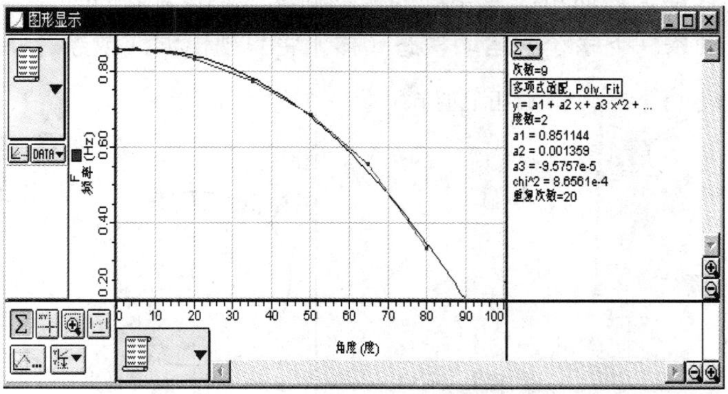

图 6-11-3　“频率 - 角度”适配曲线图

9. 打印“频率 - 角度”关系曲线图，求得的函数适配式以及有关拟合参数。

10. 记录实验环境条件，整理好实验仪器。

【实验报告】

1. 实验所用的实验仪器（型号或规格），实验环境条件。

2. 简述实验原理，画出有关原理图，说明实验的操作过程。按实验要求，给出“频率 - 角度”曲线图，函数适配式，分析图形曲线，得出实验结论，讨论重力加速度的变化对摆的摆动频率的影响。

3. 思考题：实验存在哪些系统误差？如何消除？ 你认为本实验有何实际的应用？

实验 6.12　混沌摆实验

本实验研究一个简单的外力驱动非线性动力学系统，利用旋转移动传感器和计算机实现实时测量，以观察和记录系统因倍周期分岔、切分岔而导致的混沌现象。通过一个非常简单、新颖的非线性实验现象的观察，从而对混沌现象的基本特征和产生混沌的方法有进一步的了解。

【实验目的】

1. 通过本实验，了解系统非线性运动的一些特点。

2. 观察系统因倍周期分岔、切分岔而导致的混沌现象，分析混沌产生的原因。

3. 通过 Science Workshop 程序描绘倍周期分岔、切分岔而导致的混沌图形。

【实验仪器】

计算机，数据采集接口器，PASCO 物理实验组合仪，外驱动源。

【实验原理】

实验装置结构如图 6-12-1 所示，系统在外驱动源的作用下，通过机械振荡驱动器带动两个弹簧来驱动铝盘作定轴摆动。通过外驱动信号源输出信号频率的调节，可改变外驱动力的驱动周期，从而可改变系统的振动周期。铝盘在摆动时受到磁阻尼的作用，其效果是在一定的条件下系统的运动状态（摆）将呈现出混沌现象。

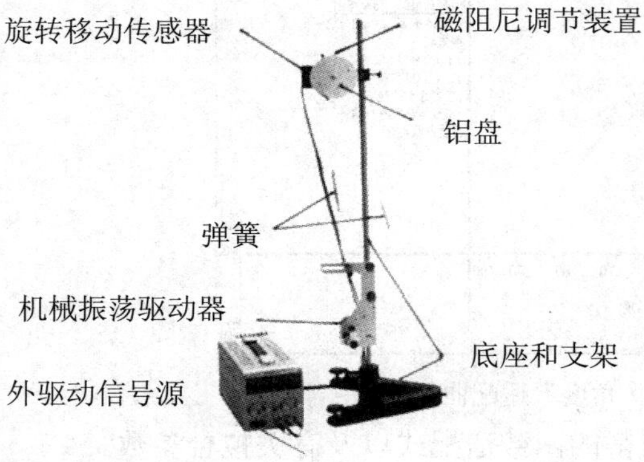

图 6-12-1　实验装置示意图

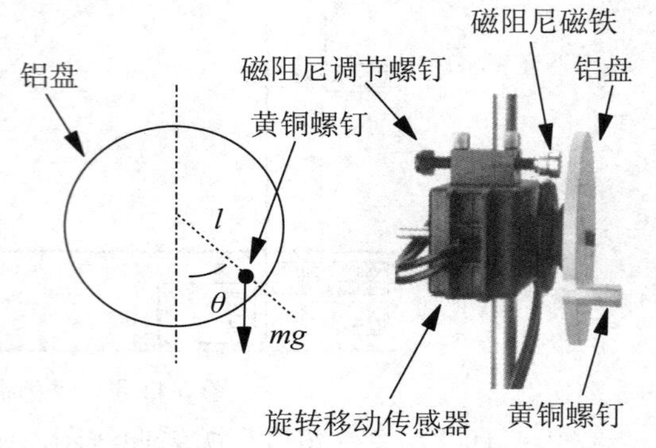

图 6-12-2　铝盘、黄铜螺钉及磁阻尼装置结构示意图

铝盘作为一物理摆，摆的质心可由其上的黄铜螺钉安装部位的改变来调整，其结构如图 6-12-2 所示。θ 为黄铜螺钉偏离平衡位置的角度，m 为黄铜螺钉的质量，l 为黄铜螺钉距铝盘转轴的距离。

系统振动的阻尼由磁阻尼装置来调节。磁阻尼的效果是通过在铝盘旁安装一永久磁铁，当铝盘作定轴摆动时，铝盘上对应于磁铁的部位会产生感应电流，根据左手定则，此电流产生的磁场与永久磁铁相互作用又使铝盘受到与它转动方向相反的力，形成一个与转动力矩方向相反的磁阻尼力。

根据转动定律，可以证明系统的振动方程符合著名的杜芬（Duffing）振动方程：

$$\frac{\mathrm{d}^2x}{\mathrm{d}t^2}+\delta\frac{\mathrm{d}x}{\mathrm{d}t}-x+x^3=f\cos\omega t \tag{6-12-1}$$

式中 x 为铝盘偏离平衡位置的一个相对量；ω 为外驱动力与系统固有频率的比。

设系统转动时的空气阻力矩为：$-\gamma\dfrac{\mathrm{d}\theta}{\mathrm{d}t}$；系统驱动力矩为：$A\cos\Omega t$；重力矩为：$mgl\sin\theta$，磁阻尼力矩为：$-c\theta$；则 δ 与 f 可分别描述为：

$$\delta=\frac{\gamma}{\sqrt{(mg-c)(I_0+ml)}} \tag{6-12-2}$$

$$f=\frac{A\sqrt{mgl}}{\sqrt{6}\,(mgl-c)^{3/2}} \tag{6-12-3}$$

式中 $I_0=MR^2/2$ 为铝盘的转动惯量，M 为铝盘的质量，R 为铝盘的半径；而 c 是一个与磁阻尼力有关的变量。

铝盘的摆动同时受到外驱动力、弹簧回复力和磁阻尼力的作用。对本实验系统而言，若外驱动力随时间呈周期性变化，磁阻尼力与铝盘的旋转角速度成正比，则作用在铝盘上的磁阻尼力的大小和效果取决于弹簧的劲度系数、外驱动力和系统的阻尼系数。

假如系统所受的外驱动力周期不变，系统不受磁阻尼作用（调节磁铁离开铝盘），铝盘在外驱动力和弹簧回复力的作用下将作有规律的周期性摆动，观察不到混沌现象。而当系统在外驱动力（周期）、且在铝盘的质心、重力场等条件不变的情况下，通过调节磁阻尼装置改变磁阻尼的大小（即 c 变量），铝盘的摆动将出现一系列非线性现象，可观察到由倍周期分岔、切分岔而导致出现的混沌现象。

实验采用旋转移动传感器，自动测量和记录铝盘摆动时的角速度和角度，通过 Science Workshop 程序描绘出它们的关系曲线，从而得到：一倍周期、二倍周期、三倍周期窗口图形；单吸引子和双吸引子的混沌摆图形。

【实验内容】

1. 实验装置：按图 6-12-1 安装实验系统，旋转移动传感器（CI-6538）的输出插头接入数据采集接口器相应的通道，调整外驱动源的输出，使之符合实验要求。

2. Science Workshop 的设置

⑴ 打开科学工作室默认界面窗口，选择旋转移动传感器，校准传感器工作参数。

⑵ 通过“实验计算机”建立图形坐标角速度和角度两个测量量。

打开“实验计算机”窗口，通过点击图标 f(x)▾，选取特殊分析函数下的平滑函数“Smooth（n，x）”，设置摆的平滑角度和平滑角速度，“实验计算机”设置窗口如图 6-12-3 和 6-12-4 所示。

打开“图形显示”窗口，设置纵坐标为“平滑角速度”，横坐标为“平滑角度”。

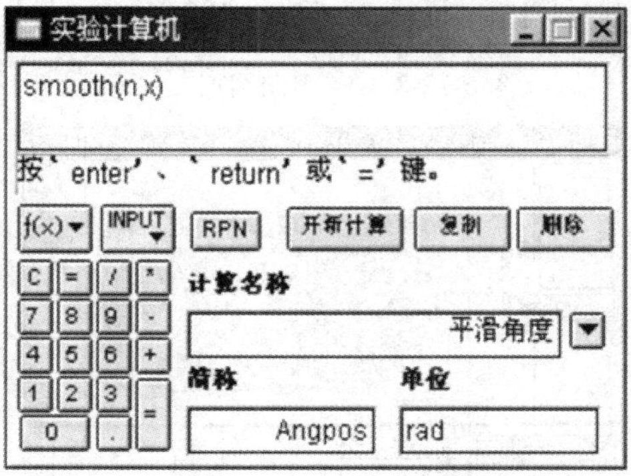

图 6-12-3　平滑角度设置窗口

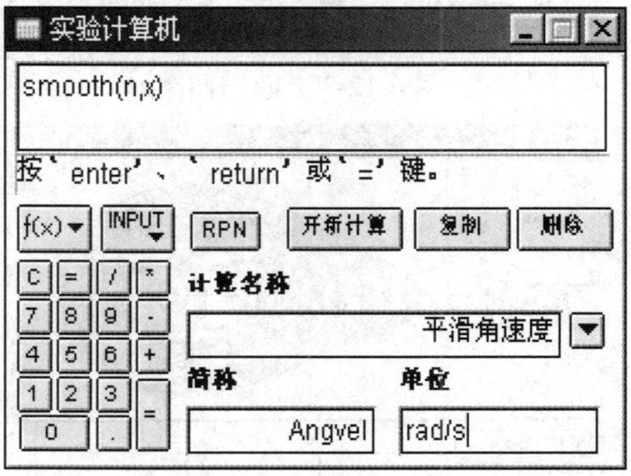

图 6-12-4　平滑角速度设置窗口

3. 将机械振荡驱动器（ME-8750）连接到外驱动源，开启电源使系统开始运动。缓慢平滑地调节磁阻尼装置，观察曲线的倍周期分叉图形。

观察“图形显示”窗口中图形由一倍周期（图 6-12-5）增至二倍周期（图 6-12-6），由二周期倍增至四周期（图6-12-7），……，直至出现一个单涡旋吸引子（图 6-12-9）。再细微平滑调节磁阻尼装置，单吸引子突然变成了双吸引子（图 6-12-10），双吸引子环状曲线在两个向外涡旋的吸引子之间不断填充与跳跃，这就是混沌研究文献中所描述的“蝴蝶”图象，它的特点是整体上的稳定性和局域上的不稳定性同时存在。

4. 在实验中，若能细微地平滑调节磁阻尼装置，可观察到由切分岔产生的另一类周期窗口图形，典型的有三倍周期（图 6-12-8）窗口图形，进一步平滑地调节磁阻尼装置，也能观察到系统产生的五倍、七倍周期等窗口图形。

5. 缓慢平滑地调节磁阻尼装置，通过点击“录制”和“停止”图标，录制、打印出图 6-12-5、6-12-6、6-12-7、6-12-8、6-12-9、6-12-10 所示的图形窗口。

6. 记录实验环境条件，整理好实验仪器。

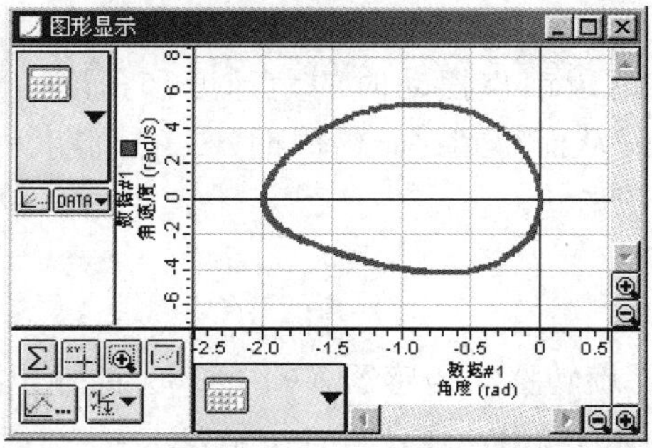

图 6-12-5　一周期图形

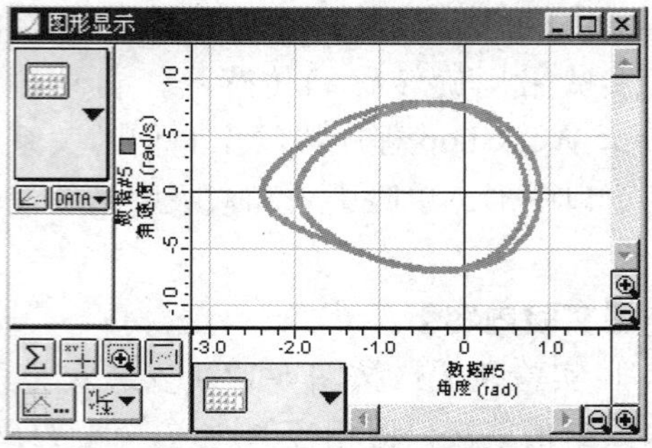

图 6-12-6　二周期图形

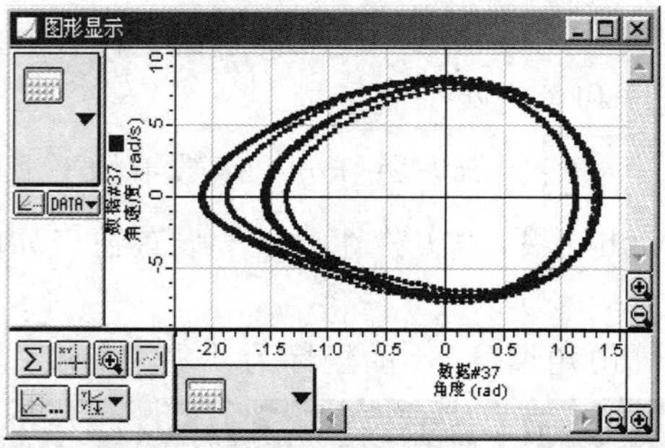

图 6-12-7　四周期图形

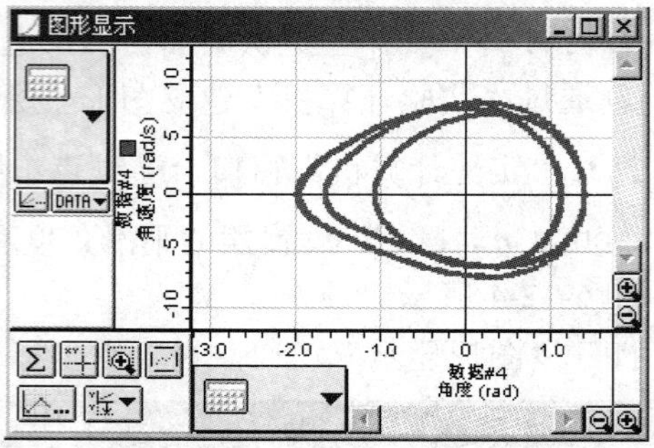

图 6-12-8　三周期图形

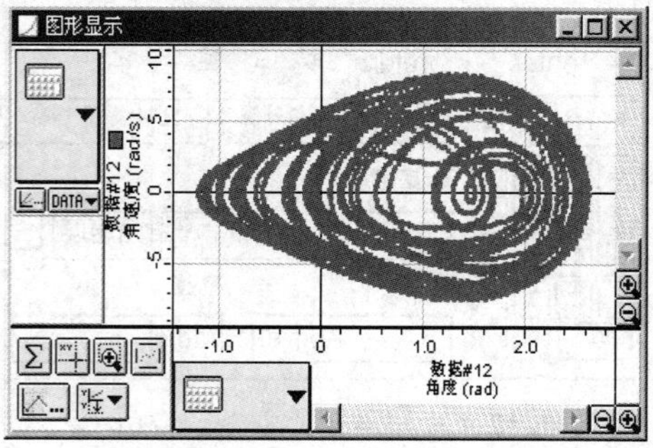

图 6-12-9　单吸引子图形

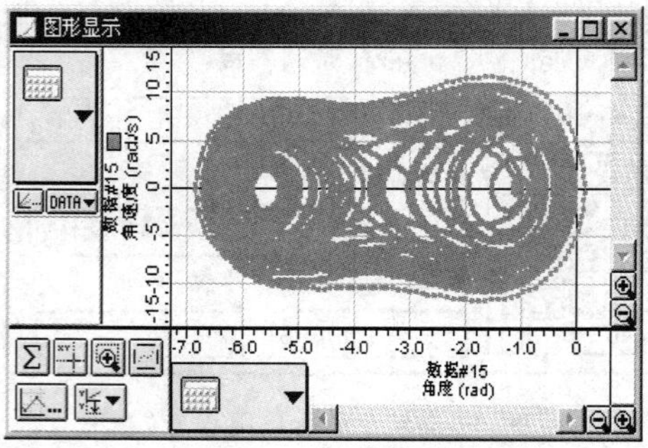

图 6-12-10　双吸引子图形

【实验报告】

1. 实验所用的实验仪器（型号或规格），实验环境条件。

2. 简述实验原理，画出有关原理图，说明实验的操作过程。按实验要求给出各周期窗口图形，单吸引子、双吸引子混沌图形。

3. 思考题

⑴ 分析讨论你所观察的混沌摆现象有哪些特征？

⑵ 列举一些你所了解的混沌现象，以及产生混沌现象的途径。

实验 6.13　固体线膨胀系数的测量

任何物体都具有“热胀冷缩”的特性，这个特性在工程设计、精密仪表设计、材料的焊接和加工中都必须加以考虑。在一维情况下，固体材料受热后长度的增加称为线膨胀。传统的测量方法主要有光杠杆法和螺旋测微法，测量过程比较繁琐，测量误差也比较大。本实验利用温度传感器、旋转移动传感器、数据采集接口器和计算机构成的实验系统，对材料的线膨胀系数进行分析和测量。

【实验目的】

1. 了解物体“热胀冷缩”的程度和特性，绘制材料“伸长量 - 时间”、“温度变化量 - 时间”曲线。

2. 学习用计算机控制对固体线膨胀系数的实时测量技术。

【实验仪器】

计算机，数据采集接口器，PASCO 物理实验组合仪。

【实验原理】

在相同的条件下，不同的材料，其线膨胀的程度各不相同。我们用线膨胀系数来表示材料的这种性质和差别。测定材料的线膨胀系数，实际上归结为测量在某一温度范围内材料的微小伸长量。

实验表明，在一定温度范围内，原长度为 L 的固体受热后，其相对伸长量 $\Delta L/L$ 正比于温度的变化量 Δt，即：

$$\Delta L/L=\alpha\Delta t \tag{6-13-1}$$

式中 α 称为固体的线膨胀系数。不同材料具有不同的线膨胀系数，塑料的线膨胀系数最大，金属次之，熔凝石英的线膨胀系数很小。在一般情况下，温度变化不大的范围内，对于一种确定的固体材料，可认为线膨胀系数是一个具有确定值的常数。

对于杆状或棒状的固体材料，由式（6-13-1）可知，在温度变化 Δt 时，测量出材料长度变化的增量 ΔL，则该材料在温度变化 Δt 区域内的线膨胀系数为：

$$\alpha=\Delta L/L\Delta t \tag{6-13-2}$$

式中 α 的物理意义为：棒状材料在温度变化 Δt 区域内，温度每升高一度时的相对伸长量，单位是 1/℃。严格地讲，求出的 α 是温度变化 Δt 区域内的平均线膨胀系数。

实验利用沸腾的水蒸气来加热待测金属杆，并保持末温不变。采用温度传感器自动读取待测金属杆的温度变化量 Δt，旋转移动传感器自动测量棒状物体的伸长量 ΔL，根据式（6-13-2）便可求得待测金属杆的线膨胀系数。

【实验内容】

1. 考虑实验测量方法，测出待测金属杆在室温下的原长记为 L。

2. 按图 6-13-1 所示，安装实验装置（TD-8579），安装过程中要注意：

⑴ 待测金属杆进气端口的卡口嵌入底座的凹槽内，以固定待测金属杆。

⑵ 弹簧卡住待测金属杆，以确保待测金属杆和旋转移动传感器的转轴紧密接触。

⑶ 温度传感器和待测金属杆紧密接触，并用保温膜将它们包好。

⑷ 适量的水加入水蒸气锅内，严禁水蒸气锅无水空烧。

⑸ 水蒸气锅的密封盖上有两个出气孔，将其中一个用橡皮塞 B 堵住，另一个连接橡皮管 A，实验时接至待测金属杆的进气端口，用于加热待测金属杆。

⑹ 用水杯接在待测金属杆的出气端口，以防止水溢到桌面上，并注意不要弯折出气软管，避免出气通道堵塞。

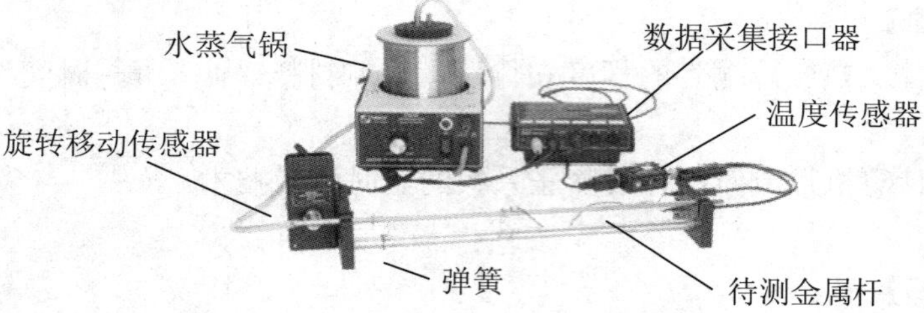

图 6-13-1　实验装置示意图

3. 将旋转移动传感器（CI-6538）和温度传感器（CI-6527A）的输出插头分别接入数据采集接口器相应的通道。打开科学工作室窗口，选择旋转移动传感器和温度传感器，校准传感器工作参数。

4. 通过“实验计算机”建立测量物理量，即待测金属杆的伸长量 ΔL 和温度变化量 Δt，“实验计算机”设置窗口如图 6-13-2 和 6-13-3 所示。

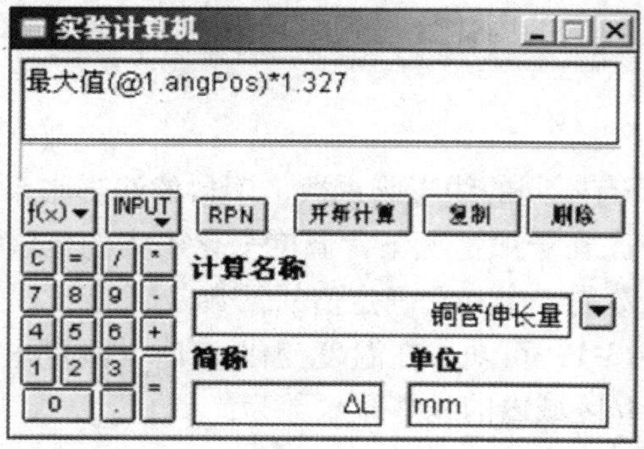

图 6-13-2　铜管伸长量 ΔL 设置窗口

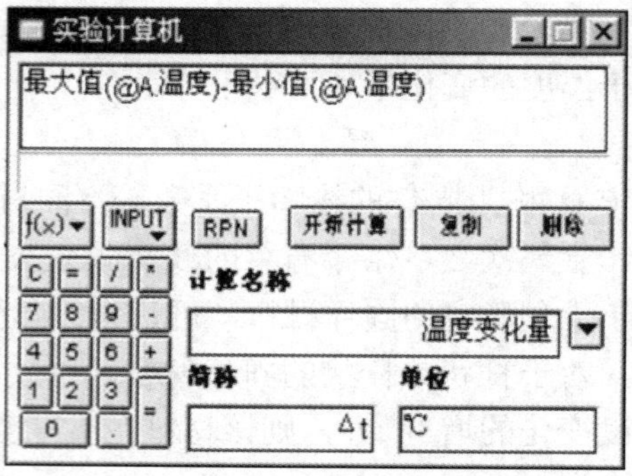

图 6-13-3　温度变化量 Δt 设置窗口

5. 打开一“图形显示”窗口，点击图标 ，在同一个图表中建立两个坐标系。其中一个坐标系的纵坐标设为温度变化量 Δt，用于显示温度变化量随时间变化的曲线。另一个坐标系的纵坐标设为待测金属杆的伸长量 ΔL，用于显示待测金属杆的伸长量随时间变化的曲线。

6. 打开两个“数字显示”窗口，分别用于显示温度变化量 Δt 和金属杆伸长量 ΔL 的具体量值。

7. 接通水蒸气锅（TD-8556A）的电源，开始对水加热。待水沸腾后，点击“录制”图标开始采集测量数据，然后把金属杆进气橡皮管接到水蒸气锅的出气端口，用水蒸气加热待测金属杆。

当“图形显示”窗口曲线及“数字显示”窗口测量数据稳定后，点击“停止”图标，实验数据采集完毕。实验采集数据的“图形显示”窗口曲线，“数字显示”窗口的测量结果如图 6-13-4、6-13-5 所示。

8. 开启“实验计算机”窗口，根据“数字显示”窗口测得待测金属杆的温度变化量 Δt 和伸长量 ΔL，由式（6-13-2）求出待测金属杆的线膨胀系数，计算数据存放在“实验备注”中。

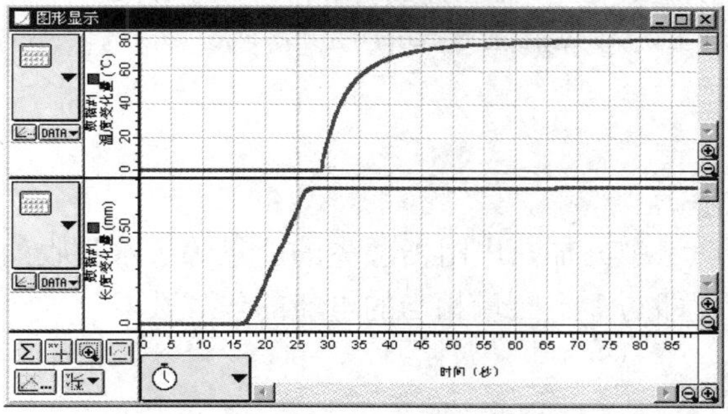

图 6-13-4　实验采集数据曲线图形

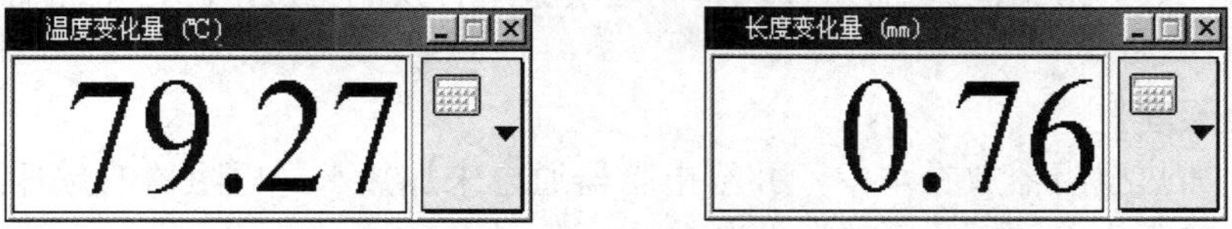

图 6-13-5　“数字显示”窗口

9. 重复上述实验步骤，测出其他待测金属杆样品的线膨胀系数（参见附表 13）。

10. 打印各待测金属杆样品的的“伸长量 - 时间”，“温度变化量 - 时间”曲线，“数字显示”窗口测量数据，以及“实验备注”中相应的计算结果。

11. 记录实验环境条件，整理好实验仪器。

【实验报告】

1. 实验所用的实验仪器（型号或规格），实验环境条件。

2. 简述实验原理，画出有关原理图，说明实验的操作过程。按要求打印“图形显示”窗口曲线，“数字显示”窗口的测量结果以及“实验备注”中相应的计算结果。

3. 思考题

⑴ 材料相同，但粗细、长度不同的两根铜棒，它们的线膨胀系数是否相同？

⑵ 试分析影响本实验测量准确度的主要因素有哪些？

⑶ 比较各待测金属杆样品的“伸长量 - 时间”，“温度变化量 - 时间”曲线，说明它们的特点。

实验 6.14　热功当量的测量

功和热长期被看作是互不相关的独立概念，直到伦福得提出“热本质上是一种运动”的观点后，二者才联系起来。焦尔作了大量的工作，测定了功转化为热量的数值，称为热功当量。由热力学第一定律可知，外界对系统所传递的热量，一部分使系统的内能增加，一部分用于系统对外作功，根据能量守恒及转换定律，功可以转化为热量，热量也可以转化为功，热量和功是能量转化的两种方式。

【实验目的】

1. 理解焦耳热概念。
2. 通过实验来说明水中的加热电阻器散失的能量等于水吸收的能量。
3. 得出热功当量，即与 1 卡热量相当的电能的焦耳数。

【实验仪器】

计算机，数据采集接口器，PASCO 物理实验组合仪，稳压电源，量热器。

【实验原理】

将一个加热电阻器放在水中，并给电阻器通电来加热水。电阻器的焦耳热被传递给水，温度传感器将记录由此导致的水温度的上升。

如果水在加热过程中没有热量散失到环境中，根据能量守恒定律，电阻器放出的所有的能量将全部被水吸收。

实验中，电阻器放出的能量为 E：

$$E = Pt \tag{6-14-1}$$

式中 t 是电流流过电阻器的时间，P 是下式给出的功率：

$$P = IU \tag{6-14-2}$$

式中 I 是通过电阻器的电流，U 是加在电阻器上的电压。

而水在加热过程中获得的能量可由下式给出：

$$Q = mc\Delta T \tag{6-14-3}$$

式中 m 是水的质量，c 是水的比热容，ΔT 是水的温度变化。

实验通过以设定的电压向加热电阻器供给电能，温度传感器测量水的温度变化，电压、电流传感器测量加热电阻器两端的电压和通过的电流。Science Workshop 程序自动记录测量数据。用程序对电功率对时间进行积分，来计算电能。根据已知的水的质量和测得的水温变化，计算出水获得的能量，使电能（焦耳）等于水获得的能量（卡），来计算出热功当量。

【实验内容】

1. 称衡量热器内筒的质量，将大约 50 ml 水放入量热器内筒，再次称衡总质量，求出水的质量，并把水的质量记录在“实验备注”中。

2. 加热电阻器经电流传感器接至稳压电源，电压传感器接在加热电阻器的两端，温度传感器穿过量热器盖上的测温孔置于内筒的水中。

3. 将温度传感器（CI-6605），电压传感器（CI-6503）、电流传感器（CI-6556）分别接入数据采集接口器相应的通道。打开科学工作室窗口，选择相应的传感器，校准传感器工作参数。

4. 打开一个温度“数字显示”窗口和一个“图形显示”窗口，在“图形显示”窗口中设置一条“温度 - 时间”曲线和一条“功率 - 时间”曲线。“功率”可根据加热电阻器的电压和电流的测量值，通过“实验计算机”设置计算得到。

5. 实验中要注意：

⑴ 开始数据收集时，量热器内用低于室温 3 ℃ 的水。记录数据，直到水温上升到高于室温 3 ℃ 为止。这样可以使环境的影响降到最低。因为一半实验是水从环境中获得热量，另一半实验是水向环境中散失热量。

⑵ 确定电阻器通电时完全浸没于水中，否则它会烧坏。

6. 实验测量

⑴ 开启稳压电源，使电阻器通电给水加热，点击“录制”图标，开始采集测量数据。当热能持续、缓慢地从电阻器中散失出来时，轻轻搅动水，以确保水加热均匀。

⑵ 当温度到达室温以上 3 ℃ 时（参见图 6-14-1），关掉稳压电源开关，继续搅动水并持续采集测量数据。

⑶ 当温度“数字显示”窗口中的温度不再持续上升时，点击“停止”图标，停止采集测量数据，“数据 #”将出现在实验设置窗口中的“数据”列表中。

⑷ 单击“温度 - 时间”、“功率 - 时间”图表窗口使之活动，单击“自动分度”图标  按钮来自动分度图表以适应数据。

⑸ 对“温度 - 时间”曲线，通过“统计工具”图标  按钮，记录统计区中显示的最小和最大温度值，计算并记录水温的变化值于“实验备注”中。

⑹ 对“功率 - 时间”曲线，通过“统计工具”图标  按钮。从统计菜单中选择积分（参见图 6-14-2）。积分值记录于“实验备注”中，作为加热电阻器所用的电能。

图 6-14-1　温度测量“数字显示”窗口

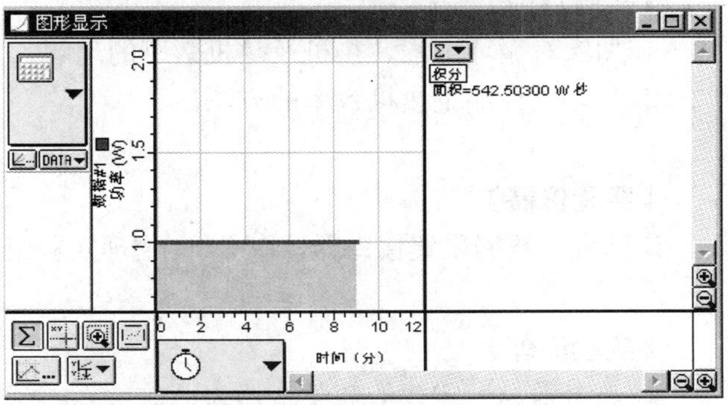

图 6-14-2　用积分求加热电阻器所用的电能

⑺ 用式 $Q = mc\Delta T$（以卡为单位）计算水吸收的能量，c 是水的比热(1Cal / g·℃)，ΔT 是水温的变化，将能量的值记录在“实验备注”中。

⑻ 根据能量守恒定律，电阻器所用的电能应该等于水获得的热能（忽略散失到环境中的能量）。求解热功当量的值：

$$\text{热功当量} = \frac{\text{电能}}{\text{热能}}$$

⑼ 计算实验值和公认值的相对百分差。（焦耳/卡的公认值为：4.1868 J / Cal ）。

7. 记录实验环境条件，整理好实验仪器。

【实验报告】

1. 实验所用的实验仪器（型号或规格），实验环境条件。

2. 简述实验原理，画出有关原理图，说明实验的操作过程，论述在实验中所观察到的现象。按实验要求，给出温度“数字显示”窗口、“温度 - 时间”曲线和“功率 - 时间”窗口曲线，给出“实验备注”中相应的实验结果。

3. 思考题

⑴ 水获得的能量与电阻器散失的能量哪个更大？并解释原因。

⑵ 加热电阻器的额定功率为多少瓦？实际使用时它的功耗超出额定功率多少？为什么电阻器没有燃起来？

⑶ 试分析导致实验值和公认值之间存在差别的因素有哪些？

实验 6.15　热机效率的测量

在生产技术上需要将热与功之间的转换持续地进行下去，就需要利用以气体为工作物质的循环过程。在生产和生活中常用的热机（如蒸汽机、内燃机）、致冷机（也叫热泵）就是利用循环制成的。由于瓦特改进了蒸汽机，使热机的效率大为提高，人们迫切要求进一步提高热机效率。那么，提高热机效率的主要方向在哪里呢？提高热机效率有没有极限呢？

【实验目的】

1. 加深对循环过程、热机及热机效率的理解。

2. 学习一种测量热机效率的方法。

【实验仪器】

计算机，数据采集接口器，PASCO 物理实验组合仪，量热器。

【实验原理】

1. 热力学第一定律的数学描述为：$Q = E_2 - E_1 + A$，表示外界传给系统的热能 Q，一部分用来增加系统的内能（系统初始内能为 E_1，吸热后内能为 E_2），另一部分用于系统对外界作功。

2. 什么是热机？在实际生活中，人们往往要求利用工作物质能继续不断地把热转换为功，这种能实现热功转换的装置就叫做热机。

如果物质系统（也称为工作物质）由某一状态出发，经过任意的一系列过程，最后又回到原来的状态，这样的周而复始的变化过程称为循环过程，在“P - V”图上，工作物质的循环过程可以用一闭合曲线来表示，循环所包括的每个过程称为分过程。

热机要实现热功转换，必须要有高温和低温两个热源。根据热力学第一定律，热机在一个循环中，高温热源传给工作物质（气体）的热量 Q_1，其中一部分热量 Q_2 由气体传给低温热源，同时气体对外作净功为 $A = Q_1 - Q_2$。利用这种循环，热机可以不断地把热转化为功。热机把热转化为功的效率 η 由下式定义：

$$\eta = \frac{A}{Q_1} \tag{6-15-1}$$

3. 热循环过程

⑴ 等压过程：在一个循环的等压分过程中，气体的压强保持不变，系统对外界作功。若气体吸热，体积初态为 V_1，终态为 V_2，可以得出：

如果 $V_2 - V_1 > 0$，则气体膨胀，吸收的热量一部分用来增加气体的内能，另一部分转化为气体膨胀时对外界作功；

如果 $V_2 - V_1 < 0$，则气体被压缩，则 $A < 0$，表示外界对系统作功（即系统对外界作负功）。

⑵ 等温过程：气体在一个循环的等温分过程中内能不变.根据热力学第一定律有：$A = Q$。即：在等温过程中，外界对气体的压缩所作的功全部转化为气体对外放出的热量；也就是说，外界对气体作功，同时气体向外界放热，放出的热量与外界对气体作的功相等，而气体的温度不变。

4. 实验系统为一个简单的热机装置，采用一密封铝桶内的空气为工作物质，以热水为高温热源，冷水为低温热源。外界对系统作功是通过在汽缸活塞上加砝码来进行的。活塞的运动使铝桶内的空气状态发生变化（铝桶与汽缸相通），而系统对外作功也可通过汽缸活塞的运动来体现（图 6-15-2 所示）。

系统的热工作循环过程“P - V”原理图为图 6-15-1 所示，其中有两个是等温过程，两个是等压过程。

⑴ $A \rightarrow B$ 的过程。A 点为铝桶内的气体处在温度为 T_1 的低温源，当外界对系统作功（在汽缸的活塞上加砝码，使铝桶及汽缸内的气体被压缩），铝桶（汽缸）内气体被等温压缩至 B 点。此时，外界对系统作的功全部转化为向低温源放出的热，即铝桶（汽缸）内气体的内能不变，外界对气体作功所得到的热量通过铝桶壁全部向低温源放出。

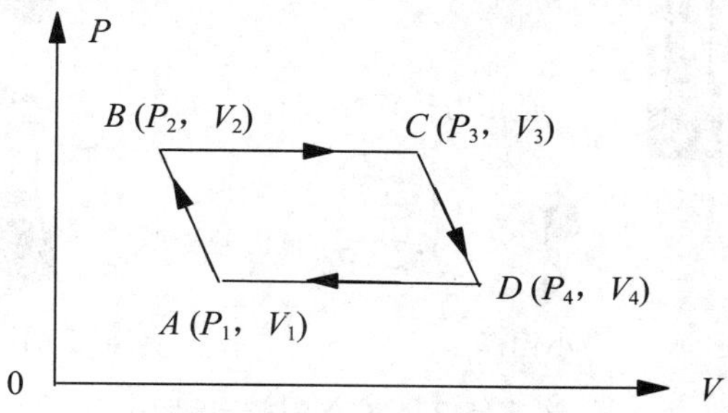

图 6-15-1　系统循环“P - V”图

(2) $B \to C$ 的过程。铝桶放入温度为 T_2 的高温热源中，铝桶（汽缸）内气体通过铝桶壁吸热等压膨胀至 C 点。此时,气体所吸收的热量一部分用来增加系统的内能，另一部分转化为气体膨胀时对外作功（实验中表现为汽缸活塞推动砝码向上运动）。

(3) $C \to D$ 的过程。在 C 点，除去加在汽缸活塞上的砝码，铝桶（汽缸）内的气体将等温膨胀至 D 点。此时，气体将从高温源中吸收热量并全部转化为对外作功（实验中表现为汽缸活塞继续向上运动），而气体的内能不变。

(4) $D \to A$ 的过程。将铝桶放回低温源，铝桶（汽缸）内的气体被等压压缩。此时，系统将对外作负功，在实验中表现为铝桶内的气体向低温源释放热量。

在完成上述的一个工作循环后，我们自然会关心它的工作效率问题。即在一个工作循环过程中，系统通过吸热的方式所增加的内能，到底有多少通过作功的方式可以转化为机械能（即对外所作的有效功）。

显然，热机在一个工作循环中，对外所作的有效功，即为图 6-15-1 中封闭曲线 $ABCD$ 所包含的面积 S_{ABCD}：

$$A = S_{ABCD} \tag{6-15-2}$$

而系统在一个工作循环中吸收的总热量，根据热力学第一定律定理和理想气体定压摩尔热容量可推算出为：

$$Q_1 = 3.5\,S_{BC} + S_{CD} \tag{6-15-3}$$

式中 S_{BC} 为曲线 BC 下所包含的面积，S_{CD} 为曲线 CD 下所包含的面积。

因此，本实验系统的热机效率计算式为：

$$\eta = \frac{A}{Q_1} = \frac{S_{ABCD}}{3.5\,S_{BC} + S_{CD}} \tag{6-15-4}$$

【实验内容】

1. 按图 6-15-2 所示，安装热机实验装置（TD-8572），安装时要注意：

(1) 要确保汽缸、铝桶的空气密封性。

(2) 实验开始时，汽缸内的活塞不能压到底，必须在汽缸内预留一部分空气。

(3) 系统的体积变化由活塞的行进路程（通过旋转移动传感器来检测）通过量化计算得到，故线绳绕在旋转移动传感器的滑轮上应避免打滑，并从滑轮的切线方向引出。

(4) 活塞上加、减砝码时，动作要轻且平稳，以避免实验数据的采集出现波动。

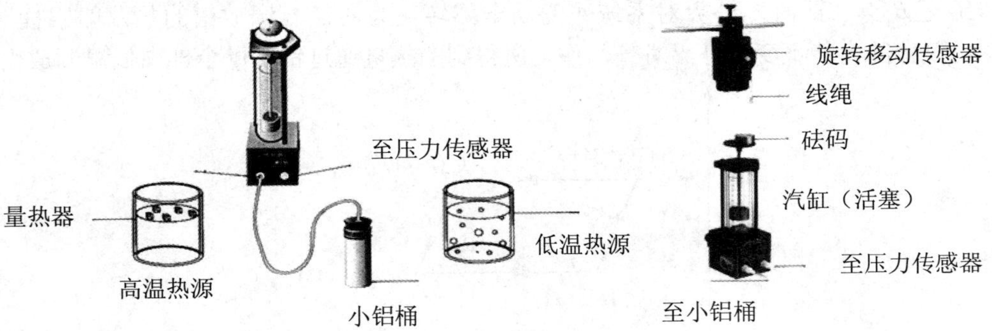

图 6-15-2　实验安装示意图

2. 将旋转移动传感器（CI-6538）和压力传感器（CI-6534A）的输出插头分别接入数据采集接口器相应的通道，打开科学工作室窗口，选择旋转移动传感器和压力传感器，校准传感器工作参数。

3. 在“图形显示”窗口中设置纵坐标为“压力”，通过“实验计算机”设置横坐标为“体积”。

4. 在两个量热器中分别加入适量的热水和冷水，作为热机的高温源和低温源，作为高温热源的量热器要盖好盖子并注意保温。

5. 进行热机一个工作循环的测量

⑴ 把小铝桶浸入到作为低温源的量热器中，待热交换稳定后，点击“录制”图标，开始采集实验数据。把砝码加在汽缸的活塞上，系统从 A 点开始等温压缩至 B 点。

⑵ 系统稳定后，把铝桶浸入到作为高温源的量热器中，系统从 B 点开始等压膨胀至 C 点。

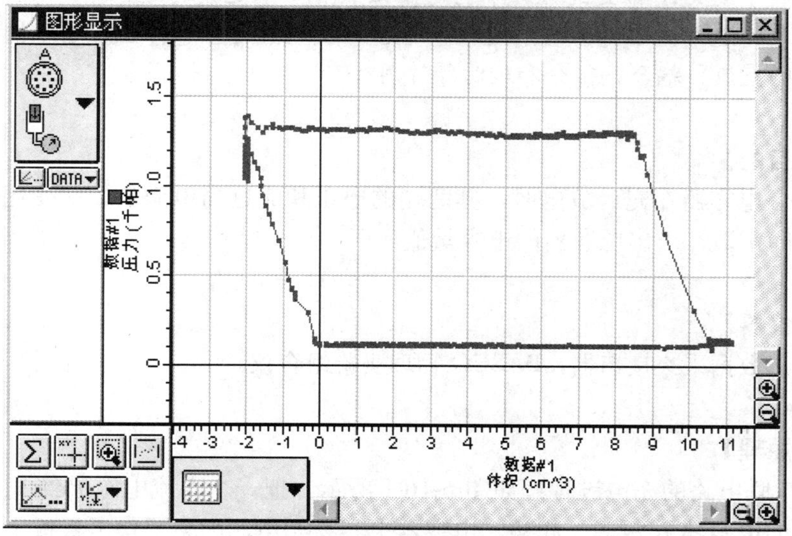

图 6-15-3　实验“P- V”循环曲线图

⑶ 系统稳定后，移走汽缸活塞上的砝码，系统从 C 点开始等温膨胀至 D 点。

⑷ 系统稳定后，把铝桶放回到作为低温源的量热器中，系统从 D 点开始等压压缩至 A 点。

⑸ 待系统稳定后回到 A 点，完成一个循环过程，点击“停止”图标，计算机停止采集数据，实验完成的“P- V”循环曲线图如图 6-15-3 所示。

6. 在“图形显示”窗口中，分析“P- V”循环曲线图形，通过“统计工具”图标 ，对循环曲线图求积分，分别得出 S_{ABCD}、S_{BC} 和 S_{CD}，结果存在“实验备注”中。

7. 开启“实验计算机”窗口，按公式（6-15-4）计算热机效率，计算结果存放在“实验备注”中。

8. 打印“图形显示”窗口的“P- V”循环曲线图，“实验备注”中相应的实验计算数据。

9. 记录实验环境条件，整理好实验仪器。

【实验报告】

1. 实验所用的实验仪器（型号或规格），实验环境条件。

2. 简述实验原理，画出有关原理图，说明实验的操作过程，论述在实验中所观察到的现象。按实验要求，给出“P-V”循环曲线图，给出相应的实验结果。

3. 思考题

⑴ 在本实验的循环中，热机效率与哪些因素有关？如何提高热机效率？

⑵ 热机的效率能不能达到 100 %？如果不能达到100 %，最大可能是多少？

实验 6.16　*RC* 电路实验

在电阻电容串联的电路中，当接通或断开电源的瞬间，由于电容上的电压不能突变，电路从一个稳定态转变到另一个稳定态必然有一个过渡的过程，即 *RC* 串联电路的充电放电过程，这个过程称为暂态过程。 *RC* 串联电路的暂态特性在电子技术上有多种用途，例如隔直流、耦合、微分和延时等作用。

【实验目的】

研究一个电容器在充、放电时，其两端的电压和流过的电流是如何变化的，并找出它的电容时间常数，求出电容器的电容量值。

【实验仪器】

计算机，数据采集接口器，PASCO 物理实验组合仪。

【实验原理】

1. *RC* 串联电路的充电过程：如图 6-16-1 所示，把一个直流电源 E 经 电阻 R 连接到一个未充电的电容器 C 两端。起初，电容器很容易充电，因为两块电极板上几乎没有电荷。但是当电荷聚集在电极板上时，电源要向电极板上输送电荷则必须做更多的功，因为电极板上已经有了同样符号的电荷。结果，开始时电容器按指数规律迅速充电，而当电容器逐渐充满电荷时，充电速率则变得比较慢。

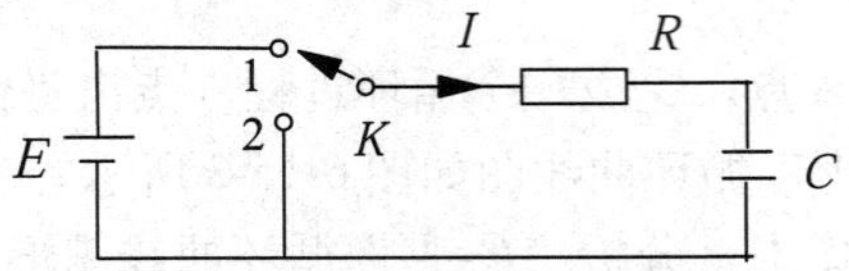

图 6-16-1　*RC* 串联电路

电路方程为：

$$IR+\frac{q}{C}=E \tag{6-16-1}$$

式中 I 为充电电流，q 为电容器 C 上的电荷，将 $I=\mathrm{d}q/\mathrm{d}t$ 代入式（6-16-1），得：

$$R\frac{\mathrm{d}q}{\mathrm{d}t}+\frac{q}{C}=E \tag{6-16-2}$$

初始条件为 $t=0$，$q(0)=0$ 时，方程（6-16-2）的解为：

$$q(t)=CE\left[1-\exp\left(\frac{t}{RC}\right)\right] \tag{6-16-3}$$

由于 $U_C(t)=q(t)/C$，所以电容两端的电压为：

$$U_C(t)=E\left[1-\exp\left(\frac{-q(t)}{RC}\right)\right] \tag{6-16-4}$$

充电电流为：

$$I(t)=\frac{E}{R}\exp\left(\frac{t}{RC}\right) \tag{6-16-5}$$

2. RC 串联电路的放电过程：当电路稳定之后，在 $t=t_1$ 时刻将开关 K 拨向 2，此时电容器 C 通过电阻 R 放电，电路方程为：

$$R\frac{\mathrm{d}q}{\mathrm{d}t}+\frac{q}{C}=0 \tag{6-16-6}$$

考虑到初始条件为 $t=t_1$ 时，$q=CE$，解上式得：

$$q=CE\exp\left(\frac{-(t-t_1)}{RC}\right) \tag{6-16-7}$$

相应得到电容两端电压和放电电流为：

$$U_C(t)=E\exp\left(\frac{-(t-t_1)}{RC}\right) \tag{6-16-8}$$

$$I(t)=-\frac{E}{R}\exp\left(\frac{-(t-t_1)}{RC}\right) \tag{6-16-9}$$

式中负号表示放电电流与充电电流方向相反。

3. 电阻和电容的乘积 RC 决定着充放电曲线上升和下降的情况，通常把 RC 值称为电路的时间常量 τ，即：

$$\tau=RC \tag{6-16-10}$$

τ 的大小表示暂态过程的快慢。

在电容放电过程中，其电压衰减到初始值的一半所需的时间称为半衰期，用 $T_{1/2}$ 表示，当 $t=T_{1/2}$ 时，由式（6-16-8）可得：

$$\frac{E}{2}=E\exp\left(\frac{T_{1/2}}{\tau}\right) \tag{6-16-11}$$

两边取对数，整理后可得：

$$T_{1/2}=\tau\ln 2=0.693\,\tau \tag{6-16-12}$$

半衰期同样是反映暂态过程的快慢的参量，它比较容易测量。

实验利用信号发生器产生一个低频方波。这种波形输入 RC 串联电路的效果，相当于是一个按一定的周期时间可以通过连接然后又断开的直流电源。实验采用电压传感器测量电容器两端充电和放电时的电压，电流传感器测量电容器充电和放电时的电流。

【实验内容】

1. 将电压传感器（CI-6503）和电流传感器（CI-6556）的输出插头分别接入数据采集接口器相应的通道。打开科学工作室窗口，选择电压传感器和电流传感器，校准传感器工作参数。

打开“信号发生器”窗口，点击图标，选择方波信号。点击图标，输入频率，设置方波信号输出电压，单击图标，完成“信号发生器”窗口的设置。

打开“图形显示”窗口，点击图标，在同一个图表中建立两个坐标系。其中一个坐标系的纵坐标设为“电压”，用于显示电容器两端电压随时间变化的曲线；另一个坐标系的纵坐标设为“电流”，用于显示电容器充放电流随时间变化的曲线。两个坐标系的横坐标均设置为时间。

2. 按图 6-16-1 连接实验电路，单击“REC”按钮开始采集数据。当数据记录开始时，信号发生器将自动开始输出信号。数据采集持续几秒钟，然后停止实验数据的采集。“数据 #”将出现在科学工作室窗口的数据记录框中，实验采集数据曲线显示窗口如图 6-16-2 所示。

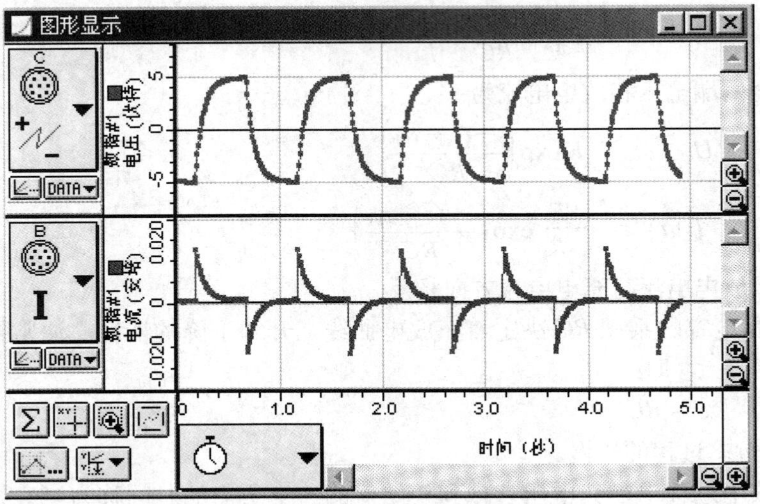

图 6-16-2　*RC* 充放电压、电流曲线图

3. 数据处理：单击“自动分度”图标，使采集的数据重新分布以适应“图形显示”窗口。

单击“智能十字光标”图标，将十字光标移到曲线上电压开始上升的数据点，记录横轴显示的时间。将十字叉光标移到电压为最大电压 1 / 2 V 的数据点，记录横轴显示的时间。

求出两个时间差，把它记作为到达“1 / 2 最大值”的时间或 $T_{1/2}$。根据半衰期和已知的电阻值，计算出电容器的电容量。

各实验测量数据及数据计算记录于“实验备注”中。

4. 打印“*RC* 充放电压曲线”，“*RC* 充放电流曲线”以及“实验备注”中相应的测量数据与计算结果。

5. 记录实验环境条件，整理好实验仪器。

【实验报告】

1. 实验所用的实验仪器（型号或规格），实验环境条件。

2. 简述实验原理，画出电原理图，说明实验的操作过程。按实验要求，给出各“图形显示”窗口，以及“实验备注”中相应的计算结果。

3. 将实验测量值与电容器标称值作比较（电容器的实际值可以在标称值的 ±20 % 范围内变动），计算其相对百分差。

4. 思考题

⑴ 达到 1 / 2 最大电压的时间就是电容器充电到一半所花的时间。根据你的实验结果，电容器充电到最大值的 75 % 要花多长时间？

⑵ 四个半衰期（1 / 2 最大值时间）后，电容器充的电是最大充电量的百分之几？

⑶ 实验中电容器的最大充电量是多少？

⑷ 造成电容器标称值与实验值之间存在差别的可能的原因有哪些？

⑸ 固定信号发生器方波频率而改变电阻的阻值，为什么会有各种不同的波形？若固定电阻的阻值而改变方波频率，会得到类似的波形吗？为什么？

实验 6.17　整流与滤波电路实验

几乎所有的电子设备都需要直流电源供电。但供电系统都是 50Hz 的交流电，因此，需要将交流电变换成直流电。为此，可用变压器从电网上获得一定大小的交流电压，利用二极管的单向导电性，将交流电压变换成一单方向的脉动电压；再通过滤波电路，滤掉其中的脉动成分，而得到比较平稳的直流电压。这个过程即称为整流与滤波。

【实验目的】

研究实验中用二极管来整流一个正弦波信号，并建立一个电源的部分基础电路。

【实验仪器】

计算机，数据采集接口器，PASCO 物理实验组合仪。

【实验原理】

二极管（或 P - N 连接整流器）是这样的一种电子装置，一旦在它两端施加了某一正向电压，它就只允许单一方向的电流通过。如果电压太低，则没有电流通过二极管。如果电压反向，也没有电流通过二极管（除了一个很小的反向电流外）。

二极管可用来从一个 AC 电源提供 DC 电流。换句话说，二极管可以整流 AC 电流。当通过用电子滤波器使整流后的电流变平滑后，二极管就组成了一部分电源。

用四个二极管可以组成一个桥式整流电路，如图 6-17-1 所示。电容器 C 通过开关 K 并联在电阻器上将起到一个“滤波器”的作用。

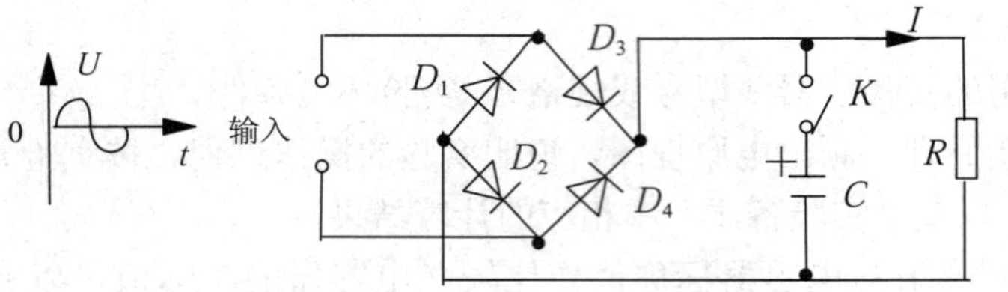

图 6-17-1　桥式整流滤波电路

当输入端电压为上正下负时，D_3、D_2 导通（D_1、D_4 截止），电流 I 流过电阻器 R；当输入端电压为上负下正时，D_4、D_1 导通（D_2、D_3 截止），电流 I 仍同相流过电阻器 R 。因此在电阻器 R 上可得到一个单方向的脉动电压。

由于简单二极管整流电路输出电压都含有较大的脉动成分，在实际使用中，通常都需要采取一定的措施。一方面尽量降低输出电压中的脉动成分，另一方面又要尽量保留其中的直流成分，使输出电压接近于理想的直流电压。采取这样的措施就是滤波器。滤波器可由电容、电感等储能器件组成，它的作用是尽可能地将单向脉动电压中的脉动成分滤掉，使输出电压成为平滑的直流电压。

【实验内容】

1. 电压传感器（CI-6503）的输出插头分别接入数据采集接口器相应的通道，打开科学工作室窗口，选择电压传感器，校准传感器工作参数。

打开“信号发生器”窗口，选择正弦波形  ，设置输出电压，输出信号频率，单击图标 

，完成“信号发生器”窗口的设置。

2. 打开“示波器”显示窗口，用于显示整流电路的输入和输出电压波形；打开“频谱（ FFT ）”显示窗口，用于录制整流电路输入、输出电压波形的频率。

3. 仔细检查电路连接是否正确，将电压传感器并接到整流电路的输入端。单击“录制”按钮，采集整流电路输入波形图（图 6-17-2 所示）。在“实验备注”中记录“频谱（ FFT ）”显示窗口中输入电压波形的频率值。

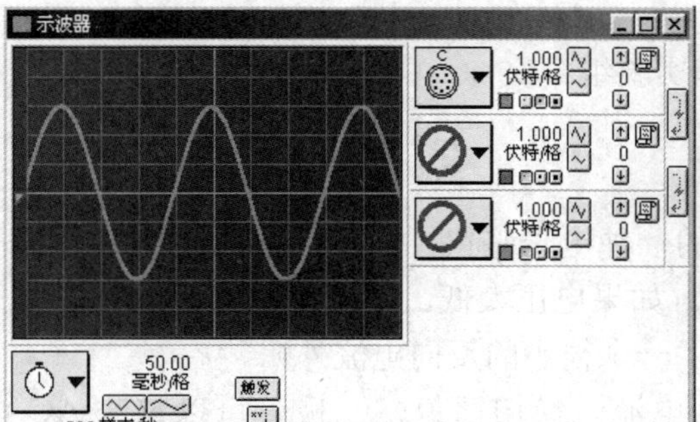

图 6-17-2　电路输入波形图

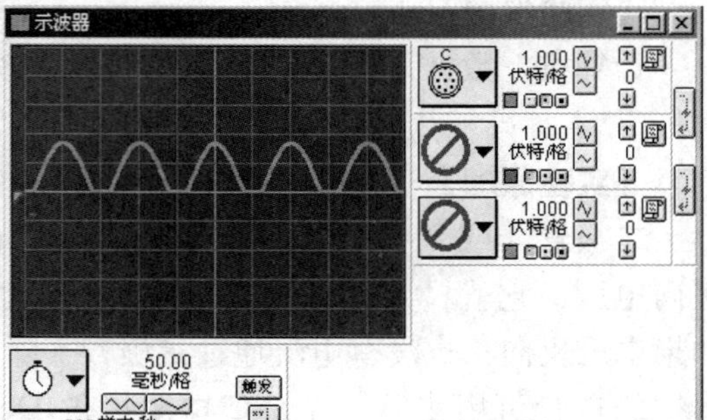

图 6-17-3　未加滤波电容时输出电压波形图

4. 整流电路输出端接一电阻器 R，用于模拟电路的负载（一个马达或一个小灯泡）。电压传感器并接在电阻器两端，录制输入信号经整流但未加滤波电容器时，电阻器两端的电压波形（图 6-17-3 所示）。在“实验备注”中记录“频谱（ FFT ）”显示窗口中整流输出波形的基本频率和高次谐波频率值（图 6-17-4 所示）。

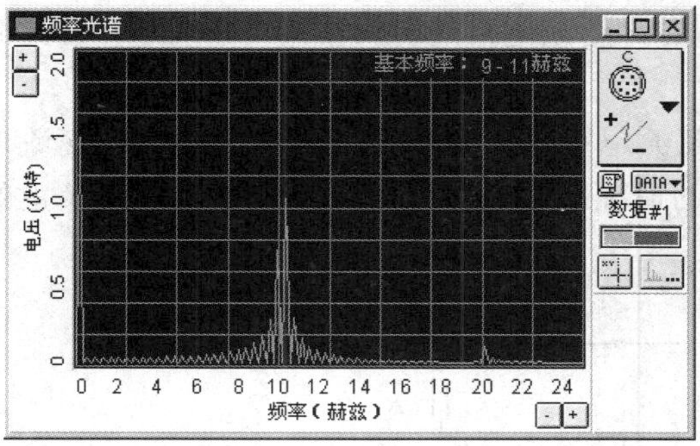

图 6-17-4　输出电压波形频谱图

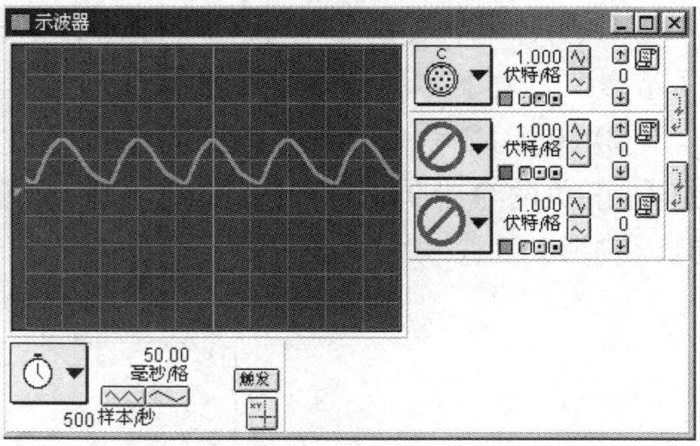

图 6-17-5　滤波电容 47μF 时输出电压波形图

5. 通过开关 K 分别将 47 μF、100 μF、470 μF、1000 μF 电容并接在电阻器两端，录制整流电路加上滤波电容器后电阻器 R 两端的电压波形（图6 -17-5 、图 6-17-6 和图 6-17-7 所示）。

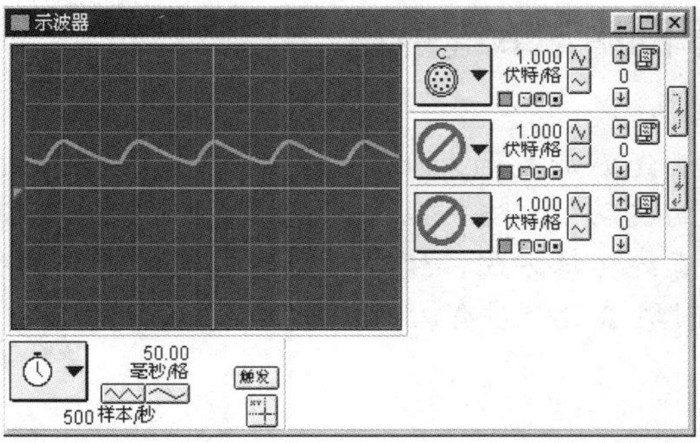

图 6-17-6　滤波电容 100μF 时输出电压波形图

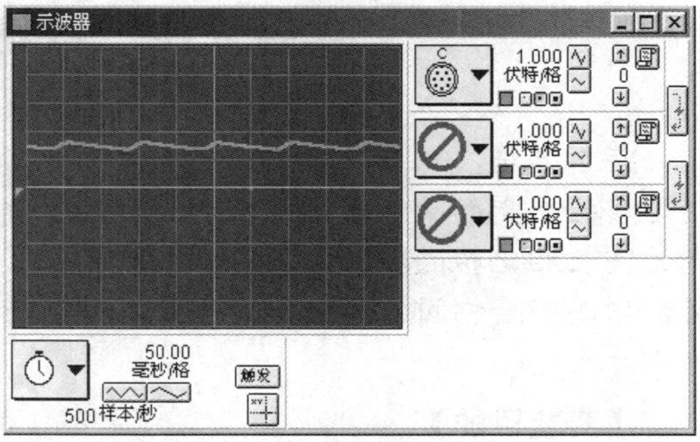

图 6-17-7　滤波电容 1000μF 时输出电压波形图

6. 在“实验备注”中记录各显示窗口中整流输出电压波形的幅值。打印各实验曲线窗口图形。

7. 用数字电表测量输入、输出电压值，测量数据记录于“实验备注”中。

8. 记录实验环境条件，整理好实验仪器。

【实验报告】

1. 实验所用的实验仪器（型号或规格），实验环境条件。

2. 画出实验电原理图，论述二极管桥式整流电路的工作原理。

3. 说明实验的操作过程，根据录制的各实验曲线窗口图形，分析、讨论：

(1) 整流电路在并接了各滤波电容器后对电路输出电压波形的改善情况。

(2) 整流电路输出波形电压值的变化情况。

(3) 整流电路的输入与输出电压波形的频率变化情况。

(4) 输出并接 1000 μF 滤波电容时，整流电路的输出电压值为多少？

4. 按实验要求，给出各打印的曲线窗口图形。

5. 思考题

(1) 当把电容器并联到电阻器两端时，电阻器两端的电压曲线发生什么变化？为什么电容器被当作一个滤波器？

(2) 当各电容器分别并联到电阻器 R 两端时，滤波电路的时间常量 τ 分别是多少？时间常量 τ 的大小与滤波效果的关系如何？

(3) 图 6-17-8 所示整流电路为单向全波整流电路，试分析在变压器原边输入交流电源 U_i 正负两个半周时，二极管 D_1、D_2 导通的情况，整流输出电流路径以及负载 R 上的电压波形。

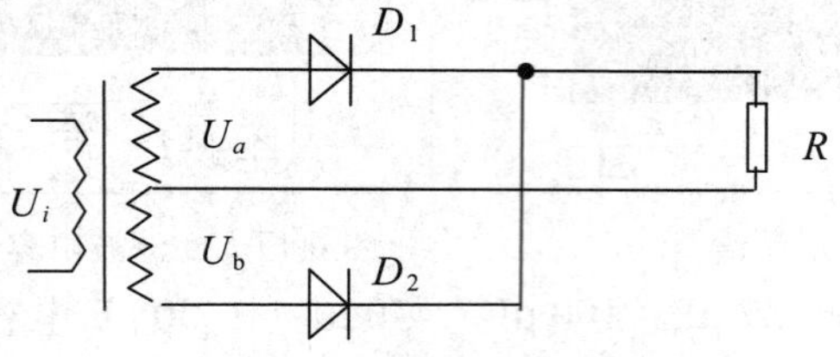

图 6-17-8　单向全波整流电路

实验 6.18　双缝干涉与单缝衍射

著名的杨氏双缝干涉实验是最早利用单一光源形成两束相干光，从而获得光干涉的典型实验。光的干涉原理，有力地证明了光的波动性。当一束平行光垂直照射宽度可与光的波长相比拟的狭缝时，光会改变原来的直线传播方向，绕过狭缝的边缘向阴影区衍射，形成明暗相间的单缝衍射条纹，光的衍射现象进一步有力地证明了光的波动性。

【实验目的】

1. 观察激光通过双缝、单缝形成的干涉、衍射图案及光强分布规律。
2. 分析图案中明、暗条纹的实际分布情况与理论预见的一致性。
3. 通过干涉、衍射图案研究光的波动性，加深对光的波动性理论的理解。

【实验仪器】

计算机，数据采集接口器，PASCO 物理实验组合仪。

【实验原理】

1. 双缝干涉：通常，双缝的间距远小于双缝到用于观察接收屏的距离。当从一个狭缝中出射的光到达接收屏的距离与从另一个狭缝中出射的光到达接收屏的距离之差为波长的整数倍时，在接受屏上将发生相长干涉，当距离之差为半波长的整数倍时，将发生相消干涉。对于双缝，由于干涉相长将在接收屏上出现几个亮点（或光强极大值），这些亮点对称地排列在接收屏上。

如图 6-18-1 所示，一束平行单色光垂直照射两个相距为 d 且很窄的狭缝 S_1 和 S_2，使S_1、S_2 为两个独立的缝光源。由于振动方向相同、频率相同、相位差恒定的相干条件，故透过 S_1、S_2的光为相干光。这样，由 S_1 和 S_2 发出的光在空间相遇，将产生干涉现象。若在 S_1 和 S_2 的前面放一屏幕，屏幕上将出现明、暗相间的干涉条纹。

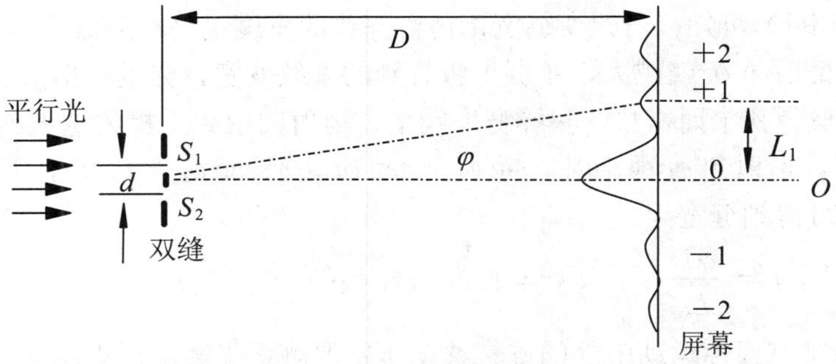

图 6-18-1　双缝干涉光路示意图

若第 k 级条纹所对应的角度是 φ_k，则由双缝干涉条纹公式可知，S_1、S_2 到屏幕上某处的光程差满足下列关系式：

$$d\sin\varphi_k = \pm(2k+1)\lambda/2 \quad (k=0，1，2，3，\cdots) \tag{6-18-1}$$

则该处两束光相遇时相互减弱，形成暗条纹。

若 S_1、S_2 到屏幕上某处的光程差满足下列关系式：

$$d\sin\varphi_k = \pm k\lambda \quad (k=0，1，2，3，\cdots) \tag{6-18-2}$$

则该处两束光相遇时相互加强，形成明条纹。

对于 O 点，$\varphi_k=0$，$d\sin\varphi_k=0$，$k=0$，故 O 点处为一明条纹中心，此条纹叫做中央明条纹。在式（6-18-1）与（6-18-2）中，d 是缝间距，λ 是入射光的波长，k 是条纹的级次，φ_k 是 k 级条纹的角度，正、负号表明：明、暗条纹在点 O 两边呈对称分布。

设 L_k 为中央明条纹到第 k 级明条纹的距离，D 为狭缝到屏的距离（$D >> d$）。由于 φ_k 很小，故 $\sin\varphi_k \approx \tan\varphi_k$，而 $\tan\varphi_k = L_k/D$，由双缝干涉明条纹公式可得到缝间距为：

$$d = \frac{k\lambda D}{L_k} \quad (k=0，1，2，3，\cdots) \tag{6-18-3}$$

2. 单缝衍射：单色光通过单缝以后产生的衍射斑与双缝干涉图案很相似，但是中央主极大比两边的次极大更亮。与双缝干涉图案相比较，光强主要集中在中央主极大而衍射斑边缘的光强很小。

如图 6-18-2 所示，当一束平行单色光垂直照射宽度与光的波长可比拟的狭缝时，就会形成明暗相间的单缝衍射条纹。若第 k 级暗条纹所对应的衍射角是 φ_k，则单缝衍射暗条纹公式为：

$$d\sin\varphi_k = \pm k\lambda \quad (k=1，2，3，\cdots) \tag{6-18-4}$$

式中 d 是缝宽，λ 是单色光的波长，k 是暗条纹的级次，φ_k 是 k 级条纹的衍射角。

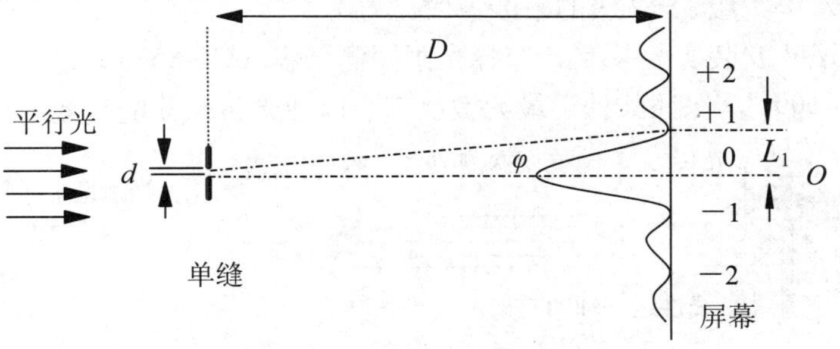

图 6-18-2　单缝衍射光路示意图

从式（6-18-4）可知：若改变缝宽，衍射条纹的宽度也将相应改变。d 越小，对同一级衍射条纹，衍射角 φ_k 就越大，在屏上将看到的条纹变宽，光的衍射效应越明显。d 越大，条纹相应变得狭窄而密集。狭缝宽度越窄，衍射的中央主极大越强。

当 $D >> d$，衍射角 φ_k 很小时，$\sin\varphi_k \approx \tan\varphi_k$，而 $\tan\varphi_k = L_k / D$，因此，由单缝衍射暗条纹公式可得到缝宽为：

$$d = \frac{k\lambda D}{L_k} \qquad (k = 1，2，3，\cdots) \tag{6-18-5}$$

3. 实验用带有线性运动附件的旋转移动传感器测量干涉、衍射图案光强极大值和极小值的位置；光传感器测量激光通过双缝、单缝后干涉、衍射图案的相对光强；Science Workshop 程序记录和显示各光强极大值和极小值的位置，并绘出光强度随位置变化的曲线。

【实验内容】

1. 双缝干涉

(1) 将旋转移动传感器（CI-6538）和光传感器（CI-6504A）的输出插头分别接入数据采集接口器相应的通道。打开科学工作室窗口，选择旋转移动传感器和光传感器，校准传感器工作参数。

(2) 打开一“图形显示”窗口，纵坐标设置为“光强度”，横坐标设置为“位置”，用以描绘干涉条纹强度随位置变化的曲线，即“光强度 - 位置”曲线。

(3) 按图 6-18-3 安装实验仪器，将光阑探测圆盘（OS-8529）安置在附件托架上，调节附件托架的位置，使双缝圆盘与激光器（OS-8525）的距离约为 3 cm。

注意：双缝圆盘中的狭缝是电镀制成的，安装时不要用手去摸，以免狭缝被污染，接收屏与光具座保持垂直，尽量使接收屏远离双缝圆盘。

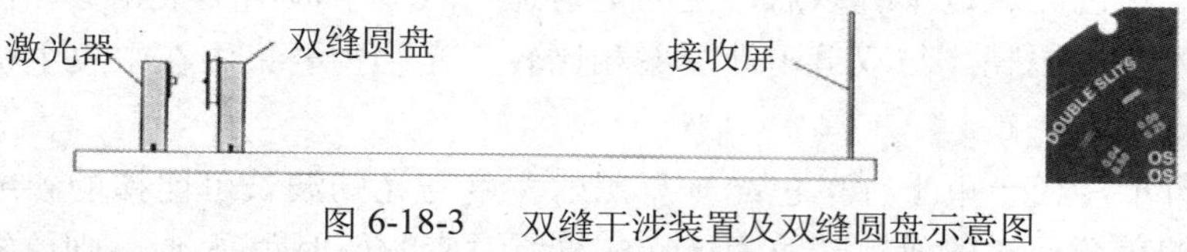

图 6-18-3　双缝干涉装置及双缝圆盘示意图

(4) 接通激光器的电源（DC 9 V），打开激光器电源开关。转动双缝圆盘的角度，调节附件托架的位置以及激光器上下、左右的位置，使激光束水平直射缝宽为 0.04 mm、缝间距 d 为 0.25 mm 的双缝。观察接收屏上的干涉条纹，要求干涉条纹保持水平、清晰，能看到 0 级、±1 级、±2 级的干涉条纹。

(5) 按图 6-18-4 安装实验装置。选择光阑探测圆盘（OS-8534）“1”档测量口，光传感器增益置于“100”，保证其处于最灵敏状态，以便光传感器能有效地接受激光。

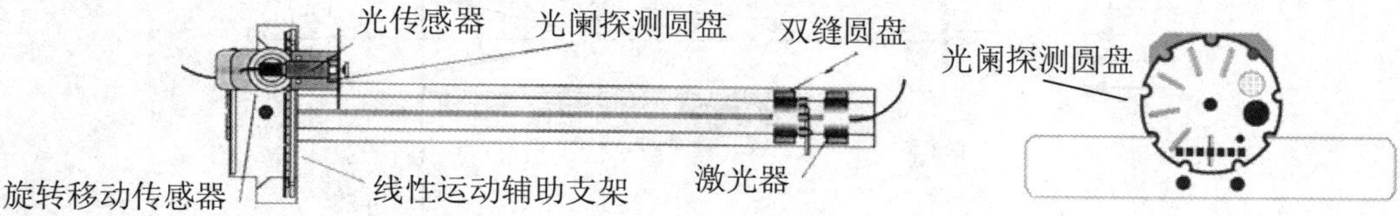

图 6-18-4　实验装置结构及光阑探测圆盘示意图

光阑探测圆盘、光传感器与线性运动辅助支架（OS-8535）要互相垂直。将线性运动辅助支架安置在光具座的另一端，使光阑探测圆盘面向激光器。线性运动辅助支架保持水平并与光具座垂直，尽量使光阑探测圆盘远离双缝圆盘。

(6) 调节激光器、双缝圆盘、附件托架和光阑探测圆盘的位置，使干涉图案中的中央明条纹保持水平且高度与光阑探测圆盘的“1”档测量口高度相同。

在记录数据前，先练习旋转移动传感器和光传感器的使用。实验中要求能缓慢、平稳地移动旋转移动传感器使之作水平直线运动。

(7) 点击“录制”图标，开始记录实验数据。缓慢、平稳地移动旋转移动传感器使之作水平直线运动，使干涉条纹依次通过光阑探测圆盘的“1”档测量口，整个干涉图案测完以后，点击“停止”图标停止采样，“数据 #”将出现在科学工作室窗口的数据记录框中，实验所采集的“光强度 - 位置”图形曲线如图 6-18-5 所示。

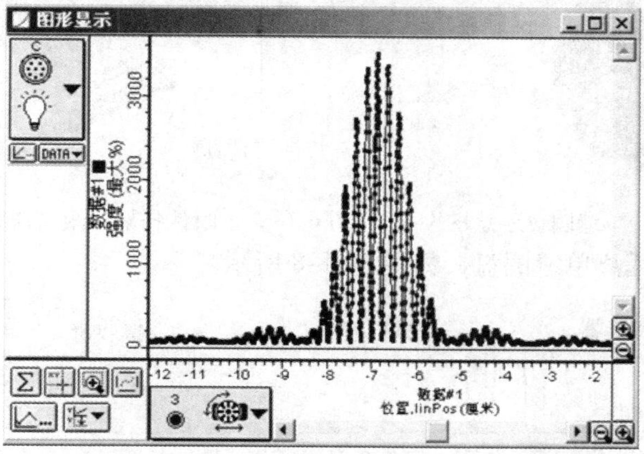

图 6-18-5　双缝干涉“光强度 - 位置”曲线图

(8) 在“图形显示”窗口中，点击“自动分度”图标 ，观察实验采集的“光强度 - 位置”曲线并加以分析。

(9) 开启“实验计算机” 窗口，按以下要求进行计算，计算数据存放在“实验备注”中。

① 计算干涉光强的最小值与最大值之比

通过“统计工具” 图标 ，得到光强的最小值 I_{min} 和最大值 I_{max}，根据式（6-18-6），计算光强最小值与最大值之比 α。

$$\alpha = \frac{I_{\min}}{I_{\max}} \tag{6-18-6}$$

② 计算双缝间距

在“光强度 - 位置”曲线上，利用智能十字光标 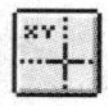，准确读取 ±1 级明条纹的横坐标值且记为 L_{-1} 和 L_{+1}，在光具座上读出狭缝到光阑探测圆盘的距离记为 D，利用式（6-18-7）和式（6-18-3）求出双缝间距的实验测量值 d。

$$L = \frac{L_{+1} - L_{-1}}{2} \tag{6-18-7}$$

③ 实验求出的双缝间距 d 与双缝标称值进行比较，求出其相对百分差。

2. 单缝衍射

⑴ 旋转移动传感器（CI-6538）和光传感器（CI-6504A）的输出插头分别接入数据采集接口器相应的通道。打开科学工作室窗口，选择旋转移动传感器和光传感器，校准传感器工作参数。

打开一“图形显示”窗口，纵坐标设置为“光强度”，横坐标设置为“位置”，用以描绘衍射条纹强度随位置变化的曲线，即“光强度 - 位置”曲线。

⑵ 将单缝圆盘（OS-8523）安置在附件托架上，按图 6-18-7 安装实验仪器。调节附件托架的位置，使单缝圆盘与激光器（OS-8525）的距离约为 3 cm 。

注意：单缝圆盘中的狭缝是电镀制成的，安装时不要用手去摸，以免狭缝被污染，

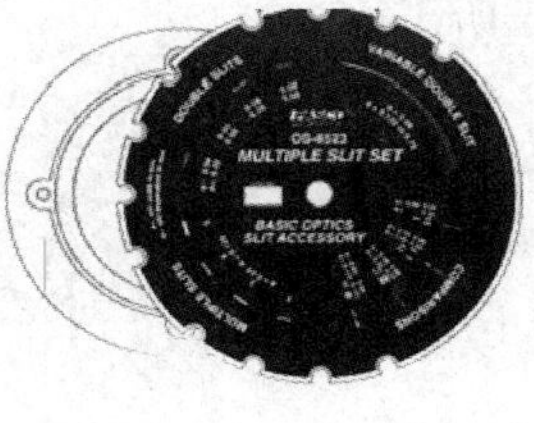

图 6-18-6　单缝圆盘示意图

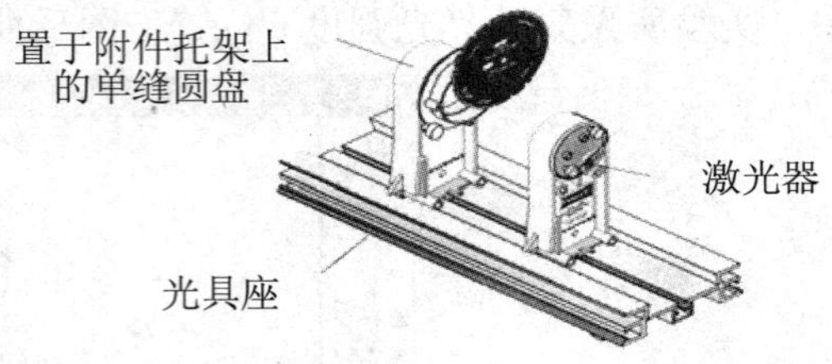

图 6-18-7　附件托架、激光器安装示意图

⑶ 调整接收屏远离单缝圆盘，如图 6-18-8 所示。

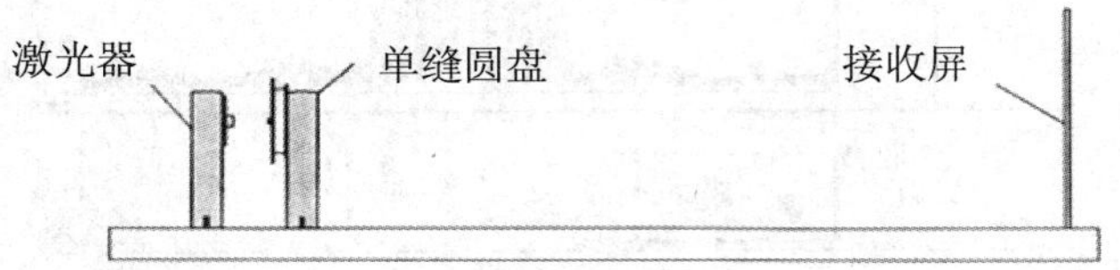

图 6-18-8　单缝衍射装置示意图

⑷ 接通激光器的电源，激光器射出波长为 650 nm ，功率小于 1 mW 的激光。转动单缝圆盘的角度，调节附件托架的位置以及激光器上下、左右的位置，使激光束水平直射宽度为 0.04 mm 的单缝。在接收屏上观察衍射条纹，要求衍射条纹保持水平、清晰，能看到 0 级、± 1 级、± 2 级的衍射条纹。

⑸ 按图 6-18-9 安装旋转移动传感器（CI-6538），线性运动辅助支架（OS-8535），光阑探测圆盘（OS-8534）和光传感器。选择光阑探测圆盘“1”档测量口，光传感器上的增益置于“100”，保证其处于最灵敏状态，以便光传感器能有效地接受激光。光阑探测圆盘、光传感器与线性运动辅助支架要互相垂直。

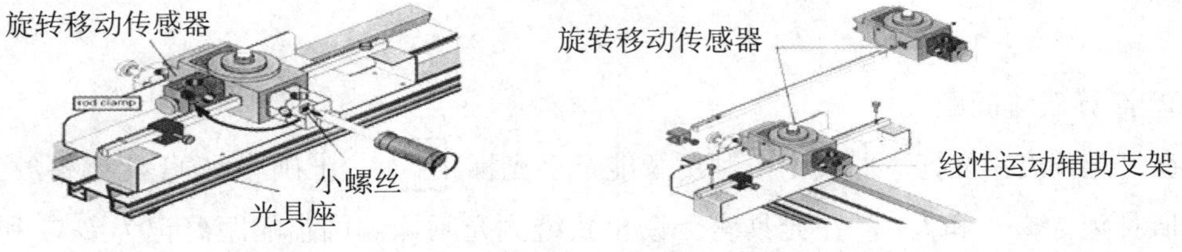

图 6-18-9　旋转移动传感器、线性运动辅助支架安装示意图

将线性运动辅助支架安置在光具座的另一端，使光阑探测圆盘面向激光器，尽量使光阑探测圆盘远离单缝圆盘（图 6-18-10 所示）。

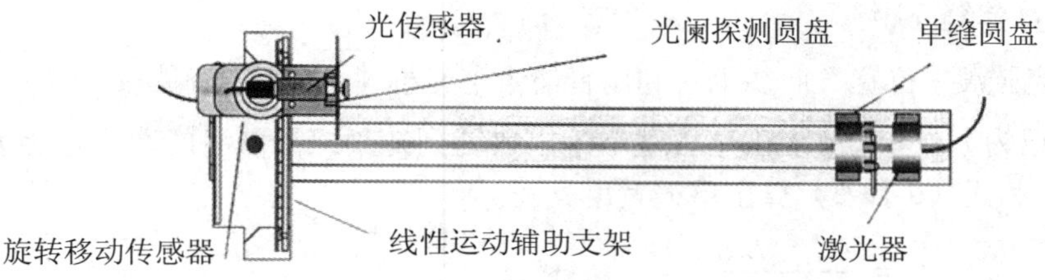

图 6-18-10　实验装置示意图

⑹ 调节激光器、单缝圆盘、附件托架和光阑探测圆盘的位置，使衍射图案中的中央明条纹保持水平且高度与光阑探测圆盘“1”档测量口高度相同。在记录数据前，应该先练习旋转移动传感器和光传感器的使用，实验中要求能缓慢、平稳地移动旋转移动传感器使之作水平直线运动。

⑺ 点击“录制”图标，开始记录实验数据。缓慢地、平稳地移动旋转移动传感器使之作水平直线运动，使衍射条纹依次掠过光阑探测圆盘的“1”档测量口，整个衍射图案测完以后，点击“停止”图标停止采样，“数据 #”将出现在科学工作室窗口的数据记录框中，实验所采集的图形曲线如图 6-18-11 所示。

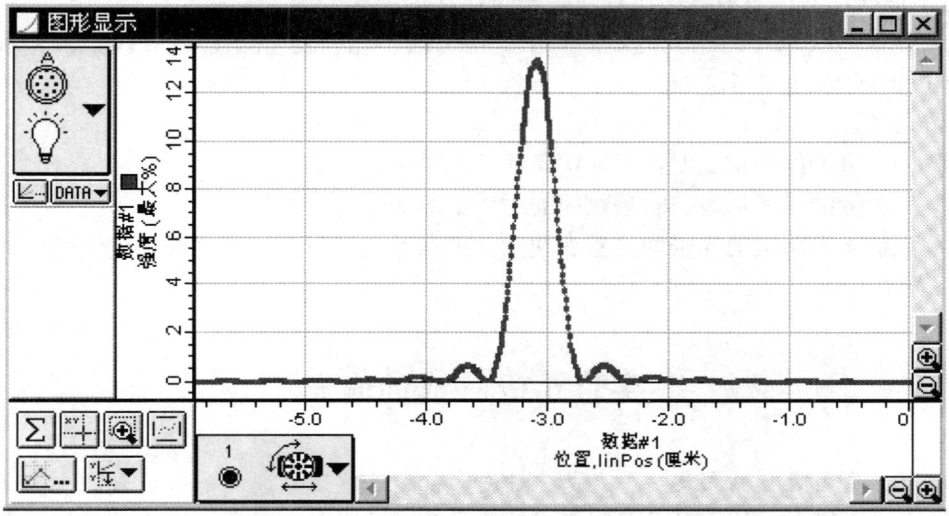

图 6-18-11　单缝衍射“光强度 - 位置”曲线图

⑻ 在“图形显示”窗口中，点击“自动分度”图标 ，观察所采集的“光强度 - 位置”曲线并加以分析。

⑼ 开启“实验计算机” 窗口，按以下要求进行计算，计算数据存放在“实验备注”中。

① 计算衍射光强的最小值与最大值之比

通过“统计工具” 图标 Σ ，得到光强的最小值 I_{min} 和最大值 I_{max} ，根据式（6-18-8），计算光强最小值与最大值之比 α 。

$$\alpha = \frac{I_{\min}}{I_{\max}} \tag{6-18-8}$$

② 计算单缝间距

在“光强度 - 位置”曲线上，利用智能十字光标 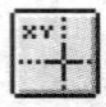，准确读取 ±1 级暗条纹的横坐标值且记为 L_{-1} 和 L_{+1}。在光具座上读出狭缝到光阑探测圆盘的距离记为 D，利用式（6-18-9）和式（6-18-5）算出单缝宽度 d。

$$L=\frac{L_{+1}-L_{-1}}{2} \tag{6-18-9}$$

③ 实验求出的单缝宽度 d 与单缝标称值进行比较，求出其相对百分差。

3. 记录实验环境条件，整理好实验仪器。

【实验报告】

1. 实验所用的实验仪器（型号或规格），实验环境条件。

2. 简述实验原理，画出有关原理图，说明实验的操作过程，论述在实验中所观察到的现象。

3. 分析“图形显示”所描绘的双缝干涉“光强度 - 位置”曲线，单缝衍射“光强度 - 位置”曲线，与理想曲线相比有那些异同点？

4. 按实验要求，给出双缝干涉和单缝衍射的“光强度 - 位置”曲线，“实验备注”中各相应的实验计算结果。

5. 思考题

⑴ 当双缝的间距增加时，干涉明条纹的距离是增大还是减小？

⑵ 当单缝缝宽增加时，暗条纹间的距离是增加还是减小？

⑶ 双缝干涉图案的光强随位置变化曲线图与单缝衍射图案的光强随位置变化曲线图有何区别？

实验 6.19　光的偏振

光的干涉和衍射现象表明了光是一种波，但是这些现象还不能告诉我们光波是纵波还是横波。1808 年，法国的马吕斯在实验中发现了光的偏振现象，而光的偏振现象有力地证明了光是横波，即光的振动方向是垂直于它的传播方向的。光的电磁理论建立后，光的横波性得以完美的解说。光的偏振使人们对光的传播（反射、折射、吸收和散射）规律有了新的认识，并在光学计量、晶体性质研究和实验应力分析等技术领域有着广泛的应用。

【实验目的】

1. 观察光的偏振现象，熟悉光偏振的基本规律。

2. 找出穿过两个偏振器的透射光强度与两个偏振器轴的夹角 φ 之间的关系。

【实验仪器】

计算机，数据采集接口器，PASCO 物理实验组合仪。

【实验原理】

一个偏振器只允许让在一个特定平面内振动的光穿过，这个平面形成偏振面。未偏振光（自然光）在垂直于传播方向的所有平面内振动。如果未偏振光入射到一个理想偏振器上，则只有一半光可以透过偏振器。而实际上并没有“理想”偏振器，所以只有不到一半的光可以透过偏振器。

透射光只在一个平面内偏振，如果这个偏振光入射到第二个偏振器上，而这个偏振器的轴垂直于入射光的偏振平面，则没有光可以透过第二个偏振器。

然而，如果第二个偏振器与第一个偏振器不垂直，则偏振光电场的某些部分会与第二个偏振器的轴位于同一方向，有些光就可以透过第二个偏振器（如图 6-19-1 所示）。

偏振光电场 E_0 的这些部分 E，可由下式得出：

$$E = E_0 \cos\varphi \tag{6-19-1}$$

因为光强度随电场的平方而变化，所以透过第二个偏振器的光强度可由下式得出：

$$I = I_0 \cos^2\varphi \tag{6-19-2}$$

式中 I_0 是透过第一个偏振器的光强度，φ 是两个偏振器的偏振轴之间的夹角。考虑等式（6-19-2）所阐述的两个极端情况：

1. 如果 $\varphi = 0°$，第二个偏振器与第一个偏振器对齐，$\cos^2\varphi = 1$，则透过第二个滤光器的光强度等于透过第一个滤光器的光强度。在这种情况下，透射光的强度达到最大值。

2. 如果 $\varphi = 90°$，第二个偏振器与第一个偏振器的偏振平面垂直，$\cos^2\varphi = 0$，则没有光透过第二个偏振器。在这种情况下，透射光的强度达到最小值。

上述情况是假定光的吸收只是因为偏振器的作用。实际上，大多数偏振膜并不透明，因此人造偏光板偏振器的颜色也会引起某些光的吸收。

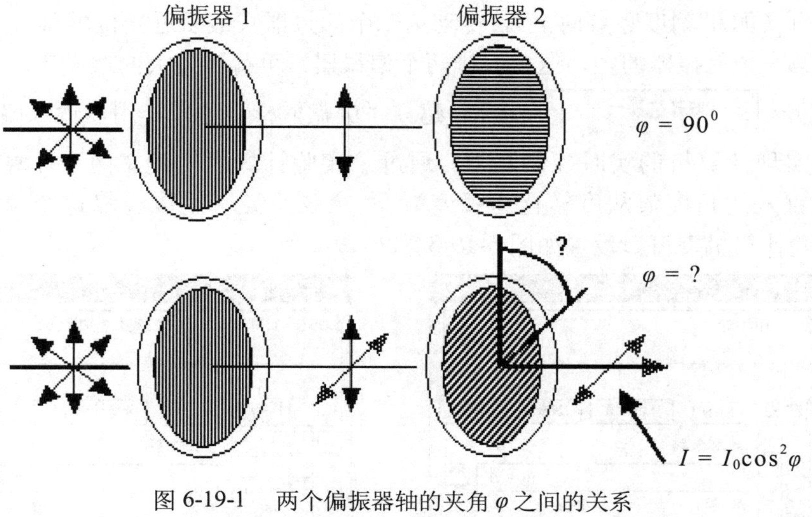

图 6-19-1　两个偏振器轴的夹角 φ 之间的关系

实验通过光传感器测量透过两个偏振器的光的相对强度，通过“键盘取样”窗口输入角度值以改变第二个偏振器相对于第一个偏振器的角度。Science Workshop 程序记录并显示光强度与两个偏振器轴的夹角之间的关系，使用“实验计算机”建立坐标轴的输入量来描述光强度与角度、角余弦以及角余弦平方之间的关系曲线。

【实验内容】

1. 按图 6-19-2 所示，在光具座上将光源（OS-8517）、光传感器（CI-6504A）和偏振光学组件（OS-8533），光阑探测圆盘（OS-8534），旋转移动传感器（CI-6538）等安装好，并将直流 12 V 电源连接到光源上，打开光源开关，射出自然光。

2. 将旋转移动传感器、光传感器的输出插头分别接入数据采集接口器相应的通道。打开科学工作室窗口，选择光传感器，校准实验传感器的工作参数。

打开一“数字显示”窗口，用来显示光传感器所测量的光强度。打开一个“图形显示”窗口，用于实验中“光强度 - 角度”图形曲线的显示。

⑴ 使光传感器的测光口与光源位于同一高度，并且对齐。调整光传感器和光源的位置，使光源和光传感器测光口之间的一条假想轴线穿过两个偏振器的中心。

⑵ 移动光源和光传感器，使它们尽可能接近偏振器。小心取下偏振器，让光源发出的光直接进入光传感器的测光口。

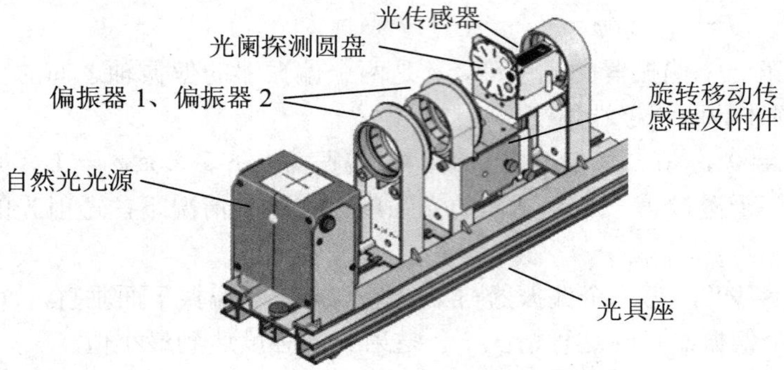

图 6-19-2　实验装置示意图

⑶ 将偏振器放回光源和光传感器之间。转动第一个偏振器（最靠近光源），使它的偏振轴竖直（如 0°刻度竖直向上）。转动第二个偏振器（最靠近光传感器），使它的偏振轴平行于第一个偏振器的轴。这样安排两个偏振器，可得到最大的透光率。

3. 打开 

图标，建立“键盘取样”窗口，用以输入偏振器 2 的旋转角度，实现计算机的实时控制测量。通过“实验计算机”建立两个计算式：角余弦（可以把键入的角度值从度转化为弧度）；角余弦平方（用以计算每个角的余弦的平方）。“实验计算机”窗口设置如图 6-19-3 和 6-19-4 所示。

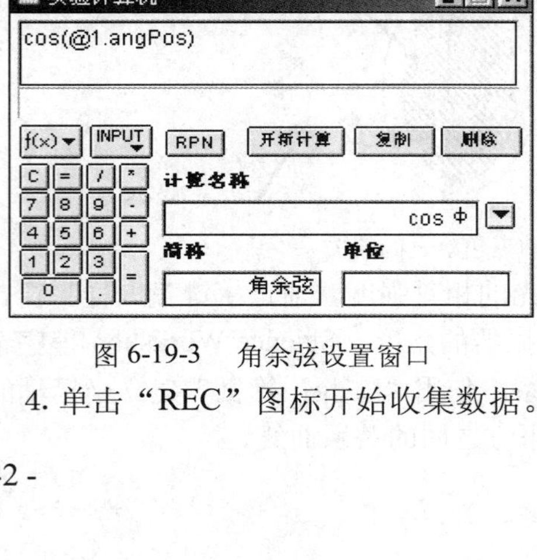

图 6-19-3　角余弦设置窗口

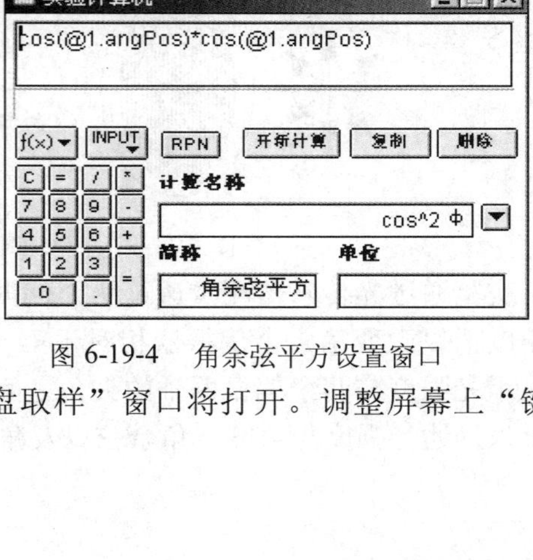

图 6-19-4　角余弦平方设置窗口

4. 单击“REC”图标开始收集数据。“键盘取样”窗口将打开。调整屏幕上“键盘取样”窗口和“数字显示”窗口的位置，以便于观察。

实验中缓慢平稳地转动偏振器 2，经过偏振器 2 的光掠过光阑探测圆盘中的“1”档测光口后进入光传感器，计算机将自动采样记录。

在“键盘取样”窗口中键入 0，作为“输入 # 1 ”（输入 #1 的缺省值是 10.0000 ），单击“输入”或键盘“Enter”来记录实验测量值。键入的值将出现在“键盘取样”窗口的数据列表中。

将偏振器 2 转到 10 °的位置，“键盘取样”窗口中键入 10，作为“输入 # 2 ”，单击“Enter”来记录这个值（这个值也出现在“键盘取样”窗口的数据列表中）。

将偏振器 2 转到 20 °的位置，按上述方法，单击“键盘取样”窗口中的“输入”，再记录新的角度（输入 #3 的缺省值将映射前两次输入的特征曲线）。继续以每次 10°的增量转动偏振器 2，直到转动角度达 180°。

实验记录完 180°后，单击“键盘取样”窗口“停止取样”按钮，计算机停止采集数据。“数据 # ”出现在科学工作室窗口的数据记录框中，图形曲线如图 6-19-5 所示。

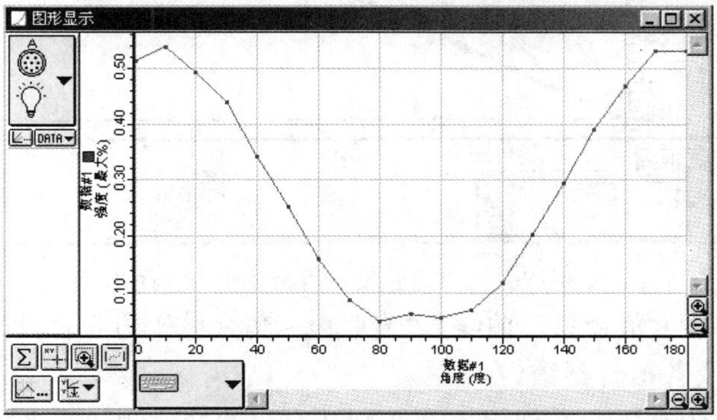

图 6-19-5　键盘取样“光强度 - 角度”图形

5. 激活“图形显示”窗口，单击统计图标按钮  打开图表右边的统计区，单击“自动分度”图标  来重新分度图表以适应数据。

⑴ 单击横轴输入菜单按钮，从中选择计算式“角余弦”，显示“光强度 - 角余弦”图形曲线（图 6-19-6 所示）。

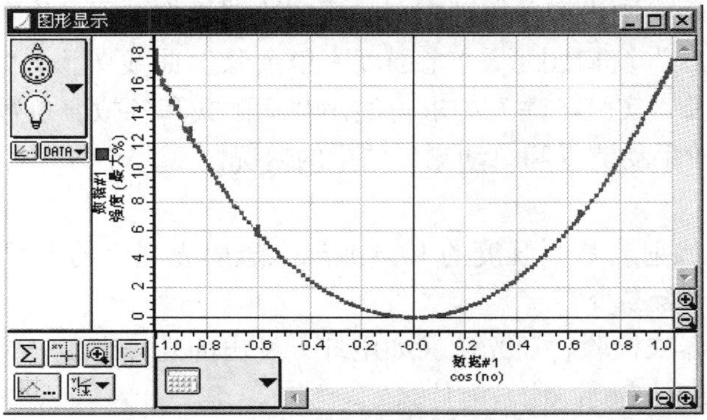

图 6-19-6　“光强度 - 角余弦”图形

单击统计区中的统计菜单按钮。从统计菜单中选择曲线拟合。Science Workshop 程序将试图把测量数据拟合到一个数学拟合式。数学拟合式的次数和系数显示在统计区中。chi^2 值是数据和数学式之间拟合的相近程度的量度。将数学拟合式的次数、系数等参数及 chi^2 值记录在“实验备注”中。

⑵ 再次单击横轴输入菜单按钮，从中选择计算式“角余弦平方”，显示“光强度 - 角余弦平方”图形曲线（图 6-19-7 所示）。

单击统计区中的统计菜单按钮，从中选择曲线拟合。再次将实验测量数据拟合到一个数学拟合式。将数学拟合式的次数，系数等参数及 chi^2 值记录在“实验备注”中。

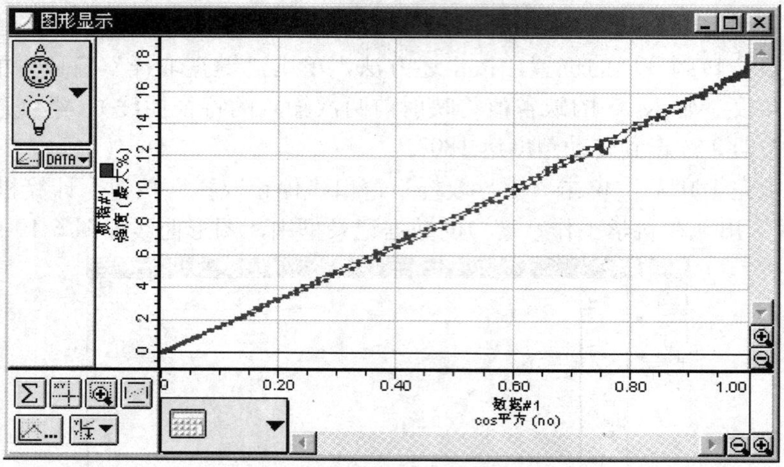

图 6-19-7　“光强度 - 角余弦平方”图形

6. 打印“光强度 - 角余弦”曲线，“光强度 - 角余弦平方”曲线，“实验备注”中求得的函数适配式以及各拟合参数。

7. 用旋转移动传感器来实现偏振器 2 旋转度角的自动测量，考虑 Science Workshop 程序的设置，重复上述实验内容。

8. 记录实验环境条件，整理好实验仪器。

【实验报告】

1. 实验所用的实验仪器（型号或规格），实验环境条件。

2. 简述实验原理，画出有关原理图，说明实验的操作过程。按实验要求，给出键盘取样“光强度 - 角度”窗口图形，“光强度 - 角余弦”曲线图形，“光强度 - 角余弦平方”曲线图形，以及“实验备注”中求得的函数适配式和各拟合参数。分析图形曲线，得出实验结论。比较手动测量和自动测量结果的情况，

3. 思考题

⑴ 当透射光是入射自然光强度的 1 / 3 或最大透射光强度的 1 / 3 时，二理想偏振器偏振轴之间的夹角各为多少？

⑵ 用一块偏振器来检验普通光源（如电灯）发出的光，当旋转偏振器改变其偏振角时，透射光的强度并不改变，这是为什么？

⑶ 假如有自然光，部分偏振光，线偏振光等三种光源，试设计一个实验方案将它们判别出来。

实验 6.20　光谱分析

光栅是大量相互平行、等距离、等宽度的狭缝或刻痕组成的，它利用光的多缝衍射原理使光波发生色散，故衍射光栅可以获得明纹本身既亮又窄，且相邻明纹分得很开的衍射条纹。光谱技术的应用极为广泛，运用光栅衍射原理和信号转换技术，可制成光栅秤、光栅信号显微镜等。利用光谱分析还可以定量地分析出元素的含量，在科学研究和工业技术上有着广泛的应用。在传统的物理实验中，一般用分光计来调整并进行光谱的测量，调整过程比较繁琐。本实验采用光传感器、旋转移动传感器、数据采集接口器和计算机构成的实验系统，对光谱谱线进行分析和测量。光传感器可自动读取谱线的强度，旋转移动传感器可自动读取谱线衍射角的位置。

【实验目的】

1. 了解光谱光学组件的结构以及与分光计的区别，学会正确调节和使用的方法。
2. 学习“干涉法”、“衍射法”在实验中的应用。
3. 观察光栅的衍射光谱，加深对特征谱线、衍射角等概念的理解。

【实验仪器】

计算机，数据采集接口器，PASCO 物理实验组合仪。

【实验原理】

当一束平行单色光垂直照射到光栅上时，每一狭缝都要产生衍射，而缝与缝之间透过的光又要发生干涉。用透镜把光束会聚到屏幕上，就会呈现出光栅衍射条纹。因此，实验观察的衍射条纹是衍射和干涉的总效果，如图 6-20-1 所示。

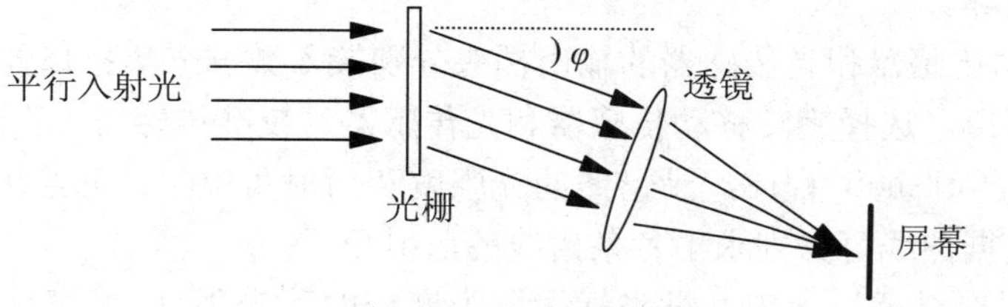

图 6-20-1　光栅衍射示意图

光栅衍射明条纹的条件是衍射角必须满足下列关系式：

$$d\sin\varphi_k = k\lambda \qquad (k=0,\ \pm1,\ \pm2,\ \pm3,\ \cdots) \tag{6-20-1}$$

式中 d 为光栅常数，φ_k 为第 k 级明条纹的衍射角，λ 为入射光的波长，式（6-20-1）称为光栅方程。式中对应于 $k=0$ 的条纹叫中央明纹，$k=\pm1$，±2，⋯ 的明纹分别叫做一级明纹，二级明纹，⋯⋯，正、负号表示各级明条纹对称分布在中央明纹的两侧。由光栅方程可知，光栅单位宽度内狭缝条数越多，明纹就越亮；光栅常数越小，明纹就越窄，明纹间相隔得越远。

在光栅常数 d 一定时，明纹衍射角的大小和入射光的波长有关。若用复合光照射光栅，则各种波长的单色光将产生各自的衍射条纹，除中央明纹由各色光混合仍为复合光外，其两侧的各级明纹都由紫到红对称排列。如果已知光栅常数 d，用本实验系统中光传感器和旋转移动传感器自动测量出第 k 级明条纹的衍射角 φ_k，则入射光的波长 λ 可 由光栅方程算出。反之，已知 λ 可测定出光栅常数 d 。

【实验内容】

1. 按图 6-20-2、6-20-3 所示，将光传感器（CI-6604 ）、旋转移动传感器（CI-6538）和光学组件（OS-8537、OS-8539）安装在光具座上。光源放在狭缝前面，调节光源的高度和位置，使光源靠近并正对狭缝。

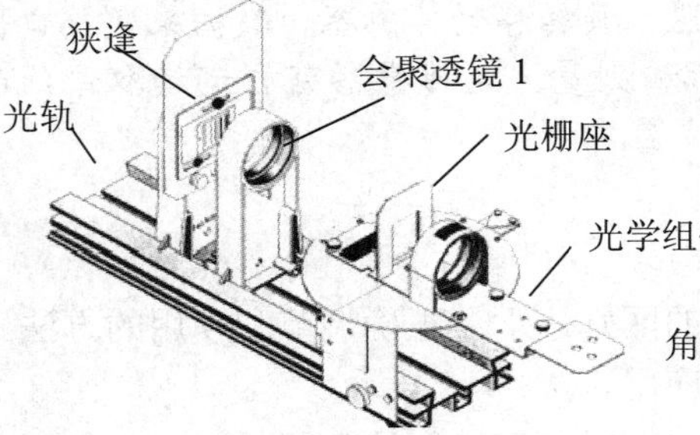

图 6-20-2　光学组件安装示意图

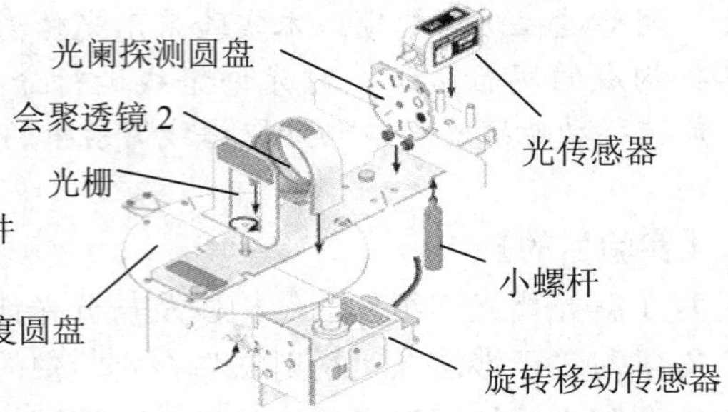

图 6-20-3　测量传感器安装示意图

2. 打开光源电源开关，选择合适宽度的狭缝。反复调整实验装置，达到以下要求：

⑴ 光源、狭缝、会聚透镜 1 、光栅、会聚透镜 2 、光阑探测圆盘和光传感器保持同一高度，谱线清晰、明亮。

⑵ 光线经过会聚透镜 1 后射出为平行光，并垂直照射光栅。

⑶ 光线经过会聚透镜 2 后，正好会聚到光阑探测圆盘上。

⑷ 光阑探测圆盘测光口置于“1”档，光传感器增益置于合适挡位。

注意：光栅、会聚透镜、光阑探测圆盘和光传感器都是精密光学器件，调整时要注意避免弄脏或损坏。

3. 旋转移动传感器和光传感器的输出插头分别接入数据采集接口器相应的通道。打开科学工作室窗口，选择旋转移动传感器和光传感器，校准传感器工作参数。

由 Science Workshop 程序纪录谱线的光强度和衍射角位置，并绘出其“光强度 - 角位置”曲线，根据曲线可分别求出各条谱线的衍射角。

打开一“图形显示”窗口，纵坐标设置为谱线的“光强度”，横坐标设置为“角位置”，用来描绘谱线光强度随衍射角度变化的曲线，即“光强度 - 角位置”曲线。

在记录数据前，先练习旋转移动传感器和光传感器的使用。缓慢、平稳地推动小螺杆，使谱线依次掠过光阑探测圆盘的“1”档测光口。光传感器将依次测量各条谱线的光强，而旋转移动传感器则同时依次测量出谱线的衍射角位置。

4. 点击“录制”图标，缓慢地、平稳地推动小螺杆，旋转移动传感器便跟着转动，使谱线依次掠过光阑探测圆盘的“1”档测光口。计算机自动采样，一次运动完成以后，点击“停止”图标停止采样，“数据 #”出现在科学工作室数据记录框中，按此步骤再采集几次实验数据。

5. 在“图形显示”窗口中，点击图标  和自动分度”图标  ，观察所采集的“光强度 - 角位置”曲线（图 6-20-4 所示），选出其中最好的曲线图形并加以分析。

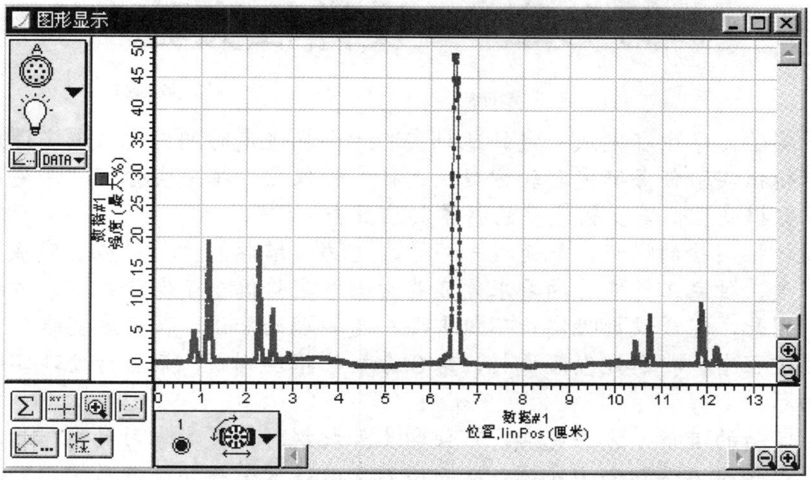

图 6-20-4　“光强度 - 角位置”图形

6. 开启“实验计算机”窗口，按下要求进行计算：

(1) 利用智能十字光标 ，求出 ± 1 级各条谱线光强的角位置 θ_{+1} 和 θ_{-1}，按式（6-20-2）计算各谱线的衍射角 φ *，结果记录于表 6-20-1 中。

$$\varphi=\frac{|\theta_{+1}-\theta_{-1}|\times 180}{2\times 60\,\pi} \tag{6-20-2}$$

(2) 按式（6-20-3），由各衍射角的测量值，计算各谱线的波长记录于表 6-20-1 中。

$$\lambda=d\sin\varphi \tag{6-20-3}$$

表 6-20-1　实验数据记录表

衍射角						
波长 / nm						

(3) 计算实验测量结果与各谱线波长公认值（见书附表 8 ）的相对百分差。

7. 打印最佳的谱线“光强度 - 角位置”曲线和相应的实验计算结果。

8. 记录实验环境条件，整理好实验仪器。

【实验报告】

1. 实验所用的实验仪器（型号或规格），实验环境条件。

2. 简述实验原理，画出有关原理图，说明实验的操作过程，论述在实验中所观察到的现象。分析计算机描绘的“光强度 - 位置”曲线与理想曲线相比有那些异同点？

3. 打印“光强度 - 角位置”曲线图，给出表 6-20-1 中相应的实验计算结果。求出各谱线波长的实验测量值与公认值的相对百分差。

4. 思考题

(1) 当用单色光垂直入射到光栅上时，试问最多能看到第几级光谱？并说明理由。

(2) 当狭缝太宽、太窄时将会出现什么现象？为什么？

* 光传感器和角度圆盘一起转动，角度圆盘又带动旋转移动传感器转动，而角度圆盘转一周，旋转移动传感器转 60 周。故根据“光强度 - 角位置”曲线求出的角位置还需要除 60，才是相应谱线的实际衍射角。

第七章　设计性实验

设计性实验是学生在完成一定的基础实验后，在规定时间内完成选定课题的实验任务。它包括根据实验任务确定实验方案，选择实验仪器，拟定实验程序，安装、调试，观察记录，数据处理，写出较完整的科学实验报告。

完成设计性实验的过程，就是进一步开发智力、培养能力的过程。完成设计性实验有一定的难度，独立工作能力的要求要高些。选做实验偏重于实验知识、方法和技能的灵活应用。因此，完成设计性实验不仅需要一定的理论知识，较好地实验技能，而且在完成任务的过程中，要通过查阅资料，综合分析，推理判断，来自行处理实验过程中碰到的一切问题。

设计性实验的进行，方法灵活，可使学生开拓视野，提高学习的自信心和努力进取的精神，使实验能力得到全面发挥，从而培养和造就学生独立进行科学实验的本领。为此，要求学生要有学习的主动性和高度的自觉性。

本章安排的实验有：

实验 7.1　物体密度的测量
实验 7.2　固体比热容的测量
实验 7.3　伏安法研究
实验 7.4　热敏电阻温度特性的测量
实验 7.5　二极管伏安特性曲线的测绘
实验 7.6　设计和组装欧姆表
实验 7.7　硅光电池特性的测量
实验 7.8　光强度与距离的研究

实验 7.1　物体密度的测量

【实验目的】

1. 学习简单实验测量的设计，根据“等作用原则”，在直接测量时如何按测量要求选择测量仪器。

2. 对于实验中存在的系统误差，考虑用什么方法来消除。

【实验仪器】

根据实验要求选择测量仪器（见表 7-1-1）。

【实验原理】

物体的密度是指在某一温度时物体单位体积内的质量。

1. 若一物体的质量为 M，体积为 V，密度为 ρ，按密度定义有：

$$\rho = M/V \tag{7-1-1}$$

可见在实验中，只要测出待测物体的质量、体积，就可以计算出物体的密度。

2. 对于形状规则的物体，按实验公式（7-1-1），测量方法比较简单。但对于形状不规则的物体，在体积测量时要考虑实验的测量方法。

⑴ 换测法：利用实验仪器，对形状不规则物体的体积测量，可以通过一些简单的测量方法的转换，实现对待测量的变换测量，以达到测量体积的目的。

⑵ 流体静力秤衡法：根据阿基米德原理，物体在液体中所受到的浮力等于物体排开液体的重量。

设不规则的物体的质量为 M，液体（水）密度为 ρ_0，物体完全浸入液体但悬浮在液体中的质量为 M_1，根据阿基米德原理，物体的体积即为排开液体的体积：

$$Mg - M_1 g = \rho_0 V g \tag{7-1-2}$$

得：

$$\rho = \frac{\rho_0 M}{M - M_1} \tag{7-1-3}$$

用流体静力秤衡法测量物体的密度，是用质量的测量代替体积的测量，其方法可以不受物体形状的限制，凡在所选用的液体中不发生性质变化的物体均可用此方法。

3. 在实验测量中，当给定了间接测量的相对不确定度后，各直接测量量的测量不确定度量值的大小应按“等作用原则”进行合理的分配。而对各直接测量量的测量不确定度量值的限制，正是测量时选择仪器准确度的依据。

【实验分析】

1. 用物理天平进行精密测量时，由于天平的两个臂长短可能有微小的差异而存在未知的定值系统误差。

2. 游标卡尺、千分尺可能因零位刻度不准而存在已知的定值系统误差。

3. 测试样品的体积测量是测量密度的关键。当待测样品的形状不规则时，体积测量时要考虑如何修正其测量误差，设计出合理的实验测量方法。

4. 要分析待测样品本身的一些不确定因素对实验测量结果的影响。

5. 根据间接测量不确定度的传播，分析哪些直接测量量对测量的总不确定度影响大，在测量中应特别注意设法减小它的测量误差。

6. “等作用原则”不是固定不变的，在处理具体问题时，有时由于实际条件的限制，不能完全做到等作用分配，可以根据实际情况调整分配。

【实验内容】

1. 实验要求密度测量的相对不确定度：铜 $E_\rho \leqslant 0.30\,\%$，铝 $E_\rho \leqslant 0.50\,\%$。

2. 根据实验要求，查阅有关资料，设计实验测量方法，按“等作用原则”，选择实验测量仪器（表 7-1-1 所列的各实验测量仪器，供实验时选择使用）。

3. 按物理天平的使用要求，调整好物理天平。

4. 根据实验室给定的待测样品，测出其质量、体积，列表记录各测量数据。

5. 记录实验环境条件，整理好实验仪器。

【数据处理】

1. 计算各直接测量量的最佳值，评定各直接测量量的不确定度，正确表示各直接测量量的结果。

2. 计算出待测样品的密度，正确写出实验测量结果：$\rho=\overline{\rho}\pm u_{\rho}$。

B 类不确定度评定，仅考虑仪器误差，且按均匀分布 68 % 的置信概率来处理。书末附表 12 提供标准大气压下不同温度下水的密度，数据处理时可作参考。

【实验报告】

1. 实验所用的实验仪器（型号或规格），实验环境条件。

2. 简述实验原理，分析各种不同的测量方法，从而得出结论。经数据处理给出实验测量结果，检查是否符合实验的测量要求，分析、讨论本次实验。

3. 实验中采用了哪些实验测量方法？采用什么方法消除系统误差？

4. 在流体静力秤衡法测量物体的密度时，如果待测物体的密度小于液体的密度，实验该如何进行？

表7-1-1　测量仪器的基本参数

测量仪器	型号、规格	量程	仪器误差
物理天平	TW - 1	0 ~ 1000 g	± 0.1 g
	TW - 02	0 ~ 200 g	± 0.02 g
	TW - 05	0 ~ 500 g	± 0.05 g
	WL - 05	0 ~ 500 g	± 0.02 g
一级千分尺	最小分度 0.01 mm	0 ~ 25 mm	± 0.004 mm
		25 ~ 50 mm	
游标尺	最小分度 0.1 mm	0 ~ 150 mm	± 0.02 mm
木尺	最小分度 1 mm	0 ~ 300 mm	
量杯	最小分度 25 ml	0 ~ 500 ml	
量筒	最小分度 1 ml	0 ~ 100 ml	

实验 7.2　固体比热容的测量

【实验目的】

1. 用混合法测定固体的比热容。

2. 安排实验测量方法及选择测试参量。

3. 设计一种修正系统误差的方法。

【实验仪器】

量热器，温度计，物理天平，电热恒温水浴锅。

【实验原理】

1. 两个热容为 c_A 和 c_B，温度为 θ_A 和 θ_B（$\theta_A>\theta_B$）的物体 A 与 B 混合，设法使它们形成一个与外界无能量交换的孤立系统。若A、B之间进行相互热量交换而达到最后的平衡温度 θ，而且 $\theta_A>\theta>\theta_B$，那么 A 物体放出的热量全部为 B 物体所吸收。

混合法的实验条件是：混合过程中系统与外界无热量交换。为达到这一实验条件，就要从仪器（采用量热器）以及实验测量方法等方面来保证。

2. 实验中，质量为 m_1 经加热（在水中）后的温度为 θ_1 的金属块，放入盛有冷水的量热器内筒中。水的质量为 m_2，温度为 θ_2（也是量热器搅拌器及内筒的温度），混合后的平衡温度为 θ_3。若不计混合后的热量损失，那么金属块所放出的热量应等于冷水、量热器内筒（及搅拌器）、温度计所吸收的热量。故热量平衡方程式为：

$$c_1 m_1(\theta_1-\theta_3)=c_2 m_2(\theta_3-\theta_2)+c_3 m_3(\theta_3-\theta_2)+c_{计}(\theta_3-\theta_2) \qquad (7\text{-}2\text{-}1)$$

则：

$$c_1=[c_2 m_2(\theta_3-\theta_2)+c_3 m_3(\theta_3-\theta_2)+c_{计}(\theta_3-\theta_2)]/m_1(\theta_1-\theta_3) \qquad (7\text{-}2\text{-}2)$$

式中 c_1、m_1 为待测金属的比热容和质量；c_2、m_2 为水的比热容和质量；c_3、m_3 为量热器内筒与搅拌器的比热容和质量；θ_1 为待测金属块的初温；θ_2 为水的初温；θ_3 为混合后的平衡温度；$c_{计}$ 为温度计插入水中部分的比热容。

【实验分析】

如何安排实验及如何选择实验中的参量可以使实验误差为最小且操作又方便，这是在安排实验测量时应考虑的问题。

1. 有多种混合方法

⑴ 冷水放在筒内，投入加热后的金属块；

⑵ 未加热的金属块放在内筒中，倒入热水；

⑶ 未加热的金属块放在筒中的冷水里，再倒入热水。

2. 对初始温度的考虑

⑴ 金属块用沸水或蒸汽加热；

⑵ 金属块用任选温度热水加热；

⑶ 金属块可以处于室温；

⑷ 金属块与冰水、冷水或高温水一起，处于各种温度。

3. 水与金属块的质量应为多少合适，是可以任意选择的。但是，金属的比热容是很小的。如，室温下：

铜的比热容约为：385 $J\cdot kg^{-1}\cdot K^{-1}$；铝的比热容约为：900 $J\cdot kg^{-1}\cdot K^{-1}$；铁的比热容约为：452 $J\cdot kg^{-1}\cdot K^{-1}$ 等。

因此，金属块不可取得太小（与水比较），以免温度变化太小，但又不能太大，否则会使热平衡时间过长和操作不便。究竟如何选择实验方案和参量，应从误差分析入手，结合实验数据的估计值进行考虑。

例如：将 $m_1\approx 40g$、$\theta_1\approx 80$ ℃ 的铝块投入 $m_2\approx 150$ g、$\theta_2\approx 20$ ℃ 的水中，暂略去量热器等的热容，设系统平衡时温度为 θ_3，则有：

$$m_1 c_1(\theta_1-\theta_3)=m_2 c_2(\theta_3-\theta_2) \tag{7-2-1}$$

$$c_1=\frac{m_2c_2(\theta_3-\theta_2)}{m_1(\theta_1-\theta_3)} \tag{7-2-2}$$

而 c_1 的测量相对不确定度为：

$$E_{C_1}=\sqrt{\left(\frac{u_{m_2}}{m_2}\right)^2+\left(\frac{u_{m_1}}{m_1}\right)^2+\left[\frac{u_{(\theta_3-\theta_2)}}{\theta_3-\theta_2}\right]^2+\left[\frac{u_{(\theta_1-\theta_3)}}{\theta_1-\theta_3}\right]^2} \tag{7-2-3}$$

因 m 是用天平秤衡，故 u_m 很小（如 $0.05/\sqrt{3}$ g），而 θ 是从温度计读出的，所以 u_θ 较大（如 $0.5/\sqrt{3}$ ℃）。因此，有理由说 $u_m/m<<u_\theta/\theta$，于是上式可近似写为：

$$E_{C_1}=\sqrt{\left[\frac{u_{(\theta_3-\theta_2)}}{\theta_3-\theta_2}\right]^2+\left[\frac{u_{(\theta_1-\theta_3)}}{\theta_1-\theta_3}\right]^2} \tag{7-2-4}$$

若温度计读数误差按均匀分布处理，得：

$$E_{C_1}=\sqrt{\left[\frac{2\Delta_\theta^2}{3(\theta_3-\theta_2)}\right]^2+\left[\frac{2\Delta_\theta^2}{3(\theta_1-\theta_3)}\right]^2} \tag{7-2-5}$$

根据例题数据，估计当 $c_1\approx 900\ J\cdot kg^{-1}\cdot K^{-1}$ 时，$\theta_3\approx 23$ ℃。由于温度计测量准确度低，况且又没校准，我们取 Δ_θ 为 0.5 ℃，于是：

$$E_{C_1}=\sqrt{\left[\frac{2\times1.5^2}{3\times(23-20)}\right]^2+\left[\frac{2\times0.5^2}{3\times(80-23)}\right]^2}$$
$$=\sqrt{\frac{1.85}{100}+\frac{0.29}{100}} \tag{7-2-6}$$

对上式进行分析，可得出如下结论：

⑴ 误差主要来自温度测量，而且温度测量中第一项是主要的。因此，对 θ_2、θ_3 的测量，应选用比测量 θ_1 准确度更高的温度计。

⑵ 增大温度差可减少相对误差。增大温度差的方法：可以是增大金属块的质量和提高金属块的温度或减少水的质量。但应注意：金属块的质量不能太大，水的质量又不能太少，否则金属块就不能全部浸没在水中。在实验中，金属块已做成质量一定的圆柱体，采用沸水中加热金属块的方法。故只有考虑减少水的质量了，水的质量至少应能全部浸没金属块为宜。

4. $c_{计}$ 的计算

温度计由玻璃和水银制成的，其各部分的比热：玻璃的比热容为 $837\ \mathrm{J\cdot kg^{-1}\cdot K^{-1}}$，密度为 $2.5\ \mathrm{g/cm^3}$；水银的比热容为 $138\ \mathrm{J\cdot kg^{-1}\cdot K^{-1}}$，密度为 $13.6\ \mathrm{g/cm^3}$。因此：

$1\ \mathrm{cm^3}$ 的玻璃热容为：$837\times2.5 = 2.1\ \mathrm{J\cdot K^{-1}}$；

$1\ \mathrm{cm^3}$ 水银热容为：$138\times13.6 = 1.88\ \mathrm{J\cdot K^{-1}}$。

通常计算水银温度计的热容只需求得浸入液体部分的体积 $V_{计}$，然后乘以 2.0（玻璃与水银的平均热容），即：$c_{计} = 2.0\,V_{计}\ \mathrm{J\cdot K^{-1}}$。

$V_{计}$ 可近似地用 $V_{计} = \pi h d^2/4$ 来计算，其中 d 为温度计直径，h 为温度计浸入水中部分的深度。

5. 为了保证实验系统为孤立系统，除了用量热器外，在操作过程中不得直接用手捧握量热器的任何部位，不应当将量热器放置在靠近热源处或空气流动太快的地方。另外，由于系统与外界温差越大，在它们之间热量的传递就越快，时间越长，热量传递也就越多。因此，实验进行的越迅速，系统与外界交换的热量就越少。

6. 混合量热法要求实验系统与周围环境之间没有热交换，除非系统与周围环境的温度在实验过程中时刻保持相同。因此，尽管以上考虑到了各方面的因素，但实际上只要系统与外界有温度差，系统就不可避免地与外界有热交换而产生系统误差。为了使实验结果的准确度提高，就应该采用必要的方法求出系统向外界散失或吸收多少热量，以此加以修正。即在系统与外界温度差不大时，可根据牛顿冷却定律计算并加以修正。对实测的初温、平衡温度加以修正的方法请参阅本教材实验 4.2 。

【实验内容】

1. 安排实验并拟定实验步骤和数据表格。
2. 根据产生的误差，分析、选择实验方案，并确定各参量。
3. 先粗做实验，调整方案再细做，并作出散热的温度修正。
4. 记录实验环境条件，整理好实验仪器。

【数据处理】

1. 作温度修正，确定水的初温和终温。
2. 由公式（7-2-1）计算待测金属块的比热容 c_1。
3. 对结果进行具体的误差分析，讨论各数据误差的来源。
4. 评定实验测量值的不确定度。

【实验报告】

1. 实验所用的实验仪器（型号或规格），实验环境条件。
2. 简述实验原理、实验测量的设计和实验的操作过程，实验使用了哪些测量仪器？选择它们的依据是什么？在实验报告中论述之。
3. 实验中采用了哪些实验测量方法？存在哪些系统误差，采用什么方法消除系统误差？采用什么方法处理实验数据？给出实验的测量结果，分析、讨论本次实验。

实验 7.3　伏安法研究

【实验目的】

1. 运用“理论分析法”对测量系统的误差进行分析，掌握用伏安法测电阻时电流表内接、外接的条件。

2. 了解电气仪表的主要技术性能，根据实验测量要求，设计实验测量方法。

3. 掌握电表准确度对测量结果的影响。

【实验仪器】

直流稳压电源，滑线变阻器，测量电表根据实验要求选择。

【实验原理】

若在某一电学元件的两端加上直流电压，该元件内就会有电流通过，根据欧姆定律，通过该元件的电流与加在元件两端的电压成正比，两者比例关系为 $1/R$，则：

$$R = \frac{U}{I} \tag{7-3-1}$$

式中 R 称为上述电学元件的电阻，实验中只要测量出通过未知电阻 R 的电流 I 及两端的电压 U，便可计算出未知电阻 R 的值，这种测量电阻的方法称为伏安法。但在测量电路中，由于电表的接入将引起测量误差。

阻值不能调节的电阻叫固定电阻，这种电阻的体积小，价格便宜，应用范围广泛。电阻一般分为碳膜电阻、金属膜电阻、绕线电阻、水泥电阻等多种类型。

碳膜电阻或金属膜电阻都以不同的颜色表示其电阻阻值的大小，颜色与数字的对应关系参见表 7-3-1 。

表 7-3-1　色环电阻颜色与数字的对应关系

颜色	黑	棕	红	橙	黄	绿	蓝	紫	灰	白	金	银
数字	0	1	2	3	4	5	6	7	8	9	5%	10%

不同位置上的色环表示不同的含义，一般前三环表示该电阻的阻值，第四环表示为该电阻的准确度。若以 m，n，p 分别表示前三环的颜色，则电阻值的计算方法为：

$$R = (10m + n) \times 10^{p}\ \Omega \tag{7-3-2}$$

金、银色表示为电阻的准确度，分别为 5 %、10 % 。

在设计测量电学元件电阻的线路时，必须了解待测元件的规格，使加在它上面的电压和通过它的电流均不得超过额定值。此外还必须了解测量时所需其他仪器的规格（如电源、电压表、电流表、滑线变阻器等的规格）也不得超过其量程或使用范围。根据这些原则设计实验测量线路，以符合实验的测量要求。

【实验分析】

电表接入引起的系统误差与修正：由于电压表和电流表并不是待测电路的一个组成部分，是由于测量的需要临时接到电路中去的，在这种情况下，要考虑由于电表的接入改变了原测量电路的状态。

电压表和电流表均有一定的内阻（参见表 7-3-2），当电压表和电流表接入测量电路时，将会使电路中的电学参量发生变化，使测量电路产生系统误差（或称接入误差）。

如图 7-3-1 所示，将 K 倒向 1 时，电流表为内接，将 K 倒向 2 时，电流表为外接，由于电表有一定的内阻，因此，不管采用哪一种接法，对测量结果都会产生系统误差。下面分别讨论。

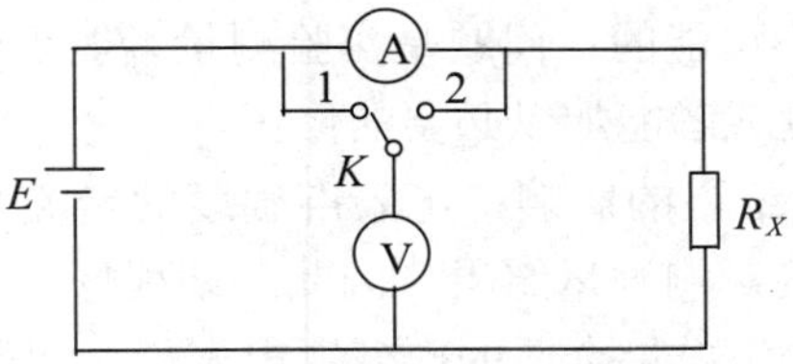

图 7-3-1　电流表的内接与外接

1. 电流表内接：将开关 K 倒向 1，电流表所测的是流过电阻 R_X 的电流，但电压表测量的电压不是电阻 R_X 两端的电压，而是电阻两端电压和电流表上电压的总和。

设电流表内阻为 r_A，则有：

$$\frac{U}{I}=R_X+r_A \tag{7-3-3}$$

$$R_X=\frac{U}{I}-r_A \tag{7-3-4}$$

若以 U/I 作为测量值，则比真实值大，由此带来的相对误差 E 为：

$$E=\frac{\Delta R_X}{R_X}=\frac{\frac{U}{I}-R_X}{R_X}=\frac{\frac{U}{I}-\left(\frac{U}{I}-r_A\right)}{R_X}=\frac{r_A}{R_X}\times 100\% \tag{7-3-5}$$

由于电压表的读数大于电阻 R_X 两端的电压，用（7-3-1）式算出来的未知电阻值比真实值大，所以这是一个正的系统误差。

2. 电流表外接：将开关 K 倒向 2，电压表所测的电压是电阻 R_X 两端的电压，但电流表所测的是流过电阻 R_X 和电压表的电流的总和，设电压表内阻为 r_V，则：

$$\frac{U}{I}=\frac{R_X r_V}{R_X+r_V}，R_X=\frac{U}{I-\frac{U}{r_V}} \tag{7-3-6}$$

若以 U/I 作为测量值，则比真实值小，由此带来的相对误差 E 为：

$$E=\frac{\Delta R_X}{R_X}=\frac{\frac{U}{I}-R_X}{R_X}=\frac{\frac{R_X r_V}{R_X+r_V}-R_X}{R_X}=\frac{\frac{R_X r_V-R_X^2-R_X r_V}{R_X+r_V}}{R_X}$$

$$=-\frac{R_X}{R_X+r_V}\times 100\% \tag{7-3-7}$$

由于电流表的读数大于流过未知电阻 R_X 的电流，用（7-3-1）式算出来的未知电阻值比真实值小，所以这是一个负的系统误差。

由以上讨论可知，用伏安法测电阻时，由于电表内阻的影响，测得的电阻值总是偏大或偏小，存在一定的系统误差。要确定究竟采用哪一种接法，可根据 R_X，r_A，r_V 三者的相对大小来确定。如果要得到待测电阻的准确值，则必须用式（7-3-4）或式（7-3-6）加以修正。

以上讨论的是电表接入误差的问题，实际上这是一个在实验中需要普遍重视的问题。也就是说，在任何实验中都需要注意因为测量仪器接入待测系统，而使得待测系统原来的状态发生明显的改变，以至产生较大的系统误差。测量仪器接入待测系统而不改变待测系统的原来状态是不可能的，问题是实验测量者能否根据测量准确度的要求，把系统误差减小到一定的程度或者能加以必要的修正。

3. 电表准确度对测量结果的影响：电表准确度的定义是最大绝对误差与满量程之比，电表的等级和量程直接影响测量结果。因此，要根据实验的要求，选择满足测量的电表等级和量程，选取最经济，最合适的电表。电表最大测量误差规定为：

$$\varDelta_U = \pm U_m \alpha\ \% \tag{7-3-8}$$

$$\varDelta_I = \pm I_m \alpha\ \% \tag{7-3-9}$$

式中 α 为电表的级别，U_m、I_m 分别为电压表和电流表的满量程数。

我国规定电表的准确度等级为 0.1、0.2、0.5、1.0、1.5、2.5 和 5.0 七个等级。

在实验中，如何选择测量电表的准确度等级呢？下面以选择电压表举例说明。

已知所测电压约为 1.1 V，要求测量相对不确定度 $u_U / U \leqslant 0.2\ \%$。对此，若选择 1.5 V 量程的电压表，根据式（7-3-8），可知：

$$\frac{u_U}{U} = \frac{\varDelta_U / \sqrt{3}}{U} = \frac{(U_m \alpha\,\%)\ /\sqrt{3}}{U}$$

$$\alpha \leqslant \frac{0.2\ \%\ U\sqrt{3}}{U_m\ \%} = \frac{0.2 \times 1.1 \times \sqrt{3}}{1.5} = 0.25$$

据此，应选择 0.2 级的电压表才能满足测量的要求。

【实验内容】

1. 根据实验要求，选择测量电表及实验测量条件。

⑴ 实验要求测量相对不确定度 $E_R \leqslant 1.2\ \%$。

⑵ 根据电阻功率（由实验室给出），选择测量电表的量程，估算实验电路的工作电源电压。

⑶ 根据“等作用原则”，估算电表所要求的测量准确度等级，选择电表的等级。

⑷ 估算测量条件（测量电压、电流的大小范围）。

2. 选择合适的测量电路，确定电表的接法，画出实验电路图。

3. 连接电路，记录各测量数据。

4. 记录实验环境条件，整理好实验仪器。

【数据处理】

1. 根据实验测量要求，分别计算各实验参数。

2. 评定实验测量不确定度，正确表示测量结果，检查是否符合实验要求。

【实验报告】

1. 实验所用的实验仪器（型号或规格），实验环境条件。

2. 简述实验原理，画出实验电路图，实验测量的设计和实验的操作过程，实验使用了哪些测量仪器？选择它们的依据是什么？在实验报告中论述之。

3. 在实验中你采用了哪些实验测量方法？存在哪些系统误差，你采用什么方法消除系统误差？

4. 给出本次实验的测量结果，分析、讨论本次实验。

5. 思考题

⑴ 如图 7-3-2 所示的伏安法测电阻。说明该实验电路采用了什么测量方法，叙述该测量电路的特点。

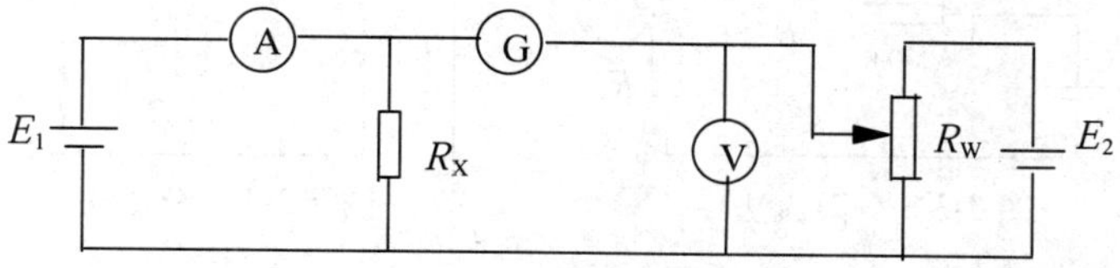

图 7-3-2　伏安法测电阻

⑵ 在实验中，由电表内阻引入的误差，在两种连接方法时（参见图 7-3-1），应分别如何修正？

实验室提供表 7-3-2 所示的各测量电表，供实验测量时选择使用。

表 7-3-2　实验室提供的测量电表

电表名称	型号	准确度等级	量程	内阻
电压表	C19、C21	0.5 级	0 ～ 3 ～ 7.5 ～ 15 V	200 Ω / V
			0 ～ 1.5 ～ 3 ～ 7.5 V	
	C43	1.0 级	0 ～ 1.5 ～ 3 ～ 7.5 V	1000 Ω / V
			0 ～ 2.5 ～ 7.5 ～ 15 V	
			0 ～ 3 ～ 7.5 ～ 15 V	
			0 ～ 7.5 ～ 15 ～ 30 V	
	J - DB4X_V	2.5 级	0 ～ 3 ～ 15 V	333.3 Ω / V
电流表	C19	0.5 级	0 ～ 50 ～ 100 mA	0 ～ 1.3 ～ 0.7 Ω
	C21	0.5 级	0 ～ 25 ～ 50 mA	0 ～ 1.4 ～ 0.9 Ω
			0 ～ 50 ～ 100 mA	0 ～ 1.3 ～ 0.7 Ω
	C43	1.0 级	0 ～ 30 ～ 60 mA	0 ～ 3.8 ～ 2.4 Ω
			0 ～ 50 ～ 100 mA	0 ～ 1.7 ～ 1.0 Ω
			0 ～ 15 ～ 30 ～ 60 mA	0 ～ 5.2 ～ 3.8 ～ 2.4 Ω
			0 ～ 25 ～ 50 ～ 150 mA	0 ～ 3.4 ～ 1.7 ～ 0.7 Ω
			0 ～ 50 ～ 100 ～ 200 mA	0 ～ 1.7 ～ 1.0 ～ 0.5 Ω
	J - DB3X_A	2.5 级	0 ～ 0.6 ～ 3 A	0 ～ 0.35 ～ 0.22 Ω

【附录】

1. 滑线变阻器

滑线变阻器是将电阻丝均匀绕在绝缘瓷管上制成，它有两个固定接线端，另有一端接一划块可在电阻线圈上滑动，在电学实验中常用它作为可变阻值的串联电阻或组成分压电路，分别起控制电流或调节电压的作用。滑线变阻器的主要规格是电阻值和额定电流，使用时应根据外接负载来选用规格合适的滑线变阻器。

⑴ 限流法（如图 7-3-3 接线）：移动滑动触点 C 就改变了AC 间的电阻，也就改变了电路中的总电阻，从而使电路中的电流发生变化。

⑵ 分压法（如图 7-3-4 接线）：移动 滑动触点 C 就改变了 BC（或 AC）间的电压。

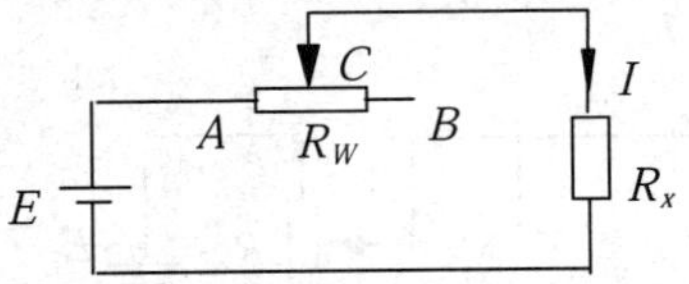

图 7-3-3　限流法

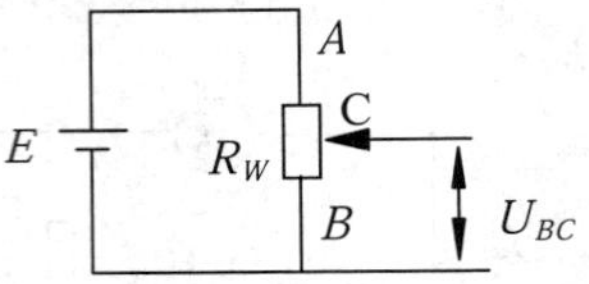

图 7-3-4　分压法

2. 电表技术性能

根据国家规定，电表的主要技术性能都以一定的符号来表示，并标记在仪表的面板上，现将常用符号列于表 7-3-3 中。

表 7-3-3　电表的主要技术性能符号

名称	符号	名称	符号
检流计	G	磁电系仪表	
安培表	A	静电系仪表	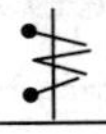
毫安表	mA	直流电表	—
微安表	μA	交流电表	～
伏特表	V	交、直流两用电表	≂
毫伏表	mV	以标度尺量限的百分数表示的精度等级	0.1，0.2，0.5 1.0，1.5，2.5，5.0
千伏表	kV	标度尺位置为垂直	⊥ 或 ↑
欧姆表	Ω	标度尺位置为水平	⊓ 或 →
兆欧表	MΩ	绝缘强度试验电压	☆
负端钮	−	接地端钮	⊥
正端钮	+	调零器	
公共端钮	*	防外磁场外电场等级	[Ⅱ]

实验 7.4　热敏电阻温度特性的测量

【实验目的】

1. 学习简单电路测量方法的设计。
2. 测定热敏电阻的温度特性。

【实验仪器】

根据实验设计要求，选择合适的各实验测量仪器。

【实验原理】

在一定的温度范围内，半导体的电阻率 ρ 与温度 T（$T=273.15+\theta$）有如下关系：

$$\rho=A_0\,\mathrm{e}^{c/T} \tag{7-4-1}$$

式中 A_0 和 c 为常数，其数值与半导体材料的物理性质有关。对于一定半导体材料制成的热敏电阻来说，根据电阻定律，其电阻 R 与温度 T 有如下关系：

$$R=\frac{\rho L}{S}=\frac{A_0\,\mathrm{e}^{c/T}L}{S}=A\,\mathrm{e}^{c/T} \tag{7-4-2}$$

式中 $A=A_0L/S$ 是与半导体材料物理性质有关的常量，由式 (7-4-2) 可见，热敏电阻是非线性电阻。热敏电阻温度系数定义为：

$$\alpha=\frac{1}{R}\frac{\mathrm{d}R}{\mathrm{d}T}=-\frac{b}{T^2}\times 100\% \tag{7-4-3}$$

根据此式，可计算出不同温度时的电阻温度系数。

【实验分析】

无论采用电桥法还是伏安法等电测法，测量热敏电阻阻值时，总有一定的工作电流流过热敏电阻，由于热敏电阻的电阻值较大，体积小，热容量也小，在较小的工作电流下，焦耳热将迅速使热敏电阻产生稳定的高于外界温度的内热稳升，并伴随着电阻的减小，这就是所谓的内热效应。因此，在测量热敏电阻的温度特性时，必须考虑内热效应对实验测量的影响。

【实验内容】

1. 制定和选择实验方案，选择一套相应的仪器来组合实验装置。

测量热敏电阻随温度变化的阻值的方法自行设计，环境温度的模拟可用电热恒温水浴锅来实现，温度的测量方法根据实验室提供的传感器设计。

2. 确定测量方法和实验程序，检查实验结果是否需要修改。
3. 处理实验数据，分析实验误差，写出实验报告。
4. 记录实验环境条件，整理好实验仪器。

【数据处理】

采用合适的数据处理方法，求出热敏电阻的温度特性式，评定测量不确定度，正确表示测量结果。

【实验报告】

1. 实验所用的实验仪器（型号或规格），选择它们的依据是什么？

2. 简述实验原理，说明实验测量的设计过程。画出实验测量的电路图、表格数据，写出实验的操作过程。

3. 实验中采用了哪些实验测量方法？你采用什么方法消除系统误差？

4. 检查实验测量结果是否符合实验的测量要求，分析、讨论本次实验。

【附录】

1. 热电偶温度计

两种不同材料的导体组成一个闭合回路，如果两端点的结点温度不同，则回路中就将产生一定大小的电流，这个电流的大小与导体材料性质以及结点温度有关，一般常把上述现象称为热电效应。利用这个现象可以用来测量温度或温度差。在测量工作中，一般热电偶与数字电表连接组成热电温度计，测量温度值可从数字电表中直接读出。

2. 电阻温度计

电阻温度计广泛应用于中、低温范围内的温度测量，工作原理是利用导体电阻随温度变化这一性质，大多数金属在温度升高一度时，电阻值将增加 0.4 % ～ 0.6 % 。

铜仅用来制造 -5 ～ 180 ℃ 范围内的工业用电阻温度计，在该温度范围内铜电阻与温度的关系是线性。

$$R_t = R_0(1+\alpha\theta) \tag{7-4-4}$$

式中 α 为电阻温度系数，$\alpha_{Cu} = 4.25 \sim 4.28\times10^{-3}$/℃；初始电阻 $R_0 = 50.00 \pm 0.05\Omega$ 。

实际应用中，通常也是将热电阻与数字电表连接组成热电温度计，测量温度值也从数字电表中直接读出。在某一环境温度下，通过测量铜电阻的阻值，经查表 7-4-1 可知对应的环境温度。

表 7-4-1　WZC 型铜电阻特性表

温度 / ℃	0	1	2	3	4	5	6	7	8	9
	电阻 / Ω									
0	50.00	50.21	50.43	50.64	50.86	51.07	51.28	51.50	51.71	51.93
10	52.14	52.36	52.57	52.78	53.00	53.21	53.43	53.64	53.86	54.07
20	54.28	54.50	54.71	54.92	55.14	55.35	55.57	55.78	56.00	56.21
30	56.42	56.64	56.85	57.07	57.28	57.49	57.71	57.92	58.14	58.35
40	58.56	58.78	58.99	59.20	59.42	59.63	59.85	60.06	60.27	60.49
50	60.70	60.92	61.13	61.34	61.56	61.77	61.98	62.20	62.41	62.63
60	62.84	63.05	63.27	63.48	63.70	63.91	64.12	64.34	64.55	64.76
70	64.98	65.19	65.41	65.62	65.83	66.05	66.26	66.48	66.69	66.90
80	67.12	67.33	67.54	67.76	67.97	68.19	68.40	68.62	68.83	69.04
90	69.26	69.47	69.68	69.99	70.11	70.33	70.54	70.76	70.97	71.18
100	71.40	71.61	71.83	72.04	72.25	72.47	72.68	72.90	73.11	73.33

分度号 Cu 50：$R_0 = 50.00\ \Omega$，$\alpha = 0.004280$ / ℃

实验 7.5　二极管伏安特性曲线的测绘

【实验目的】

本实验作为设计性实验来安排教学。要求学生根据实验任务要求，确定实验方案，选择实验仪器，设计实验线路，做好测试工作，分析实验结果，写出实验报告。

【实验仪器】

根据实验设计要求，选择合适的实验测量仪器。

【实验原理】

在一电阻两端加一定的电压，就有电流流过它，如果用电压表测出它的电压 U，用电流表测出电流 I，根据欧姆定律，能算出此电阻数值 R，若改变电压大小，电流也随之变化。如果，改变电压多次，测出几对数据，以 U 为横坐标，I 为纵坐标作图，可得一条直线。它的斜率即为 $1/R$，采用作图法可以求得较正确的结果，上述测量电阻的方法称为伏安法。伏安特性曲线呈直线状的电阻，称为线性电阻。此外，还有一类电阻，例如热敏电阻、光敏电阻以及半导体二极管的正反向电阻等，在它们两端所加的电压与流过它们的电流之间呈非线性关系，这种电阻称为非线性电阻。

图 7-5-1 的曲线为二极管伏安特性曲线。由图可见，对不同的电压 U（或电流 I），其呈现的电阻值是不相同的，即电阻值不是一个常数。

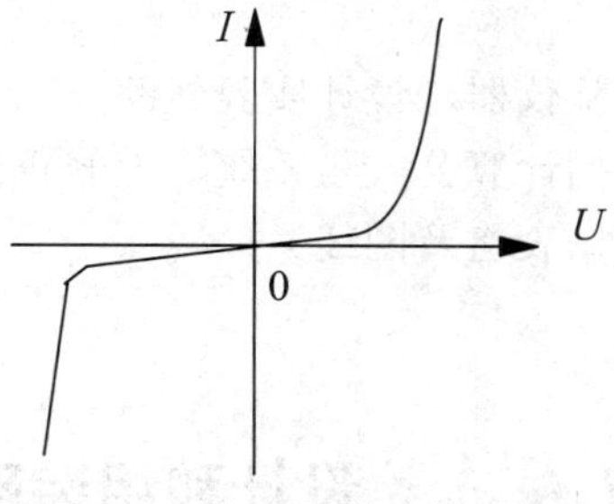

图 7-5-1　二极管伏安特性曲线

二极管在电子线路中应用广泛，主要特点是具有单向导电的特性（即正向电阻与反向电阻相差几个数量级），测出二极管的电压与电流关系，对于我们去了解和应用它具有实际意义。

在二级管两端加正向电压，如果电压较小，此时正向电流几乎没有，即呈现较大电阻。当电压超过一定数值后，电流才随着电压较快地增大，二极管呈现出很小的电阻值，即处于导通状态。上述这个电压值称为阈值电压或称门坎电压，它与管子材料及温度有关，对硅管而言，此值大约为 0.6 V 左右，对锗管则仅 0.2 V 左右。

在二极管两端加反向电压，当反向电压小于某一数值时，其反向电流始终很小，仅微安数量级，它与温度和材料有关。对于硅管一般为 $10^{-2} \sim 1\ \mu A$，而锗管的反向电流较大约几十微安（故锗管在反向电压情况下，其对电流的关断作用比硅管要差），温度升高，此电流也随之增大。当反向电压增加到某一数值时，反向电流急剧增加，并将因发热而烧毁，此电压值称为二极管的最大反向电压（即击穿电压）。使用时绝不能超过此数值。

除了最大反向电压外，二极管还有一个重要参数，那就是额定正向电流。当通过二极管的正向电流超过此值时，二极管会因发热而烧毁。二极管的额定正向电流和最大反向电压等参数均可根据二极管的型号在晶体管手册中查到。

【实验内容】

测绘锗二极管伏安特性曲线。

1. 自搭电路，用电压表和电流表分别测定二极管的正向和反向伏安特性曲线。

2. 用示波器显示二极管的正向伏安特性曲线。

为了把二极管的伏安特性曲线显示在示波器的荧光屏上，需要将二极管两端的电压输入到示波器的 X 轴，而通过二极管的电流要转换为电压信号后再输入到示波器的 Y 轴。设计电路时还需要考虑采用什么样的电源以及电路的公共接地点如何选定。

3. 记录实验环境条件，整理好实验仪器。

【数据处理】

1. 对实验过程中因电表接入引起的系统误差进行修正，并作出修正曲线。

2. 从正向伏安特性曲线中求出在正向电压 0.55 V，0.65 V 时的电阻值。

3. 从反向伏安特曲线中求出二极管的击穿电压。

【实验报告】

1. 确定实验方案，选择实验仪器，设计实验线路。

2. 写出主要实验步骤（包括计算公式与系统误差修正公式等）。

3. 写出实验结果（包括数据表格及图线）。

4. 分析、讨论本次实验。

实验 7.6　设计和组装欧姆表

【实验目的】

1. 设计、组装欧姆表。

2. 培养初步电路设计的能力。

【实验仪器】

根据实验设计要求，选择合适的实验测量仪器。

【欧姆表的原理】

1. 欧姆表的原理电路：图 7-6-1 是欧姆表的电原理图。R_g 为表头内阻，R_d 为限流电阻，R_S 为分流电阻，r 为电池内阻。“＋”端为欧姆表的红表笔，“－”端为黑表笔。当接入被测电阻 R_X 时，电路中电流 I 为：

$$I = E \ / \ (R_Z + R_X) \tag{7-6-1}$$

式中 R_Z 为为欧姆表的总内阻，即：

$$R_Z = R_g R_S \ / (R_g + R_S) + R_d + r \tag{7-6-2}$$

当欧姆表短接，即被测电阻为零时，电路中的电流达到最大值：

$$I_{\max} = E \ / R_z \tag{7-6-3}$$

设计中应使此时的表头指针满偏。由式（7-6-1)、(7-6-3)，消去 E ，得：

$$I = \frac{R_Z}{R_X + R_Z} I_{\max} \tag{7-6-4}$$

把电流表上 I 的指示标定成相应的 R_X 的大小，就得到欧姆表。由式（7-6-4）可见，I 与 R_X 成非线性关系，所以欧姆表刻度是非均匀的，而且 R_X 越大欧姆表指针偏转越小。当被测电阻 R_X 等于欧姆表总内阻 R_Z 时（即 $R_X = R_Z$ ），$I = I_{\max} / 2$，指针将指在表盘的中心位置，所以 R_Z 称为欧姆表的中值电阻。它是欧姆表的一个重要参量。

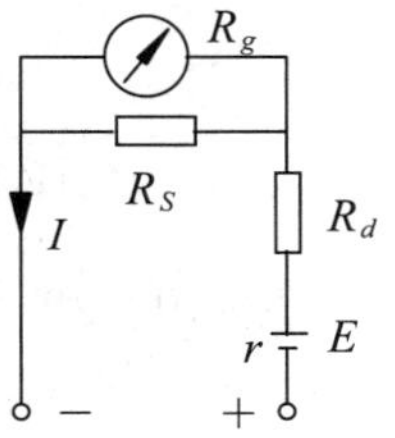

图 7-6-1　欧姆表原理图

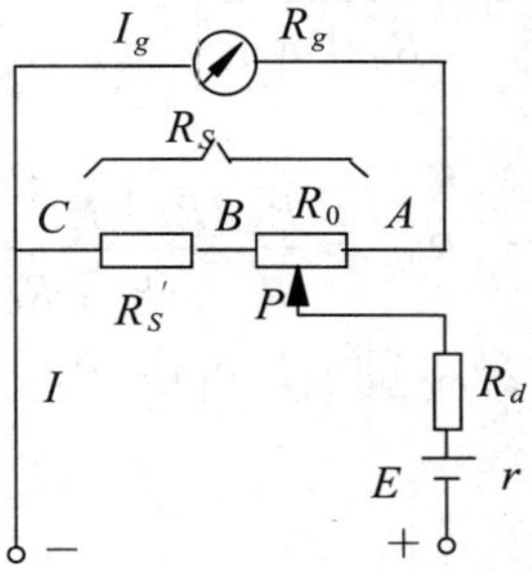

图 7-6-2　并联式调节线路

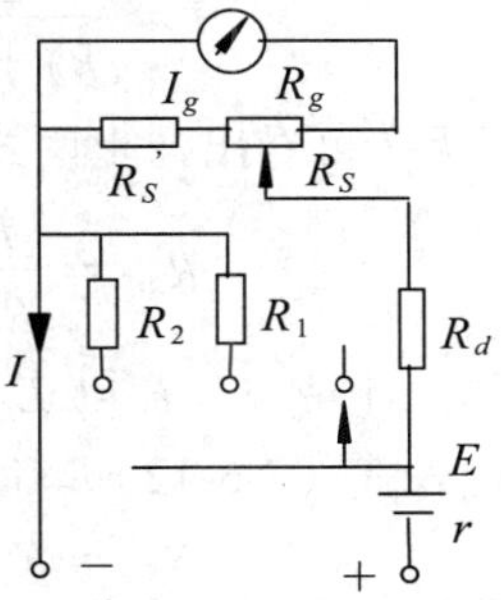

图 7-6-3　多量程欧姆表电路图

表头是欧姆表的主要部件，内阻和灵敏度是其主要参数。表头灵敏度是指欧姆表指针满偏时流过表头的电流，该电流越小，表明表头的灵敏度越高。

2. 并联式调节电路：如果直接采用图 7-6-1 所示的电路，电源电压因消耗而发生的变化会给电阻的测量结果带来很大的误差。因此，实用的欧姆表都装有零欧姆调节电位器，如图 7-6-2 所示。这是一种并联式调节线路，零欧姆调节电位器 R_0 是分流电阻 R_S 的一部分。欧姆表中的电源一般用 1.5 V 电池，新电池可能达到 1.6 V 。为了充分利用电池又兼顾欧姆表的准确度，设计的准则一般为：即使电池电压降到 1.2 V 时欧姆表仍有足够的准确度。这样当电池电压由 1.6 V 变为 1.2 V 时，我们只须将电位器 R_0 的滑动端 P 由 B 端移向 A 端，使分流电阻加大，同时表头支路电阻减小。因此，在被测电阻为零时，流过表头的电流仍能被调到使指针满偏。这种调节电路中应使用一阻值较小的 R_0，才能使因电池电压变动所引起的误差也较小。R_0 及其它电阻阻值的选择可参考下面的分析。

设 R_0 的滑动端 P 位于 A 端（对应于 $E = 1.2$ V ）时，流过 R_d 的电流为 I，此时分流电阻为 $R_S = R_S' + R_0$ 。有：

$$I_g R_g = (I - I_g) R_S \tag{7-6-5}$$

$$I R_S = I_g (R_g + R_S) \tag{7-6-6}$$

当 P 位于 B 端（对应 $E' = 1.6$ V）位置，流过 R_d 的电流为 I' 。此时，分流电阻为 R_S'，有：

$$I_g(R_g+R_0)=(I'-I_g)R_S' \tag{7-5-7}$$

$$I'R_S'=I_g(R_g+R_0+R_S')=I_g(R_g+R_S) \tag{7-6-8}$$

由式（7-6-6）和（7-6-8）可得：

$$I'R_S'=IR_S \tag{7-6-9}$$

在有一定准确度的情形下，可以近似地认为，在 R_0 的调节过程中回路总电阻的变化不大。则有 $I'/I=E'/E$，代入式（7-6-9），得：

$$R_S=\frac{4}{3}R_S' \tag{7-6-10}$$

由 $R_S=R_S+R_0$ 可得：

$$R_0=\frac{1}{3}R_S' \tag{7-6-11}$$

根据闭合回路欧姆定律，当 P 在 A 或 B 端时，分别有：

$$I=\frac{E}{R_d+R_{AC}}，\ I'=\frac{E'}{R_d+R_{BC}}$$

从图 7-6-2 可看出，上两式中：

$$R_{AC}=\frac{R_SR_g}{R_S+R_g}，\qquad R_{BC}=\frac{R_S'(R_g+R_0)}{R_S'+R_g+R_0} \tag{7-6-12}$$

为了使二比值 I'/I 和 E'/E 的差异尽量小，可使 $R_{AC}=R_{BC}$，将式（7-6-10）和（7-6-11）代入式（7-6-12）可得：

$$R_S'=R_g \tag{7-6-13}$$

$$R_{AC}=R_{BC}=\frac{4}{7}R_g \tag{7-6-14}$$

现在就剩下如何求 R_d 的问题。一般是根据测量需要或根据选定的表头先确定 R_X 值，然后再求 R_d。

实验中假定表头已选定，即 R_g 和 I_g 均已确定。则由图 7-6-2 及式（7-6-13）所确定的 R_S' 值可以看出，当 $R_X=0$ 时，在电池电压的变化过程中回路总电流 I 的平均值应为表头灵敏度 I_g 的两倍。即：

$$R_Z=\frac{\overline{E}}{\overline{I}}=\frac{\overline{E}}{2\overline{I_g}} \tag{7-6-15}$$

若忽略电池内阻 r，则有：

$$R_d=R_Z-R_{AC}=R_Z-\frac{4}{7}R_g \tag{7-6-16}$$

3. 扩大量程：图 7-6-2 所示电路的欧姆表似乎可以测量任何阻值的电阻。但是欧姆表上的电阻刻度是不均匀的，被测电阻 R_X 太大或太小时，R_X 的少量变化引起的表头指针变动甚微，使测量误差加大。所以只在中值电阻的 0.1 ～ 10 倍的刻度范围内，测量结果才能有一定的准确度。为此，实用的欧姆表都制成多量程的；并且，为了读数方便，将相邻两量程的比值取为 10 或 100 。一般采用以下两种方法来扩大量程。

⑴ 并联不同的分流电阻以减小量程：如图 7-6-3 所示，若在相同电源电压、基准档的基础上，再并联上一电阻 R_1，使回路总电流增大为原来的 10 倍，中值电阻降为原来

的 1 / 10 ，则量程和倍率将都变为原来的 1 / 10 。若再并联上电阻 R_2， 使中值电阻变为 1 / 100 ，则量程和倍率相应变为原来的 1 / 100 。

⑵ 提高电源电压以增大量程：在表头灵敏度不变的情况下，若要增大量程测更高阻值的电阻，就要提高电源电压，使中值电阻增大。

【确定表盘的标度尺】

不同量程为了能共用一欧姆标度尺，一般以中值电阻为几十欧姆量级的档作为基准档来标定表盘，将这一档标以“×1”，其他档标为“×10”、“ ×100”、“ ×1 k ” 等。“×1” 档的中值电阻值叫做欧姆表的表盘中心标度阻值，一般取两位有效数字，如 12 Ω 、24 Ω 和 25 Ω 等。

欧姆表的基准档中值电阻 R_X 确定后，表盘的欧姆标度尺可按下式确定：

$$n = \frac{R_Z}{R_Z + R_X} n_m \tag{7-6-17}$$

式中 n 为对应于 R_X 的表盘格数，n_m 为表盘总格数（表盘的原刻度是均匀分格的）。

【实验内容】

1. 测定表头内阻，根据所给仪器自己设计测量方法。

2. 根据图 7-6-3 所示电路，组装一个具有量程：“×1”、“×10”、“ ×100” 的欧姆表。计算 R_Z 时，电池电压取 1.4 V 计算， R_Z 取两位有效数字。实际电路中只要求 $R_S{}'$、R_0 与 R_g 的关系大体上满足式（7-6-10）和（7-6-13）即可。

3. 对组装的欧姆表按式（7-6-15）进行定标。以电阻箱作为准确的电阻对标定的标度尺进行实验比较。

4. 记录实验环境条件，整理好实验仪器。

【实验报告】

1. 简述欧姆表的原理。
2. 测定表头内阻的方法和结果。
3. 线路元件参数的估算（应有简要的计算过程）。
4. 标度尺的确定和实测比较。
5. 小结和讨论。

【附录】　万用表的欧姆档使用注意事项

1. 万用表的红表笔接的是欧姆表内电源的负极，黑表笔接正极。

2. 每变换量程，必须调节“零欧姆调节电位器”，使指针满偏。

3. 测量电路中某电阻阻值时，应切断被测电路电源及与被测电阻有关联关系的其它元件。电路中有电容器时应先将它放电，否则可能会损坏表头，或测量不准。

4. 测试时，人手不要同时触及电阻或表笔的两端。

5. 为提高测量准确度，选择量程时，应使指针尽可能在表盘中心附近。

6. “×1 k” 档输出电流最小，“×100”、“×10” 及 “×1” 档输出电流成 10 倍地增大，

“×10 k ”档的电源电压将增大到 9 V 或 15 V，选档时应予特别注意。

7. 测完电阻，应将万用表的转换开关拨到最高交流电压档，不要放在欧姆档。

实验 7.7　硅光电池特性的测量

【实验目的】

1. 测绘硅光电池的特性曲线。
2. 用补偿法测定光电池的短路电流及负载电流。

【实验仪器】

根据实验设计要求，选择合适的实验测量仪器。

【实验原理】

半导体受到光的照射而产生电动势的现象，称为光生伏特效应。金属和半导体接触及半导体的 P - N 结就有这种效应。氧化亚铜光电池和硒光电池属于前一类，硅光电池（也称太阳能电池）属于后一类。半导体光电池是根据光生伏特效应的原理做成的半导体器件。本实验所测的电池是硅光电池。

硅光电池的结构如图 7-7-1 所示。这是在一块 N 型硅片上用扩散方法掺入一些 P 型杂质，形成 P - N 结，在 P 型层（几微米厚）引出正极引线（迎着入射光的一面)，在 N 型层引出负极引线即成。其形状有圆盘形、长方型等各种形态。

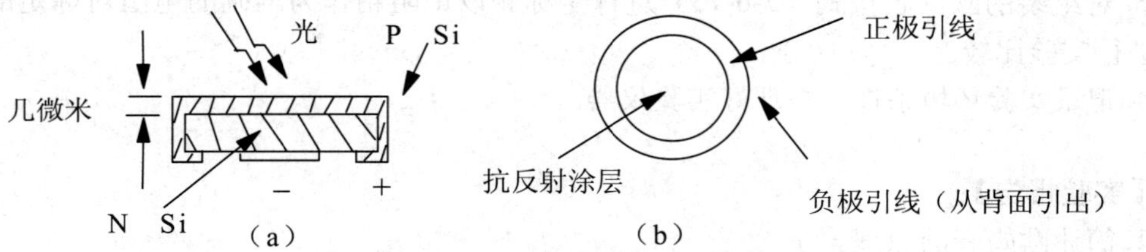

图 7-7-1　硅光电池结构示意图

当入射光照射到距表面很近的 P - N 结时（P 型层很薄，光可透过 P 区进入 N 区)，光子的能量 $E = h\nu$（h 是普朗克常数，ν 是光子的频率）大于硅的禁带宽度 E_G = 1.1 eV 时，光子能量便被硅晶格所吸收，价带电子受激跃迁到导带，形成自由电子，而价带则形成自由空穴，使得 P - N 结两边产生电子 - 空穴对（图 7-7-2 所示）。

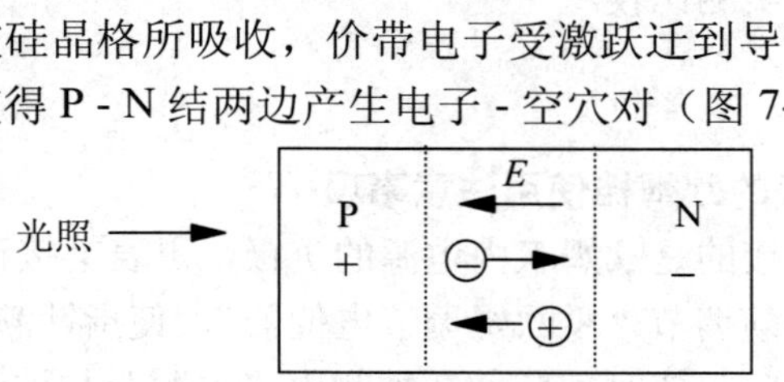

图 7-7-2　光生伏特示意图

凡是扩散到 P - N 结部分形成的内电场的电子- 空穴对，都要受到内电场的作用，电子被推向 N 区，空穴被推向 P 区，从而产生 P 为正 N 为负的电动势。若接入一负载，只要有光不断照射，电路中就有持续电流通过，实现了光电转换。

光电池在一定光照下，负载无限大（开路）时，其极间电压称开路电压，开路电压的大小与入射光的强度的对数成正比。若负载电阻为零（短路），光电池的输出电流称短路电流。短路电流的大小与光强成线性关系，光电池的内阻越小，线性关系就越好。

【实验内容】

1. 测定光电池的开路电压 $U_{开}$ 与入射光强度的关系：设计测量方案，将光源对准光电池，设移动光电池使光源与电池的距离为 L，分别测出不同 L 时对应的光电池开路电压 $U_{开}$。

2. 测光电池短路电流 $I_{短}$ 与入射光强的关系：采用电流补偿法，在光源与光电池不同距离 L 时，测出光电池对应的短路电流。

3. 入射光一定时，测定光电池输出功率与负载电阻的关系：设计测量电路，光电池输出接负载电阻，取 $L = 10.0\ \text{cm}$，负载从 $10.0 \sim 200.0\ \Omega$ 之间每增加 $10.0\ \Omega$ 测一次光电流；从 $200.0 \sim 500.0\ \Omega$，每增加 $50.0\ \Omega$，测一次光电流，列表记录数据。

4. 记录实验环境条件，整理好实验仪器。

【数据处理】

1. 由实验数据，作“$U_{开} - 1/L^2$”曲线，“$I_{短} - 1/L^2$”曲线。

2. 由实验内容 3，算出各 I^2R 值，作“$I^2R - R$”曲线，求出最佳负载 $R_{佳}$。

【实验报告】

1. 实验所用的实验仪器（型号或规格），选择它们的依据是什么？

2. 简述实验原理，说明实验测量的设计过程。画出实验测量的电路图，图、表数据，写出实验的操作过程。

3. 根据数据处理 1，写出结论。

4. 根据数据处理 2，说明曲线的意义。

实验 7.8　光强度与距离的研究

【实验目的】

研究光强度与到点光源的距离之间的关系。

【实验仪器】

计算机，数据采集接口器，PASCO 物理实验组合仪。

【实验原理】

光强度是在一确定面积上覆盖多少光能的量度。从一个点光源发出的光沿所有的方向发散，若离光源的距离 r 给定，光强度等于光输出的能量（每秒的能量值）除以光发散的球形表面积。因为球形的面积随半径 r 变化，所以光强度随距离 r 的变化而变化。

如果光强度与点光源间距离成正比例关系，其公式为 $y = ax$，而 a 是常数；

如果光强度与点光源间距离成反比例关系，它们的公式可能为 $xy = b$，而 b 是一个常数；

如果光强度与点光源间距离的平方成反比例关系，它们的公式可能为 $x^2y = c$，c 是常数。

【实验内容】

1. 利用 PASCO 物理实验组合仪进行实验。实验中，由 DC 供电的光源固定不动，光传感器向远离光源的方向移动。当光源缓慢离开光传感器时，用光传感器来测量来自光源的光的强度。

2. 位移传感器用来测量光传感器的移动位置，可测量出光源和光传感器之间的距离，建议用“键盘取样”窗口来进行实时控制测量。

3. 利用 Science Workshop 程序记录和显示“光强度 - 位置”图形。

4. 记录实验环境条件，整理好实验仪器。

【数据处理】

利用 Science Workshop 程序曲线拟合功能，得出“光强度 - 位置”曲线的最精确拟合，找出光强度与距离的关系。

打印“光强度 - 位置”的图形曲线及拟合图形曲线。

【实验报告】

1. 实验所用的实验仪器（型号或规格），选择它们的依据是什么？

2. 简述实验原理，说明实验测量的设计过程。画出有关实验测量图，写出实验的操作过程。给出各打印图形曲线，描述“光强度 - 位置”的图形。

3. 根据“光强度 - 位置”的图形，光强度与距离的关系如何：正比例，反比例，还是平方的反比例？

第八章　计算机仿真实验

计算机仿真物理实验教学把实验设备、教学内容、教师指导和学生操作有机地结合在一体，通过仿真物理实验，使学生对实验的物理思想和方法，仪器的整体结构及原理的理解进一步增强，对仪器的关键部位可拆卸解剖，熟悉其内部结构，起到普通实验难于实现的效果，并培养了学生的动手能力，逻辑思维能力，增强了学生对物理实验的兴趣，大大提高实验教学水平。

《大学物理仿真实验 v2.0》是目前使用较多的大学物理计算机仿真实验软件。作为计算机辅助教学软件，该课件的每个实验统一设置“实验简介”、“实验目的”、“原理阐述”、“实验仪器”、“实验内容”、“现代应用”、“实验报告”“习题库”等模块，引导学生进行实验练习，模拟操作和数据测量，启发学生对实验中的问题进行分析思考，以加深对实验原理、方法的认识，提高分析问题、解决问题的能力。

本软件将仿真实验分为“第一部分”、“第二部分”及“第三部分”三大类，第一及第二部分各含 20 个实验课件，第三部分含有 12 个实验课件。

《大学物理仿真实验 v2.0》的特点：

1. 增强的实验环境模拟，使未做过实验的学生通过仿真软件对实验的整体环境、所用仪器的整体结构能建立起直观的认识。仪器的关键部位可拆卸，可解剖进行调整并实时观察仪器的各种指标和内部结构的动作，增强了熟悉仪器功能和使用方法的训练。

2. 在实验中仪器实现了模块化，学生可对提供的仪器进行选择和组合，用不同的方法完成同一实验目标，培养学生的设计思考能力和对不同实验方法的优劣、误差大小的比较、判断能力。

3. 软件通过深入解剖教学过程，设计上充分体现教学思想的指导，使学生必须在理解的基础上认真思考才能正确操作，克服了实际实验中出现的盲目操作和实验“走过场”现象的缺点，使学生切实受益，大大提高了物理实验教学的质量和水平。

4. 对实验的相关理论进行了演示和讲解，对实验的历史背景和意义，现代应用等方面都作了介绍，使仿真实验成为连接理论教学与实验教学，培养学生理论与实践相结合思维的一种崭新教学模式。

5. 实验中待测的物理量可以随机产生，以适应同时实验的不同学生和同一学生的不同次操作。对实验误差也进行了模拟，以评价实验质量的优劣。对学生的实验报告进行数据库管理，可以存储、评阅、查看和打印。

6. 具有多媒体配音解说和操作指导，易于使用。

第一节　系统的启动

在 windows 窗口界面双击“大学物理仿真实验 v2.0”图标，启动仿真实验系统。进入系统后出现主界面（见图 8-1-1）。

图 8-1-1　　仿真实验主界面图

8-1-2　　实验室场景（凯特摆实验）

单击“上一页”、“下一页”按钮可前后翻页。用鼠标单击各实验项目文字按钮即可进入相应的仿真实验平台。结束仿真实验后回到主界面，单击“退出”按钮即可退出本系统。如果某个仿真实验还在运行，则在主界面单击“退出”按钮无效，待关闭所有正在运行的仿真实验后，系统会自动退出。

第二节　操作方法

仿真实验平台采用窗口式的图形化界面，形象生动，使用方便。下面以凯特摆实验为例，介绍软件的操作方法。

由仿真系统主界面进入仿真实验平台后，首先显示该平台的主窗口——实验室场景（见图 8-1-2），该窗口大小一般为全屏或 640×480 象素。实验室场景内一般都包括实验台、实验仪器和主菜单。

用鼠标在实验室场景内移动，当鼠标指向某件仪器时，鼠标指针处会显示相应的提示信息（仪器名称或如何操作），如图 8-1-3 所示。有些仪器位置可以调节，可以按住鼠标左键进行拖动。

图 8-1-3　提示信息

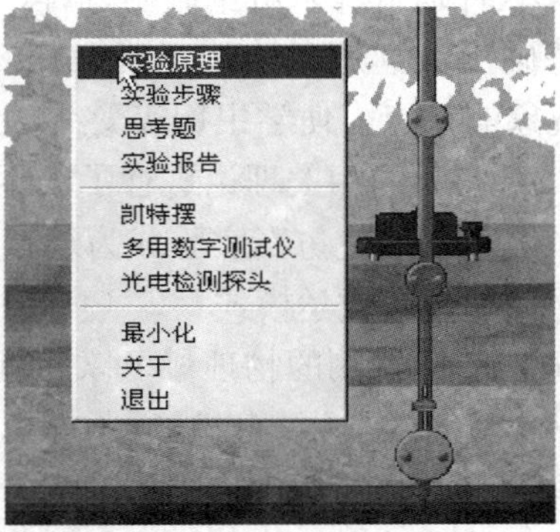

图 8-1-4　主菜单

主菜单一般为弹出式，隐藏在主窗口里。在实验室场景上单击右键即可显示（见图 8-1-4）。菜单项一般包括：实验背景知识、实验原理的演示，实验内容、实验步骤和仪器说明文档，开始实验或进行仪器调节，预习思考题和实验报告，退出实验等。

1. 开始实验

有些仿真实验启动后就处于“开始实验”状态，有些需要在主菜单上选择，具体可见本手册中相应章节。

2. 控制仪器调节窗口

调节仪器一般要在仪器调节窗口内进行。

打开窗口：双击主窗口上的仪器或从主菜单上选择，即可进入仪器调节窗口。

移动窗口：用鼠标拖动仪器调节窗口上端的细条。

关闭窗口：

方法一，右键单击仪器调节窗口上端的细条，在弹出的菜单中选择“返回”或“关闭”。

方法二，双击仪器调节窗口上端的细条。

方法三，激活仪器调节窗口，按 Alt ＋ F4 键。

3. 选择操作对象

激活对象（仪器图标、按钮、开关、旋钮等）所在窗口，当鼠标指向此对象时，系统会给出下列提示中的至少一种：

⑴ 鼠标指针提示。鼠标指针光标由箭头变为其他形状（例如手形）。

⑵ 光标跟随提示。鼠标指针光标旁边出现一个黄色的提示框，提示对象名称或如何操作。

⑶ 状态条提示。状态条一般位于屏幕下方，提示对象名称或如何操作。

⑷ 语音提示。朗读提示框或状态条内的文字说明。

⑸ 颜色提示。对象的颜色变为高亮度（或发光），显得突出而醒目。

出现上述提示即表明选中该对象，可以用鼠标进行仿真操作。

4. 进行仿真操作

⑴ 移动对象

如果选中的对象可以移动，就用鼠标拖动选中的对象。

⑵ 按钮、开关、旋钮的操作

按钮：选定按钮，单击鼠标即可（见图 8-1-5）。

开关：对于两档开关，在选定的开关上单击鼠标切换其状态。多档开关，在选定的开关上单击左键或右键切换其状态（见图 8-1-6，8-1-7）。

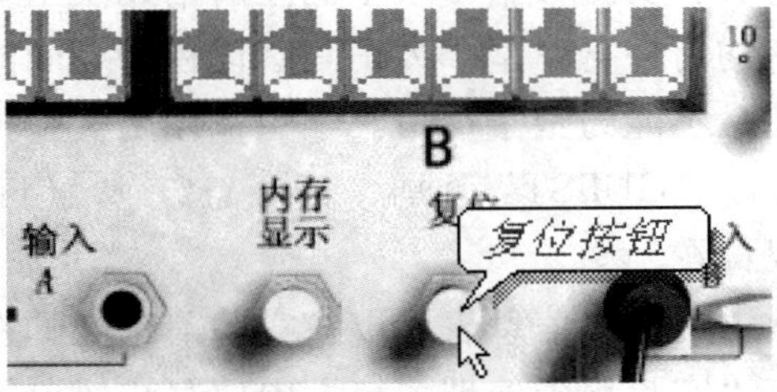

图 8-1-5　按钮

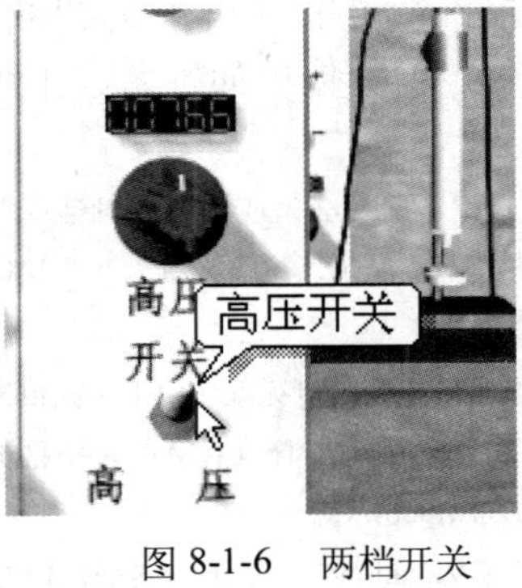

图 8-1-6　两档开关

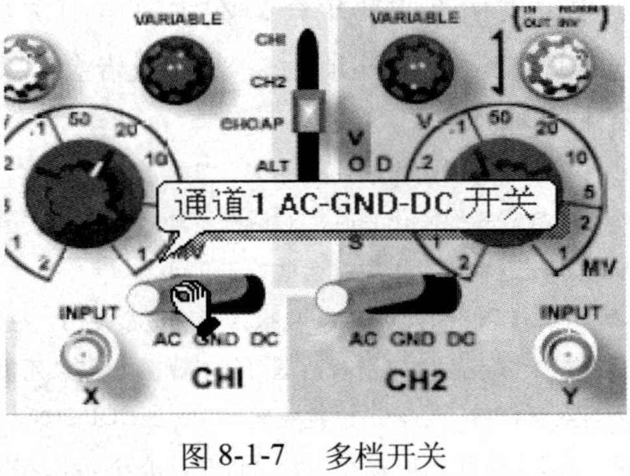

图 8-1-7　多档开关

旋钮：选定旋钮，单击鼠标左键时，旋钮反时针旋转；单击右键时，旋钮顺时针旋转（见图 8-1-8）。

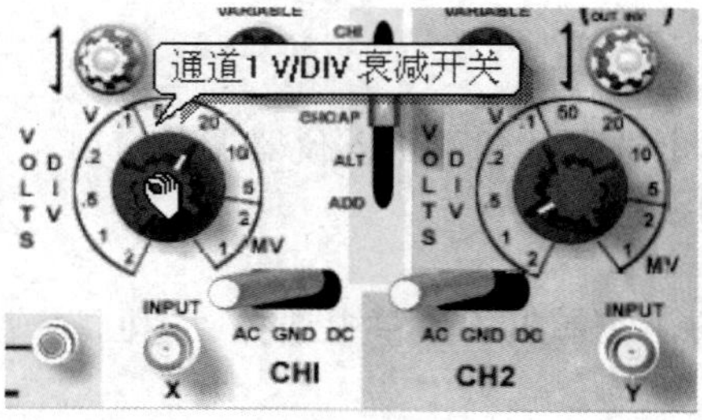

图 8-1-8　旋钮开关

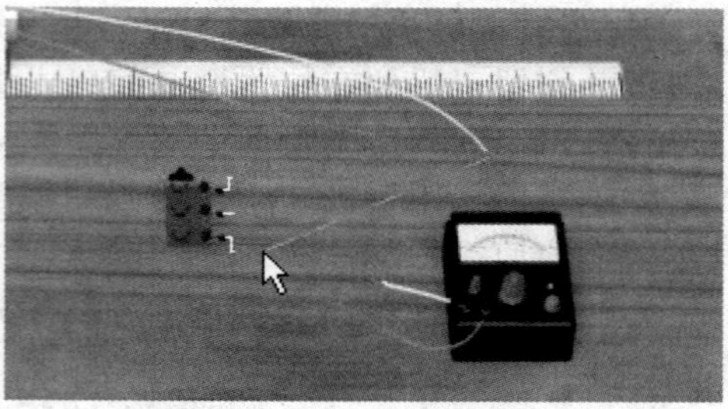

图 8-1-9　连线

(3) 连接电路

选定一个接线柱，按住鼠标左键不放拖动，一根直导线即从接线柱引出。将导线末端拖至另一个接线柱释放鼠标，就完成了两个接线柱的连接（见图 8-1-9）。

删除两个接线柱的连线：将这两个接线柱重新连接一次（如果面板上有“拆线”按钮，则应先选择此按钮）。

(4) 仿真实验中也使用了一些 windows 标准控件，调节方法请参阅有关 windows 操作的书籍或 windows 的联机帮助。

第三节　实验报告

软件的实验报告分为实验报告处理系统（学生使用）和实验报告评阅系统（教师使用）。使用实验报告处理系统，必须在实验报告处理系统中注册

实验报告处理系统由实验报告处理程序和数据库文件组成。数据库内存放学生的注册信息表和实验数据。学生的注册信息表主要包括姓名、学号、系别、年级和口令几个字段，均为字符串型，大小写字母视为不同的字符。其中“学号”字段必须唯一（不可重复）且不能为空字符串。学生在使用实验报告前必须以学号注册，输入口令后方可使用。如以“GUEST”注册，则不需口令，但存盘后学生不能再次查看实验报告，只有教师有权查看。

学生的注册信息表可以在实验前由教师在“实验报告评阅系统”内输入，也可以由学生在“实验报告处理系统”内填写注册单输入。在系统主界面上选择“实验报告”并单击（或进入仿真实验平台，在主菜单中选择“实验报告”菜单项），即可运行实验报告处理程序。学生在注册后，实验报告会自动添上学号，但其他项如姓名、年级、日期等仍需手工输入。

注 1. 当因为错误操作或其他原因，实验系统显示了一个模式对话框（用户必须应答后将对话框关闭，否则 Windows不能响应其他操作）时，对话框可能被覆盖在实验报告窗口下而不能显示，呈“死机”状。这时可将实验报告窗口最小化，将显示出的对话框关闭即可。

注 2. BDE 配置不正确时，实验报告无法正常使用，这时 BDE 会弹出一个提示对话框。由于实验报告一般总是位于屏幕的最上方，系统提示对话框可能被覆盖，呈“死机”状。这时应将对话框关闭（按 Alt ＋ 空格键打开对话框菜单，将对话框移动到合适位置关闭），修改BDE配置，然后重新启动 windows。

注 3. 当多个学生同时保存实验报告时，屏幕上出现错误提示“Key Violation”。是因为不能同时存取两条记录，可以稍等片刻，再保存一次。

附　表

附表 1　国际单位制的基本单位和辅助单位

	物理量名称	单位名称	单位符号
基本单位	长度	米	m
	质量	千克	kg
	时间	秒	s
	电流	安（培）	A
	热力学温标	开（尔文）	K
	物质的量	摩（尔）	mol
	发光强度	坎（得拉）	cd
辅助单位	平面角	弧度	rad
	立体角	球面度	sr

附表 2　国际单位制中具有专门名称的导出单位

物理量称	单位名称	单位符号	其它表示式例
频率	赫（兹）	Hz	s^{-1}
力，重力	牛（顿）	N	$kg·m / s^2$
压力，压强，应力	帕（斯卡）	Pa	N / m^2
能量，功，热	焦（耳）	J	N·m
功率，辐射通量	瓦（特）	W	J / s
电荷量	库（仑）	C	A·s
电势，电压，电动势	伏（特）	V	W / A
电容	法（拉）	F	C / V
电阻	欧（姆）	Ω	V / A
电导	西（门子）	S	A / V
磁通量	韦（伯）	Wb	V·s
磁通量密度，磁感强度	特（斯拉）	T	Wb / m^2
电感	亨（利）	H	Wb / A
摄氏温度	摄氏度	℃	
光通量	流（明）	lm	cd·sr
光照度	勒（克斯）	lx	lm / m^2

附表 3　基本物理常数

名称	符号	数值	单位
真空中光速	c	2.99792458×10^{8}	m/ s
真空磁导率	μ_0	$4\pi\times10^{-7}$	H/m
真空电容率	ε_0	8.854188×10^{-12}	F/m
普朗克常量	h	6.626176×10^{-34}	J·s
牛顿引力常量	G	6.6720×10^{-11}	$N\cdot m^2/kg^2$
基本电荷常量	e	1.6021892×10^{-19}	C
电子质量常量	m_e	9.109534×10^{-31}	kg
阿伏加德罗常量	N_A，L	6.022045×10^{23}	mol^{-1}
法拉第常量	F	9.648456×10^{4}	C/ mol
摩尔气体常量	R	8.31441	J/ (mol·K)
玻尔兹曼常量	k	1.380662×10^{-23}	J/K
标准大气压	P_0	101325	Pa
冰点的绝对温度	T_0	273.15	K
声音在空气中的速度		331.46	m/s

附表 4　用于构成十进倍数和分数单位的词头

所表示的因数	词头名称	词头符号	所表示的因数	词头名称	词头符号
10	十	da	10^{-1}	分	d
10^{2}	百	h	10^{-2}	厘	c
10^{3}	千	k	10^{-3}	毫	m
10^{6}	兆	M	10^{-6}	微	μ
10^{9}	吉（咖）	G	10^{-9}	纳（诺）	n
10^{12}	太（拉）	T	10^{-12}	皮（可）	p
10^{15}	拍（它）	P	10^{-15}	飞（母托）	f
10^{18}	艾（可萨）	E	10^{-18}	阿（托）	a

附表 5　常温下几种物质相对于空气的折射率　　单位：(589.3 nm)

物质名称	水 (18 ℃)	乙醇 (18 ℃)	冕玻璃（轻）	冕玻璃（重）	燧石玻璃（轻）	燧石玻璃（重）	水晶（寻常光）	水晶（非常光）
折射率	1.3332	1.3625	1.5153	1.6152	1.6085	1.7517	1.5442	1.5533

附表6　20 ℃ 时常见物质的密度

物质名称	密度 / $kg\cdot m^{-3}$	物质名称	密度 / $kg\cdot m^{-3}$
银	10492	铂	21370
铝	2702	锡	7298
金	19319	石蜡	792
铜	8933	石英	2500 ～ 2800
铁	7860	冰	917
铅	11342	有机玻璃	1200 ～ 1500

附表7　20 ℃ 时部分金属的杨氏弹性模量

金属名称	杨氏模量 /$\times10^9$ Pa	金属名称	杨氏模量 /$\times10^9$ Pa
铝	69 ～ 70	锌	78
钨	407	镍	203
铁	186 ～ 206	铬	235 ～ 245
铜	103 ～ 127	合金钢	206 ～ 216
金	77	碳钢	196 ～ 206
银	69 ～ 80	康铜	160

附表8　常见光源的谱线波长　　单位：(nm)

名称	氦（He）	汞（Hg）	氖（Ne）	氢（H）	钠（Na）	激光（He - Ne）
波长	红 706.52	橙 623.44	红 650.65	红 656.28	黄 589.59	橙 632.8
	红 667.82	黄 579.07	橙 640.23	绿蓝 486.13	黄 589.00	
	黄 587.56	黄 576.96	橙 626.65	蓝 434.05		
	绿 501.57	绿 546.07	橙 614.31	蓝紫 410.17		
	绿蓝 492.19	绿蓝 491.60	黄 588.91	蓝紫 397.01		
	蓝 471.31	蓝 435.83				
	蓝 447.15	蓝紫 407.78				
	蓝紫 402.62	蓝紫 404.66				
	蓝紫 388.87					

附表 9　不同温度下干燥空气中的声速

室温 / ℃	声速 /m·s^{-1}	室温 / ℃	声速 /m·s^{-1}	室温 / ℃	声速 /m·s^{-1}	室温 / ℃	声速 /m·s^{-1}
0.0	331.450	10.0	337.463	20.0	343.370	30.0	349.177
1.0	332.050	11.0	338.058	21.0	343.955	31.0	349.753
2.0	332.661	12.0	338.652	22.0	344.539	32.0	350.328
3.0	333.265	13.0	339.246	23.0	345.123	33.0	350.901
4.0	333.868	14.0	339.838	24.0	345.705	34.0	351.474
5.0	334.470	15.0	340.429	25.0	346.288	35.0	352.040
6.0	335.071	16.0	341.019	26.0	346.866	36.0	352.616
7.0	335.670	17.0	341.609	27.0	347.445	37.0	353.187
8.0	336.269	18.0	342.197	28.0	348.024	38.0	353.755
9.0	336.866	19.0	342.784	29.0	348.601	39.0	354.323

附表 10　某些金属和合金的电阻率及温度系数

名称	电阻率 /(μΩ · m)	温度系数 /℃$^{-1}$
铜	0.0172	43×10^{-4}
康铜	0.47 ～ 0.51	(-0.04 ～ 0.01) $\times10^{-3}$
铜锰镍合金	0.34 ～ 1.00	(-0.03 ～ 0.02) $\times10^{-3}$
镍铬合金	0.98 ～ 1.10	(0.03 ～ 0.4) $\times10^{-3}$
银	0.016	40×10^{-4}
铁	0.098	60×10^{-4}
铂	0.105	39×10^{-4}
钨	0.055	48×10^{-4}

附表 11　常见物质的比热容

物质名称	温度 / ℃	比热容		物质名称	温度 / ℃	比热容	
		J·kg^{-1}·K^{-1}	Cal·kg^{-1}·℃$^{-1}$			J·kg^{-1}·K^{-1}	Cal·kg^{-1}·℃$^{-1}$
铝	25	900	215.3	玻璃	25	837	200.2
铜	25	385	92.1	乙醇	25	2421	579.2
铁	25	448	107.2	水	0	4229	1011.7
铅	25	128	30.6	水	10	4198	1004.3
银	25	237	56.7	水	15	4190	1002.4
锌	25	389	93.1	水	20	4185	1001.2
云母	25	502	120.1	水	25	4182	1000.5
石腊	25	2890	691.4	水	30	4179.5	999.9
水银	25	138	33.0	水	40	4178.7	999.7

附表 12　标准大气压下不同温度时的水的密度

温度 / ℃	密度 / $kg \cdot m^{-3}$	温度 / ℃	密度 / $kg \cdot m^{-3}$	温度 / ℃	密度 / $kg \cdot m^{-3}$
0	999.841	16	998.943	32	995.025
1	999.900	17	998.774	33	994.702
2	999.941	18	998.595	34	994.371
3	999.965	19	998.405	35	994.031
4	999.973	20	998.203	36	993.68
5	999.956	21	997.992	37	993.33
6	999.941	22	997.770	38	992.96
7	999.902	23	997.538	39	992.59
8	999.849	24	997.269	40	992.21
9	999.781	25	997.044	50	988.04
10	999.700	26	996.783	60	983.21
11	999.605	27	996.512	70	977.78
12	999.498	28	996.232	80	971.80
13	999.377	29	995.944	90	965.31
14	999.244	30	995.646	100	958.35
15	999.099	31	995.340		

附表 13　固体的线膨胀系数

物质名称	温度 / ℃	膨胀系数 /$\times 10^{-6}$ ℃$^{-1}$
铝	0 ～ 100	23.8
铜	0 ～ 100	17.1
铁	0 ～ 100	12.2
金	0 ～ 100	14.3
银	0 ～ 100	19.6
钢 (0.05% 碳)	0 ～ 100	12.0
康铜	0 ～ 100	15.2
铅	0 ～ 100	29.2
锌	0 ～ 100	32
铂	0 ～ 100	9.1
钨	0 ～ 100	4.5
窗玻璃	0 ～ 200	9.5
花岗石	20	6 ～ 9

参 考 书 目

1. 马文蔚主编．物理学．北京：高等教育出版社，2006
2. 丁慎训，张连芳主编．物理实验教程．北京：清华大学出版社，2002
3. 吕斯骅，段家忯主编．基础物理实验．北京：北京大学出版社，2002
4. 曾金根，刘菘，戚小平主编．大学物理实验教程．上海：同济大学出版社，2002
5. 周殿清主编．大学物理实验．武汉：武汉大学出版社，2002
6. 杜义林主编．大学物理实验教程．合肥：中国科学技术大学出版社，2002
7. 王云才，李秀燕主编．大学物理实验教程．北京：科学出版社，2003
8. 吴泳华，谢行恕，李志超．霍剑青等主编．大学物理实验．
   北京：高等教育出版社，2001
9. 陈早生，任才贵等编著．大学物理实验．上海：华东理工大学出版社，2003
10. 成正维主编．大学物理实验．北京：高等教育出版社，2002
11. 陈守川主编．大学物理实验教程．杭州：浙江大学出版社，1998
12. 梁华翰，朱良铱，张立主编．大学物理实验．上海：上海交通大学出版社，1996
13. 戴乐山，戴道宣主编．近代物理实验．上海：复旦大学出版社，1995
14. PASCO 2001 PHYSICS and e - measure Catalog

内容简要

按照高校基础课教学示范中心的教学要求，本教材改变了力学、热学、光学、电学、近代物理等传统实验教材的格式，以一种新颖的教学模式来编写。具体内容为：测量误差与测量不确定度（第一章），实验数据处理（第二章），实验概述（第三章），基础性实验（第四章），提高型和综合性实验（第五章），e-measure 实验（第六章），设计性实验（第七章），计算机仿真实验（第八章）等，书后附有部分常用物理常数。

本书可作为高校非物理类理工科专业的物理实验教学用书或实验教学参考书。

图书在版编目（CIP）数据

大学物理实验／汪建章，潘洪明编著．—杭州：浙江大学出版社，2004.8(2025.2 重印)
ISBN 978-7-308-03883-6

Ⅰ．大… Ⅱ．①汪… ②潘… Ⅲ．物理学—实验—高等学校—教材 Ⅳ．04-33

中国版本图书馆 CIP 数据核字（2004）第 090913 号

大学物理实验（第三版）
汪建章　潘洪明　编著

责任编辑　徐素君
出版发行　浙江大学出版社
（杭州市天目山路 148 号　邮政编码 310007）
（网址：http://www.zjupress.com）
排　　版　杭州青翊图文设计有限公司
印　　刷　杭州杭新印务有限公司
开　　本　787mm×1092mm　1/16
印　　张　18
字　　数　430 千
版 印 次　2013 年 2 月第 3 版　2025 年 2 月第 10 次印刷
书　　号　ISBN 978-7-308-03883-6
定　　价　55.00 元
